牡丹江市区
耕地地力评价

金龙石　尹义彬　李　杰　马旦林　主编

中国农业出版社

内 容 提 要

本书是对黑龙江省牡丹江市区耕地地力调查与评价成果的集中反映。在充分应用耕地信息大数据智能互联技术与多维空间要素信息综合处理技术，并应用模糊数学方法进行成果评价的基础上，首次对牡丹江市区耕地资源历史、现状及问题进行了分析、探讨。它不仅客观地反映了牡丹江市区土壤资源的类型、面积、分布、理化性状、养分状况和影响农业生产持续发展的障碍因素，揭示了土壤质量的时空变化规律，也详细介绍了测土配方施肥大数据的采集和管理、空间数据库的建立、属性数据库的建立与数据提取、数据质量控制以及县域耕地资源管理信息系统的建立与应用等流程的方法与程序。确定了参评因素的权重，利用模糊数学模型，结合层次分析法计算了牡丹江市区耕地地力综合指数。为今后改良利用土壤、定向培育土壤、提高土壤综合肥力提供了路径、措施和科学依据，而且也为今后建立起更为客观、全面的黑龙江省耕地地力定量评价体系，实现耕地资源大数据信息采集分析评价互联网络智能化管理提供参考。

本书共七章。第一章：自然与农业生产概况；第二章：耕地土壤立地条件与农田基础设施；第三章：耕地地力评价技术路线；第四章：耕地土壤属性；第五章：耕地地力评价；第六章：耕地区域配方施肥推荐；第七章：耕地土壤存在的主要问题及改良利用。书末附5个附录供参考。

本书理论与实践相结合、学术和科普融为一体，是黑龙江省农林牧业、国土资源、水利、环保等大农业领域各级领导干部、科技工作者、农林院校教师和农民群众掌握和应用土壤科学技术的良师益友，是指导农业生产必备的工具书。

编 写 人 员 名 单

总 策 划：王国良　辛洪生

主　　编：金龙石　尹义彬　李　杰　马旦林

副 主 编：范光昊　卢金龙　徐丽丽　于广胜　王　霞

编写人员（按姓氏笔画排序）：

丁慎刚　于广胜　于晨啸　万国栋　马旦林
王　燕　王　霞　王传祥　王树臣　王海涌
牛力武　尹义彬　石　泓　卢金龙　申彦植
邢国进　刘　妍　刘玉芬　刘亚磊　刘惠禹
孙立宽　孙桂华　李　杰　李兴群　李春海
李桂华　冷　华　汪　辉　宋耀远　张丽萍
张英秋　张桂芳　张雅静　范光昊　林　明
金龙石　郑金波　赵百丽　赵俊国　顾淑丽
徐　斌　徐丽丽　姬艳华　韩　民　韩庆霞

序

农业是国民经济的基础。耕地是农业生产的基础，也是社会稳定的基础。中共黑龙江省委、省政府高度重视耕地保护工作，并做了重要部署。为适应新时期农业发展的需要，确保粮食安全，增强农产品竞争能力，促进农业结构战略性调整，提高农业效益，促进农业增效、农民增收，针对当前耕地土壤现状，确定科学的土壤评价体系，摸清耕地基础地力，分析预测变化趋势，提出耕地利用与改良的措施和路径，为政府决策和农业生产提供依据，乃当务之急。

2009年，牡丹江市区结合测土配方施肥项目实施，及时开展了耕地地力调查与评价工作。在黑龙江省土壤肥料管理站、黑龙江省农业科学院、东北农业大学、中国科学院东北地理与农业生态研究所、黑龙江大学、哈尔滨万图信息技术开发有限公司及牡丹江市区农业科技人员的共同努力下，2012年完成了牡丹江市区耕地地力调查与评价工作，并通过了农业部组织的专家验收。通过耕地地力调查与评价工作的开展，摸清了牡丹江市区耕地地力状况，查清了影响当地农业生产持续发展的主要制约因素，建立了牡丹江市区、空间数据库、属性数据库和耕地地力评价体系，提出了牡丹江市区耕地资源合理配置及耕地适宜种植、科学施肥及中低产田改造的路径和措施，初步构建了耕地资源管理信息系统。这些成果为全面提高农业生产水平，实现耕地质量计算机动态监控管理，适时提供辖区内各个耕地基础管理单元土、水、肥、气、热状况及调节措施提供了基础数据平台和管理依据。同时，也为各级政府制订农业发展规划、调整农业产业结构、加快绿色食品基地建设步伐、保证粮食生产安全以及促进农业现代化建设提供了最基础的科学评价体系和最直接的理论、方法依据，也为今后全面开展耕地地力普查工作，实施耕地综合生产能力建设，发展旱作节水农业、测土配方施肥及其他农业新技术普及工作提供了技术支撑。

《黑龙江省牡丹江市区耕地地力评价》一书，集理论基础性、技术指导性和实际应用性为一体，系统介绍了耕地资源评价的方法与内容，应用大量的调查分析资料，分析研究了牡丹江市区耕地资源的利用现状及存在问题，提出了合理利用的对策和建议。该书既是一本值得推荐的实用技术读物，又是牡丹江市区各级农业工作者应具备的工具书之一。该书的出版将对牡丹江市区耕地的保护与利用、分区施肥指导、耕地资源的合理配置、农业结构调整及提高农业综合生产能力起到积极的推动和指导作用。

王国良

2017 年 11 月

前言

牡丹江市区耕地地力评价工作历时两年，克服了时间紧、任务重等诸多困难，已圆满地完成了耕地地力评价的各项工作。在此期间，在省、市各级主管部门的正确领导下，在诸多相关部门和同仁的帮助和支持下，我们吸收了已完成耕地地力评价工作的县（市）的成功经验，根据《耕地地力调查与质量评价技术规程》，结合国家测土配方施肥补贴项目，充分利用全国第二次土壤普查等原有成果，建立了规范的测土配方施肥数据库和档案，并建立了耕地资源管理信息系统，对数据的加工、处理、提取、分析和统计，最终编写了本书。

本次耕地地力评价工作，共采集了674个耕地地力评价土壤样品，开展了各项调查，并对这些样品的13个项目指标进行化验分析，将所得数值进行空间插值到确定的3 134个耕地地力评价单元上，运用建立的牡丹江市区耕地地力评价隶属函数模型和层次分析模型，对每个耕地地力评价单元进行了综合评价。本次耕地地力评价工作，在使用了1984年第二次土壤普查等工作数据和成果的同时，是对这些数据和成果的补充和完善，也是对原有数据和成果的进一步延伸和归纳。

本书的出版得到了黑龙江省土壤肥料管理站各位领导以及肇东市农业技术推广中心汪君利主任和拜泉县农业技术推广站汤彦辉站长、哈尔滨万图信息技术开发有限公司，牡丹江市农业委员会、统计局、土地局、水务局、民政局、气象局等单位和相关专家的大力支持和协助，在此表达最诚挚的谢意。

由于本次耕地地力评价工作的程序复杂、步骤繁多、工作量大、涉及面广、专业性强，加上编者水平有限，书中难免有不足之处，恳请读者批评指正。

编　者

2017 年 11 月

目录

序
前言

第一章　自然与农业生产概况 …… 1

第一节　地理位置与行政区划 …… 1
第二节　自然与农村经济概况 …… 1
一、土地资源概况 …… 1
二、地质地貌 …… 2
三、气候 …… 5
四、水文 …… 10
五、植被 …… 12
六、自然灾害 …… 13
七、农村经济 …… 16
第三节　农业生产概况 …… 17
一、农业生产简史 …… 17
二、农业生产现状 …… 18
第四节　农业生产施肥概况 …… 18
第五节　耕地改良利用与生产现状 …… 19
第六节　耕地保养管理的简要回顾 …… 21

第二章　耕地土壤立地条件与农田基础设施 …… 23

第一节　影响成土过程的因素 …… 23
一、自然因素对成土过程的影响 …… 23
二、人为因素对成土过程的影响 …… 26
第二节　土壤的形成过程 …… 28
一、腐殖质化过程 …… 28
二、白浆化过程 …… 28
三、草甸化过程 …… 29
四、沼泽化过程 …… 29

五、水稻土形成过程 …… 29
第三节 土壤分类系统 …… 30
第四节 土壤分布规律 …… 32
一、土壤的垂直分布 …… 33
二、土壤的地域分布 …… 34
第五节 土壤类型概述 …… 35
一、暗棕壤土类 …… 37
二、白浆土类 …… 48
三、草甸土类 …… 53
四、沼泽土类 …… 63
五、泥炭土类 …… 65
六、新积土类 …… 67
七、水稻土类 …… 70

第三章 耕地地力评价技术路线 …… 76

第一节 调查方法与内容 …… 76
一、调查方法 …… 76
二、调查内容与步骤 …… 77
第二节 样品分析化验质量控制 …… 79
一、实验室检测质量控制 …… 80
二、地力评价土壤化验项目 …… 80
第三节 数据质量控制 …… 81
一、田间调查取样数据质量控制 …… 81
二、数据审核 …… 81
三、数据录入 …… 81
第四节 资料的收集与整理 …… 82
一、资料收集与整理流程 …… 82
二、资料收集与整理方法 …… 82
三、图件资料的收集 …… 83
四、数据及文本资料的收集 …… 84
五、其他资料的收集 …… 84
第五节 耕地资源管理信息系统的建立 …… 85
一、属性数据库的建立 …… 85
二、空间数据库的建立 …… 86
三、空间数据库与属性数据库的连接 …… 86
第六节 图件编制 …… 86
一、耕地地力评价单元图斑的生成 …… 86
二、采样点位图的生成 …… 87

三、专题图的编制 …… 87
四、耕地地力等级图的编制 …… 87

第四章　耕地土壤属性 …… 88

第一节　土壤化学性状 …… 88
一、土壤有机质 …… 89
二、土壤氮素 …… 95
三、土壤磷素 …… 111
四、土壤钾素 …… 125
五、土壤酸碱度（pH） …… 138
六、土壤微量元素 …… 142
第二节　土壤物理性状 …… 167
一、土壤质地 …… 167
二、土壤容重 …… 169
三、土壤孔隙状况 …… 170
四、土壤水分状况 …… 170
五、土壤三相比 …… 171
第三节　土壤肥力的演变 …… 172
一、土壤物理性状的演变 …… 172
二、土壤养分含量的演变 …… 173

第五章　耕地地力评价 …… 176

第一节　耕地地力评价基本原理 …… 176
第二节　耕地地力评价原则和依据 …… 176
一、综合因素研究和主导因素分析相结合的原则 …… 177
二、定性与定量相结合的原则 …… 177
三、采用 GIS 支持的自动化评价方法的原则 …… 177
第三节　利用耕地资源管理信息系统进行地力评价 …… 177
一、确定评价单元 …… 177
二、确定评价指标 …… 178
三、评价单元赋值 …… 183
四、评价指标的标准化 …… 183
五、进行耕地地力等级评价 …… 192
六、计算耕地地力生产性能综合指数（*IFI*） …… 193
七、确定耕地地力综合指数分级方案 …… 193
第四节　耕地地力评价结果与分析 …… 194
一、一级地 …… 196
二、二级地 …… 197

三、三级地…… 197
四、四级地…… 198
五、五级地…… 199
第五节 中低产土壤障碍因素及利用方向 …… 199
一、中低产田的类型与成因…… 199
二、中低产田利用方向…… 200
第六节 归并农业部地力等级指标划分标准…… 200
一、国家农业标准…… 200
二、耕地地力综合指数转换为概念型产量…… 201
第七节 地力评价结果验证 …… 201

第六章 耕地区域配方施肥推荐…… 203

第一节 区域施肥推荐 …… 203
一、区域耕地施肥区划分…… 203
二、施肥分区施肥方案…… 206
第二节 单元施肥推荐 …… 208
一、施肥参数建立…… 209
二、单元施肥推荐…… 210
第三节 农户施肥推荐 …… 212
一、施肥推荐方法…… 212
二、函数的建立…… 213
三、各养分之间的比例确定…… 214
第四节 施肥推荐的查询和批量输出 …… 214
一、单元施肥推荐…… 214
二、农户施肥推荐…… 215

第七章 耕地土壤存在的主要问题及改良利用…… 216

第一节 水土流失及其防治 …… 216
一、水土流失的危害…… 216
二、水土流失的原因…… 217
三、水土流失防治回顾…… 219
四、水土流失防治措施…… 220
第二节 土壤污染及其防治 …… 221
一、土壤污染的途径…… 222
二、土壤污染的现状…… 223
三、土壤污染的防治…… 223
第三节 白浆土的改良 …… 224
一、掺沙与盖沙…… 224

二、施用草炭…… 225
三、增肥改土…… 225
四、深松深施肥…… 225
五、种植绿肥…… 226
六、改变利用方式…… 226

附录 …… 227

附录 1　大豆适宜性评价专题报告…… 227
附录 2　耕地地力评价与种植业布局报告 …… 242
附录 3　耕地地力评价与平衡施肥专题报告 …… 261
附录 4　牡丹江市区耕地地力评价工作报告 …… 270
附录 5　牡丹江市区各村土壤养分统计 …… 277

第一章　自然与农业生产概况

第一节　地理位置与行政区划

牡丹江市位于黑龙江省东南部，牡丹江穿城而过。牡丹江是满语“牡丹乌拉”的译音，意为“弯曲的江”。牡丹江市区地理坐标为北纬44°20′～44°58′、东经129°19′～130°04′。北部与林口县相连、西部与海林市相接、南邻宁安市，是黑龙江省重要的综合性工业城市、对俄经贸城市和旅游城市，也是黑龙江省东南部的经济、文化、交通中心。

牡丹江市区平均海拔230米，地形以山地和丘陵为主，呈中山、低山、丘陵、河谷盆地4种形态。东部为长白山系的老爷岭和张广才岭；中部为牡丹江河谷盆地，山势连绵起伏，河流纵横，俗称“九分山水一分田”。

牡丹江市区属中温带大陆性季风气候，年平均气温4.5℃，四季分明，气候宜人，素有“塞北江南”和“鱼米之乡”之称。

牡丹江市区设东安区、西安区、爱民区、阳明区4个市辖区，包括铁岭、兴隆、温春、桦林、北安、五林、海南、磨刀石8个乡（镇）。其中，五林、海南、磨刀石3个乡（镇）是2010年归属到牡丹江市区内的，牡丹江市区共114个行政村。

根据2010年人口普查资料，牡丹江市总人口279.9万人。其中，市区人口96.5万人。现有少数民族38个，少数民族人口18.2万人，占全市总人口的6.5%。其中，朝鲜族10.4万人，满族6.9万人，回族5 970人，蒙古族2 820人，分别占少数民族人口的57.1%、37.9%、3.3%和1.5%。少数民族居住呈大分散、小集中的特征。

第二节　自然与农村经济概况

一、土地资源概况

牡丹江市区行政区域总面积为236 021.7公顷，耕地面积为49 059.8公顷，占总面积的20.79%；园林面积为2 333.42公顷，占总面积的0.99%；林地面积为130 140.72公顷，占总面积的55.13%；草地面积为1 840.51公顷，占总面积的0.78%；城镇村及工矿用地面积为13 751.92公顷，占总面积的5.83%；交通运输用地面积为3 846.68公顷，占总面积的1.63%；水域及水利设施用地面积为5 591.44公顷，占总面积的2.37%；其他土地面积为29 457.33公顷，占总面积的12.48%（表1-1）。

表 1-1　牡丹江市区土地资源统计

土地资源类型	面积（公顷）	占总面积（%）
耕地	49 059.8	20.79
园地	2 333.42	0.99
林地	130 140.72	55.13
草地	1 840.51	0.78
城镇村及工矿用地	13 751.92	5.83
交通运输用地	3 846.68	1.63
水域及水利设施用地	5 591.44	2.37
其他土地	29 457.33	12.48
行政区域总面积	236 021.7	100.00

注：引自牡丹江市土地资源局资料。

二、地质地貌

（一）地质

牡丹江市地处佳木斯隆起南部与张广才岭优地槽褶皱带的衔接部位。元古代时被海洋淹没，地壳不稳。元古代末期至早、中寒武世，随着佳木斯-兴凯地块的形成而显露出来。早古生代沿地块的东西两侧发生裂陷，伴有局部扩张，中加里东期地槽封闭。晚古生代佳木斯地块两侧处于不同的陆缘活动带中，形成海陆交互相，即陆相沉积。晚华力西-印支期陆内造山作用，形成该区的基本构造格架；燕山运动塑造了近代地貌的雏形；喜马拉雅运动使境内地貌形态基本定型。但新构造运动依然剧烈，曾多次喷发玄武岩浆。第四纪全新世中期以后，地壳才相对稳定。

1. 构造　牡丹江市处于天山-兴安地槽褶皱区与滨太平洋地槽褶皱区的衔接部位，属于吉黑褶皱系东部的佳木斯隆起与张广才岭优地槽褶皱带两个三级构造单元。

（1）佳木斯隆起：是一个古生代地槽褶皱带内的前寒武纪中间地块。东面以密敦断裂与延边褶皱系分界；西面以牡丹江断裂与张广才岭优地槽褶皱带毗邻；北面过林口县伸展到佳木斯境内。从铁岭镇至穆棱县一带的八面通凸起是佳木斯地块中的一个四级构造单元。

（2）张广才岭优地槽褶皱带：呈北东走向，东部以牡丹江断裂与佳木斯隆起分界；南北两端通过辖县进入吉林省及汤原、伊春境内；西面过海林县延伸到松花江地区。宁安凹陷是该褶皱带的一个四级构造单元，于早白垩-晚白垩世断陷形成，牡丹江市处在该断陷盆地的北缘。

牡丹江市还有两条断裂带通过。牡丹江-伊林断裂是密敦断裂的次级构造，近东西向展布，控制宁安凹陷的北界；青梅-兰岗断裂是牡丹江断裂的南端部分，呈北东向展布，温春一带的火山口受其次级构造控制。

2. 地层

（1）元古界：牡丹江市的元古界地层有麻山群和黑龙江群。

①麻山群西麻山组。主要分布在北部桦林镇以东和西部凤凰山至温春西山一带，由条带状及条痕状混合岩、斑状混合岩、混合花岗岩、混合岩化黑云斜长片麻岩、角闪斜长片麻岩、黑云变粒岩、石墨片岩组成，夹大理岩透镜体，厚950米，为角闪岩相变质建造。

②黑龙江群。分布在青梅至北岔、大青背一带，分下亚群和上亚群。下亚群由白云钠长片岩、含石榴二云钠长片岩、含石榴白云钠长石英片岩夹透镜状大理岩、白云石英片岩、石英岩、绿泥钠长片岩、绿泥透闪钠长片岩、透闪石片岩、含蓝闪石绿泥绿帘钠长片岩及少量蓝闪石片岩组成，厚3 905米；上亚群主要由斜长角闪岩、条痕状混合岩、含石榴黑云变粒岩组成，厚1 608米。黑龙江群主要为绿片岩相变质建造，自下而上由低绿片岩相过渡到低角闪岩相。

（2）中生界：中生界地层分布较广，侏罗系中统太安屯组出露在草帽顶及烧明子以西，由流纹质凝灰熔岩、凝灰岩夹黑色板岩组成，厚1 340米。侏罗系上统宁远村组出露在西部与海林县交界处，主要岩性为灰紫色流纹质凝灰熔岩夹英安岩，厚1 682米。白垩系下统敖头组分布于林房子至林家站一带，由中酸性火山碎屑岩、火山碎屑沉积岩组成，厚2 718米；猴石沟组分布在青梅、东村至东和一带，由沙砾岩、砂岩夹粉砂岩组成，厚2 197米。白垩系上统海浪组出露在谢家沟、海浪至温春以西，由紫色沙砾岩、砂岩及粉砂泥质岩组成，厚1 476米。

（3）新生界：新生界地层分布广泛。下第三系黄花组分布在黄花车站以北，下部由半固结的沙砾岩、砂岩、粉砂岩、泥质岩组成，含耐火黏土矿体；上部为橄榄拉斑玄武岩夹砂岩、泥岩、油页岩及褐煤，总厚216米；八虎力组出露在桦林镇东北，由沙砾岩、砂岩组成。上第三系道台桥组分布于兴隆镇、东村及东和一带，由胶结疏松的沙砾岩、砂岩、泥质岩及玄武岩组成，厚106米；高位玄武岩分布在东村以东至大架子（牡丹峰）一带，为致密块状、气孔状橄榄玄武岩及玄武质火山集块岩，厚度50～200米。第四系上更新统冲积的砾石、沙、亚黏土及所夹镜泊中期玄武岩，分布在温春至海浪一带牡丹江二级阶地上，并有七座火山锥；顾乡屯组为河成一级阶地堆积，由亚黏土、沙、砾石组成。全新统河床与河漫滩堆积沿牡丹江及其支流河谷分布，由冲积、洪积物构成。

3. 侵入岩　牡丹江市出露的侵入岩分属三个侵入旋回，有晚元古代侵入岩、华力西晚期侵入岩和燕山早期侵入岩。晚元古代侵入岩分布在市区北部至桦林一带，岩性主要为似斑状花岗闪长岩及花岗岩，是柴河岩体的南延部分。华力西晚期侵入岩主要有花岗闪长岩及白岗质花岗岩，呈岩基产出，前者见于长岭子，后者分布在三道关一带。燕山早期侵入岩分布于市区西北，主要为白岗质花岗岩，其次有文象花岗岩及花岗斑岩，多呈北东方向的岩株产出。

（二）地貌

牡丹江市区四面环山，中部低平，地势由东南和西北向中部倾斜，形成盆地。河流大部分注入中部的牡丹江。以江为界，西半部属张广才岭，东半部属老爷岭。山丘顶部浑圆，山地平缓，海拔在300～800米。最高是牡丹峰，海拔1 115米；最低是大湾村的漫滩地和铁岭镇洼地，海拔200米。

1. 地貌类型 牡丹江市地貌类型见图 1 - 1。

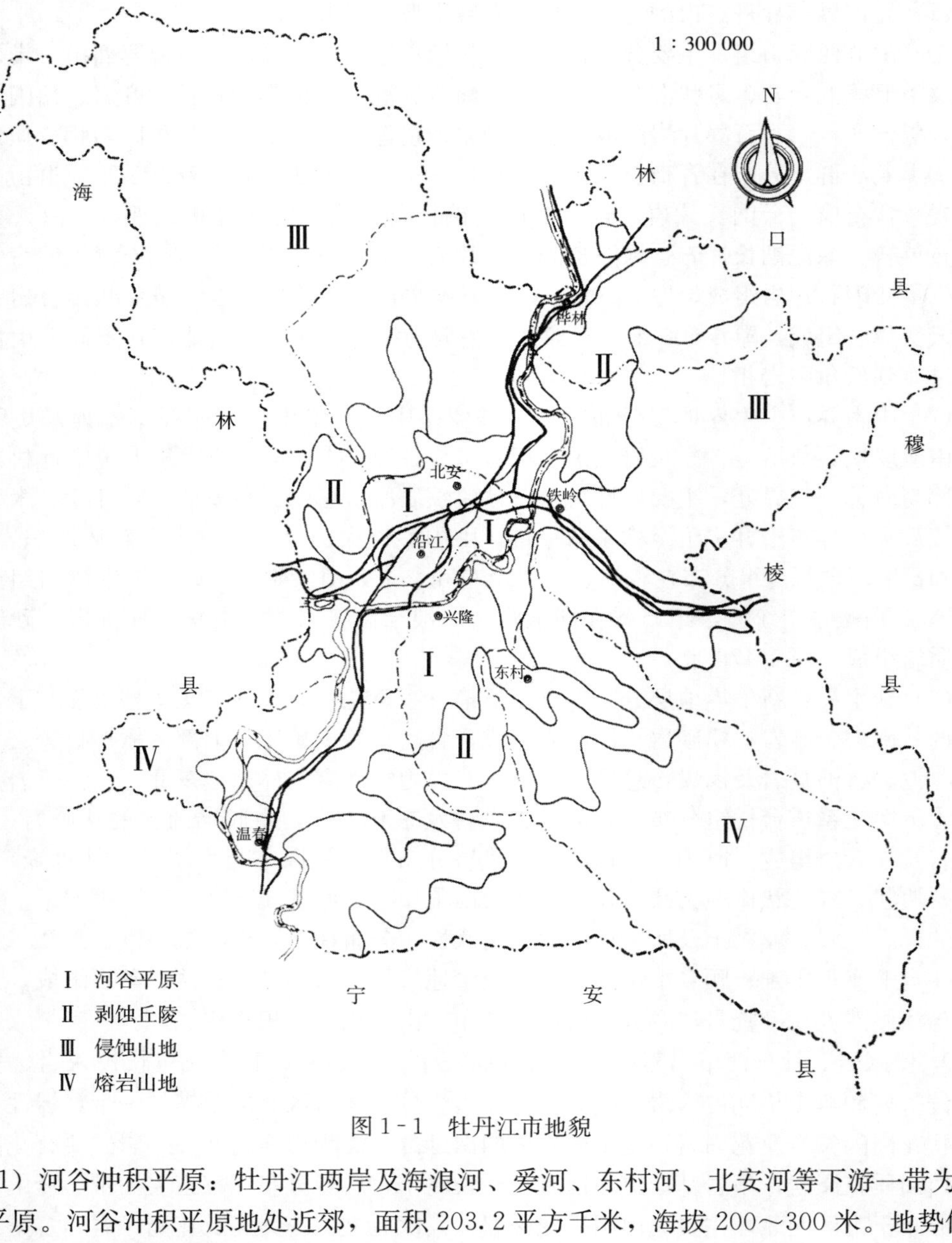

图 1 - 1 牡丹江市地貌

（1）河谷冲积平原：牡丹江两岸及海浪河、爱河、东村河、北安河等下游一带为河谷冲积平原。河谷冲积平原地处近郊，面积 203.2 平方千米，海拔 200～300 米。地势低平，土质肥沃，土地利用率高，为春、夏菜生产基地。

（2）剥蚀丘陵：温春、东和、楼房、东村、四道岭子和桦林一带为剥蚀丘陵。剥蚀丘陵地处中郊，面积 267.8 平方千米，海拔 250～400 米，地面坡度 4°～10°。坡缓岗平，水系发达，便于灌溉，属于半粮半菜农业区。

（3）剥蚀侵蚀山地：市郊西北的安仿山、青梅山地一带为剥蚀侵蚀山地。剥蚀侵蚀山地地处远郊，面积 482.9 平方千米，海拔 300～800 米，坡度 5°～20°。山多半圆形，为森林覆盖。山地中沟溪纵横，耕地面积少，是林、牧、副业生产基地。

（4）熔岩山地：大观岭、黑山山地一带为熔岩山地。熔岩山地亦属远郊地区。面积397.1平方千米，海拔300～900米，坡度5°～20°。也是林、牧、副业生产基地。

2. 主要山脉 境内山脉属长白山系的老爷岭和张广才岭。老爷岭从宁安县入境，向北伸延。在东部成为牡丹江市区与穆棱县的交界线，是牡丹江与穆棱河的分水岭。老爷岭是满语“拉延粘力”的转音，汉语意为“蔫巴”，即山高，树木长得不茂盛。境内天岭是老爷岭北端的主峰，天岭又名大架子山，位于城区东南20千米处。峰顶东西横跨牡丹江市与穆棱县边界，南与宁安县相连。1981年辟为自然保护区时改名为牡丹峰。峰顶为4平方千米的平台，东侧有一山泉，每昼夜流量约45吨。山中有早于渤海的古城遗址。

张广才岭的主脉在牡丹江市西边沿海林县与尚志县边界向东北伸延，牡丹江西部境内的钓鱼山、蛤蟆塘山、草帽顶子、大砬子等是张广才岭的余脉。市区北20千米有鸡冠砬子山，山顶为石峰，形如鸡冠，峰下有一洞，状似晨鸡报晓，山脊顺势有古城墙遗址。

三、气　候

牡丹江市属中纬度大陆性季风气候，处于西风环流控制下，季风显著，四季分明。春季受气旋和反气旋追逐式移动，气温忽高忽低，“三寒四温”现象明显；风多风大，常有春旱发生；降水开始增加后，回暖较快。夏季在副热带太平洋高压控制下，受东南季风影响，气温和降水量为全年最高。秋季西伯利亚高压开始增强，在北方冷空气逐渐控制下，降温快、降水少，多秋高气爽天气；但昼夜温差大。冬季在大陆冷空气控制下，严寒干燥。四季中冬季持续时间最长，降水量在各季中最少。

根据近20年的气象资料统计，牡丹江市年平均太阳辐射总量为120千卡/平方厘米。年平均气温5.0℃。年平均降水总量549.9毫米。年平均日照总时数2 295.1小时。年平均无霜期141天。年平均蒸发总量1 262.3毫米。年平均相对湿度66%。年≥10℃平均积温2 854.1℃。年平均风速2.1米/秒。

（一）四季划分及特征

1. 四季划分 根据气候资源，结合生产和生活实际，参照全国四季划分方法，平均气温低于5℃的季节为冬季，高于20℃的季节为夏季，5～20℃的季节为春季和秋季。

各季的开始与结束日期，因每年气候变化不同，常早于或晚于平均日期。为方便起见，将4～5月定为春季，6～8月定为夏季，9～10月定为秋季，11至翌年3月定为冬季。

2. 四季特征

（1）春季：太阳高度角逐渐增加，白昼渐长，气温明显回升，降水量开始增加。3月底至4月初，积雪基本融尽，气温稳定通过0℃，恰值麦播期。4月平均气温6.1℃，5月平均气温猛升到13.8℃，终霜一般在5月11日。4月和5月平均降水量共76.4毫米，占年平均降水总量的13.9%。平均日照时数共481.6小时，占年平均日照总时数的21.0%。4～5月平均风速3.3米/秒，居各季之首。春季盛行偏西风。5月平均蒸发量226.3毫米，在全年各月中居第一，有“十年九春旱”之说。

（2）夏季：太阳高度角在各季中最高，昼长夜短。季平均气温20.4℃。季平均降水总量333.6毫米，占全年平均降水总量的60.7%，是全年降水最多的季度；其中8月为128.0毫米，又是全年降水最多的月份。连续降水最长纪录为16天（1956年7月），降水量达152.1毫米。夏季初始见冰雹，7～8月有暴雨，洪涝多发生在8月。全季平均日照时数共683.8小时，占全年平均日照总时数的29.8%。平均风速2.1米/秒，在各季中最小，但瞬间风速有时可达9级以上，1976年7月27日瞬间风速达40米/秒，相当10级以上大风。夏季盛行偏南风。

（3）秋季：太阳高度角渐低，白昼渐短，气温明显下降。9月平均气温13.9℃，比8月降低6.8℃，10月平均气温5.4℃，又比9月降低8.5℃。昼夜温差大，秋凉明显。9月初见白露，9月下旬初见霜。秋季平均降水量共89.9毫米，占年平均降水总量的16.3%。9月降水比7～8月明显减少，多晴朗天气。全季平均日照时数共417.0小时，占年平均日照总时数的18.2%。季平均风速2.2米/秒，盛行偏西风。

（4）冬季：太阳高度角在各季中最低，昼短夜长。季平均气温－11.5℃，其中1月平均气温－18.3℃。季平均降水量共42.1毫米，占年平均降水总量的7.7%。全季平均日照时数共951.1小时，占年平均日照总时数的41.4%。冬季盛行偏西风，平均风速2.5米/秒，仅次于春季。全季严寒干燥。

（二）气象状况

1. 日照 牡丹江市区年均太阳辐射总量为120千卡/平方厘米，5～9月的辐射量最多，为68千卡/平方厘米。全年以5月日照时数最多，3月次之。夏季虽昼长夜短，日照时数多，但时逢雨季，多阴霾天气，其日照率为最少。农作物生长季（5～9月）日照时数1 147.4小时。

2. 气温 1991—2010年牡丹江市区年平均气温5.0℃，变幅在4.2～6.1℃。历史上极端最高温度为36.6℃（1924年），极端最低温度为－45.2℃（1920年）。全年1月最冷，7月最热。日平均温度稳定通过10℃为5月6日。≥10℃活动积温平均2 854.1℃。但积温的年际变率较大，1991—2010年，最高年份3 224.3℃（1998年），最低年份2 346.9℃（1992年）。≥30℃日数平均18.1天。秋季气温稳定通过10℃的终期为9月27日。牡丹江市2008—2010年各月份气象统计数据见表1-2，年积温分布见图1-2。

表1-2 2008—2010年各月份气象统计

月份	平均气温（℃）			降水量（毫米）			日照（小时）		
	2008年	2009年	2010年	2008年	2009年	2010年	2008年	2009年	2010年
全年	6.1	4.4	4.3	549.2	585.1	503.2	2 352.2	2 217.1	2 214.1
1	－17.5	－15.2	－16.3	0.1	23.2	5.0	203.7	135.3	179.6
2	－10.7	－12.1	－14.0	0.0	13.2	14.8	225.0	164.0	165.4
3	1.7	－3.6	－7.2	19.1	7.0	21.9	153.8	206.8	209.1
4	10.9	7.9	3.8	17.5	58.7	26.7	211.0	220.8	182.8
5	12.6	17.2	15.4	130.6	19.4	57.0	201.8	264.2	212.5
6	20.8	17.6	23.7	36.3	133.1	33.6	290.8	144.3	276.0
7	23.8	21.6	22.9	139.2	125.8	116.9	209.7	192.3	191.3

（续）

月份	平均气温（℃）			降水量（毫米）			日照（小时）		
	2008 年	2009 年	2010 年	2008 年	2009 年	2010 年	2008 年	2009 年	2010 年
8	21.6	21.3	22.1	125.5	104.6	132.9	168.4	206.1	199.9
9	15.4	14.6	15.3	41.9	44.2	4.7	224.8	217.5	198.3
10	8.0	6.5	5.8	28.5	25.7	38.8	160.4	188.0	186.2
11	−3.5	−6.6	−4.2	8.8	16.0	26.5	139.7	155.1	119.2
12	−10.4	−16.1	−15.3	1.7	14.2	24.4	163.1	122.7	93.8

注：引自牡丹江市统计局统计年鉴。

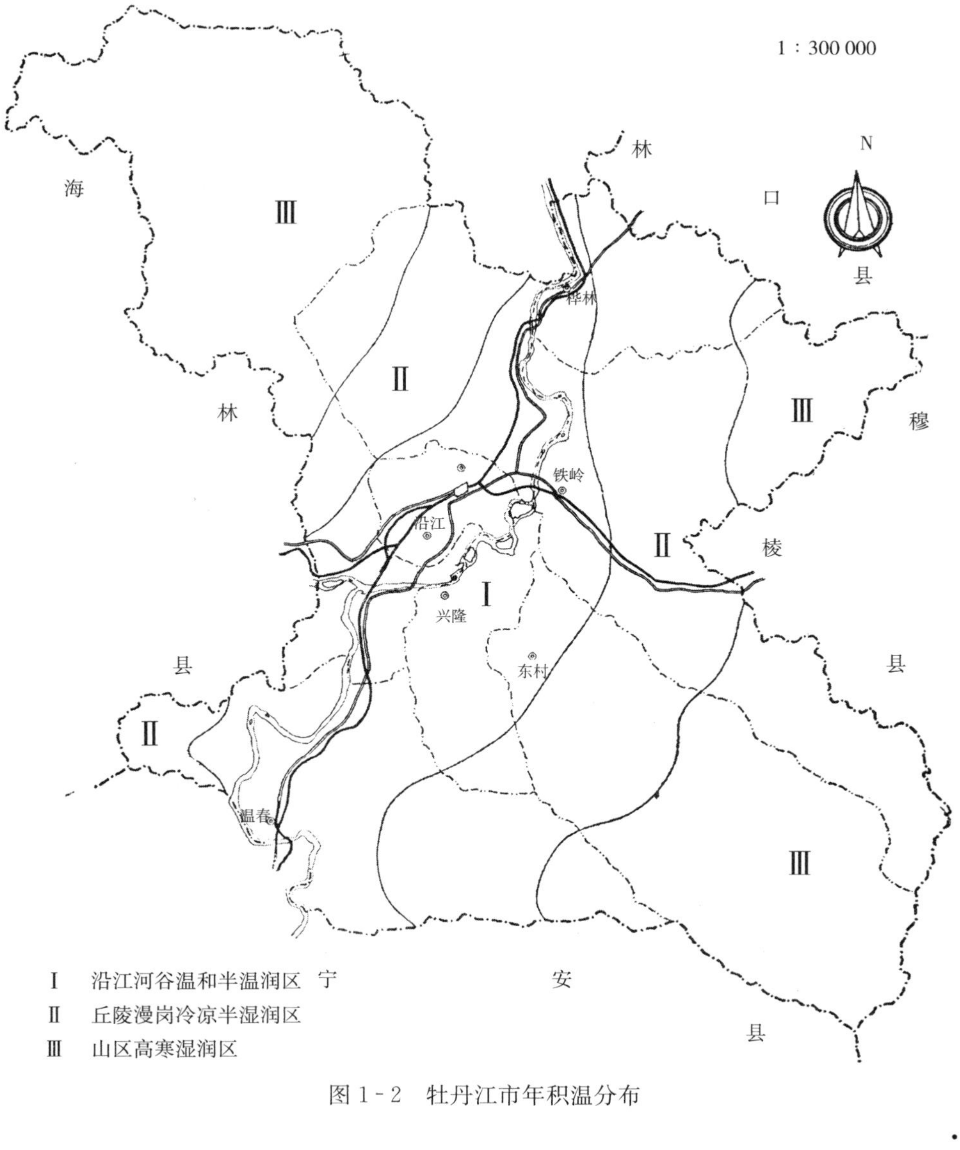

图 1-2　牡丹江市年积温分布

3. 地温和冻土 牡丹江市区地面年平均温度为 7.0℃，最高 26.3℃（7 月）；最低－18.9℃（1 月），一年中的温差 45.2℃。地面极端最高温度 68.5℃，最低－44.7℃。初冻在 10 月下旬，封冻 11 月中旬，全年土壤冻结期 140 天左右，冻土深度 1.72 米。4 月初土壤开始稳定解冻，4 月中旬末可解冻 30 厘米，5 月上旬化透。

表 1-3 1991—2010 年气象情况统计

年份	平均气温（℃）	≥10℃积温（℃）	降水量（毫米）	日照（小时）	无霜期（天）	地温（℃）	平均风速（米/秒）
1991	4.3	2 847.0	633.5	2 125.8	120.0	5.7	2.4
1992	4.7	2 346.9	636.3	2 305.2	128.0	6.2	2.3
1993	4.5	2 662.9	665.3	2 294.5	139.0	5.7	2.2
1994	5.1	2 927.9	656.3	2 199.4	142.0	6.4	2.4
1995	5.4	2 700.5	533.1	2 176.8	128.0	6.9	2.4
1996	4.7	2 706.7	503.9	2 259.9	137.0	5.9	2.4
1997	4.7	2 802.0	503.7	2 352.6	122.0	5.2	2.3
1998	6.0	3 224.3	517.1	2 405.4	144.0	7.4	2.4
1999	5.1	2 698.7	397.7	2 323.9	127.0	8.1	2.5
2000	4.2	3 094.7	590.7	2 298.7	164.0	4.8	2.0
2001	4.4	2 849.8	606.4	2 570.6	144.0	4.8	2.1
2002	5.1	2 919.5	624.4	2 179.4	148.0	6.4	2.1
2003	5.5	2 807.2	439.6	2 221.2	145.0	7.0	2.0
2004	5.3	2 870.3	546.8	2 297.0	153.0	7.2	2.3
2005	4.5	2 921.6	457.8	2 270.7	148.0	8.4	1.7
2006	5.2	3 118.7	468.2	2 496.7	168.0	8.4	1.9
2007	6.1	3 087.5	579.7	2 339.8	154.0	8.4	1.9
2008	6.1	2 740.2	549.2	2 352.2	141.0	8.7	1.9
2009	4.4	2 892.9	585.1	2 217.1	135.0	8.8	1.7
2010	4.3	2 862.4	503.2	2 214.1	132.0	9.5	1.8
平均值	5.0	2 854.1	549.9	2 295.1	141.0	7.0	2.1
最大值	6.1	3 224.3	665.3	2 570.6	168.0	9.5	2.5
最小值	4.2	2 346.9	397.7	2 125.8	120.0	4.8	1.7

注：引自牡丹江市气象局资料。

4. 降水 牡丹江市年平均降水量 549.9 毫米，年际变化较大，最大可达 665.3 毫米（1993 年），最小为 397.7 毫米（1999 年）（表 1-3）。各年季节间变化差异悬殊，夏季雨量充沛，约占 80%的降水集中在作物生长季，其中 7～8 月是降水峰值，平均 119～128 毫米；10 月至翌年 4 月降水量占 20%。年降水平均日数 115.3 天，为全年日数的 31.6%。日降水量最高值出现在 16～18 时，另一高值出现在 4～6 时。降水强度以 7～8 月最大，此间多大雨、暴雨或雷阵雨，降暴雨日数年平均 0.4 天。全市降水分布见图 1-3。

冬季降雪约占全年降水量的 6%。初雪最早出现在 9 月 24 日；最晚是 10 月 28 日，年平均降雪日数为 31.6 天，年最多降雪日数为 49 天，年最少降雪日数为 18 天，积雪最深 39 厘米。

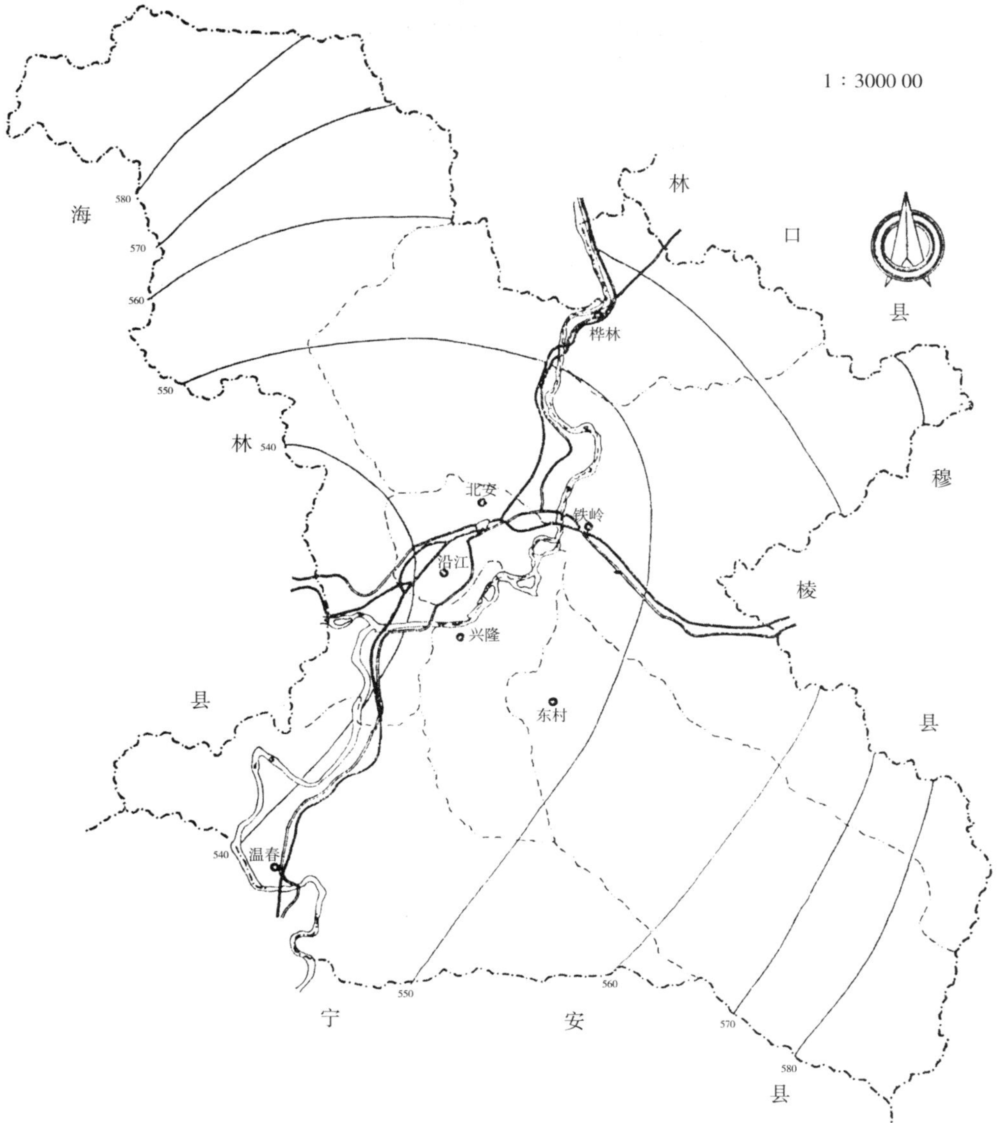

图 1-3　牡丹江市年降水分布

5. 风　牡丹江市受西南气流影响较大，历年西、南风频率为 32%。春季多偏西风、西南风；夏季以西南风、偏南风为主；秋季多偏西风；冬季以西北风、偏北风为主。年平均风速为 2.1 米/秒（表 1-3）。一年中 4 月平均风速最大，为 3.5 米/秒；8 月平均风速最小，为 1.9 米/秒。春季最大风速有时可达 23.7 米/秒，强度可达 8 级左右。夏季风势最小，但雷雨前的阵风有时也达 8 级以上。冬季冷峰过境也出现 6～8 级大风，受大风影响，气温也随之大幅度下降。全市出现大风次数年平均 28 天，最多 54 天（1980 年），最少 7 天（1962 年）。

6. 湿度　牡丹江市由于受季风环流影响，各季干湿交替变化比较明显。年平均相对湿度为66%，年平均蒸发量为1 262.3毫米。夏季雨热同季，相对湿度为各季之首，其中7～8月高达77%，而蒸发量仅占全年的25.9%。秋季平均相对湿度为68%，蒸发量为200.5毫米。冬季平均相对湿度为65%，蒸发量156.1毫米。春季降水量虽然比冬季多，但平均风速大，蒸发量大，其平均相对湿度仅为54%，最小相对湿度只占0～2%。5月的蒸发量高达234.4毫米，为全年之首。

（三）农业气候区划

根据热量资源及水分条件，牡丹江市区划分为3个农业气候区。

1. 沿江河谷温和半湿润区 位于牡丹江中游河谷两岸，包括桦林、北安、铁岭、沿江、兴隆、温春各乡（镇）沿牡丹江两岸部分。地势较低平，是本区主要农作物耕种区，可种植中晚熟品种。

无霜期为125～135天，年平均气温≥3.5℃，日平均气温稳定通过10℃的积温2 600℃，≥0℃的积温为3 068℃，稳定通过0℃日期为4月2日，稳定通过10℃日期为5月6日，枯霜期在9月下旬。热量资源较为充分，属于温和气候类型。

水资源较为充足，年降水量525～650毫米，生长季干燥指数（k）为$0.8 \leqslant k \leqslant 1.0$，属于半湿润区。春季湿润系数为0.76，也属于半湿润区，但不稳定，常有春旱发生。

2. 丘陵漫岗冷凉半湿润区 位于山区与小平原过渡地带的丘陵漫岗区，包括桦林镇南城子，北安乡丰收、八达、放牛，铁岭镇青梅、南岔、北岔，温春镇东和楼房等各村（屯）以及兴隆镇一部分。山间各地日温差较大，热量资源不充裕。一般适宜种植中熟或中晚熟品种，粮菜搭配种植。

无霜期为115～125天，年平均气温为2.5～3.5℃，日平均气温稳定通过10℃积温在2 400～2 600℃，稳定通过0℃的日期为4月上旬，枯霜期在9月中旬末，热量资源基本够用，有时尚感不足。属于冷凉气候类型。

水资源比较充分，年降水量在550～570毫米，生长季干燥指数（k）$0.86 \leqslant k \leqslant 0.94$，春季湿润系数$C<0.86$，属于半湿润区。

3. 山间高寒湿润区 处于老爷岭和张广才岭支脉上，属于高寒气候类型。处于该区的有铁岭镇的大青背、长岭，东村乡的石峰沟等村（屯）以及三道乡等。该区多山，大部为森林覆盖，部分山间岗地辟为耕地。积温随地势增高而减少，每增加100米高度，积温减少200℃。只适宜种植粮食作物的早熟品种或粮薯搭配种植。

无霜期在110天以下，日平均气温稳定通过0℃日期为4月中旬，稳定通过10℃日期为5月上中旬，酷霜期在9月中旬，热量不足，属于高寒气候类型。

水资源充足，全年降水量在560～600毫米以上，生长季干燥指数$k<0.86$，春季湿润系数$C>10$，属于湿润区。

四、水　　文

牡丹江市水资源总量为3.2亿立方米，市区境内地表水极为丰富，地表水资源量为2.9亿立方米，地下水资源也很丰富，资源量为1.1亿立方米，年降水量为7.5亿立方米。水质类型为重碳酸钙镁型水，pH在6.5～7.8。

牡丹江市区地表与地下水资源多集中在平原区，水资源丰富，并且都是矿化度低、污染轻的淡水，水质较好，对发展工农业生产，满足人民生活需要，提供了充足的水资源条件。牡丹江水系见图 1－4。

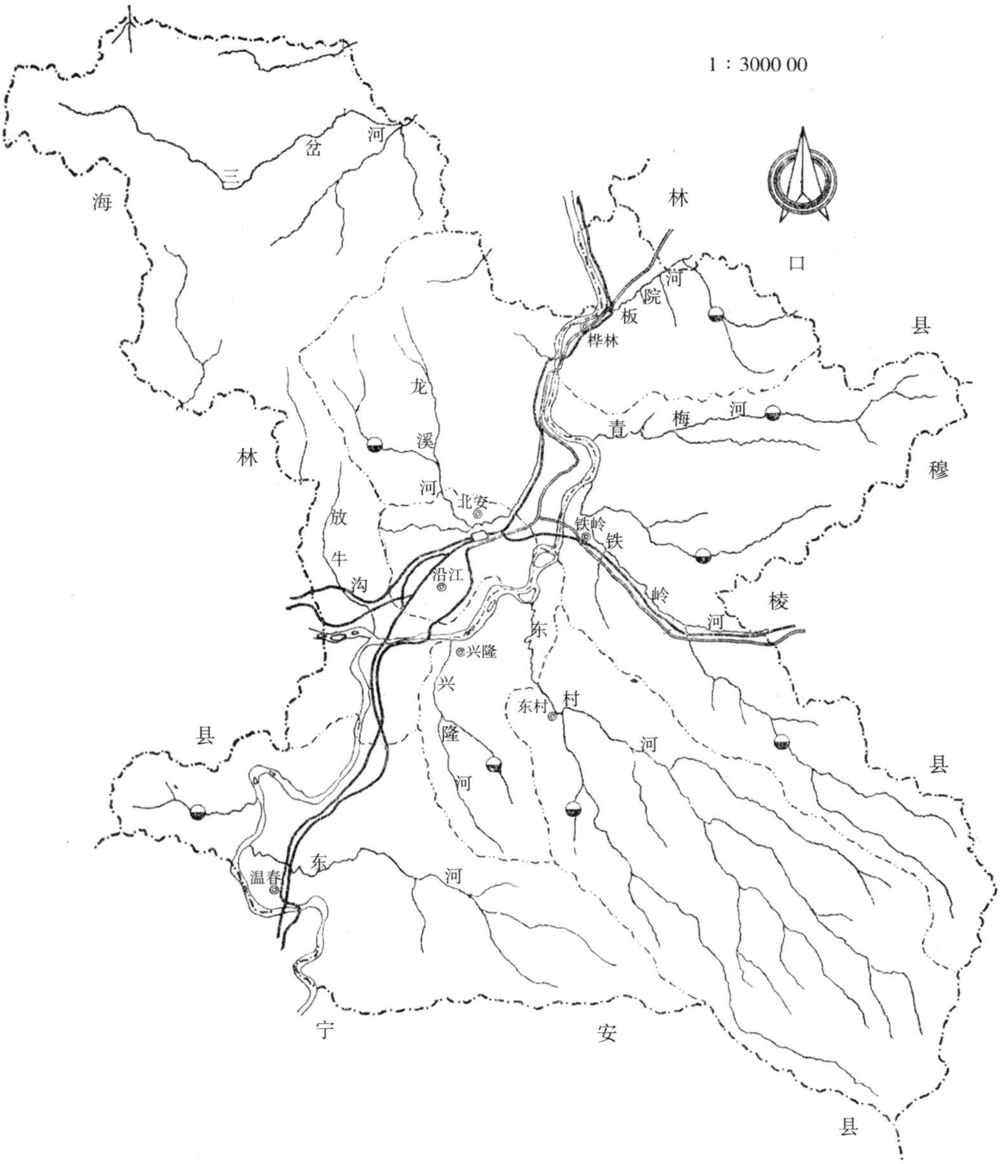

图 1－4　牡丹江市水系分布

（一）江河

牡丹江市有大小河流 52 条，总长约 1 370 千米，均属牡丹江水系。其中，一级支流 11 条，二级支流 7 条，共长 298.6 千米。流域面积大于 10 平方千米的河流 18 条，长 359 千米，在牡丹江市的流域面积 1 141 平方千米。其中，流入牡丹江市最大的纵支流有海浪河、亮子河。牡丹江发源于吉林省敦化市西南的牡丹岭，经宁安县流入牡丹江市，并经海林、林口两县，到依兰县境内注入松花江，全长725千米，流经牡丹江市的长度62千米，水面面积1 102.6公顷，在牡丹江市的流域面积277.5平方千米。比降为1/3 600。江面平均宽度175余米，最宽处在300米以上。深度平均3米，最深5米。年均径流量52.5亿立方米，最大径流量94.9亿立方米（1960年），最小径流量15.5亿立方米（1978年）。年平均流量168立方米/秒。枯水期一般发生在5月，最小流量4.13立方米/秒（1979年）；丰水期一般发生在8月，最大流量6 230立方米/秒（1960年）。年平均含沙量135克/立方米，最大含沙量3 980克/立方米（1965年8月7日），最小含沙量为0（封冻之后）。每年11月中下旬江水封冻，至翌年3月下旬或4月上旬解冻。冰层最厚达1.34米（1967年3月5日）。江底为沙质，属石砾型。水的理化性状良好，水质基本属于松花江水系环境质量标准Ⅲ级水体，含有丰富的营养盐类。

牡丹江市内所属一级支流有海浪河、共荣河（敖东西沟）、东和川、兴隆河、东村河、放牛沟、北安河、铁岭河（爱河）、筛子河、亮子河和三岔河共11条。其中海浪河、亮子河为外来河，在该市流域面积最小。二级支流有铁岭南沟、苇子沟、斗沟子、南城子沟、半拉窝沟、长沟和碱场沟共7条。

（二）泡泉

牡丹江市境内有大小泡子26个，分为6个泡子区，不包括公园湖，总面积110.8万平方米。其特点是面积小、水浅、水的理化条件差。卡路、朱家泡子区面积19.4万平方米。1980年以后逐渐改为养鱼池。南江泡子（亦称南泡子）区由立新泡、维新泡、市政泡、沿江泡组成，总面积27.4万平方米。1983年开始治理。阳明泡子区由阳明泡、小泡、荷花泡、北泡组成，总面积11.5万平方米。其中阳明泡、小泡、北泡已开始填充垃圾。裕民泡子区由莲花泡、北泡、南泡等组成，总面积33.9万平方米。其中莲花泡面积最大，为21.4万平方米，已辟为养鱼池。东江泡子区由大湾泡、张家泡、解放泡等组成，面积6.6万平方米。青梅、镇江泡子区由荷花泡、关家泡、靠山南泡等组成，面积5.7万平方米，水深均在1米以上。除6个泡子区外，还有8个孤泡，面积为6.3万平方米。

境内有大小泉眼258个，分布在山脚谷地之中。其中，较多的在青梅山地，有61个；团山子、南沟一带有37个；铁岭一带有21个；乜河谷地有15个；北安河流域有13个；东村、四道一带有11个。牡丹峰和四道林场的2处山泉，水量丰富，水质好，终年不断流，日流量均在40吨以上。

五、植　　被

（一）森林植被

1897年前，牡丹江境内森林植被茂密，到处布满原始森林。在修筑中东铁路时，森林植被遭到破坏。从1903年中东铁路全线通车至1945年，42年间，境内森林连遭沙俄及日本帝国主义掠夺式的采伐。随着人口的迅速增加，毁林开荒、火灾毁林等现象也不断发生，境内森林植被逐渐减少。中华人民共和国成立之后，采取封山育林、植树造林等政策和措施，使森林植被有所回升。20世纪60年代初期，森林覆盖率为60%。1962年以后，乱砍滥伐、毁林开荒及毁林搞副业等现象严重。1970 年森林覆盖率下降到 47.4%，1980 年又下降到 42.0%。1981 年以后，由于加强森林管理及天然林抚育，增加造林保存面积，使森林植被增加。1985 年覆盖率增加到 46.3%。

牡丹江市的地带性森林植被是以红松为主的针阔叶混交林，但目前这种植被数量很少，除牡丹峰自然保护区有分布外，三道林场也有少量分布。针阔叶混交林的主要组成树种有红松、云杉、冷杉、紫椴、山杨、白桦、胡桃楸、水曲柳、黄檗等。林下灌木有东北山梅花、忍冬、胡枝子、刺五加、卫矛等。林下草本植物有乌头、铃兰、玉竹、苍术、歪头菜、羊胡子、薹草及小叶芹等。次生落叶阔叶林在境内的森林植被中占主体，分布于低山丘陵地带。在阳坡和较干燥的生境处以蒙古栎和黑桦为主要成分，甚至成纯林。在比较阴湿的地方则生长着榆、紫椴、水曲柳、山杨、白桦等阔叶树种形成杂木林。林下灌木有榛子、兴安杜鹃、胡枝子、悬钩子、绣线菊及卫矛等。林下草本植物有沙参、兔儿伞、野火球、歪头菜、唐松草、宽叶山蒿、玉竹等。东村林场、三道林场、北安林场、四道林场、东和林场、青梅林场及三道、迎门山、石缝沟、大青背、苇子沟、双青、南岔、北岔、新丰等地多被天然次生林所覆盖。

人工林基本为纯林，以落叶松、红松和樟子松为主。四道、东和、东村、三道和北安等林场都有大面积人工林覆盖。

（二）灌丛植被

森林植被经严重破坏后，形成次生性灌丛。境内灌丛植被覆盖面积约 20 000 公顷。主要分布于近村（屯）的丘陵山地。组成灌丛的植物种类除胡枝子、榛子、卫矛、刺玫、蔷薇、三颗针等灌木外，还有一些呈灌木状的乔木或小乔木树种，如蒙古栎、杨、鼠李、山槐等。这些灌木以及灌木状的乔木常与一些喜光耐旱的草本植物如万年蒿、关苍术、牡蒿等混生。

（三）草甸植被

草甸（包括草山、草坡）植被分布在北安、铁岭、兴隆、温春、桦林、军马场等地。其中以铁岭覆盖为最多。由于生长条件不同，植物组成有明显差异。在比较湿润的山坡、林缘、谷地生长着拂子茅、地榆、败酱、蓬子菜等杂类草。在沟谷沼泽地段，薹草及小叶樟为优势种类，常形成塔头墩子。

六、自然灾害

牡丹江市涝灾较为频繁，中华人民共和国成立前，历史上有记载的较大水灾共 8 次。中华人民共和国成立后，发生的较大洪涝灾害有 8 次。并常有洪涝与低温寡照同时发生的情况，严重危害农业生产。境内旱灾经常发生，特别是春旱严重，有“十年九春旱”之说。境内造成灾害的冰雹虽然不多，但所发生的几次雹灾也较为严重。多发生在山地迎风坡和河谷的风口地带。虫灾也是境内常见的一种自然灾害，由于加强防治，虫灾逐年减少。

（一）水灾

1846 年，牡丹江流域发生特大水灾。

1851 年，发生大水。水位 231.49 米，流量 7 820 立方米/秒。

1862年，8月发生水灾，水位231.49米，流量7 825立方米/秒。

1896年，发生大水。水位231.47米，流量7 750立方米/秒。

1909年，发生大水。流量6 000立方米/秒。

1914年，发生大水。水位230.62米，流量6 810立方米/秒。

1932年，年降水量702.6毫米。其中，7月降水量320.7毫米，占年降水量的45.6%，仅7月31日最大降水量就有137.4毫米。牡丹江、海浪河同时泛滥。牡丹江水位230.60米。流量5 140立方米/秒。当时除太平路、东一条路、西三条路等高地外，全部受淹，受淹面积25.16平方千米，受灾较重的镇江一带，耕地浸水约1米深。

1943年，发生洪水。水位229.87米，流量3 970立方米/秒。东西长安街以南、东三条路以东全是水，低洼处水深1.3米，东四条路公园门前摆船通过。倒塌许多民房。

1951年8月22日，连续秋雨，24日夜水位达到229.20米，造成水灾。受灾最重的是北安区。其他地处较低的七星、工场、西安、东安4区部分受灾。受灾耕地面积510公顷，受灾市民648户、2 754人，受灾房屋184间。

1954年9月，发生洪水。15日最高水位228.66米，洪峰流量1 930立方米/秒，农田受灾215公顷。其中，轻灾占49.6%，中度灾害占17.5%。2 000多农户房屋受损。

1956年，发生大水。8月8日，牡丹江最高水位达到230.04米，洪峰流量4 270立方米/秒。农田被淹2 164公顷，房屋受损279间。

1957年，发生大水。8月22日水位230.31米，洪峰流量4 430立方米/秒，受灾面积653公顷。

1960年8月下旬，暴雨成灾。8月23日降水119.5毫米；24日14时，牡丹江出现中华人民共和国成立以来最高水位231.22米，洪峰流量6 230立方米/秒；15时铁岭公路桥以北600米处决堤。阳明街桥洞至机车工厂、钢铁公司大面积被淹，平地水深1～1.5米；碾子沟、八达沟、四道沟等山洪下泄，内水也汇集在阳明街一带，城区被淹面积16.81平方千米，占当时城市用地面积（34.48平方千米）的48.75%。铁岭河和江南有16个生产大队（即管理区）受灾。被淹农田2 330公顷，占农田总面积的10.8%，其中，绝产1 700公顷；倒塌房屋1 222间，受灾1 636户、6 890人，死亡11人，受伤33人；冲毁桥涵53座。市内受灾单位52家，水灾造成各种损失总计3 580.6万元。

1964年8月发生大水。8月19日8时至21日2时，42小时降水121毫米。20日晚8时半，丰收水库决口；八达沟沟口水位比1960年洪水水位高0.6米左右；天桥北第四百货商店门前积水深0.7米左右；北安三队小屯被洪水包围，水深在1米以上。21日时江水出现230.65米的最高洪峰水位，流量为5 290立方米/秒，堤坝背水面大部地段发生渗漏，并出现严重的渗漏管涌。西卡路护路堤决口；最高水位持续3个小时；受灾面积12.64平方千米，受灾农田3 100公顷，占耕地面积的15.1%。受灾工厂26个，被围村屯10个；倒塌房屋748间，造成危房1 362间，受灾总人口27 115人，冲毁桥涵13座，其中市内桥涵3座。单是工业方面的直接和间接损失达104万元。

1965年8月6日16时至8月7日19时，27小时降水126毫米，山洪使北安河水猛涨，流量达到1 345立方米/秒。8日10时最高洪峰229.5米，流量3 740立方米/秒。内涝比较严重，照庆街、牡丹街、东二条路、东三条路的四个居民委员会居民房屋被淹，水深 30 厘米；西三条路至西五条路、海林街一带、虹云桥下坎新华路一带水深 50 厘米。城区倒塌房屋 26 户，造成危房 195 户；倒塌房屋 257 间，死亡 3 人，造成险房 476 间，倒塌畜舍 299 处，死亡马 4 匹，羊 16 只，农田被淹 1 855 公顷，成灾 1 650 公顷。直接和间接经济损失 242 万元。

1983 年 6 月，连续降水 20 多天，降水 237 毫米，比上一年同期增加 3 倍。6 月 17 日晚 4 时 30 分至 5 时左右骤降暴雨 58 毫米。八达沟、金龙溪、银龙溪、青龙溪、爱河泛滥；桦林南沟两个塘坝决口，水头高 1.5 米。北安街、新华路积水后留下淤泥近 20 厘米深，交通受阻；市内倒塌民房 17 户，40 多家工厂受灾；倒塌房屋 21 户、131 间，库房 6 处，冲毁桥涵 13 座，受灾农田 3 200 公顷，绝产 1 520 公顷。经济损失约 700 多万元。

（二）旱灾

1915 年春，发生严重干旱。继之，出现虫灾、雹灾，秋季又遭水灾。这一荒年，造成灾民携儿带女，成群结伙，逃荒要饭，发生“吃大户”风潮。

1925 年，大旱，至 7 月上旬旱情未解。

1946 年，大旱。大田小麦枯萎，部分田地还未下种，稻田大半荒芜，至 6 月末，旱灾已成。

1949 年，大旱。自春耕起至 9 月未降透雨，大豆结荚少，谷子只吐半截穗，玉米没有粒子。受灾面积 1.5 万公顷（包括划归海林部分），只有二至四成的收成。

1952、1965、1967、1969、1972 年，皆发生过春旱。

1974 年，春大旱，夏伏旱。四道、江南、铁岭等地稻田龟裂，受害面积 1 800 公顷。

1975—1980 年连续 6 年春旱。其中，1976 年、1977 年、1979 年又有夏伏旱，1978 年出现秋旱，受害面积 2 260 公顷。

1983 年春和 1984 年春大旱，河沟干涸，水田龟裂。水利部门曾在市区西南老黑山附近，进行人工降水，收效不大。

（三）雹灾

1947 年 7 月 24 日，冰雹成灾，牡丹江市区大部分庄稼被毁。谢家村受灾 550 公顷，放牛村 420 公顷，八达村 350 公顷，共 1 320 公顷。其中只有 100 公顷改种蔬菜。

1968 年春，一场雨雪夹冰雹，使放牛、卡路、立新 3 个大队的 100 公顷农作物受损。9 月 2 日一场大风雨夹冰雹，使南江、立新、共民、中乜河、下乜河、兴隆 6 个大队受灾，受灾面积 164 公顷，其中蔬菜绝产面积 62 公顷。

1982 年春，冰雹袭击三道关大队和大砬子小队，使 67 公顷农田受害。

1983 年 6 月 17 日下午，冰雹随暴雨而降，冰雹大的有鸡蛋大，小的有黄豆粒大，毁坏塑料大棚 8 个，酿成水灾。

（四）虫灾

1949 年以前，牡丹江市区郊几乎年年发生黏虫（夜盗虫）灾害。

1954 年 6 月，牡丹江市区发生黏虫灾害，有 2 800 公顷大田被害，严重者每平方米有 200～300 只黏虫，一棵玉米或高粱苗上有 20～128 个，庄稼被吃得只剩下茎和根。

1955 年 6 月 28 日，除东新、新安村和福长村外，全发生黏虫灾害。到 7 月 4 日、5 日，镇江、裕民村的谷地每平方米有150～180只幼虫，最密处2.7公顷地打出黏虫50多千克。

1959年、1960年、1965年、1972年是黏虫特大发生年。其中1972年最为严重，危害7个公社，1 000多公顷秧苗，平均每平方米小麦有黏虫750～980只，每平方米谷子有黏虫190～320只。从6月23日至7月15日共投入1.2万人次进行防治，使用农药3万千克，防治费用32万元。

1976年夏，发生黏虫，波及面广，灾情严重地块的玉米、高粱叶子一两天内被吃光。

七、农村经济

牡丹江市区的发展历史已有近百年，而南江、立新、卡路、北一、北二村的农业始于清康熙十三年（1674年），距今已有300百多年了。中华人民共和国成立以来，在党的领导下，牡丹江市区农业生产经历了曲折的发展过程。20世纪50年代中期农业合作化以后，牡丹江市区的农业生产开始稳步上升；60年代初期农业遭到严重挫折，菜粮产量下降到历史最低点；经过3年调整，到1965年又恢复到了20世纪50年代中期水平；一直到70年代初期，特别是中共十一届三中全会以后，农业机械化、水利化、集约化程度不断提高，农业生产又有了新的发展。

水利化程度越来越高。现在牡丹江市区有农业水利灌溉工程设施116处，有效灌溉面积达到6 030公顷；配套机电井327眼，其中灌溉井168眼；有大小水库6座，其中1座中型、5座小型水库。

农业机械化有了较大发展。牡丹江市区现在拥有大中型拖拉机1 271台，小型拖拉机5 648台，联合收割机262台，农用机动运输车970台，农用机动三轮车874台，大中型配套农机具581台，小型配套农机具2 257台，机耕面积达到45 333公顷，机播面积为40 000公顷，机械收获面积35 333公顷。

2010年，牡丹江市区农、林、牧、渔总产值达到194 377万元，同比增加了22.46%。其中，农业产值为120 819万元，占总产值的62.16%；占总产值比重第二的是牧业，产值为69 557万元，占35.78（表1-4）。农村经济总收入为561 167万元，农民人均收入为8 415元。

表1-4　2009年、2010年农林牧渔业总产值统计

指　标	2009年		2010年		同比增加（%）
	产值（万元）	占总产值（%）	产值（万元）	占总产值（%）	
农　业	91 942	57.93	120 819	62.16	31.41
林　业	713	0.45	715	0.37	0.28
牧　业	62 663	39.48	69 557	35.78	11.00
渔　业	1 450	0.91	1 249	0.64	−13.86
农林牧渔服务业	1 954	1.23	2 037	1.05	4.25
合计	158 722	100.00	194 377	100.00	22.46

注：引自市统计局统计年鉴。

第三节 农业生产概况

一、农业生产简史

（一）粮食生产情况

唐代，牡丹江境内已有人开荒种地，生产粮食。1858 年（清咸丰八年）以后，清政府逐步实行“移民实边”政策。清光绪年间设立“招垦局”，放荒垦地，粮食生产随之发展。民国年间，从辽宁、山东、吉林、河北及朝鲜等地来乜河和爱河种地的移民日渐增多，朝鲜族农民定居后，开发水田，种植水稻。

东北沦陷时期，日本侵略者掠夺境内农业资源，将大片荒原和肥沃良田强占为“军事用地”。1934 年实行归屯并村，造成大片土地荒芜、废弃，大批农民流离失所，不得不出卖劳力，维持生计。到中华人民共和国成立前夕，牡丹江市区仅有耕地 10 000 多公顷，其中粮食种植面积占 90%。

中华人民共和国成立后，人民政府鼓励农民开发土地，发展粮食生产。到 1949 年末，共有耕地 12 858 公顷。其中水田 623 公顷，旱地 12 235 公顷。农作物播种面积12 800公顷，其中粮豆播种面积 11 926 公顷，占总耕地面积的 92.8%，总产 15 355 吨。1956 年实现农业合作化后，由于城市人口不断增长，用菜量增加，蔬菜种植面积比重逐步扩大。当年粮豆作物播种面积为 19 852 公顷，占总耕地面积的 84.9%，总产达 22 655 吨。

1958 年粮豆面积下降到 14 970 公顷，占总耕地面积的 65.8%，总产 24 510 吨。1959—1961 年连续 3 年自然灾害，粮豆大幅度减产。年平均播种面积 10 885 公顷，年平均总产 12 192 吨，比 1958 年下降 50.3%，导致口粮、饲料严重不足。除国家补助一部分外，广大农民以“低标准、瓜菜代”渡过暂时困难。1965 年，经过国民经济调整，粮豆生产趋于好转，播种面积为 14 256 公顷，占总播种面积的 73%，总产 22 095 吨，接近 1958 年的水平。

1978 年，进一步扩大蔬菜种植面积，粮豆播种面积减少到 11 036 公顷，占总播种面积的 54.6%。菜农口粮由国家供应或补贴。1983 年，随着农村经济体制改革的深入，在保证完成粮食订购任务的前提下，农民可自行安排生产，从实际出发，安排作物种植比例。实行家庭联产承包责任制后，由自给半自给经济向商品经济转变，由原来的耕作粗放转向精耕细作，粮食单产稳步上升。1985 年，粮豆播种面积为 13 107 公顷，占总播种面积的 65.5%，粮豆总产达 31 620 吨。单产 2 415 千克，比 1978 年提高 8.7%。

（二）栽培技术情况

1. 玉米 玉米传统种法是大犁扣种，锄头开苗，“一锄杠”选留 3 株苗。中华人民共和国成立后，不断改进。1958 年，实行“顶浆打垄、等距刨埯、踩严培实”的埯种方法。1970 年以后，采用“机械起垄、等距刨埯、催芽坐水、抓把粪”，实行间种、混种或套种。肥水条件好的地，一埯双株，埯距 50 厘米以上，山坡地清种，株距 40 厘米，公顷保苗 5 万株左右。

2. 大豆 传统的扣种大豆采用手工点种，俗称“羊拉稀”；每埯四五株，埯距 25～30

厘米。1956 年后，实行马拉播种机平播后起垄。1974 年推广等距双条播，使用机械疏苗器或人工间苗。有的改清种大豆为横穿带种玉米，带距 2 米，双株成行。施底肥 22.5 立方米/公顷，追化肥 225 千克。1984 年后，普遍推广根瘤菌拌种，试验推广助长剂和稀土微肥，全面推广缩垄增行和精量点播新技术。

二、农业生产现状

2010 年，牡丹江市区农作物总播种面积为 58 050 公顷，粮食作物总播种面积 48 673 公顷，占总播种面积的 84.01%。其中，大豆播种面积 21 214 公顷，占总播种面积的 36.17%；玉米播种面积 22 707 公顷，占总播种面积 38.72%；水稻播种面积 4 522 公顷，占总播种面积的 7.71%；薯类播种面积 230 公顷，占总播种面积的 0.39%；蔬菜瓜果播种面积 5 535 公顷，占总播种面积的 9.44%；油料作物播种面积 1 271 公顷，占总播种面积的 2.17%；烟叶播种面积 1 183 公顷，占总播种面积的 2.02%；其他农作物播种面积 1 086公顷，占总播种面积的 1.85%。种植业结构仍以粮豆作物为主。产值结构也以粮豆作物比重最大（表 1 - 5）。

表 1 - 5　2010 年农作物播种面积和产量

农作物种类	面积（公顷）	占总面积（%）	单产（千克）	总产（吨）
农作物总播种面积	58 050	100.00	—	—
粮食作物	48 673	83.85	5 225	257 413
水稻	4 522	7.79	6 971	31 525
玉米	22 707	39.12	7 641	173 514
大豆	21 214	36.54	2 354	49 930
薯类	230	0.40	4 517	1 039
饲料作物	44	0.08		
油料	1 271	2.19	1 482	1 883
甜菜	169	0.29	39 698	6 709
烟叶	1 183	2.04	2 920	3 454
药材	89	0.15		
蔬菜、瓜果类	5 535	9.53	38 661	213 986
其他农作物	1 086	1.87		

注：引自牡丹江市统计局统计年鉴。

30 多年来，粮食内部结构演变的总趋势是，随着耕地面积的不断增加和机械化程度的不断提高，种植业结构由“玉、豆、麦”为主向以“豆、玉、稻”为主的格局转变，但由于经济作物产量及价格的影响，经济作物面积在不断加大。

第四节　农业生产施肥概况

早期农田多为新开垦的土地，因土质肥沃，均不施肥。经几十年耕种，地力减弱，方施少量农家肥。1950 年后，农民分得了土地、牲畜，施肥量逐年增多。1953 年，施肥面积 4 600 公顷，占耕地总面积的 40%，其中施用化肥硫铵 30 吨、过磷酸钙 3 吨。大豆普遍推广根瘤菌拌种。1956 年，为解决地多肥少的矛盾，开始推行“滤口肥”“抓把肥”。1958 年，开展“五有三勤”活动，即牛马有棚、猪羊有圈、鸡鸭有架、户有厕所、队有沤粪坑和积肥场；勤起、勤垫、勤打扫；用草炭、沙土垫圈，用杂草沤压绿肥，“头年造，二年用”。

1963 年，各生产队建立“三专”（专人、专车、专畜）常年积肥专业队伍，每个生产队配有 2～5 台专业积肥车，常年坚持积肥、造肥，并推广高温造肥，严禁生粪下地。近郊生产队动员农民进城淘厕所；城区机关和事业、企业单位等也开展送粪下乡活动。1965 年，为解决边远地施肥问题，一些生产队将猪舍或牛羊圈迁至地旁，就地积肥。还采取社员投肥记分、兑现积肥粮等办法，推动群众积肥。到 1970 年，大田每年每公顷可施农家肥 22.5 立方米，菜田 45 立方米左右。化肥每年施用量为 200～1 000 吨，主要用于种肥和追肥。

进入 20 世纪 70 年代，化肥供应数量不断增加。在施肥方法上，以农家肥为主，农家肥和化肥相结合，底肥和种肥相结合，改浅施为深施。1975 年，牡丹江市农业局成立肥料科，指导和组织群众造肥。由于肥源不足，满足不了需要，采用草炭、细炉灰、人畜粪尿等拌和晒干制成细肥的方法，扩大肥源。1978 年，市农业局肥料科研究出用废硫酸、磷矿石粉、氨水、褐煤和毛呢边角料等制作复合肥的新方法，用于粮食作物追肥可增产 20%，用于蔬菜追肥可增产 15%。

1980—1985 年，年平均城肥下乡 20 万立方米，农村积造粪肥 80 万立方米，国拨化肥 2 500 吨。平均公顷施农家肥，大田 30 立方米、春夏菜田 120 立方米、秋菜田 90 立方米、薯类田 90 立方米；平均每公顷施化肥，大田 225 千克、水田 375 千克、菜田 600 千克。

2010 年，牡丹江市区化肥施用量（实物量）为 22 167 吨，其中：氮肥 8 782 吨；磷肥 4 540 吨；钾肥 2 726 吨；复合肥 6 119 吨。化肥施用量（折纯量）9 933 吨，其中：氮肥 3 314 吨；磷肥 1 524 吨；钾肥 1 354 吨；复合肥 3 741 吨，施用生物肥 259 吨，有机肥 629 348 吨。

第五节　耕地改良利用与生产现状

1931—1945 年，境内农业耕作实行以垄作为主的一年一熟制，耕地用牛、马拉犁。谷茬采取破茬和扣垄。作物种植实行玉米-大豆-谷子轮作或小麦-大豆-谷子-玉米轮作。基本上是一年一调茬口。在施肥制上是二三年铺一茬底肥，有的采取撂荒休耕的办法，培养地力。

中华人民共和国成立后，大田作物沿袭一年一熟制。1950 年推广新式马拉农具后，开始采用新旧农具结合，平翻垄扣结合的方法轮耕。1952 年，市政府提出“以互助组为基础，创造大面积丰产”的号召后，推广双城县农户兰国焕小麦密植平作、谷子宽播间苗新技术。1953 年，市政府提出综合增产措施，要求互助组要深耕土地，推行伏翻地和秋翻地，消灭“靠山”、“一犁挤”等粗放耕种法。提倡大田每公顷施基肥20立方米，水稻采用直条式插秧，并改单种为混种，农作物产量明显提高。

1956年，随着新式马拉农具的使用，推广了小麦15厘米平播和大豆60厘米双条播种经验。改大垄（60～66厘米）为小垄（50～60厘米），平翻后起垄。

1958年“大跃进”期间，受“瞎指挥”和“浮夸风”影响，错误地提出过深翻地，越深越好的口号，结果破坏了土层的结构，农作物产量大幅度下降。“文化大革命”期间，开展“农业学大寨”运动，开始修梯田、条田、畦田，改顺坡垄为横向垄或绕山垄。对山坡沙溜地施以草炭肥和猪圈粪，对涝洼地施以灰渣、江沙拌肥。粮食作物种植实行间、混、套、复、串、圈等新耕作法，以6∶6或6∶4的比例间种玉米大豆、玉米谷子、玉米马铃薯；以2米的距离在大豆、谷子地里横向种植玉米（一埯双株或三株）；麦地和春菜地复种秋菜（也曾复种过荞麦和油菜籽）；地头地边圈种麻类或油料作物。

1978年，开始使用机引深松铲进行深耕，并在整地、播种、中耕各个环节对耕地进行深松，以深松代替深翻，形成松、翻、耙、搅相结合的耕作法。1980年，大田推行破垄夹肥，水田推广深施肥，并开展农业区划和分区耕作。根据自然条件和经济现状，将牡丹江市区划分为4个农作物种植区：即近郊平原为春夏菜种植区，中郊漫岗为秋菜、薯类种植区，远郊丘陵为粮豆种植区，边远山地为麦豆种植区。

1983年，牡丹江市区实行家庭联产承包责任制后，粮食作物种植趋向单一化，经济效益好的大豆、水稻、小麦、甜菜等种植面积不断扩大，清种、连种现象严重，轮作制度被破坏。近30多年来，粮食内部结构演变的总趋势是，随着耕地面积的不断增加和机械化程度的不断提高，种植业结构由“玉、豆、麦”为主向以“豆、玉、稻”为主的格局转变。但受经济作物产量及价格的影响，经过对农作物产量和效益的分析来看，种植蔬菜的效益最高，每公顷效益57 759元，是种植玉米的近7倍、大豆的15倍、水稻的3倍多，加上全市将“果菜”列为四大主导产业之一，以及对俄罗斯出口农产品的影响，经济作物面积在不断加大（表1-6）。

表1-6　2011年牡丹江市区主要农作物产量效益分析

种类	单产（千克/公顷）	单价（元）	产值（元）	成本（元）	效益（元）
水稻	7 954.5	2.9	23 068.5	8 250	14 818.5
玉米	6 456	2.2	14 203.5	5 775	8 428.5
大豆	1 870.5	4.1	7 669.5	3 975	3 694.5
小麦	2 736	2	5 472	3 300	2 172
薯类	5 629.5（折粮）	5	28 147.5	9 075	19 072.5
杂粮	4 320	4	17 280	3 825	13 455
杂豆	2 035.5	9	18 319.5	4 350	13 969.5
蔬菜	35 970	2.2	79 134	21 375	57 759
烤烟	2 154	14	30 156	11 940	18 216
晒烟	2 250	12	27 000	9 540	17 460

（续）

种类	单产（千克/公顷）	单价（元）	产值（元）	成本（元）	效益（元）
甜菜	39 600	0.54	21 384	6 150	15 234
白瓜子	1 275	14	17 850	5 625	12 225
西瓜	41 550	0.9	37 395	13 200	24 195
香瓜	20 250	2.5	50 625	12 900	37 725
葵花子	2 055	9	18 495	4 650	13 845
花生	2 115	12	25 380	6 000	19 380
甜叶菊	2 700	15	40 500	12 150	28 350
万寿菊	27 000	1.2	32 400	6 825	25 575
甜葫芦	3 000	20	60 000	12 150	47 850
药材	2 250	17	38 250	9 600	28 650
饲草饲料	7 500	1.5	11 250	5 400	5 850
果树	3 900	1.8	7 020	3 300	3 720

第六节　耕地保养管理的简要回顾

牡丹江市区垦殖已有 100 多年的历史，耕地保养和肥料应用是在中华人民共和国成立后才开始，从应用和发展历史来看，大致可分为 4 个阶段。

1. 中华人民共和国成立初期　农业生产由农民自行安排、自由种植，此时土质肥沃，主要靠自然肥力发展农业生产，均不施肥。多年耕种后，地力减弱，施少量农家肥即能保持农作物连续增产。牡丹江市化肥施用历史较短。1958 年以前为化肥施用试验阶段。1962 年推广施用氮肥，1965 年以后大面积施用氮肥。同时氮磷肥配合施用，粮食产量大幅度增加。

2. 进入 20 世纪 70 年代　化肥供应数量不断增加，在施肥方法上，以农家肥为主，农家肥和化肥相结合，底肥和种肥相结合，改浅施为深施。由于肥源不足，满足不了需要，采用草炭、细炉灰、人畜粪尿等拌和晒干制成细肥的方法，扩大肥源。到了 20 世纪 70 年代末，化学肥料“三料、二铵、尿素和复合肥”开始大量应用到耕地中，以氮肥为主，氮磷肥混施，有机肥和化肥混施，提高了化肥利用率，增产效果显著，粮食产量不断增长。

3. 中共十一届三中全会后　通过农村经济体制改革，逐步实行家庭联产承包责任制，作物种植基本做到从实际出发，在保证完成粮食征购任务和城市蔬菜供应的前提下，农民可自行安排生产，逐步向商品经济转变。农民有了土地的自主经营权，随着化肥在粮食生产作用的显著提高，农民对化肥形成了强烈的需求。20 世纪 80 年代以来，牡丹江市农业用肥发生了变化，从粪肥当家到有机肥与无机肥相结合，呈现出多元化的发展势头。使用化肥的品种和数量逐年增加，1985 年化肥用量增到 2 752.7 吨，平均每公顷用肥达到 210 千克，施用有机肥的面积和数量逐渐减少。

4. 20 世纪 90 年代至今 随着农业农村部配方施肥技术的深化和推广，针对当地农业生产实际进行了施肥技术的重大改革，开始对牡丹江市耕地土壤化验分析。根据土壤测试结果，结合“3414”等田间肥效研究实验，形成相应配方，指导农民科学施用肥料，实现了氮、磷、钾和微量元素的配合使用。

第二章　耕地土壤立地条件与农田基础设施

第一节　影响成土过程的因素

一、自然因素对成土过程的影响

土壤是在外界环境条件下不断发育和演变的历史自然体。风化过程和成土过程都是在自然因素、生物、气候、地形、母质、时间及人为因素的共同作用下进行的，所以说土壤是多因素影响下变化的客体。它既是地理景观的一部分，又是地理景观的一面镜子。牡丹江市区特定的环境条件和人为因素决定了市区土壤成土过程和特点。

（一）气候对土壤形成的影响

气候决定着成土过程的水热条件，水分和热量不仅直接参与母质的风化过程和物质淋溶过程，而且还在很大程度上控制着植物及微生物的生长，影响土壤有机质的积累和分解，决定着养分物质的生物小循环的速度和范围。所以气候是土壤形成和发展的重要因素。

牡丹江市区属温和半湿润地区，为中纬度寒温带大陆性季风气候。其特点为春季短暂，回暖快，风大干旱；夏季温热，多雨且集中；秋季短，降温快，霜冻、寒潮来得早；冬季漫长寒冷。

1. 气温和地温　温度是影响土壤和母质的化学、物理和生物风化过程强度的重要因素。从1991—2010年气象资料统计分析，年平均气温为5.0℃，2007年和2008年平均气温最高，为6.1℃，2000年平均气温最低，为4.2℃。全年植物生长季节是5～9月，一年中最热月份为7月，最冷月份是1月。

牡丹江市区年平均≥10℃活动积温2 854.1℃。活动积温变幅较大，最高年份3 224.3℃（1998年），最低年份2 346.9℃（1992年）。从积温总量来看，基本满足了一季粮食作物和经济作物生长和成熟的要求，并为提高蔬菜生产复种指数创造了有利的气候条件。从积温看，生产潜力是很大的。由于全区位于黑龙江省东南部，处于张广才岭和老爷岭之间，受地形的影响，等积温线走向与纬度线相交，而与地形等高线基本一致。同时受地理位置及大气环流等因素影响积温随高度增加而递减，高度每增加100米，积温减少近200℃，因此山区昼夜温差比较显著。

春季日平均气温稳定通过0℃时（4月2日左右），土壤开始稳定解冻。稳定通过10.0℃的日期为5月6日至9月27日，此时期为各种作物生长的良好季节。全区气温年际变化较大，为了防止低温冷害，抗灾夺丰收，在大田作物生产上还存在着常年促早熟的问题，在蔬菜生产上大力发展保护地栽培。

牡丹江市区太阳年辐射总量为120千卡/平方厘米。5～9月的辐射量为68千卡*/平

---

* 千卡为非法定计量单位，1千卡=4 184千焦。

方厘米，日照时数长，从1991—2010年，统计年平均日照为2 295.1小时，最小日照为2 125.8小时（1991年），最大日照为2 570.6小时（2001年），作物生长季节每日实照8～10小时，夏至前后可达13～14小时。日照时数一年内变化较明显，春季最长，夏季次之，秋季低于夏季，冬季最短。

牡丹江市区长日照、强辐射是非常优越的气候资源，甚至比云贵高原、长江流域还要优越，充分利用这种优越的气候资源来发展农、林、牧、副、渔业的大农业生产，其潜力是很大的。

无霜期平均在141天，最长168天，最短120天，初霜平均日期9月22日，远郊山区稍早。初霜期的早晚年际间差异很大，因此，有的年份常因早霜的危害而减产。

牡丹江市区地面年平均温度为7℃，最高26.3℃（7月）；最低－18.9℃（1月），一年中的温差45.1℃。地面极端最高温度68.5℃，最低温度－44.7℃。全年土壤冻结期在140天左右，冻土深度可达1.7～2.0米，一般年份10月下旬至11月上旬开始结冻，4月2日左右土壤开始稳定解冻，4月19日左右，土壤已经解冻30厘米。

2. 降水和蒸发 牡丹江市区历年平均降水量为549.9毫米，最大可达665.3毫米（1993年），最小为397.7毫米（1999年）。从降水量看并不多，但由于生长季短，温度较低，蒸发及蒸腾消耗的水分较少，所以相对来说降水又较充足。由于受季风气候影响，四季降水量明显不同。该区具有季风气候的特点是降水在作物生长的旺季，并且雨热同季，这为农业生产提供了重要前提。

冬季降水量只占全年的13%，而87%的降水集中在作物生长季。其中7～8月是降水峰值，可达110～117毫米。但是集中降水也会带来自然灾害，使土壤水分饱和并产生地表径流，导致水土流失和洪涝灾害。

据多年统计，牡丹江市区平均年蒸发量为1 262.3毫米，1月和12月仅为13～15毫米，为最少；以5月最多，平均达到234.4毫米。从气候区划来看全区可分3个区：沿江河谷温和半湿润区，生长季干燥指数为$0.8 \leqslant k \leqslant 1.0$；丘陵漫岗冷凉半湿润区，生长季节干燥指数为$0.86 \leqslant k \leqslant 0.94$。山间高寒湿润区，生长季节干燥指数$k < 0.86$。

一年中随着季节的变化，干湿交替变化也比较明显。5月以前处于干期，5～8月为湿期，9～10月为干期。由于春季降水少而蒸发量大，易发生春旱。秋季降水量较多，而蒸发量较少，往往导致秋涝。

由于年际间的降水和蒸发变化幅度大，同季间的降水和蒸发不平均，这在市区土壤形成过程中，淋溶淀积的作用是很明显的。在白浆土剖面中，白浆层的粉沙质地，淀积层核状结构和淀积胶膜都很明显，还有少量铁锰结核逐渐过渡到下层，反映了白浆土成土过程的典型性状。

3. 风 牡丹江市区处于西风带，受西南气流影响很大，历年来西南风频率15%，居首位。在一年当中春季多偏南风，夏季多南风，秋季多偏西风，冬季多西北风。

据统计，牡丹江市区平均风速2.1米/秒，最大风速21米/秒，3～5月出现大风次数最多，年平均28天，最多达54天，最少7天。由于春季风大，在干旱年份使旱象加重，牡丹江两岸河淤土和一些山谷风口易受风蚀。

（二）地形地貌与母质对成土过程的影响

地形和母质是影响成土过程的两个重要因素。地形影响光热条件和接受降水或水分的再分配，也影响到母质或元素在地表的重新再分配；母质是岩石风化的产物，母质既是构成土壤的基本材料和骨架物质，又是矿质元素的最初来源。母质的物理性状和化学组成，在其他成土因素的制约下，直接影响着成土过程的速度、性质和方向。

牡丹江市区所处的地貌类型属于新华夏纪张广才岭和老爷岭第二隆起带。其地貌特征为：四周环山，中部低平，构成盆地形状，盆地的地势由东南和西北向中部倾斜。河流也大部分顺势流注中部的牡丹江。以江为界，西半部属张广才岭，东半部属老爷岭，境内由于受地质构造的强烈作用以及多次出现的各种类型的岩浆活动，逐渐形成山丘顶部浑圆，山地平缓的地貌轮廓。海拔多在 300～800 米，最高山峰是牡丹峰，海拔 1 115 米，最低处在牡丹江沿岸大湾村的低河漫滩，海拔 200 米。地貌大体可分为河谷冲积平原、剥蚀丘陵、侵蚀剥蚀低山和熔岩山地 4 种类型。

（1）河谷冲积平原：位于牡丹江两岸和海浪河、爱河、东村河、北安河下游，按形态特征又可分为河漫滩和一级、二级阶地。河漫滩海拔在 230～300 米，一级阶地海拔在 250～270 米，二级阶地海拔 270～300 米。母质主要为全新统亚黏土、砂岩和沙砾岩组成的河流沉积物，多发育为不同类型的河淤土。由于地势平坦，水源充沛，沉积风化壳较厚，土质肥沃，是该区主要的农业基地。

（2）剥蚀丘陵：主要分布在温春、东村、兴隆、铁岭、桦林、五林、磨刀石、海南一带。海拔 250～400 米，地面坡度 5°～10°，母质多为白垩纪沙砾岩、粉砂岩、泥岩等冲积物和洪积物，多属富硅铝化残积、坡积风化壳和碎屑状风化壳，此类母质多发育为白浆土和草甸暗棕壤。

（3）侵蚀剥蚀低山：在安仿山地和青梅山地，海拔为 300～800 米，地面坡度 5°～20°。此区东部岩性为下元古界苇子沟组变质岩，北部为元古代华力西晚期花岗岩及燕山期侵入岩的硅铝化碎屑风化壳、残积风化壳和坡积风化壳，这类母质多发育为各种类型的暗棕壤。

（4）熔岩山地：指大观岭山地和黑山山地一带。海拔为 400～900 米，一般坡度在 15° 以上，成土母质主要是玄武岩风化壳和各种残积物和坡积物，在该母质上发育的土壤也多是各种类型的暗棕壤。

（三）地表水和地下水对成土过程的影响

牡丹江市区境内地表水极为丰富，为 2.9 亿立方米，均属牡丹江水系，枯水期一般发生在 5 月，丰水期一般发生在 8 月。区内牡丹江所属一级支流有海浪河、敖东西沟、东河川、兴隆河、东村河、放牛沟、北安河、爱河、筛子沟、亮子河、三岔河 11 条，其中海浪河、亮子河为外来河。二级支流有铁岭南沟、苇子沟、斗沟子、南城子沟、半拉窝沟、长沟、碱场沟 7 条。

地下水资源也很丰富，为 1.1 亿立方米，在地质构造运动应力场作用下，经向和纬向构造体系都有发育，形成东北向，海林至四道岭子等断裂带，给地下水提供了较好的埋藏条件。但因岩性组成复杂，在牡丹江市区地下水类型有 3 种。第一种类型是松散岩、沙砾岩类孔隙水。主要分布在牡丹江河漫滩和一级、二级阶地，含水层厚度 4～6 米，埋深2～6 米，局部大于 10 米。季节性变化明显，变幅 1.5 米左右。单井涌水量 100～1000 吨/日。pH 为 6.5～7.5，水质类型为重碳酸钙和重碳酸钠型水。第二种类型是碎屑岩类裂隙、孔隙承压水。分第三纪向斜盆地和白垩纪山前盆地碎屑岩类裂隙、孔隙承压水两种。前种主要分布在牡丹江与海浪河相交处，黄花黏土矿，跃进、大团、东河、南城子以北等地，含水层厚度20～30米，富水性较差，单井涌水量100～500吨/日；后一种主要分布在牡丹江平原的湖泊沉积部位和白垩纪岩层，为多层含水，累积厚度20～40米。单井涌水量300～1 000吨/日。两种水质类型均为重碳酸钙镁型水，pH为6.5～7.8。

牡丹江市区地表与地下水资源多集中在平原区，水资源丰富，并且都是矿化度低，污染轻的淡水，水质较好，对发展工农业生产，满足人民生活需要，提供了充足的水资源条件。

(四) 植被对土壤形成的影响

牡丹江市区地貌类型复杂，自然植物种类繁多，不同的植被，由于有机质合成与分解特点不同，在一定程度上影响成土过程。

森林可以涵养水源、防风、固土、净化空气、改变小气候，是防止水土流失的重要生物措施。

牡丹江市区森林植被主要有红松、红皮云杉、落叶松、樟子松、柞树、杨树、桦树、椴树、色树、榆树、黄菠萝、水曲柳、胡桃楸等，构成了以柞树、松树为主的针阔叶混交林。当前除牡丹峰有部分原始森林外，其余多为次生柞树林带，主要分布着不同类型的暗棕壤。

在山地沟谷边缘处分布着灌木林，主要是胡枝子、长白忍冬、卫矛、榛柴等，主要分布着草甸暗棕壤及草甸土等，一般生长榛柴的地方土质较为肥沃。

林下草本植物也相当繁茂，主要有粗基鳞毛蕨、轮叶百合、羊胡子薹草、透骨草等。由于森林覆盖率高达39.8%，比黑龙江省覆盖率（37.5%）高6.1%，比全国覆盖率（12.7%）高2倍。因此，以松、柞为代表的针阔叶混交林，每年有大量凋落物积累林下和草本植物残体一起在微生物作用下进行腐殖质化作用，构成暗棕壤的成土条件，是该区暗棕壤的成因之一。

当前由于人类的耕种作用，部分土壤上的栽培作物代替了自然植被，只有一些田间杂草零星分布。据调查主要有10科20种田间杂草：禾本科的野稗子、狗尾草等；菊科的苍耳子、苣荬菜等；藜科的藜、扎蓬等；蓼科的羊蹄叶等；苋科的苋菜等；豆科的草木樨等；木贼科的木贼等；沙草科的三棱草等；百禾科的小根蒜等；十字花科的荠菜、葶苈等。与农作物共同影响着土壤的发展。

沟谷沼泽植被主要有乌拉薹草、塔头薹草，沟谷草甸植被主要有丛桦、沼柳、小叶樟等构成丛桦、沼柳，小叶樟、薹草群落，形成草甸土及沼泽土。

牡丹江市区的山地、丘陵、平地、河谷、沼泽地带都有丰富的植物资源可以利用，不仅可以发挥资源优势，发展多种经营，农、林、牧、菜、果、蜂等特产、多路生产、多路进财，并且还可提供木料、燃料、肥料、饲料四料，促进农业的发展。鉴于山区多为次生杂木林，平原多杂草，低地多为沼泽植被，林质、草质不佳，有待进一步改造山林和草甸，促使提供质佳量足的植物、动物资源为经济建设服务。

二、人为因素对成土过程的影响

土壤是农业生产最基本的生产资料，人类的农业生产活动对土壤影响很大，可直接干预土壤的形成与发展。

（一）牡丹江市区垦殖历史

早在 1674 年，从山东济南迁来 4 户汉族农民在卡路定居，后又从合江搬来几户赫哲族人居住，从此开始了牡丹江市区的农业生产活动。但是由于当时清王朝为了保护赫哲族，禁止汉人在此定居，影响了农业生产的发展。直到 1858 年清政府实行移民实边，放荒垦地，以固国防，设立“招垦局”，农业生产又有较快的发展。特别是从图们江一带迁来一些朝鲜族定居在乜河流域，从此水稻生产在区内开始发展。1903 年，沙俄在该市开设“黄花车站”，建立“交涉局”搜刮大豆、小麦和山林特产。中华人民共和国成立后，在中国共产党的领导下，进行了大规模的农田水利建设。采用先进的农业生产技术，改良土壤，培肥地力，使农业生产得到了很大发展。

（二）农业生产对土壤的影响

人们为了生存和生活，在土壤上种植各种作物，进行农业生产活动，不断的干预土壤的发生与发展。实践证明，人为干预土壤的变化比自然条件影响的变化作用大得多，其速度也快得多。这种变化是向着两个方向发展的，一方面是向着积极的、更有利于农业生产，即土壤肥力不断提高的方向发展；而另一方面则是向着消极的、不利的、甚至向土壤受到破坏的趋向发展。

随着产量的增加，构成各种作物产量的营养元素被带走，这就需要通过施肥来补充养分，维持土壤养分的平衡。在施肥方面，20 世纪 50 年代以前主要靠土壤自然肥力；60 年代农家肥用量有所增加，并施少量化肥；70 年代以后，农家肥和化肥施用量都有明显增加。1980—1982 年平均每年施化肥 2 238 吨，粮豆施有机肥由过去 31.5 立方米/公顷，提高到 45 立方米/公顷。蔬菜施有机肥水平，1980 年为 78 立方米，1981 年为 100 立方米，1982 年为 105 立方米。从肥料结构看，近些年增加了钾肥和绿肥用量，并施用一定数量的腐殖酸类肥料，基本做到了氮、磷、钾肥配合，有机肥、绿肥、化肥，腐殖酸类肥料搭配施用的合理施肥结构。但是，由于认识问题和各种原因，钾肥和绿肥施用和种植面积不大。

随着农业科学技术的发展，耕作制度也在不断的改进提高。突出表现在农业机械化的发展，使耕作制度发生相应变化。20 世纪 50 年代，是畜力木犁作业的扣、耲耕作制，耕层浅，熟土层薄；60 年代农业机械的改革和农机具数量的增加，使机翻面积扩大，并加深了耕层，从而引起耕作制度的改进，即形成平翻和垄翻相结合的轮耕制；70 年代推广了深松耕法，进一步加深了耕层，减少了土壤翻动，熟化了土壤。

（三）灌溉、排涝、水土保持、农田基本建设对土壤的影响

2010 年，牡丹江市区共建农业水利灌溉工程 116 处，机电井 327 眼，总装机 469 台。有效灌溉面积 6 030 公顷。在这些工程的影响下，使土壤沼泽化减弱。

总之，在人为影响下，土壤开垦后，水、热、气条件得到改善，微生物活性增强。据颜春起在《黑龙江垦区土壤肥力资源评定》一文中介绍，耕地白浆土比荒地白浆土呼吸强度高 0.8～1.0 倍，故养分释放率有了提高，氮素的供应强度提高了 3.8%，磷素的供应强度提高了 109.1%。其中，草甸土提高的幅度最大，白浆土次之，暗棕壤的氮素释放率有所下降，而磷素显著提高。从供肥水平看，氮素以草甸土较高，白浆土和暗棕壤接近；磷素以草甸土

较高，白浆土次之，但均不能满足高产需肥要求，必须采取施肥措施加以补充。

第二节　土壤的形成过程

牡丹江市区的土壤形成过程是在一定的自然因素和人为影响的综合作用下进行的。正如前面所述，市区气候多变、地形复杂、母质多样以及人类生产活动的影响作用较大，这是市区土壤形成过程所具特点的重要基础。

土壤形成过程受时间发展和历史演化的影响，即与地理演替过程有一定的联系。根据相关资料表明，本区最后脱离海侵是在侏罗纪末期，大约在第四纪下更新世末期开始现代成土过程。除暗棕壤直接发育在基岩以及残积母质上外，其余土壤大都发育在第四纪以来的冲积、沉积和坡积物上。由于气候干湿与冷热交替，郁闭茂密森林植被的繁衍，有利于暗棕壤和白浆土的形成，全新世的近代冲积物上有利于发育为草甸土和沼泽土。因此，本区土壤的形成主要有腐殖质化过程、暗棕壤化过程、白浆化过程、草甸化过程、沼泽化和水稻土形成过程。

一、腐殖质化过程

土壤腐殖质化过程是指在绿色植被作用下，土壤中腐殖质的积累过程，也就是生物能量的富集过程，这是土壤形成的基础。土壤中腐殖质的积累与气候条件密切相关。由于气候湿润和半年冻结，使大量植物残体除少部分在温暖的季节被微生物分解外，其余大部分残存于土壤中。土壤腐殖质积累的多少，取决于有机质的来源和分解速率，前者取决于植被类型和生长量，后者取决于水、热条件。一般森林植被的腐殖质积累小于草甸植被，高燥地形部位植被的腐殖质积累量小于低洼冷湿地的沼泽植被。森林腐殖质化过程是棕色针叶林土、暗棕壤等森林土壤的主要成土过程之一。在牡丹江市内的张广才岭、老爷岭分布着大面积的红松、落叶松以及柞、桦林等，生长茂密，每年都有大量森林凋落物在地表积聚，形成松软多孔的未分解的枯枝落叶层，下有呈灰褐色半腐解的枯枝落叶层，这是土壤动物和真菌的万千世界，再往下经真菌、放线菌、细菌等微生物的作用，进行腐殖化，腐殖质在地表不断积累，形成腐殖质层。

二、白浆化过程

牡丹江市区的山坡中、下部较平缓处，以及平岗台地，由于母质黏重，透水不良，在疏林草甸植被下，表层土壤处于周期性干湿交替，使土壤氧化-还原过程交替进行。在春季冻融和夏季降水集中时期，亚表层土壤处于还原状态，低价态的铁、锰等有色矿物相应随水向下移动。一部分随流水淋洗到土体之外，大部分在水分消失时被氧化成高价铁、锰而固结起来，形成铁锰结核，这样使亚表层土壤脱色形成白浆层。在降水淋溶过程中，亚表层中的黏粒也随水下移，与下移的铁、锰有色矿物一起在淀积层的土壤结构表面上形成明显的胶膜。因此，白浆土的底土层一般为棕色或褐色的蒜瓣状结构。

三、草甸化过程

牡丹江市区的山地丘陵下部及沟谷平地，因地下水位较高（2～4 米），在雨季地下水直接浸润土体下层，并沿土壤毛管孔隙上升至上层土壤，使铁、锰还原成低价氧化物随水移动。而在干旱季节地下水下降时，低价的铁、锰氧化物又被氧化为高价的氧化物而淀积形成铁锰结核或锈纹，是草甸化过程的主要特征。此外，由于草甸植物生长繁茂，根系密集，每年有大量有机质积累，促使土壤形成良好的团粒结构，这是草甸化过程的另一特征。

四、沼泽化过程

牡丹江市区有部分长期或间断性积水地块，由于地势低洼，地下水位过高，使土壤过湿，生长着大量的草甸和草甸沼泽植物，如小叶樟、芦苇、薹草群落，草根层较厚，有的甚至有泥炭层。因处于嫌气条件下，土壤微生物活动微弱，每年有大量有机物质不能完全分解，在土体上层形成深厚的泥炭或泥炭腐殖质层。同时，因长期积水，下层土壤与空气隔绝，处于还原条件，形成灰蓝色潜育层。因此，表层的泥炭化或腐殖质化和下层的潜育化是这种土壤的基本形成过程。

五、水稻土形成过程

水稻土是在长期种植水稻条件下，引起土壤季节性干湿交替，在土体中发生有机物的分解与合成，黏粒的淋溶与聚集，铁锰等化合物还原淋溶，氧化淀积等主导成土过程，使自然土壤发生深刻变化而形成的。然而，牡丹江市区水稻栽培历史不长，最长不到 170 年，一般在 50～70 年，多数在 35 年左右，加上一年中淹水时间不超过 5 个月，而撤水后冻结期长达 7 个月之久，使水稻土特有的剖面发生层次分化不明显，基本上仍保留着前身土壤的剖面形态特征，这是牡丹江市水稻土的基本特点。

土壤剖面是由发生层次组成的，土壤发生层次性状是土壤形成过程和土壤属性的综合表现，是土壤分类命名和评价的依据。

牡丹江市区所见到的主要发生层次及其代表符号如下：

A_0——半分解的枯枝落叶层；

A_1——腐殖质（黑土）层；

A_S——草根盘结层；

A_T——泥炭层；

A_b——埋藏层；

Ap——耕作层；

App——犁底层；

Aw——白浆层或白浆化层；

AB 或 B_1——过渡层；

B 或 B_2——淀积层；

BC 或 B_3——过渡层；

C——母质层；

G——潜育层；

D——基岩；

P——渗育层（水田）；

w——潴育层（水田）。

第三节　土壤分类系统

1984 年第二次土壤普查，牡丹江市区土壤分为 8 个土类，39 个土种。2010 年，牡丹江市区行政区划变更，原林口县的五林镇、穆棱市的磨刀石镇和海林市的海南乡 3 个乡（镇）划分到牡丹江市区，因此新添了 8 个土种，市区土壤分类达到 8 个土类，47 个土种。本次耕地地力评价将牡丹江市土壤归并到省土壤分类系统，全市土壤分为 7 个土类，14 个亚类，28 个土属，47 个土种（表 2-1）。

表 2-1　牡丹江市区土壤分类系统

土纲	亚纲	土类		亚类		土属		省土种名称	省土壤代码	原代码	土种名称
		名称	代码	名称	代码	名称	代码				
淋溶土	湿温淋溶土	暗棕壤	3	暗棕壤	301	麻沙质暗棕壤	30101	麻沙质暗棕壤	3010101	40	红土母质侵蚀暗棕壤
						砾沙质暗棕壤	30105	砾沙质暗棕壤	3010501	1	石质暗棕壤
						沙砾质暗棕壤	30106	沙砾质暗棕壤	3010601	2	沙石质暗棕壤
						泥质暗棕壤	30108	泥质暗棕壤	3010801	44	壤质暗棕壤
				白浆化暗棕壤	303	沙砾质白浆化暗棕壤	30303	沙砾质白浆化暗棕壤	3030301	3	中层白浆化暗棕壤
										4	厚层白浆化暗棕壤
				草甸暗棕壤	304	砾沙质草甸暗棕壤	30403	砾沙质草甸暗棕壤	3040301	7	生草火山石质土
										8	腐殖质火山石质土
										43	沙质草甸暗棕壤
						黄土质草甸暗棕壤	30404	黄土质草甸暗棕壤	3040401	5	中层壤质草甸暗棕壤
										6	厚层壤质草甸暗棕壤
				潜育暗棕壤	305	亚暗矿质潜育暗棕壤	30501	亚暗矿质潜育暗棕壤	3050101	41	潜育棕色针叶林土

（续）

土纲	亚纲	土类		亚类		土属		省土种名称	省土壤代码	原代码	土种名称
		名称	代码	名称	代码	名称	代码				
淋溶土	湿温淋溶土	白浆土	4	白浆土	401	黄土质白浆土	40102	厚层黄土质白浆土	4010201	11	厚层白浆土
								中层黄土质白浆土	4010202	10	中层白浆土
								薄层黄土质白浆土	4010203	9	薄层白浆土
						黄土质暗白浆土	40103	厚层黄土质暗白浆土	4010301	13	厚层暗色白浆土
								中层黄土质暗白浆土	4010302	12	中层暗色白浆土
半水成土	暗半水成土	草甸土	8	草甸土	801	砾底草甸土	80101	厚层砾底草甸土	8010101	16	厚层沟谷草甸土
								中层砾底草甸土	8010102	15	中层沟谷草甸土
								薄层砾底草甸土	8010103	14	薄层沟谷草甸土
						黏壤质草甸土	80104	厚层黏壤质草甸土	8010401	19	厚层草甸土
								中层黏壤质草甸土	8010402	18	中层草甸土
								薄层黏壤质草甸土	8010403	17	薄层草甸土
				潜育草甸土	804	沙砾底潜育草甸土	80401	中层沙砾底潜育草甸土	8040102	24	中层潜育草甸土
								薄层沙砾底潜育草甸土	8040103	23	薄层潜育草甸土
						黏壤质潜育草甸土	80402	厚层黏壤质潜育草甸土	8040201	22	厚层沟谷潜育草甸土
								中层黏壤质潜育草甸土	8040202	21	中层沟谷潜育草甸土
								薄层黏壤质潜育草甸土	8040203	20	薄层沟谷潜育草甸土
水成土	矿质水成土	沼泽土	9	沼泽土	901	埋藏型沼泽土	90102	浅埋藏型沼泽土	9010201	28	埋藏型泥炭沼泽土
				泥炭沼泽土	902	泥炭沼泽土	90201	中层泥炭沼泽土	9020102	27	泥炭沼泽土
						泥炭腐殖质沼泽土	90202	薄层泥炭腐殖质沼泽土	9020203	26	泥炭腐殖质沼泽土
				草甸沼泽土	903	沙底草甸沼泽土	90301	薄层沙底草甸沼泽土	9030103	25	草甸沼泽土

（续）

土纲	亚纲	土类		亚类		土属		省土种名称	省土壤代码	原代码	土种名称
		名称	代码	名称	代码	名称	代码				
水成土	有机水成土	泥炭土	10	低位泥炭土	1003	芦苇薹草低位泥炭	100301	中层芦苇苔草低位泥炭土	10030102	30	中层草本低位泥炭土
								薄层芦苇苔草低位泥炭土	10030103	29	薄层草本低位泥炭土
初育土	土质初育土	新积土	15	冲积土	1501	砾质冲积土	150102	薄层砾质冲积土	15010203	31	沙砾质河淤土
						沙质冲积土	150103	薄层沙质冲积土	15010303	32	沙石质草甸河淤土
						层状冲积土	150104	中层状冲积土	15010402	33	壤质草甸河淤土
										34	沙质草甸河淤土
人为土	人为水成土	水稻土	17	淹育水稻土	1701	白浆土型淹育水稻土	170101	白浆土型淹育水稻土	17010101	35	白浆土型水稻土
						草甸土型淹育水稻土	170102	薄层草甸土型淹育水稻土	17010201	46	薄层层状草甸土型水稻土
								中层草甸土型淹育水稻土	17010202	36	草甸土型水稻土
								厚层草甸土型淹育水稻土	17010203	45 - A	厚层黏底草甸土型水稻土
										45 - B	厚层层状草甸土型水稻土
						暗棕壤型淹育水稻土	170104	厚层暗棕壤型淹育水稻土	17010401	42	黏底草甸暗棕壤型水稻土
						冲积土型淹育水稻土	170107	中层冲积土型淹育水稻土	17010702	37	河淤土型水稻土
				潜育水稻土	1702	沼泽土型潜育水稻土	170201	厚层沼泽土型潜育水稻土	17020101	38	草甸沼泽土型水稻土
						泥炭土型潜育水稻土	170202	薄层泥炭土型潜育水稻土	17020203	39	泥炭沼泽土型水稻土

第四节 土壤分布规律

土壤是各种成土因素综合作用的产物，势必受成土条件的制约，在自然界的分布上具有一定的规律性和区域性。

一、土壤的垂直分布

牡丹江市地处长白山系，其中老爷岭和张广才岭在市区内分别矗立东西两侧，牡丹江主流由西南向东北纵贯全境，形成东西两侧高山向中部倾斜的地形。境内大小山峰密布，其中最高峰为牡丹峰，海拔 1 112 米；而最低点大湾村和铁岭洼地，海拔仅 200 米，较大的相对高差造成不太明显的土壤垂直分布规律。按海拔由高至低依次分布着暗棕壤、白浆土、草甸土、新积土和沼泽土等土类（图 2－1）。

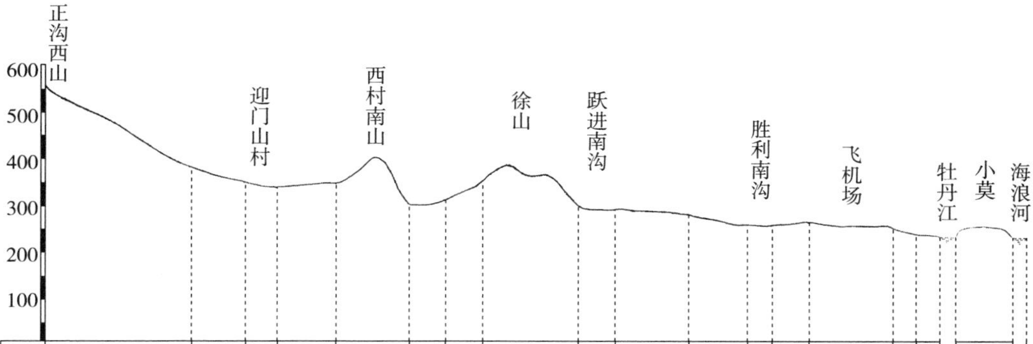

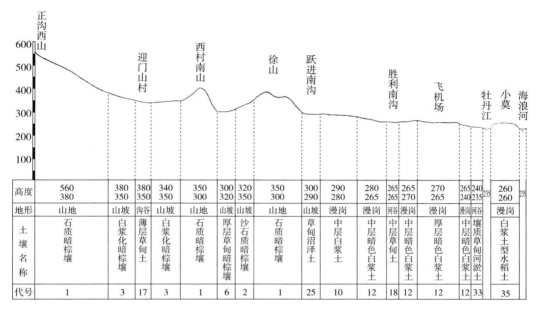

高度	560 380	380 350	380 350	340 350	350 300	300 320	320 350	350 300	300 290	290 280	280 265	265 265	265 270	270 265	265 240	240 235	235	260 260	235
地形	山地	山坡	沟谷	山坡	山地	山坡	山坡	山地	山坡	漫岗	漫岗	河谷	漫岗	漫岗	漫岗	河谷		漫岗	
土壤名称	石质暗棕壤	白浆化暗棕壤	薄层草甸土	白浆化暗棕壤	石质暗棕壤	厚层草甸暗棕壤	沙石质暗棕壤	石质暗棕壤	草甸沼泽土	中层白浆土	中层暗色白浆土	中层草甸土	中层暗色白浆土	厚层暗色白浆土	中层暗色白浆土	壤质草甸河淤土		白浆土型水稻土	
代号	1	3	17	3	1	6	2	1	25	10	12	18	12	12	12	33		35	

图 2－1　土壤分布断面示意图

（一）暗棕壤土类

暗棕壤主要分布在境内大小山地丘陵中上部，海拔在 400 米以上。由于地形陡斜，母质和发育阶段的不同，又依次分布有砾沙质暗棕壤、沙砾质暗棕壤、沙砾质白浆化暗棕壤、麻沙质暗棕壤、砾沙质草甸暗棕壤、黄土质草甸暗棕壤、泥质暗棕壤和亚暗矿质暗棕壤土属。各土属是逐渐过渡的，没有明显的界线。

（二）白浆土

白浆土分布较广，一般山地中下部以及丘陵岗地平缓处均有白浆土分布。海拔在 300～400 米分布较多。但界限不是绝对的，而是向上与暗棕壤逐渐过渡，向下与草甸土交错分布。

（三）草甸土

在白浆土区下部，地形低平或沟谷平地，由于草甸植被生长繁茂，以及受地下水的影响，多分布着草甸土。

（四）冲积土及沼泽土

牡丹江及大小河流两岸的一级、二级阶地，主要分布有冲积土。海拔为 200～300 米。

由于河水的冲积分选作用，该土壤母质差异较大，对土壤的发育有很大影响。再者，由于受江河水泛滥影响的程度和年限不同，冲积土现已大部分垦为耕地，而且绝大部分被培育成较肥沃的菜地。

在沟谷及低洼地带，由于长期或间断性积水的影响，分布着不同数量的沼泽土。

二、土壤的地域分布

由于受中、小地形以及水文地质条件的影响，该区土壤具有地域分布特点。为有助于分析不同地域的土壤组合特点，有效地改良和利用土壤，现按地形地貌单元分述土壤分布。

（一）低山丘陵暗棕壤分布区

位于牡丹江市中心东南部的大观岭和西部的黑山一带，属玄武岩熔岩山地，海拔为400～900米，一般坡度在15°以上，主要分布着暗棕壤。坡下有少量白浆土和草甸土分布。

其次在牡丹江市中心以北的安仿山和爱河以北的青梅山地，海拔为300～800米，坡度5°～20°。此区丘陵起伏，沟谷纵横，为暗棕壤第二分布区。

（二）丘陵漫岗白浆土分布区

在牡丹江市中心南部的温春、东和、兴隆、东村、磨刀石镇代马沟村、五林镇五星村和四岗村等地，海拔250～400米，坡度5°～10°。由于此地母质较黏重，地势平缓，为白浆土主要分布区。在市中心西北的安仿山一带，属侵蚀低山区，地形平缓，白浆土也有零星分布。

（三）河谷平地冲积土区

牡丹江流域两岸及海浪河、爱河、东村河和北安河下游，以及马桥南沟一带，地形为河漫滩和一级、二级阶地，广泛分布着冲积土。土层深厚，养分丰富，是肥沃的良田。其中南江、卡路等地多年前就有蔬菜生产，土地利用率高，是主要的蔬菜生产基地。

（四）零星分布

在中小地形和人类生产活动的影响下，牡丹江市区内有些土壤零星分布各地。首先，在大团、小团、新立、三家子、烧锅一带大片平岗地为暗色白浆土分布区，有3个火山锥，海拔分别332米、338米、378米，上面分布有生草火山石质土，总面积为32.5公顷，是水泥生产的重要原料之一。其次，在大架子山，安仿山暗棕壤地区，尚有面积不大的深山谷地，因水系发育，并生长有草甸和沼泽植被，所以在该地区存在着小面积的冲积土和泥炭土。例如，大青背山区的下沟和吴家沟，以及安仿山区蛤蟆塘一带均有沼泽土分布。泥炭土在该区零星分布于山沟出口处，如林家房子西沟口，放牛沟中游有小面积分布。最后，在人为耕种作用下，有小面积的土壤由于种稻受水淹的影响而改变了原土类的理化特性和成土方向，已列为水稻土类。如海南乡山河村、沙虎村一带和五林镇北兴村一带的草甸土已改造成为水稻土，铁岭镇一些村屯的沼泽土已改造成为水稻土，桦林镇工农村泥炭土改造为水稻土等。

第五节　土壤类型概述

牡丹江市区土壤类型繁多，主要有暗棕壤、白浆土地、草甸土、沼泽土、泥炭土、新积土和水稻土七大土类，14 个亚类，28 个土属，47 个土种。各土种面积统计见表 2-2。

表 2-2　各土种面积统计

类　型	土壤面积（公顷）	占本类面积（%）	耕　地	
			面积（公顷）	占本类面积（%）
一、暗棕壤	153 427	72.82	27 635	56.33
（一）暗棕壤	137 948	89.91	22 260	80.55
1. 麻沙质暗棕壤	564	0.41	292	1.31
2. 砾沙质暗棕壤	104 038	75.42	11 657	52.37
3. 沙砾质暗棕壤	33 214	24.08	10 258	46.08
4. 泥质暗棕壤	132	0.10	54	0.24
（二）白浆化暗棕壤	11 629	7.58	3 586	12.98
沙砾质白浆化暗棕壤	11 629	100.00	3 586	100.00
（三）草甸暗棕壤	3 489	2.27	1 586	5.74
1. 砾沙质草甸暗棕壤	559	16.01	354	22.32
2. 黄土质草甸暗棕壤	2 930	83.99	1 232	77.68
（四）潜育暗棕壤	361	0.24	202	0.73
亚暗矿质潜育暗棕壤	361	100.00	202	100.00
二、白浆土	24 977	11.86	10 301	21.00
白浆土	24 977	100.00	10 301	100.00
1. 黄土质白浆土	16 076	64.36	5 608	54.44
（1）厚层黄土质白浆土	2 707	16.84	1 068	19.04
（2）中层黄土质白浆土	9 611	59.78	2 788	49.72
（3）薄层黄土质白浆土	3 758	23.38	1 752	31.24
2. 黄土质暗白浆土	8 901	35.64	4 693	45.56
（1）厚层黄土质暗白浆土	886	9.95	347	7.40
（2）中层黄土质暗白浆土	8 015	90.05	4 346	92.60
三、草甸土	13 348	6.34	4 503	9.18
（一）草甸土	11 320	84.81	3 976	88.30
1. 砾底草甸土	4 739	41.86	1 482	37.27
（1）厚层砾底草甸土	2 810	59.30	1 154	77.87
（2）中层砾底草甸土	1 334	28.15	206	13.92
（3）薄层砾底草甸土	595	12.55	122	8.21

（续）

类　型	土壤面积（公顷）	占本类面积（%）	耕　地	
			面积（公顷）	占本类面积（%）
2. 黏壤质草甸土	6 581	58.14	2 494	62.73
（1）厚层黏壤质草甸土	877	13.32	302	12.12
（2）中层黏壤质草甸土	3 435	52.20	1 482	59.41
（3）薄层黏壤质草甸土	2 269	34.48	710	28.46
（二）潜育草甸土	2 028	15.19	527	11.70
1. 沙砾底潜育草甸土	717	35.39	152	28.80
（1）中层沙砾底潜育草甸土	218	30.40	50	32.81
（2）薄层沙砾底潜育草甸土	499	69.60	102	67.19
2. 黏壤质潜育草甸土	1 310	64.61	375	71.20
（1）厚层黏壤质潜育草甸土	741	56.57	225	60.05
（2）中层黏壤质潜育草甸土	308	23.52	73	19.33
（3）薄层黏壤质潜育草甸土	261	19.91	77	20.62
四、沼泽土	8 175	3.88	1 817	3.70
（一）沼泽土	713	8.72	223	12.29
埋藏型沼泽土	713	100.00	223	100.00
浅埋藏型沼泽土	713	100.00	223	100.00
（二）泥炭沼泽土	4 993	61.07	1 108	60.97
1. 泥炭沼泽土	4 361	87.34	993	89.61
中层泥炭沼泽土	4 361	100.00	993	100.00
2. 泥炭腐殖质沼泽土	632	12.66	115	10.39
薄层泥炭腐殖质沼泽土	632	100.00	115	100.00
（三）草甸沼泽土	2 469	30.20	486	26.74
沙底草甸沼泽土	2 469	100.00	486	100.00
薄层沙底草甸沼泽土	2 469	100.00	486	100.00
五、泥炭土	959	0.46	324	0.66
低位泥炭土	959	100.00	324	100.00
芦苇薹草低位泥炭土	959	100.00	324	100.00
（1）中层芦苇薹草低位泥炭土	106	11.06	38	11.63
（2）薄层芦苇薹草低位泥炭土	853	88.94	287	88.37
六、新积土	2 449	1.16	928	1.89
冲积土	2 449	100.00	928	100.00
1. 砾质冲积土	84	3.44	17	1.81
薄层砾质冲积土	84	100.00	17	100.00
2. 沙质冲积土	254	10.36	101	10.86
薄层沙质冲积土	254	100.00	101	100.00

（续）

类　型	土壤面积（公顷）	占本类面积（%）	耕　地	
			面积（公顷）	占本类面积（%）
3. 层状冲积土	2 111	86.20	810	87.33
中层状冲积土	2 111	100.00	810	100.00
七、水稻土	7 348	3.49	3 551	7.24
（一）淹育水稻土	7 118	96.87	3 483	98.08
1. 白浆土型淹育水稻土	746	10.48	424	12.18
2. 草甸土型淹育水稻土	5 281	74.18	2 530	72.63
（1）薄层草甸土型淹育水稻土	132	2.50	47	1.84
（2）中层草甸土型淹育水稻土	4 026	76.23	1 854	73.27
（3）厚层草甸土型淹育水稻土	1 123	21.27	630	24.89
3. 暗棕壤型淹育水稻土	323	4.54	187	5.36
厚层暗棕壤型淹育水稻土	323	100.00	187	100.00
4. 冲积土型淹育水稻土	768	10.79	342	9.83
中层冲积土型淹育水稻土	768	100.00	342	100.00
（二）潜育水稻土	230	3.13	68	1.92
1. 沼泽土型潜育水稻土	230	100.00	68	100.00
厚层沼泽土型潜育水稻土	230	100.00	68	100.00
2. 泥炭土型潜育水稻土	4.6	—	—	—
薄层泥炭土型潜育水稻土	0	0	0	0

一、暗棕壤土类

暗棕壤俗称山地土，石子地或黄沙土，是牡丹江市区面积最大、分布最广的土壤，面积为 153 427 公顷，占全区土壤总面积的 72.82%。其中耕地面积为 27 635 公顷，占本土类面积的 18.01%，占全区总耕地面积的 56.33%。该土类在全区各乡（镇）均有分布，其中以北安、五林、兴隆等乡（镇）面积较大，见表 2-3。

表 2-3　各乡（镇）暗棕壤面积统计

乡（镇）	合计（公顷）	占该类土壤面积（%）	其中：耕地面积（公顷）	占该类土壤耕地面积（%）
磨刀石镇	19 425	12.66	6 898	24.96
北安乡	35 044	22.84	1 330	4.81
五林镇	34 421	22.43	7 301	26.42
海南乡	5 585	3.64	1 866	6.75
温春镇	12 365	8.06	3 098	11.21
铁岭镇	19 815	12.91	3 339	12.08

（续）

乡（镇）	合计（公顷）	占该类土壤面积（%）	其中：耕地面积（公顷）	占该类土壤耕地面积（%）
兴隆镇	22 604	14.73	2 510	9.08
桦林镇	4 168	2.73	1 293	4.69
合计	153 426	100	27 635	100

由于成土条件和附加成土过程不同，暗棕壤土类划分为暗棕壤（典型暗棕壤）、白浆化暗棕壤、草甸暗棕壤和潜育暗棕壤 4 个亚类。

（一）暗棕壤亚类

暗棕壤亚类是暗棕壤土类中较为典型的一个亚类，在成土过程上只反映主导的暗棕壤化过程，其他附加成土过程不明显。

该亚类土壤主要分布在牡丹江市区内大观岭、黑山、安仿山和青梅山地较陡的中上坡，海拔在 400 米以上。自然植被主要为针阔叶混交林，如红松、落叶松、柞树、杨树和桦树等，每年有大量凋落物参与土壤的形成过程，是暗棕壤化过程的物质与能量来源。

牡丹江市区暗棕壤亚类土壤面积为 137 948 公顷，占暗棕壤土类面积的 89.91%。根据母质的差异，可分为麻沙质暗棕壤、砾沙质暗棕壤、沙砾质暗棕壤和泥质暗棕壤 4 个土属，不再分土种。

1. 麻沙质暗棕壤土属 麻沙质暗棕壤对应土壤图上第 40 号土，总面积 564 公顷，占暗棕壤亚类总面积的 0.41%。其中耕地面积 292 公顷，占该亚类耕地面积的 1.31%，占该土属面积的 51.77%。

该土属是因磨刀镇合并到牡丹江市区而新添加的土种，原土种名为“红土母质侵蚀暗棕壤”，在磨刀石镇的清平村、金星村等地有零星分布。此土处于山坡地，自然植被主要是柞、桦树，林下草甸植被较多。

成土母质为残积母质，土质重壤土，表土层 20 厘米左右，呈紫红色，淀积层较厚，为 80～100 厘米，较黏重，往下为母质层。土体构型为 Ap、AB、B。

据专家认为，白垩末期，第四时期形成该土壤，长时间受自然环境侵蚀而成，故也称为侵蚀暗棕壤。各种养分含量中等。但是，地势较高，吸光辐射好，热潮。因此，当地农民普遍种植地瓜等块茎作物。这种作物产量高，质量好。下面以位于八面通镇四平五队东南的 44 号剖面为例，描述麻沙质暗棕壤理化性状见表 2-4。

表 2-4 麻沙质暗棕壤理化性状

土层	取土深度（厘米）	有机质（克/千克）	pH	全量（克/千克）			容重（克/立方厘米）	总孔隙度（%）	田间持水量（%）	毛管孔隙度（%）	质地
				氮	磷	钾					
Ap	0～20	42.2	6.7	3.2	3.8	—	1.16	54.7	38.0	41.0	中壤
AB	40～60	25.3	6.8	1.9	2.3	—	1.28	50.0	32.0	41.6	中壤
B	100～116	14.6	6.8	0.8	1.0	—	1.38	46.1	28.9	36.3	轻黏

注：引自 1984 年第二次土壤普查资料。

耕层速效养分含量：碱解氮为 221 毫克/千克，有效磷为 32.3 毫克/千克，速效钾为 279 毫克/千克，钾丰富，氮、磷属中等。

2. 砾沙质暗棕壤土属 砾沙质暗棕壤对应土壤图上 1 号土，原名为石质暗棕壤，主要分布在温春镇、铁岭镇、沿江乡和北安乡等的山地和丘陵上部。面积为 104 038 公顷，占暗棕壤亚类面积的 75.42%。其中耕地面积有 11 657 公顷，占该土属面积的 11.20%。

该土壤发育在不同基岩风化而成的残积母质上，剖面层次发育较差，其土体构型为 A_0、A_1、BC、D。土体较薄，在 60 厘米左右。据 14 个剖面统计，A_1层平均厚（15.33±4.73）厘米，最薄仅有 4 厘米。心土层淀积现象不太明显，往下过渡到基岩。由于铁的淋溶与氧化，心土层以下土体呈暗棕色或红棕色。

剖面形态特征如下：

A_0：0～3 厘米。

A_1：3～13 厘米，呈灰色，质地为重壤土，有少量石砾，较松散湿润，粒状或团块状结构。

BC：13～59 厘米，暗棕色，质地为重壤土，碎石较多，微有淀积现象。

D：59 厘米以下为基岩。

由于地表有厚 2～5 厘米枯枝落叶层，故表层和亚表层容重较小，一般在 0.5 克/立方厘米，田间持水量和孔隙度较大。从机械组成看，黏粒含量较低，仅占 10%左右，相反沙粒（1～0.05 毫米）和粉沙粒（0.05～0.01 毫米）含量高。

表层和亚表层有机质和全氮含量很高，平均分别为 279.5 克/千克和 7.47 克/千克，而心土和底土锐减。全磷和全钾含量偏低。速效养分以氮、钾较高，磷偏低。据 21 个农化样分析结果统计，碱解氮（165±101）毫克/千克，速效钾（272±100）毫克/千克，有效磷（38±24）毫克/千克，pH 以表层较低，一般为 6～6.5，呈微酸性，往下各层有升高趋势。

砾沙质暗棕壤虽然表层和亚表层有机质和全氮含量极其丰富。但因土体很薄，故养分总贮量极低。另外，该土壤所处地势陡，水土流失严重，所以适宜发展林业，这样既能涵养水源又能保持土壤，一般不宜耕垦。

3. 沙砾质暗棕壤土属 沙砾质暗棕壤对应土壤图中 2 号土，原名沙石质暗棕壤，分布于铁岭镇、温春镇东村和北安乡等的山地丘陵一带。面积为 33 214 公顷，占暗棕壤亚类面积的 24.08%。

沙砾质暗棕壤的剖面发育较好，母质的风化程度优于石质暗棕壤，土体构型为 A_0、A_1、AB、B、BC、C 或 Ap、AB、B、BC、C。黑土层较薄，而心土层较厚，最厚达 100 厘米，且淀积现象明显，底土为半风化的铁板沙，其下为基岩。

剖面形态特征如下：

A_0：0～3 厘米。

A_1：3～14 厘米，浅棕灰色，质地为轻壤土，含少量石砾，粒状结构，根系较多。

B：14～44 厘米，黄棕色，质地为轻壤土，团块结构，有少量根系，有二氧化硅粉末存在。

C：44～77 厘米，黄棕色，质地为沙壤土，含少量石砾，有二氧化硅粉末存在。

质地较石质暗棕壤为轻，表层一般为轻壤土，沙粒约占30%以上，并含少量石砾。随深度的增加而沙性加强。表层毛管孔隙少，通气孔隙多，所以通气透水性强。黑土层有机质含量在10～50克/千克，最高达50克/千克以上。据21个样本统计，有机质平均含量为（19.7±3.5）克/千克，但淀积层有机质含量低于1%，氮、磷、钾全量含量偏低，尤其全磷在1克/千克左右。酸碱度为中性，pH在6～7。

沙砾质暗棕壤所处地势较为平缓。土壤气热条件好，水肥条件差，虽然适宜种植各种旱田作物，但因养分贮量低，易发小苗而不发老苗，产量不高，而且垦后易发生水土流失，导致土壤肥力减退，甚至变成不毛之地。因此，其利用方面应以林为主，林牧结合，对已垦农田，需加强水土保持，工程措施与生物措施相结合，以免流失。

4. 泥质暗棕壤土属 泥质暗棕壤对应土壤图中44号土，分布在海南乡境内丘陵一带，该土属因海南乡合并到牡丹江市区而添加的新土种，原土种名为“壤质棕壤”。面积为132公顷，占暗棕壤亚类面积的0.10%，其中耕地面积为54公顷，占该类土壤的40.71%。

泥质暗棕壤剖面发育较好，层次分化较明显，可分为Ap、AB、BC、C、D等层次。该土属主要特点是土质黏重，透气透水性差，质地上为重壤土，下为轻黏土。据17个剖面统计，Ap层平均厚（18.59±6.25）厘米，厚者为27厘米，薄者为10厘米。母质多为坡积物。

剖面形态特征如下：

Ap：0～27厘米，棕灰色，质地为重壤，紧实，植物根系多，粒状结构。

AB：27～43厘米，棕色，质地为重壤，紧实，团块状结构，结构表面有棕褐色胶膜，根系少。

BC：43～65厘米，黄棕色，质地重壤，坚硬，核块状结构，有明显的淀积现象，胶膜明显，根系很少。

C：65～105厘米，棕黄色，质地为轻黏土，紧实，结构不明显。

该土属土质黏重，经耕种土壤有机质含量明显下降，土壤容重明显增加，Ap层为1.28克/立方厘米，AB层为1.49克/立方厘米，土壤很紧实，通气孔隙仅为5.3%～8.8%，透气透水性差。物理和化学性质见表2-5。

表2-5 泥质暗棕壤的物理性状

土层符号	土层深度（厘米）	容重（克/立方厘米）	总孔隙（%）	毛管孔隙（%）	通气孔隙（%）	田间持水量（%）	土壤各粒级含量（%）							物理黏粒（%）	土壤质地
							>1.0毫米	1.00～0.25毫米	0.25～0.05毫米	0.05～0.01毫米	0.01～0.005毫米	0.005～0.001毫米	<0.001毫米		
AP	0～27	1.28	51.7	42.9	8.8	33.5	3	6.8	9.3	36.1	12.4	13	22.4	47.8	重黏土
AB	27～43	1.49	44.8	39.5	5.3	26.5	4.2	6.5	6.9	31.2	10.4	12.1	32.9	55.4	重黏土
BC	43～65	—	—	—	—	—	2.5	6.2	8.4	30.5	9.5	10	35.4	54.9	重黏土
C	65～105	—	—	—	—	—	0.3	5.7	4.3	27.5	18.6	10.2	39.7	62.5	轻黏土

注：引自1984年第二次土壤普查资料。

泥质暗棕壤耕地有机质下降很快。据典型剖面化验结果，Ap层仅剩老化的有机质，其含量为16.3克/千克，并在土层中呈“粗脖子漏斗状”分布（表2-6）。

表 2-6　泥质暗棕壤土壤化学性状

土层符号	土层深度（厘米）	有机质（克/千克）	全量（克/千克）			pH	代换量（me/百克土）
			氮	磷	钾		
Ap	0～27	16.3	1.03	0.79	2.11	6.4	17
AB	27～43	8.5	0.6	0.8	2.12	6.4	15
BC	43～65	8.1	—	—	—	6.2	—
C	65～105	9.0	—	—	—	5.8	—

注：引自 1984 年第二次土壤普查资料。

从 25 个农化样分析结果看，有机质平均含量为（33.4±11.4）克/千克，全氮为（1.69±0.40）克/千克，碱解氮、有效磷、速效钾分别为（188±47）毫克/千克、（11±10）毫克/千克、（179±6.5）毫克/千克，均比砾沙质暗棕壤、沙砾质暗棕壤含量少。这主要与耕种年限长短有关，不是该土属的固有属性（表 2-27）。

表 2-7　泥质暗棕壤土壤化验分析统计

项目	平均值	标准差	变异系数	最高值	最低值	极差	样本数（个）
有机质（克/千克）	33.4	11.4	34.2	59.4	15.4	44	25
全氮（克/千克）	1.69	0.4	23.86	2.55	1.04	1.51	24
碱解氮（毫克/千克）	188	47	25.01	300	85	215	25
有效磷（毫克/千克）	11	10	88.75	48	2	46	25
速效钾（毫克/千克）	179	65	36.03	336	88	248	25

注：引自 1984 年第二次土壤普查资料。

（二）白浆化暗棕壤亚类

白浆化暗棕壤面积为 11 629 公顷，占暗棕壤土类面积的 7.58%。其中耕地面积为3 586公顷，占本亚类面积的 30.84%。该区内的白浆化暗棕壤都比较典型，只有 1 个沙砾质白浆化暗棕壤土属，不分土种。

沙砾质白浆化暗棕壤土属　该土属对应土壤图上为 3 号和 4 号土，原分别为中层白浆化暗棕壤和厚层白浆化暗棕壤，主要分布在铁岭镇、温春镇等乡（镇）的山地中下坡，坡度比较小。自然植被主要是疏林、草甸群落，如柞树、桦树、杨树及榛柴、杜鹃等植物，其凋落物的缓慢分解，季节性冻融或底层透水不良，使土壤滞水，铁锰被还原淋洗，是发生白浆化过程的重要条件。

黑土层厚度在 20 厘米左右，据 26 个剖面统计，平均为 19.2±2.26 厘米。黑土层下有 12～23 厘米厚的浅黄色土层，干时灰白，其白浆化程度不典型，无片状结构，上下过渡不明显。淀积层呈棕色，核块状结构，质地较轻，有铁锰结核和胶膜。其下为棕灰或黄棕色的母质层。土体构型为 A_1、Aw、B、C 或 Ap、Aw、B、C。

剖面形态特征如下：

A_1：0～17 厘米，棕灰色，质地为重壤土，粒状结构。

Aw：17～36 厘米，浅黄色，质地为轻壤土，结构不明显。

B：36～61 厘米，棕色，质地为轻黏土，核块状结构。

BC：61～88 厘米，黄棕色、质地为沙壤土。

C：88～123 厘米，为黄棕色的母质层。

黑土层容重在 1.0～1.2 克/立方厘米，而白浆化层容重增至 1.3 克/立方厘米以上。孔隙度 50%～60%，毛管孔隙较多，通气孔隙相对较少，特别是白浆化层通气孔隙很少，导致土壤通气透水性不良。表层质地一般为重壤土，由于黏粒淋溶下移，故心土层和底土层质地较重，一般为轻黏土。黑土层有机质含量在 15～50 克/千克，据 5 个典型剖面统计，平均含量为（40.7±22.8）克/千克，心土和底土锐减，全氮平均含量为（2.11±1.37）克/千克（$n=5$），在剖面上分布与有机质类似。

因该土壤所处地势较缓，养分含量较高，质地适中，土质比较热潮，适于各种作物生长发育，可以农垦，但要注意防止水土流失，多施有机肥和磷肥，不断提高土壤肥力，保证作物生长需要。

（1）3 号土（中层白浆化暗棕壤）：耕地面积为 2 121.4 公顷，以位于温春镇沿江村放牛沟上游 30 米处 067 号剖面为例，物理和化学性状详见表 2-8 和表 2-9。

表 2-8　中层白浆化暗棕壤物理性状

土层符号	取土深度（厘米）	容重（克/立方厘米）	田间持水量（%）	孔隙度（%）			物理黏粒（%）		质地名称
				总孔隙度	毛管孔隙	非毛管孔隙	<0.001 毫米	<0.01 毫米	
Ap	3～13	1.05	36.8	59.3	38.6	20.7	17.0	51.2	轻黏土
A_1	13～20	1.32	34.7	50.4	45.8	4.6	11.8	43.8	重壤土
Aw	25～35	1.41	30.8	47.4	43.4	0.4	21.5	54.4	轻黏土
B	45～55	—	—	—	—	—	26.4	60.5	轻黏土

注：引自 1984 年第二次土壤普查资料。

表 2-9　中层白浆化暗棕壤化学性状

土层符号	取土深度（厘米）	有机质（克/千克）	全量（克/千克）			pH
			氮	磷	钾	
Ap	3～13	45.1	2.12	0.84	30.52	5.7
A_1	13～20	29.1	1.47	0.84	29.92	5.8
Aw	25～35	8.5	0.59	0.53	32.40	6.1
B	45～55	4.8	0.47	—	—	5.7

注：引自 1984 年第二次土壤普查资料。

（2）4 号土（厚层白浆化暗棕壤）：耕地面积为 1 464.8 公顷，现以位于军马场草帽顶北 500 米处的 M21 号剖面为例，物理和化学性状见表 2-10 和表 2-11。

表 2-10　厚中层白浆化暗棕壤物理性状

土层符号	取土深度（厘米）	容重（克/立方厘米）	田间持水量（%）	孔隙度（%）			物理黏粒（%）		质地名称
				总孔隙度	毛管孔隙	非毛管孔隙	<0.001 毫米	<0.01 毫米	
Ap	0～23	1.22	35	53.7	43	10.7	18.0	53.1	轻黏土
Aw	23～37	1.32	30	50.4	40	12.4	18.6	49.6	重壤土
B	55～65	1.42	28	47.1	39	8.1	30.0	61.2	轻黏土

注：引自 1984 年第二次土壤普查资料。

表 2-11　厚中层白浆化暗棕壤化学性状

土层符号	取土深度（厘米）	有机质（克/千克）	全量（克/千克）			pH
			氮	磷	钾	
Ap	0～23	32.6	1.57	1.16	27.22	5.0
Aw	23～37	8.9	0.67	0.62	31.34	5.6
B	55～65	5.8	0.47	0.55	31.54	5.5

注：引自1984年第二次土壤普查资料。

（三）草甸暗棕壤亚类

该亚类主要分布于兴隆镇、铁岭镇的山地裙部、平缓岗地及河谷阶地。母质为现代坡积物及河谷冲积物。植被为次生阔叶林或草甸植物。由于地下水位较高，土壤除受森林植被作用而发生暗棕壤化过程外，同时还受较高的地下水及草甸植被的影响，进行着草甸化过程。

牡丹江市区内草甸暗棕壤面积有3 489公顷，占暗棕壤土类面积的2.27%。其中耕地面积为1 586公顷，占本亚类土壤面积的45.46%。

该亚类在全区有砾沙质草甸暗棕壤和黄土质草甸暗棕壤2个土属。

1. 砾沙质草甸暗棕壤土属　砾沙质草甸暗棕壤面积仅有559公顷，占暗棕壤土类总面积的0.36%，是全区面积较小的土属之一。其中有354公顷已垦为耕地，占本土属面积的63.35%，仅分布于兴隆、温春和五林3个乡（镇）。

砾沙质草甸暗棕壤土属对应土壤图的7号、8号、43号土，原分别为生草火山石质土、腐殖质火山石质土和沙质草甸暗棕壤。

7号土和8号土均为火山石质土，是在近期火山活动地区的火山景观及地形、地貌条件下，经过生草化过程和腐殖质化过程发育而成的一类土壤。市区内的石质土分布于兴隆镇的小团村和温春镇新立村一带，系属镜泊湖火山喷发形成的火山锥，海拔为323～378米，相对高差40～50米。母质主要是火山砾及玄武岩浮石。火山石质土在牡丹江市区耕地面积为246.7公顷，仅分布于兴隆和温春2个乡（镇）。

由于地形和不同成土过程的作用，划分为生草火山石质土和腐殖质火山石质土。

（1）7号土（生草火山石质土）：发育在火山锥体，具有植被稀疏，发育微弱，土层浅薄，岩石裸露的特点。成土作用仅有微弱的生草化过程，其面积很小。由于发育程度差。通体有粗骨颗粒，土层较薄，仅有30～50厘米，表层较疏松，下为褐色火山砾和玄武岩浮石，剖面形态特征如下：

A_1：0～9厘米，灰褐色，质地为砾质重壤土，粒状结构，较疏松，根系较多。

C：9～48厘米，褐色，质地为多砾质轻壤土，干燥紧实，为母岩风化物。

从理化性状看，A_1层容重<1克/立方厘米，黏粒含量在16%左右，下层容重较大，黏粒含量增至20%以上。由于草本植被稀疏，生物积累量少，故有机质、全氮多集中在黑土层。全磷含量高达4克/千克左右。全钾含量偏低，在20克/千克左右。pH为7.4。以兴隆乡小团山西火山灰矿009号剖面为例，物理和化学性状见表2-12、表2-13。

表 2-12　生草火山石质土物理性状

土层符号	取土深度（厘米）	容重（克/立方厘米）	田间持水量（%）	孔隙度（%）			物理黏粒（%）		质地名称
				总孔隙度	毛管孔隙	非毛管孔隙	<0.001毫米	<0.01毫米	
A_1	0～9	1.0	27.8	61.0	27.8	33.2	16.9	41.4	重壤土
C	15～25	—	—	—	—	—	29.5	57.5	轻黏土

注：引自1984年第二次土壤普查资料。

表 2-13　生草火山石质土化学性状

土层符号	取土深度（厘米）	有机质（克/千克）	全量（克/千克）			pH
			氮	磷	钾	
A_1	0～9	65.1	3.10	4.24	20.64	7.4
C	15～25	27.1	1.15	3.66	21.12	7.4

注：引自1984年第二次土壤普查资料。

该土壤因所处坡度较陡，土层薄，仅锥体下部有少量面积垦为耕地，占该土壤面积的43.7%，其余大部分被开采为水泥原料。

（2）8号土（腐殖质火山石质土）：在火山锥体边缘地势平缓处，由玄武岩和火山锥体风化的坡积物，经过腐殖质化过程，已发育成腐殖质火山石质土。其耕地面积为187.4公顷，土体较厚，为40～80厘米，剖面发育较好，剖面形态特征如下：

Ap：0～15厘米，灰棕色，质地为砾质黏土，含少量石砾，粒状结构，疏松，植物多根系，往下过渡不太明显。

AB：15～25厘米，浅棕色，砾石较多。质地为砾质黏土，较紧实，植物根系较少。

B：25～46厘米，暗棕色，质地为砾质黏土，有淀积现象。

根据理化性状分析，该土壤含有少量砾石，黏粒含量30%以上，非毛管孔隙达12%，田间持水量为40%。耕层土壤有机质和全氮含量较低，是多年耕种的原因所致。往下各层递减，pH一般在7.0以下。

该土壤物理性状较好，土质热潮，速效养分含量高，地势较平缓，是良好的农田土壤，但石砾含量较多，对农田作业不利。以兴隆乡小团火山灰矿东1 000米010号剖面为例，理化性状见表2-14和表2-15。

表 2-14　腐殖质火山石质土物理性状

土层符号	取土深度（厘米）	容重（克/立方厘米）	田间持水量（%）	孔隙度（%）			物理黏粒（%）		质地名称
				总孔隙度	毛管孔隙	非毛管孔隙	<0.001毫米	<0.01毫米	
Ap	0～15	1.15	40.42	56.0	46.5	9.5	31.9	60.4	轻黏土
AB	15～25	1.19	38.64	54.7	45.0	9.7	32.1	61.4	轻黏土
BC	25～35	—	—	—	—	—	4.9	75.2	中黏土

注：引自1984年第二次土壤普查资料。

表 2-15　腐殖质火山石质土化学性状

土层符号	取土深度（厘米）	有机质（克/千克）	全量（克/千克）			pH
			氮	磷	钾	
Ap	0～15	30.8	1.74	2.48	24.78	6.9
AB	15～25	29.4	1.62	2.37	24.26	6.9
BC	25～35	17.6	1.18	1.20	23.21	6.5

注：引自 1984 年第二次土壤普查资料。

（3）43 号土（沙质草甸暗棕壤）：自然植被为次生阔叶杂木林及其草甸群落，是暗棕壤化和草甸化成土过程的重要条件。是因从林口县划分到牡丹江市区的五林镇而新添的土种，因而仅有五林镇北兴村一带的江河沿岸较高处有所分布。

耕层厚度平均为 20 厘米，暗灰色，粒状或团粒结构，质地为中壤至轻黏土。淀积层厚平均为（40.6±9.4）厘米，暗棕色，核块状结构。剖面形态特征如下：

Ap：0～20 厘米，灰色，团粒结构，质地为轻黏土，较松散湿润，多根系，层次过渡明显。

B：20～63 厘米，暗棕色，核块结构，质地为中壤土，但沙粒（0.05～0.10 毫米）含量高达 57.79%，较湿润，层次过渡明显。

C：63～110 厘米，为黄沙，含石砾。

从机械组成看，各粒级在剖面上的分布很不均衡，变化较大，耕层黏粒（<0.001 毫米）含量高达 25.83%，沙粒（0.05～0.10 毫米）为 20%，心土层沙粒含量高达 51.79%，而黏粒降至 15.54%，底土层粉沙粒（0.001～0.05 毫米）含量很高。100 厘米以下多出现黄色粗沙粒层。容重以耕层较小，在 1.2 克/立方厘米以下，而心土层增至 1.3 克/立方厘米以上。耕层总孔隙度在 51%～55%，通气孔隙为 20%左右，以下各层总孔隙度和通气孔隙度在 10%以上。

有机质和全氮含量比较低，耕层有机质平均含量 28.9 克/千克，全氮平均为 1.50 克/千克，心土层分别降至 14.6 克/千克和 0.8 克/千克。

从农化样分析结果看，有机质和氮素养分含量较低，而有效磷、速效钾含量较高（表 2-16）。

表 2-16　沙质草甸暗棕壤农化样统计

项　目	最大值	最小值	极差	平均值	标准差	样本数（个）
有机质（克/千克）	39.5	23.5	16	31.1	8	3
全氮（克/千克）	1.60	1.30	0.30	1.50	0.2	3
碱解氮（毫克/千克）	154	91	63	119	32	3
有效磷（毫克/千克）	47	5	42	23	22	3
速效钾（毫克/千克）	250	132	118	186	60	3

注：引自 1984 年第二次土壤普查资料。

该土壤因耕层较坚实黏重，而心土层沙性增强，虽然有利于通气透水，但易漏水漏肥，再加之有机质和氮素养分含量较低，所以产量不高，应合理耕作，增施有机肥料，不断培肥和熟化土壤，提高其生产力水平。

2. 黄土质草甸暗棕壤土属 黄土质草甸暗棕壤土属对应土壤图为5号、6号土，大都分布于铁岭镇、温春镇、桦林镇等乡（镇）。该区内土壤面积为2 930公顷，占草甸暗棕壤亚类的83.98%，其中耕地面积为1 232公顷，占本土属面积的42.05%。

黑土层厚10～30厘米，据8个典型剖面统计平均为（20.37±3.41）厘米，暗棕色。多团粒结构。心土层为棕色，有锈纹和铁锰结核，块状结构。底土多为黄土状沉积母质，黄棕色。土体构型为A_1、AB、B、C或Ap、App、B、C。剖面形态特征如下：

Ap：0～19厘米，暗棕色，质地为中壤土，团粒结构较多。

App：19～27厘米，暗棕色，质地为中壤土，层状或块状结构。

B：27～68厘米，棕色，质地为中壤土，核块状结构，有锈纹和铁锰结核。

C：68厘米以下，为黄棕色母质层。

该土壤质地多为中壤土，含沙粒（1～0.05毫米）和粗粉沙粒（0.05～0.01毫米）较多，且含有较多的黏粒（<0.001毫米），在剖面分布比较均衡。孔隙度在53%～57%，且通气孔隙较多，占10%～28%。黑土层有机质平均含量（30.0±11.9）克/千克（n=3），全氮平均含量为（1.50±0.35）克/千克。全钾含量较高，50厘米以上各土层含全钾均在30克/千克以上。全磷含量很低，在1克/千克左右。

这种土壤虽然养分含量高，贮量大，但由于所处地势较低，土壤湿度较大，比较冷凉，养分转化慢，速效养分甚低，不发小苗，发老苗。耕垦要注意排水和增施速效性化肥，以提高土温，增加土壤肥力，保证高产稳产。

该土的5号和6号土是因第二次土壤普查根据黑土层厚度不同，将该土属划分为“中层壤质草甸暗棕壤”和“厚层壤质草甸暗棕壤”2个土种。

5号（土中层壤质草甸暗棕壤）。耕地面积为1 209.8公顷，其物理和化学性状以铁岭南沟水库西南200米处118剖面为例，见表2-17和表2-18。

表2-17 中层壤质草甸暗棕壤物理性状

土层符号	取土深度（厘米）	容重（克/立方厘米）	田间持水量（%）	孔隙度（%）			物理黏粒（%）		质地名称
				总孔隙度	毛管孔隙	非毛管孔隙	<0.001毫米	<0.01毫米	
Ap	0～19	1.14	25	56.3	28.5	27.8	11.5	30.0	中壤土
AB	19～27	1.15	20	56.0	27	29	14.6	30.0	轻壤土
B	40～50	1.35	15	49	23	26	15.6	30.0	轻壤土
C	75～85	—	—	—	—	—	15.6	27.9	轻壤土

注：引自1984年第二次土壤普查资料。

表2-18 中层壤质草甸暗棕壤化学性状

土层符号	取土深度（厘米）	有机质（克/千克）	全量（克/千克）			pH
			氮	磷	钾	
Ap	0～19	17.2	1.21	0.90	31.98	6.7
AB	19～27	25.4	1.40	1.31	32.57	6.4
B	40～50	3.8	0.38	0.43	34.26	6.5
C	75～85	2.6	—	—	—	6.5

注：引自1984年第二次土壤普查资料。

6号土（厚层壤质草甸暗棕壤）。耕地面积为22公顷，其物理和化学性状以北安乡火葬场东南120米处的048号剖面为例，见表2-19和表2-20。

表2-19　厚层壤质草甸暗棕壤物理性状

土层符号	取土深度（厘米）	容重（克/立方厘米）	田间持水量（%）	孔隙度（%）			物理黏粒（%）		质地名称
				总孔隙度	毛管孔隙	非毛管孔隙	<0.001毫米	<0.01毫米	
Ap	0～15	1.24	32	53.0	39.7	13.3	24.3	46.1	重壤土
App	15～25	1.42	29	47.1	41.2	5.9	22.2	44.0	重壤土
AB	25～35	1.47	29	45.4	42.3	3.1	23.3	45.2	重壤土
B	56～66	—	—	—	—	—	24.6	44.3	重壤土

注：引自1984年第二次土壤普查资料。

表2-20　厚层壤质草甸暗棕壤化学性状

土层符号	取土深度（厘米）	有机质（克/千克）	全量（克/千克）			pH
			氮	磷	钾	
Ap	0～15	40.7	1.89	1.88	26.96	7.4
App	15～21	37.7	1.77	1.78	26.42	7.0
AB	25～35	29.4	1.48	1.35	27.16	6.3
B	56～66	19.3	—	—	—	6.5

注：引自1984年第二次土壤普查资料。

（四）潜育暗棕壤亚类

潜育暗棕壤亚类是在海南乡境内高海拔中低山低洼地平坦地段，是冬雪聚集的地方，一般积雪厚度达2米以上，春暖化雪时，雪水汇入此地，土壤常年被水分饱和，土壤还原条件占优势。所以，在隐灰化的主导成土过程基础上，发生潜育化的附加成土过程，形成该类土。

该类土主要分布在海南乡红旗村、红星村和中兴村，是海南乡合并到牡丹江市区而新添加的土壤，该亚类只有亚暗矿质潜育暗棕壤1个土属，不分土种。对应土壤图为41号土，原土种名为“潜育棕色针叶林土”，面积为361公顷，占暗棕壤土类面积的0.24%，其中耕地面积为202公顷，占本亚类土壤面积的55.96%。

土体构型为At、ABg、Bg、BC，主要特征是表层的潜育化过程明显。剖面形态特征如下：

At：有4厘米左右的泥炭化粗腐殖质层，呈褐棕色。

ABg：潜育化特征比较明显，呈蓝褐色，土层厚度10～15厘米，质地为沙壤土。

Bg：蓝灰色，土层厚度12～16厘米，有臭味，为潜育层，物理性沙粒达91%，为沙土。

BC：土层厚度不到10厘米，黄棕色，质地为轻壤土，夹有很多石块，是一个过渡层。

该类土层薄，但表层土壤常年被水分饱和，有机物的积累大于分解，土壤养分含量很高，有机质含量高达 73 克/千克，全氮 9.6 克/千克，全磷 3.3 克/千克，而全钾含量偏低 18 克/千克（表 2-21）。

表 2-21　亚暗矿质潜育暗棕壤理化性状

土体构型	层次深度（厘米）	有机质（克/千克）	全量（克/千克）			代换量（me/百克土）	水解总酸度	pH	土壤质地	孔隙度（%）
			全氮	全磷	全钾					
At	0～5	73	9.6	3.3	18	19	12.2	5.2	轻壤	66
ABg	5～10	63	3.5	2.9	19	18	13.8	5.6	轻壤	60
Bg	10～18	36	1.2	1.8	14	17.8	2.7	6.0	沙土	46
BC	18～25	29	1.4	2.8	15	13.6	6.6	5.7	轻壤	49

注：引自 1984 年第二次土壤普查资料。

二、白浆土类

牡丹江市区白浆土主要分布在温春镇、兴隆镇、沿江镇、桦林镇等地的丘陵漫岗及洪积阶地上。面积有 24 976 公顷，其中耕地面积为 10 302 公顷，是该区主要的耕地土壤之一。其各乡（镇）所占面积详见表 2-22。

表 2-22　各乡（镇）白浆土面积统计

乡（镇）	合计（公顷）	占该类土壤面积（%）	其中：耕地面积（公顷）	占该类土壤耕地面积（%）
磨刀石镇	1 887	7.56	547	5.31
北安乡	918	3.67	212	2.06
五林镇	8347	33.42	3 882	37.68
海南乡	90	0.36	54	0.52
温春镇	6 549	26.22	2 880	27.95
铁岭镇	1 237	4.95	375	3.64
兴隆镇	4 655	18.64	1 665	16.16
桦林镇	1 293	5.18	687	6.67
合计	24 976	100	10 302	100

牡丹江市区内白浆土仅有白浆土（典型白浆土）1 个亚类。母质多为黄土状洪积物，质地多为重壤土。自然植被多为柞桦林或疏林、草甸植物。根据白浆层颜色的差异划分为黄土质白浆土和黄土质暗白浆土 2 个土属。

1. 黄土质白浆土土属　该土属主要分布在五林镇、温春镇、兴隆镇等乡（镇）的丘陵平岗。面积为 16 076 公顷，占白浆土类面积的 64.37%，其中耕地面积为 5 608 公顷，占本土属面积的 34.88%。

土体构型为 A_1、Aw、B、C 或 Ap、Aw、B、C。黑土层厚度差异较大，薄则几厘米，最厚达 24 厘米，多在 10～20 厘米。据 29 个剖面统计，平均为（17±3）厘米，暗棕色，团块状结构，根系较多。白浆层厚度在6～18厘米，平均厚（13.5±3.4）厘米（n=29），多显浅黄色，片状结构，有的地块白浆层有较多的铁锰结核。淀积层较厚，可达70厘米，呈核状结构，结构体表面有明显胶膜，有的地块此层含少量铁锰结核。母质层多为黄棕色黏重的洪积物。其剖面形态特征如下：

Ap：0～14厘米，暗灰色，粒状或团块状结构，质地轻黏土，松散湿润。

Aw：14～35厘米，浅黄色，片状结构，质地轻黏土，紧实，有较多铁锰结核，向下过渡明显。

B_1：35～80厘米，过渡层多显暗棕色，核块状结构，质地中黏土，有少量铁锰结核、胶膜及白色粉末。

B_2：80～113厘米，淀积层灰褐色，核状结构，质地中黏土，紧实，锈纹较多，有少量铁锰结核，胶膜明显。

BC：113～136厘米，过渡层，黄、灰、褐相间，核状结构，黏重紧实，锈纹较多，结构体表面有棕色胶膜和二氧化硅粉末。

由于淋溶作用，黏粒含量以黑土层和白浆层较低，在20%以下，而淀积层高达35%以上，较黑土层增加1.5倍。相反，粉沙粒在黑土层和白浆层相对含量较高，以下各层略有减少。黑土层容重为1.2克/立方厘米左右，白浆层增至1.3～1.4克/立方厘米，淀积层在1.5克/立方厘米以上。黑土层总孔隙度在51%～53%。以下各层均有降低。通气孔隙少，在5%～8%，导致土壤通气透水性差。有机质主要集中在黑土层，据6个剖面统计，平均含量为（30.0±4.8）克/千克，白浆层和淀积层锐减。全氮平均含量（1.49±0.20）克/千克，在剖面上的分布与有机质相同，速效养分含量以氮磷较高，而钾极低，见表2-23。

表2-23 白浆土农化样分析结果

养 分	样本数（个）	平均值	标准差	变异系数
有机质（克/千克）	34	29.1	10.2	34.93
全氮（克/千克）	17	1.67	1.0	59.88
碱解氮（毫克/千克）	15	114.33	54.47	47.64
有效磷（毫克/千克）	23	22.04	13.07	59.12
速效钾（毫克/千克）	21	212.29	89.81	43.31

注：引自1984年第二次土壤普查资料。

综上所述，此土壤的主要缺点是质地黏重、结构不良，冷浆，板结，耕性差，怕旱怕涝，必须深耕改土，增施有机肥料，不断加深和熟化耕层，增加养分含量，培肥土壤。

该土属根据黑土层的厚薄以及肥力差异，分为厚、中、薄层3个土种，其厚层黄土质白浆土肥力较高，薄层黄土质白浆土肥力较低，中层黄土质白浆土肥力居于二者之间。

（1）厚层黄土质白浆土：此土壤对应土壤图上11号土，主要分布在五林和桦林2个乡（镇）地势较平缓的山坡处，面积为2 707公顷，占黄土质白浆土土属面积的16.84%，其中耕地面积有1 068公顷，占本土壤面积的39.45%。其理化性状以兴隆镇跃进村砖厂北 30 米处 030 号剖面为例，见表 2－24 和表 2－25。

表 2－24 厚层黄土质白浆土物理性状

土层符号	取土深度（厘米）	容重（克/立方厘米）	田间持水量（%）	孔隙度（%）			物理黏粒（%）		质地名称
				总孔隙度	毛管孔隙	非毛管孔隙	<0.001 毫米	<0.01 毫米	
Ap	0～24	1.24	34.8	53.0	43.2	9.7	23.4	56.1	轻黏土
Aw	24～38	1.35	32.8	49.4	44.3	5.1	25.6	57.2	轻黏土
B	38～56	1.52	26.9	43.8	40.9	2.9	29	60.8	轻黏土

注：引自 1984 年第二次土壤普查资料

表 2－25 厚层黄土质白浆土化学性状

土层符号	取土深度（厘米）	有机质（克/千克）	全量（克/千克）			pH
			氮	磷	钾	
Ap	0～24	38.4	1.64	1.37	28.68	6.6
Aw	24～38	29.3	1.59	1.16	27.68	6.5
B_1	38～56	26.4	0.91	0.98	27.48	6.5

注：引自 1984 年第二次土壤普查资料。

（2）中层黄土质白浆土：中层黄土质白浆土为土壤图 10 号土，主要分布在五林、磨刀石、桦林、兴隆 4 个乡（镇）的丘陵漫岗处。面积为 9 611 公顷，占黄土质白浆土土属面积的 59.78%，其中耕地面积 2 788 公顷，占该土壤面积的 29.01%。其理化性状以桦林乡互利油库东 300 米处 104 号剖面为例，见表 2－26 和表 2－27。

表 2－26 中层黄土质白浆土物理性状

土层符号	取土深度（厘米）	容重（克/立方厘米）	田间持水量（%）	孔隙度（%）			物理黏粒（%）		质地名称
				总孔隙度	毛管孔隙	非毛管孔隙	<0.001 毫米	<0.01 毫米	
Ap	0～16	1.31	34.8	50.6	45.6	5.4	22.7	48.1	重壤土
Aw	17～27	1.46	29.8	45.8	43.5	2.4	26.0	50.4	轻黏土
B_1	40～50	1.51	26.6	44.1	40.2	3.9	26.0	50.4	轻黏土
B_2	75～85	—	—	—	—	—	34.8	60.4	轻黏土

注：引自 1984 年第二次土壤普查资料。

表 2－27 中层黄土质白浆土化学性状

土层符号	取土深度（厘米）	有机质（克/千克）	全量（克/千克）			pH
			氮	磷	钾	
Ap	0～16	29.5	1.29	1.26	27.03	7.3
Aw	17～27	15.1	0.83	1.05	28.18	6.7
B_1	40～50	11.8	0.59	1.15	27.42	6.4
B_2	75～85	11.9	—	—	—	6.2

注：引自 1984 年第二次土壤普查资料。

(3) 薄层黄土质白浆土：薄层黄土质白浆土为土壤图上 9 号土，区内仅五林和温春 2 个乡（镇）有分布。面积为 3 758 公顷，占黄土质白浆土土属面积的 23.38%，其中有 1 752 公顷已垦为耕地，但属于低产土壤，若不进行培肥，可退耕还牧或草粮轮作为宜。其理化性状以温春乡新立村铁道北 450 米处 002 号剖面为例，见表 2－28 和表2－29。

表 2－28　薄层黄土质白浆土物理性状

土层符号	取土深度（厘米）	容重（克/立方厘米）	田间持水量（%）	孔隙度（%）			物理黏粒（%）		质地名称
				总孔隙度	毛管孔隙	非毛管孔隙	<0.001 毫米	<0.01 毫米	
Ap	0～14	1.26	31.8	52.4	40.1	12.3	21.7	54.0	轻黏土
Aw	14～24	1.34	28.3	49.7	37.9	11.8	23.8	53.9	轻黏土
B_1	45～55	1.50	25.4	44.5	38.1	6.4	53.5	78.7	中黏土
B_2	92～102	—	—	—	—	—	47.3	73.0	中黏土

注：引自 1984 年第二次土壤普查资料。

表 2－29　薄层黄土质白浆土化学性状

土层符号	取土深度（厘米）	有机质（克/千克）	全量（克/千克）			pH
			氮	磷	钾	
Ap	0～14	23.5	1.25	1.20	27.95	6.3
Aw	14～24	8.8	0.75	0.68	29.15	6.0
B_1	45～55	12.1	0.81	1.08	29.68	6.0
B_2	92～102	7.6	0.58	—	—	6.5

注：引自 1984 年第二次土壤普查资料。

2. 黄土质暗白浆土土属　该土属面积为 8 901 公顷，占白浆土类面积的 35.64%，其中耕地面积为 4693 公顷，占本土属面积的 52.72%。

从分布的地形地貌看，大都分布在丘陵漫岗上，地势比黄土质白浆土土属所处地势稍缓。

土体构型为 A_1、Aw、B、BC、C 或 Ap、Aw、B、BC、C。黑土层厚在 16～20 厘米，最薄 12 厘米，最厚达 24 厘米，据 102 个剖面统计平均为 18.27±2.61 厘米，表层土壤疏松，湿润，多根系。白浆层 12～18 厘米，平均为 13.89±5.38 厘米，较紧实，片状结构较明显，但色发暗，呈暗灰色。淀积层较厚，40 厘米左右，有明显的锈纹、铁锰结核和胶膜，呈核状结构，但与岗地白浆土相比，其核状结构较小。淀积层之下为黏重的黄土状洪积母质，剖面形态特征如下：

Ap：0～19 厘米，暗灰色，质地为轻黏土，粒状结构，松散湿润，植物根系较多。

Aw：19～28 厘米，暗灰色，质地为轻黏土，片状结构，较紧实，有少量铁子。

AB：28～81 厘米，灰棕色，质地为中黏土，核块状结构，有少量铁子和胶膜。

B：81～103 厘米，棕褐色，质地为轻黏土，核状结构，有白色二氧化硅粉末出现。

从机械组成看，中沙（0.25～1 毫米）含量较少，而粗粉沙（0.01～0.05 毫米）和黏粒（<0.001毫米）含量较高，并在剖面上分布比较均衡，由黏粒在剖面上的分布可见，该土壤的黏粒淋溶下移微弱。黑土层容重约为1.2克/立方厘米，以下各层容重较大。孔隙度以黑土层为大，在51%～55%，其中通气孔隙在10%以上，但以下各层锐减。有机质含量在30克/千克以下，但在剖面上分布比较均衡。白浆层有机质含量比黄土质白浆土土属的白浆层含量高。全量养分含量均较低，在剖面上分布均衡，速效养分含量不高，供肥强度较小。酸碱反应为中性，pH为6.5～7.5，但以黑土层为高，以下各层有降低的趋势。

从上述理化性状看，黄土质暗白浆土优于黄土质白浆土。但由于白浆层的影响，其通气透水性不良，冷浆，板结，水、气、热不协调，应进行深耕深松，逐渐打破白浆层，增加通透性，同时应增施有机肥料，提高有机质含量，改善其理化性质，提高土壤肥力。

该土属根据黑土层厚度不同，参考颜色的深浅，养分含量的差异，划分为厚层黄土质暗白浆土和中层黄土质暗白浆土2个土种。

（1）厚层黄土质暗白浆土：厚层黄土质暗白浆土为土壤图上13号土，主要分布在五林、温春、兴隆3个乡（镇）的漫岗平地，铁岭、桦林也有少量分布。面积为886公顷，占黄土质暗色白浆土土属面积的9.95%，其中耕地面积347公顷，占本土壤面积的39.16%，其理化性状以兴隆乡良种场西300米处029号剖面为例，详见表2-30和表2-31。

表2-30　厚层黄土质暗色白浆土物理性状

土层符号	取土深度（厘米）	容重（克/立方厘米）	田间持水量（%）	孔隙度（%）			物理黏粒（%）		质地名称
				总孔隙度	毛管孔隙	非毛管孔隙	<0.001毫米	<0.01毫米	
Ap	0～20	1.28	32.5	59.7	41.6	18.1	41.4	58.2	轻黏土
Aw	20～25	1.35	31.6	49.4	47.6	6.4	42.5	58.3	轻黏土
B	45～50	1.38	30.9	48.4	42.6	5.8	37.7	68.6	轻黏土

注：引自1984年第二次土壤普查资料。

表2-31　厚层黄土质暗色白浆土化学性状

土层符号	取土深度（厘米）	有机质（克/千克）	全量（克/千克）			pH
			氮	磷	钾	
Ap	0～20	27.5	1.44	1.21	25.51	7.6
Aw	20～25	26.0	1.32	1.45	26.72	7.5
B	45～50	14.2	0.92	1.41	28.24	6.3

注：引自1984年第二次土壤普查资料。

（2）中层黄土质暗白浆土：中层黄土质暗白浆土为土壤图上12号土，主要分布在铁岭、温春、兴隆等乡（镇）的平岗台地。面积为8 015公顷，占黄土质暗白浆土土属面积的90.05%，其中54.22%的面积已垦为耕地。其理化性状以温春乡新立村南1 000米处001号剖面和兴隆乡种子公司原种场西处007号剖面为例，见表2-32、表2-33。

表 2-32　中层黄土质暗色白浆土物理性状

土层符号	取土深度（厘米）	容重（克/立方厘米）	田间持水量（%）	孔隙度（%）			物理黏粒（%）		质地名称
				总孔隙度	毛管孔隙	非毛管孔隙	<0.001毫米	<0.01毫米	
Ap	0～19	1.22	30.5	53.7	37.2	16.5	31.0	58.5	轻黏土
Aw	19～29	1.35	30.0	49.4	42.2	7.2	31.0	62.8	轻黏土
AB	40～50	1.40	29.1	47.8	40.7	7.1	45.7	71.7	中黏土
Ap	0～18	1.28	31.0	59.7	38.4	21.3	34.6	59.9	轻黏土
Aw	25～33	1.32	30.0	49.4	39.6	9.8	41.6	69.4	中黏土
B	60～70	1.46	30.0	45.8	43.8	2.0	44.3	72.4	中黏土

注：引自1984年第二次土壤普查资料。

表 2-33　中层黄土质暗色白浆土化学性状

土层符号	取土深度（厘米）	有机质（克/千克）	全量（克/千克）			pH
			氮	磷	钾	
Ap	0～19	24.1	1.18	1.16	28.71	7.3
Aw	19～29	23.9	1.15	1.46	28.10	7.2
AB	40～50	15.2	0.92	1.24	27.72	6.1
Ap	0～18	20.6	1.14	0.79	26.86	6.7
Aw	25～33	10.8	0.67	0.72	27.43	6.5
B	60～70	10.5	0.68	0.53	27.76	6.4

注：引自1984年第二次土壤普查资料。

三、草甸土类

牡丹江市区草甸土面积为13 347公顷，占全区总面积的6.34%，其中耕地面积4 502公顷，占草甸土类面积的33.74%。主要分布在江河两岸一级阶地、山前洼地及沟谷洼地与岗坡过渡地带平地，因此，在各乡（镇）均有零星分布，见表2-34。

表 2-34　各乡（镇）草甸土面积统计

乡（镇）	合　计（公顷）	占该类土壤面积（%）	其中：耕地面积（公顷）	占该类土壤耕地面积（%）
磨刀石镇	2 514	18.83	1 193	26.50
北安乡	2 023	15.16	425	9.45
五林镇	1 907	14.29	763	16.94
海南乡	2 181	16.34	929	20.63
温春镇	962	7.21	231	5.14
铁岭镇	1 596	11.96	375	8.32
兴隆镇	1 486	11.13	370	8.23
桦林镇	678	5.08	216	4.80
合计	13 347	100	4 502	100

因地下水影响以及不同附加成土过程的作用，该区草甸土划分为草甸土和潜育草甸土2个亚类。

（一）草甸土亚类

草甸土亚类在成土过程上只反映了草甸化过程，其他附加成土过程不明显。

该亚类土壤主要分布在兴隆镇、北安乡、温春镇、铁岭镇、桦林镇、磨刀石镇、海南镇、五林镇等乡（镇）的山前平地、江河两岸一级阶地及沟谷平地。自然植被以小叶樟、薹草、丛桦为主的草甸群落，生长繁茂，是该土壤形成的重要条件。

本亚类土壤面积为11 320公顷，占草甸土类面积的84.81%。其中耕地面积3 976公顷，占本亚类面积的35.12%。根据所处地形不同，划分为砾底草甸土和黏壤质草甸土2个土属。

1. 砾底草甸土土属　该土属主要分布在磨刀石镇、铁岭镇、温春镇、兴隆镇等乡（镇）的沟谷平地，面积为4 739公顷，占草甸土亚类面积的41.86%，其中耕地1 482公顷，占本土属面积的31.27%。

该土壤为沟谷两岸坡积和冲积母质发育而成，土体厚30～80厘米，且通体含有石砾。黑土层（A_1）厚度在20～40厘米，薄者仅12厘米，最厚达44厘米，据30个剖面统计，平均厚为29.5±8.1厘米，松散湿润，根系很多，有的地块有锈纹及铁锰结核。心土层沙性增强，夹石较多，有少量植物根系，锈纹较多，有铁锰结核。底土层含有大量石砾。剖面形态特征如下为：

Ap：0～22厘米，暗灰色，质地为中壤土，粒状结构，疏松湿润，多植物根系。

AB：22～45厘米，暗棕色，质地为沙壤土，锈纹较多，有少量铁锰结核。

BC：78～103厘米，黄棕色，质地为沙壤土，较紧实，有锈纹。

C：103厘米以下，黄棕色砾石。

从机械组成看，细沙（0.25～0.05毫米）和粗粉沙粒（0.05～0.01毫米）含量较高，两个粒级总含量占50%以上。相反耕层黏粒（<0.001毫米）含量很低，不足10%，以下各层增至20%以上。体现出在坡积和冲积过程中质地分选明显，黏粒大都被水冲走，留下的是沙粒和粉沙粒。由于细沙和粉沙粒含量高，导致土壤易淀浆，紧实，通气性不良。有机质和全氮含量高，且在剖面中分布比较均衡。全钾含量相对偏低，在25克/千克左右。碱解氮、钾含量分别平均为（180±70）毫克/千克（n=31），（277±131）毫克/千克（n=31），有效磷含量为（128±132）毫克/千克（n=31），酸碱度呈微酸至中性。

该土壤养分含量较高，表土较疏松，结构良好，保水保肥能力较强，适宜种植各种大秋作物和秋菜，是牡丹江市较好的耕作土壤之一。由于分布在沟谷低平地，心土层砾石较多，所以垦后应加强水土保持，防止山洪冲刷。另外，要加强田间管理，进行深松深耕，防止淀浆紧实，以利于作物生长。

该土属按黑土层（A_1）厚薄分为厚、中、薄层砾底草甸土3个土种。

（1）厚层砾底草甸土：该土种为土壤图上16号土，主要分布在磨刀石镇、兴隆镇等乡（镇）的沟谷平地。面积为2 810公顷，占砾底草甸土属面积的59.30%，其中已垦耕地面积1 154公顷，占本土壤面积的41.07%。其理化性状以北安乡大褶子村南200米处B54号剖面为例，见表2-35和表2-36。

表 2-35　厚层砾底草甸土物理性状

土层符号	取土深度（厘米）	容重（克/立方厘米）	田间持水量（%）	孔隙度（%）			物理黏粒（%）		质地名称
				总孔隙度	毛管孔隙	非毛管孔隙	<0.001毫米	<0.01毫米	
Ap	0～16	0.85	27.0	65.9	23.0	42.9	19.4	44.9	中壤土
A_1	25～35	1.19	26.5	54.7	31.5	23.2	28.1	53.5	重壤土
AB	48～58	1.45	21.3	46.1	30.9	15.2	25.3	43.0	中壤土

注：引自 1984 年第二次土壤普查资料。

表 2-36　厚层砾底草甸土化学性状

土层符号	取土深度（厘米）	有机质（克/千克）	全量（克/千克）			pH
			氮	磷	钾	
Ap	0～16	98.2	5.14	2.18	26.84	5.2
A_1	25～35	74.0	3.41	1.93	27.28	5.1
AB	48～58	33.2	1.56	1.38	30.50	5.5

注：引自 1984 年第二次土壤普查资料。

（2）中层砾底草甸土：该土种为土壤图上 15 号土，主要分布在北安乡、铁岭镇 2 个乡（镇）的沟谷平地。面积为 1 334 公顷，占砾底草甸土属面积的 28.15%，其中耕地面积为 206 公顷，占本土壤面积的 15.44%。其理化性状以八达水库大坝北 400 米处 B51 号剖面为例，见表 2-37 和表 2-38。

表 2-37　中层砾底草甸土物理性状

土层符号	取土深度（厘米）	容重（克/立方厘米）	田间持水量（%）	孔隙度（%）			物理黏粒(%)		质地名称
				总孔隙度	毛管孔隙	非毛管孔隙	<0.001毫米	<0.01毫米	
Ap	0～17	1.23	35.3	53.4	43.4	10.0	16.1	43.4	中壤土
App	20～30	1.33	35.4	50.1	47.0	3.1	19.1	42.2	中壤土
AB	35～45	1.36	34.4	49.1	46.8	2.3	17.3	30.0	中壤土
BC	50～60	—	—	—	—	—	21.0	35.6	中壤土
C	80～90	—	—	—	—	—	9.6	32.4	中壤土

注：引自 1984 年第二次土壤普查资料。

表 2-38　中层砾底草甸土化学性状

土层符号	取土深度（厘米）	有机质（克/千克）	全量（克/千克）			pH
			氮	磷	钾	
Ap	0～17	62.4	3.26	2.60	24.72	5.6
App	20～30	44.8	2.40	2.04	26.97	5.8
AB	35～45	29.8	1.75	1.86	29.53	6.2
BC	50～60	16.0	—	—	—	6.3
C	80～90	12.8	—	—	—	6.4

注：引自 1984 年第二次土壤普查资料。

（3）薄层砾底草甸土：该土种为土壤图上 14 号土，主要分布在北安乡和兴隆镇的沟谷平地。面积为 595 公顷，占砾底草甸土属面积的 12.56%，其中耕地面积 122 公顷，占本土壤面积的 20.5%。其理化性状以北安乡二大队一小队东 80 米处 B56 号剖面为例，详见表 2-39 和表 2-40。

表 2-39　薄层砾底草甸土物理性状

土层符号	取土深度（厘米）	容重（克/立方厘米）	田间持水量（%）	孔隙度（%）			物理黏粒（%）		质地名称
				总孔隙度	毛管孔隙	非毛管孔隙	<0.001毫米	<0.01毫米	
Ap	0～16	1.07	34.2	58.6	36.6	22	20.5	52.4	重壤土
A_1	16～25	1.22	25.7	53.7	31.4	22.3	22.5	56.5	重壤土
AB	26～36	1.38	23.8	48.4	32.8	15.6	19.6	53.4	重壤土

注：引自 1984 年第二次土壤普查资料。

表 2-40　薄层砾底草甸土化学性状

土层符号	取土深度（厘米）	有机质（克/千克）	全量（克/千克）			pH
			氮	磷	钾	
Ap	0～16	66.9	3.16	3.91	21.27	7.1
A_1	16～25	73.9	3.32	3.89	23.06	7.3
AB	26～36	27.8	1.28	2.11	23.78	6.2

注：引自 1984 年第二次土壤普查资料。

2. 黏壤质草甸土土属　该土属土壤主要分布在海南、五林、温春、铁岭、桦林等乡（镇）的漫岗低平地及江河两岸一级阶地。面积为 6 581 公顷，占草甸土亚类面积的 58.14%，其中耕地面积 2 494 公顷，占本土属面积的 37.90%。

此土壤土体构型为 A_1、AB、BC、C 或 Ap、B、C，层次分化较为明显。黑土层（A_1）厚，在 20～40 厘米，最厚达 71 厘米，据 34 个剖面统计，平均为（30±11）厘米，有锈纹和铁结核出现，此层松散湿润，多植物根系。心土层颜色较深，稍紧实，有少量铁子，向下过渡不太明显。底土层颜色较浅，锈纹较多。剖面为：

Ap：0～16 厘米，暗灰色，质地为重壤土，粒状结构，松散湿润，植物根系较多。

A_1：16～37 厘米，暗灰色，较紧实，质地为轻黏土，明显的粒状结构。

AB：37～80 厘米，暗灰色，质地为中黏土，粒状结构，松散，有铁子、锈纹及胶膜。

BC：80～110 厘米，棕灰色，质地为轻黏土，团块状结构，松散，有铁子和锈色。

从机械组成看，粗粉沙（0.05～0.01 毫米）和黏粒（<0.001 毫米）含量均很高，但黏粒含量向下各层有所增加。黑土层有机质平均含量为（42.3±12.3）克/千克，全氮平均含量为 1.82 克/千克±0.42%，在剖面内分布较均衡。全钾含量在 30 克/千克左右，碱解氮平均含量（151±46）毫克/千克（$n=22$）。pH 为 6～7，由表层向下各层有增大趋势。从不同土种的养分含量来看，黑土层厚度与养分含量成正相关，黑土层厚，其养分含量也高。

该土壤所处地势低平，土壤结构良好，潜在肥力和有效肥力高，保水保肥力强，是发展农业的良好土壤，尤其是各种蔬菜生产的主要基地。

该土属按黑土层厚度不同，划分为厚、中、薄层黏壤质草甸土 3 个土种。

（1）厚层黏壤质草甸土：该土种为土壤图上 19 号土，分布在五林、铁岭两个乡（镇）。面积有 877 公顷，占黏壤质草甸土属面积的 13.33%，其中耕地面积 302 公顷，占本土壤面积的 34.44%。其理化性质以铁岭乡二大队池子园东 150 米处 065 号剖面为例，见表 2-41 和表 2-42。

表 2-41　厚层黏壤质草甸土物理性状

土层符号	取土深度（厘米）	容重（克/立方厘米）	田间持水量（%）	孔隙度（%）			物理黏粒(%)		质地名称
				总孔隙度	毛管孔隙	非毛管孔隙	<0.001毫米	<0.01毫米	
Ap	0～13	1.26	35	52.4	44.1	8.3	21.3	38	中壤土
App	13～20	1.32	32	50.4	42.2	8.2	19.3	39.2	中壤土
A_1	30～40	1.42	30	47.1	42.6	4.5	26.9	50.2	重壤土

注：引自 1984 年第二次土壤普查资料。

表 2-42　厚层黏壤质草甸土化学性状

土层符号	取土深度（厘米）	有机质（克/千克）	全量（克/千克）			pH
			氮	磷	钾	
Ap	0～13	51.2	2.20	2.92	28.16	6.9
App	13～20	49.4	2.15	2.76	28.54	6.9
A_1	30～40	39.1	1.69	2.50	27.74	6.3
AB	65～75	19.1	0.89	—	—	6.2

注：引自 1984 年第二次土壤普查资料。

（2）中层黏壤质草甸土：该土种为土壤图上 18 号土，各乡（镇）均有分布，海南、兴隆、铁岭面积较大。面积为 3 435 公顷，占黏壤质草甸土属面积的 52.20%，其中耕地面积为 1 482 公顷，占本土壤面积的 43.14%。其理化性状以兴隆乡大团村公路东 100 米处 008 号剖面和温春乡轴承厂宿舍北 350 米处 028 号剖面为例，见表 2-43，表 2-44。

表 2-43　中层黏壤质草甸土物理性状

土层符号	取土深度（厘米）	容重（克/立方厘米）	田间持水量（%）	孔隙度（%）			物理黏粒(%)		质地名称
				总孔隙度	毛管孔隙	非毛管孔隙	<0.001毫米	<0.01毫米	
Ap	0～19	1.22	36.1	53.7	44.0	9.7	33.4	59.1	重壤土
A_1	22～32	1.22	35.3	53.7	43.1	10.6	35.7	63.5	轻黏土
AB	42～52	1.30	34.7	51.0	45.1	5.9	38.0	62.8	轻黏土
BC	90～100	—	—	—	—	—	40.9	62.8	轻黏土
Ap	0～16	1.23	52.4	53.4	42.5	10.9	21.0	54.9	重壤土
A_1	22～32	1.43	32.4	46.8	39.2	7.6	32.9	65.0	轻黏土
AB	56～66	1.44	29.2	46.4	34.1	12.3	47.1	77.8	中黏土
BC	90～100	—	—	—	—	—	42.1	70.9	轻黏土

注：引自 1984 年第二次土壤普查资料。

表 2-44 中层黏壤质草甸土化学性状

土层符号	取土深度（厘米）	有机质（克/千克）	全量（克/千克）			pH
			氮	磷	钾	
Ap	0～19	40.6	1.77	2.01	27.28	6.6
A_1	22～32	40.7	1.65	1.82	26.54	6.7
AB	42～52	37.2	1.29	0.81	26.68	6.8
BC	90～100	18.6	—	—	—	6.7
Ap	0～16	3.52	0.154	0.249	2.617	8.4
A_1	22～32	2.45	0.116	0.224	2.722	8.1
AB	56～66	1.77	0.100	0.094	2.595	7.1
BC	90～100	1.34	0.067	0.192	—	6.8

注：引自 1984 年第二次土壤普查资料。

（3）薄层黏壤质草甸土：该土种为土壤图上 17 号土，主要分布在五林、铁岭、北安等乡（镇）。面积为 2 269 公顷，占黏壤质草甸土属面积的 34.48%，其中耕地面积 710 公顷，占本土壤面积的 31.29%。其理化性状以东村乡敬老院北 150 米处 059 号剖面为例，见表 2-45 和表 2-46。

表 2-45 薄层黏壤质草甸土物理性状

土层符号	取土深度（厘米）	容重（克/立方厘米）	田间持水量（%）	孔隙度（%）			物理黏粒（%）		质地名称
				总孔隙度	毛管孔隙	非毛管孔隙	<0.001 毫米	<0.01 毫米	
A_1	0～15	1.26	27.5	52.4	34.7	17.7	23.4	38.0	中壤土
AB	15～25	1.38	24.5	48.4	33.8	14.6	24.6	40.3	中壤土
BC	25～35	1.53	26.4	43.5	40.4	3.1	34.8	52.0	重壤土

注：引自 1984 年第二次土壤普查资料。

表 2-46 薄层黏壤质草甸土化学性状

土层符号	取土深度（厘米）	有机质（克/千克）	全量（克/千克）			pH
			氮	磷	钾	
A_1	0～15	26.9	1.31	1.28	30.97	6.0
AB	15～25	19.7	0.84	1.57	30.42	6.8
BC	25～35	14.2	0.89	1.34	27.62	6.8

注：引自 1984 年第二次土壤普查资料。

（二）潜育草甸土亚类

潜育草甸土又叫沼泽化草甸土，是以草甸化成土过程为主，又附加潜育化成土过程而发育成的土壤。

该亚类土壤主要分布在磨刀石镇、桦林、铁岭等乡（镇）的山间低洼平地及沟谷宽阔的低洼平地。植被以薹草、小叶樟等喜湿植物为主，并混生有丛桦和沼柳等。因地下水位较高，土壤处于过湿状态，是潜育化成土过程的重要因素。

该亚类土壤面积有 2 028 公顷，占草甸土类面积的 15.19%，其中耕地面积 527 公顷，占本亚类土壤面积的 25.99%。

根据地形地貌不同，该亚类划分为沙砾底潜育草甸土和黏壤质潜育草甸土 2 个土属。

1. 沙砾底潜育草甸土土属　该土属主要分布在铁岭、兴隆、北安 3 个乡（镇）的山间低洼地和江河两岸低平地，面积为 717 公顷，占潜育草甸土亚类面积的 35.39%，其中耕地面积 152 公顷，占本土属面积的 21.17%。

土体构型为 A_1、AB、Bg、G，或 Ap、AB、Bg、G。黑土层 20～30 厘米，据 12 个剖面统计，平均为（26.7±5.7）厘米，最厚达 37 厘米，此层潮湿松散，植物根系较多，有部分剖面出现铁子。心土和底土铁子较多，而且粒径较大，达 3～5 毫米。剖面形态特征如下：

Ap：0～15 厘米，暗灰色，质地为轻黏土，粒状结构，植物根系较多。

App：15～21 厘米，暗灰色，片状结构，有少量锈纹及铁子出现。

AB：21～34 厘米，黑灰色，粒状结构，锈纹、铁子及砾石较多。

Bg：34～62 厘米，灰蓝色，大粒铁子较多，粒径约 5 毫米。

G：62～134 厘米，灰蓝色，砾石较多。

从机械组成看，除通体含有石砾外，细沙（0.05～0.25 毫米）含量也较高，黏粒（<0.001 毫米）和粗粉沙（0.01～0.05 毫米）含量很高，而中粉沙（0.005～0.01 毫米）和细粉沙（0.001～0.005 毫米）含量极少。通气孔隙在 12%～18%。有机质和全氮含量分别平均为（46.9±13.1）克/千克和（2.25±0.46）克/千克（$n=3$）。速效养分平均含量分别为碱解氮（163±60）毫克/千克（$n=11$），有效磷（81±51）毫克/千克（$n=6$），速效钾（210±45）毫克/千克（$n=7$）。

该土壤通气透水性较好，水、气、热较协调，养分储量高，供肥性好，是区内肥沃土壤之一，适种各种作物。但通体含石砾较多，对农业作业不利。另外有的地块因地势低洼，地下水位高，土温低不利于养分转化，应注意排涝。

根据黑土层厚度不同，该土属划分为中、薄层沙砾底潜育草甸土 2 个土种。

（1）中层沙砾底潜育草甸土：该土种为土壤图上 24 号土，在兴隆、北安、铁岭均有分布。面积为 218 公顷，占沙砾底潜育草甸土属面积的 30.40%，其中耕地面积 50 公顷，占本土壤面积的 22.94%。其理化性状以铁岭镇木道口北 70 米处 043 剖面为例，见表 2-47 和表 2-48。

表 2-47　中层沙砾底潜育草甸土物理性状

土层符号	取土深度（厘米）	容重（克/立方厘米）	田间持水量（%）	孔隙度（%）			物理黏粒（%）		质地名称
				总孔隙度	毛管孔隙	非毛管孔隙	<0.001 毫米	<0.01 毫米	
Ap	0～13	1.28	30.9	51.7	39.6	12.1	31.0	51.8	重壤土
App	14～24	1.31	30.3	50.7	39.7	11.0	32.1	53.0	重壤土
Bg	29～39	1.32	29.9	50.4	39.5	10.5	26.6	45.1	重壤土

注：引自 1984 年第二次土壤普查资料。

表 2-48　中层沙砾底潜育草甸土化学性状

土层符号	取土深度（厘米）	有机质（克/千克）	全量（克/千克）			pH
			氮	磷	钾	
Ap	0～13	49.6	2.28	1.58	30.46	6.3
App	14～24	49.2	2.18	1.50	30.56	6.3
Bg	29～39	13.9	0.65	0.83	32.60	5.8

注：引自 1984 年第二次土壤普查资料。

（2）薄层沙砾底潜育草甸土：该土种为土壤图上 23 号土，分布在桦林和铁岭 2 个乡（镇）。面积 499 公顷，占沙砾底潜育草甸土属面积的 69.60%，其中耕地面积 102 公顷，占本土壤面积的 20.44%。其理化性状以铁岭镇青梅林校南 50 米处 037 号剖面为例，见表 2-49 和表 2-50。

表 2-49　薄层沙砾底潜育草甸土物理性状

土层符号	取土深度（厘米）	容重（克/立方厘米）	田间持水量（%）	孔隙度（%）			物理黏粒（%）		质地名称
				总孔隙度	毛管孔隙	非毛管孔隙	<0.001 毫米	<0.01 毫米	
Ap	0～13	1.23	28.2	53.4	34.7	18.7	18.1	42.7	中壤土
A_1	13～19	1.28	26.2	51.7	33.5	18.2	19.1	41.6	中壤土
G	25～35	1.42	19.3	47.1	27.4	19.7	7.9	9.9	沙土

注：引自 1984 年第二次土壤普查资料。

表 2-50　薄层沙砾底潜育草甸土化学性状

土层符号	取土深度（厘米）	有机质（克/千克）	全量（克/千克）			pH
			氮	磷	钾	
Ap	0～13	32.6	1.77	1.10	33.26	5.9
A_1	13～19	34.1	1.79	1.24	34.07	6.0
G	25～35	2.5	0.29	0.37	39.34	6.8

注：引自 1984 年第二次土壤普查资料。

2. 黏壤质潜育草甸土土属　该土属主要分布在磨刀石、五林 2 个乡（镇）的沟谷低洼地。面积为 1 310 公顷，占潜育草甸土亚类面积的 64.60%，其中耕地面积 375 公顷，占本土属面积的 28.63%。

土体构型为 A_1、AB、Bg、G 或 Ap、App、A_1、Bg、Cg。黑土层厚度在 18～40 厘米，薄者 12 厘米，最厚达 56 厘米，据 19 个剖面统计，平均为（26.7±10.6）厘米，有较多锈纹，潮湿，根系较多，有部分剖面此层之上有 10 厘米左右草根层。心土层碎屑夹石较多，除有较多锈纹之外，潜育现象明显。底土为潜育化的母质层。剖面形态特征如下：

Ap：0～12 厘米，暗灰色，质地为重壤土，粒状结构，松散潮湿、植物根系较多。

App：12～21 厘米，暗灰色，质地为重壤土，层状或团块状结构，较紧实，向下层过渡不太明显。

A：21～29 厘米，黑灰色，粒状结构，质地为重壤土。

Bg：29～77 厘米，黑灰色，质地为轻黏土，较紧实，潜育化现象明显。

BCg：77～88 厘米，黑灰色，有锈斑和潜育现象。

Cg：88～105 厘米，质地黏重，浅灰色，有锈斑和潜育现象。

从机械组成看，沙粒含量较高，占 40%以上，且通体含有石砾，黏粒（<0.001 毫米）含量占 20%左右，中粉沙（0.01～0.005 毫米）和细粉沙（0.005～0.001 毫米）含量均少。黑土层容重 1.0～1.2 克/立方厘米，孔隙度 53%～60%，通气孔隙较多，在 10%～20%。有机质和全氮含量多集中在黑土层，心土和底土层锐减。全磷和全钾含量偏低，分别在 1～2 克/千克，2～3 克/千克。速效养分含量分别为：碱解氮（192±102）毫克/千克（n=13），有效磷（80±42）毫克/千克（n=16），速效钾（213±110）毫克/千克（n=19）。pH 为 5.5～6.5。

该土壤多分布在沟谷低平地上，易受山洪的威胁，且地下水位高，潜育程度较重，应开挖排水沟，进行排水去潜后，可种植各种作物，同时应防止内涝危害。

根据黑土层厚度不同，该土属划分为厚、中、薄层黏壤质潜育草甸土 3 个土种。

（1）厚层黏壤质潜育草甸土：该土种为土壤图上 22 号土，磨刀石和五林分布较多，温春镇东和林场羊草沟和北安乡放牛沟零星分布，面积为 741 公顷，占黏壤质潜育草甸土属面积的 56.56%，其中耕地面积 225 公顷，占本土壤面积的 30.36%。其理化性状以放牛沟西 420 米处 013 剖面为例，见表 2-51 和表 2-52。

表 2-51　厚层黏壤质潜育草甸土物理性状

土层符号	取土深度（厘米）	容重（克/立方厘米）	田间持水量（%）	孔隙度（%）			物理黏粒（%）		质地名称
				总孔隙度	毛管孔隙	非毛管孔隙	<0.001 毫米	<0.01 毫米	
Ap	0～10	1.03	43.8	60.0	45.1	14.9	25.6	57.6	重壤土
A_1	30～40	1.15	38.3	56.0	44.0	12.0	30.0	58.9	重壤土
Bg	60～70	1.28	32.3	49.7	41.3	8.4	48.2	72.2	轻黏土

注：引自 1984 年第二次土壤普查资料。

表 2-52　厚层黏壤质潜育草甸土化学性状

土层符号	取土深度（厘米）	有机质（克/千克）	全量（克/千克）			pH
			氮	磷	钾	
Ap	0～10	61.0	3.30	2.58	23.98	5.5
A_1	30～40	64.5	3.45	2.73	24.92	5.1
Bg	60～70	29.6	0.88	2.64	14.63	5.5

注：引自 1984 年第二次土壤普查资料。

（2）中层黏壤质潜育草甸土：该土种为土壤图上 21 号土，仅兴隆镇的跃进村、兴隆村、胜利村有分布。面积为 308 公顷，占黏壤质潜育草甸土属面积的 23.51%，其中耕地面积 73 公顷，占本土壤面积的 23.7%。其理化性状以谢家沟西北 311 线杆西 30 米 066 号剖面为例，见表 2 - 53 和表 2 - 54。

表 2 - 53　中层黏壤质潜育草甸土物理性状

土层符号	取土深度（厘米）	容重（克/立方厘米）	田间持水量（%）	孔隙度（%）			物理黏粒（%）		质地名称
				总孔隙度	毛管孔隙	非毛管孔隙	<0.001 毫米	<0.01 毫米	
Ap	0～12	1.16	24.9	55.7	28.9	26.8	25.5	50.6	重壤土
App	12～21	1.22	28.8	53.7	35.1	18.6	27.7	52.8	重壤土
B_1	21～29	25.5	1.3	51.1	33.2	17.9	25.6	52.8	重壤土
Bg	48～58	—	—	—	—	—	36.9	60.4	轻黏土

注：引自 1984 年第二次土壤普查资料。

表 2 - 54　中层黏壤质潜育草甸土化学性状

土层符号	取土深度（厘米）	有机质（克/千克）	全量（克/千克）			pH
			氮	磷	钾	
Ap	0～12	35.0	1.58	1.66	28.77	6.4
App	12～21	35.1	1.59	1.66	28.77	6.3
B_1	21～29	35.7	1.59	1.59	29.58	6.4
Bg	48～58	31.5	1.22	—	—	6.2

注：引自 1984 年第二次土壤普查资料。

（3）薄层黏壤质潜育草甸土：该土种为土壤图上 20 号土，主要分布在五林和铁岭两个乡（镇）的沟谷平地。面积为 261 公顷，占黏壤质潜育草甸土面积的 19.92%。其中耕地面积 77 公顷，占本土壤面积的 29.5%。其理化性状见表 2 - 55 和表 2 - 56。

表 2 - 55　薄层黏壤质潜育草甸土物理性状

土层符号	取土深度（厘米）	容重（克/立方厘米）	田间持水量（%）	孔隙度（%）			物理黏粒（%）		质地名称
				总孔隙度	毛管孔隙	非毛管孔隙	<0.001 毫米	<0.01 毫米	
Ap	0～10	1.28	39.7	51.7	46.9	4.8	11.2	21.6	轻壤土
Bg	11～21	1.42	30.8	47.1	43.7	3.4	10.1	18.5	沙壤土
G	33～44	1.46	26.3	45.8	39.4	6.4	11.1	16.5	沙壤土
BCg	60～70	—	—	—	—	—	19.3	26.8	轻壤土

注：引自 1984 年第二次土壤普查资料。

表 2 - 56　薄层黏壤质潜育草甸土化学性状

土层符号	取土深度（厘米）	有机质（克/千克）	全量（克/千克）			pH
			氮	磷	钾	
Ap	0～10	26.9	1.35	1.18	38.14	6.3
Bg	11～21	16.8	0.93	0.95	38.57	6.2
G	33～44	9.8	0.52	0.76	41.52	6.4

注：引自 1984 年第二次土壤普查资料。

四、沼泽土类

沼泽土在牡丹江市区有少量分布，主要分布在各乡（镇）的沟谷洼地。其分布面积见表 2-57。

表 2-57 各乡（镇）沼泽土面积统计

乡（镇）	合计（公顷）	占该类土壤面积（%）	其中：耕地面积（公顷）	占该类土壤耕地面积（%）
磨刀石镇	765	9.36	296	16.31
北安乡	2 564	31.36	74	4.07
五林镇	1 401	17.14	437	24.07
海南乡	2	0.02	0	0.00
温春镇	626	7.65	348	19.12
铁岭镇	1 356	16.58	375	20.66
兴隆镇	289	3.54	85	4.65
桦林镇	1 173	14.35	202	11.12
合计	8 176	100	1 817	100

由于季节性积水，地面生长有沼泽植被呈塔头状，故又叫做“塔头甸子”。该土类面积为 8 176 公顷，占全地区土壤总面积的 3.88%。其中耕地面积 1 817 公顷，占本土类面积的 22.22%。

根据成土条件和成土过程的差异，区内沼泽土类划分为沼泽土、泥炭沼泽土和草甸沼泽土 3 个亚类。

（一）沼泽土亚类

只有埋藏型沼泽土 1 个土属，浅埋藏型沼泽土 1 个土种。

由于坡积及冲积作用，在铁岭、温春、北安有部分沼泽土的 A_T 层之上具有埋藏层（A_b），此土壤为该亚类仅有埋藏型沼泽土属的浅埋藏型沼泽土种，为土壤图上 28 号土。其面积 713 公顷，占沼泽土类面积的 8.72%，其中耕地面积为 223 公顷，占本土种面积的 31.28%。

土体构型为 A_b、A_T、G。A_b 层平均厚度为（25±14.9）厘米（$n=6$），最厚达 50 厘米。质地不一，有的较黏，有的含沙量较高。A_T 层平均厚度为（27±9）厘米（$n=6$），锈纹较多。G 层显灰蓝色，潜育现象明显。剖面形态特征如下：

A_b：0～24 厘米，暗灰色，粒状结构，多根系，湿润松散，质地为重壤土。

A_{T1}：24～29 厘米，蓝灰色，根系较多，湿润紧实，过渡明显。

A_{T2}：29～54 厘米，棕褐色，湿润紧实，有锈纹，过渡明显。

G：54～79 厘米，灰蓝色，湿润紧实。

从机械分析结果看，A_b 层质地多为重壤土或轻黏土，黏粒（<0.001 毫米）含量在 25%左右。容重为 1 克/立方厘米左右，田间持水量和孔隙度较大。A_b 层有机质和全氮含量分别为 27.7～108.7 克/千克、1.37～4.09 克/千克。全钾含量相对偏低，仅为 10 克/

千克左右，全磷中等，为 2～4 克/千克。

该土壤土体较厚，特别 Ab 层下埋藏着泥炭层，是土壤养分的雄厚源泉，故养分贮量大，潜在肥力高，利用年限持久，又因 A_b 层理化性质良好，所以是一种肥沃的土壤，适种各种作物。但因地势低洼，泥炭层持水性强，使心土和底土过湿，冷浆，在利用中应防止内涝。

（二）泥炭沼泽土亚类

泥炭沼泽土主要分布在五林镇、磨刀石镇、桦林镇、铁岭镇等乡（镇）的山间洼地水线两侧平地及沟谷出口处低洼地。母质多为冲积或淤积物。以沼泽化成土过程为主，经过泥炭化和潜育化作用形成的土壤，其泥炭层厚度小于 50 厘米，有机质含量＜500 克/千克。面积为 4 993 公顷，占沼泽土类面积的 61.07%，其中耕地面积为 1 108 公顷，占泥炭沼泽土亚类的 22.19%。

泥炭沼泽土亚类划分为泥炭沼泽土和泥炭腐殖质沼泽土 2 个土属。

1. 泥炭沼泽土土属 该土属仅有中层泥炭沼泽土 1 个土种，该土种为土壤图 27 号土，主要分布在磨刀石、五林、桦林 3 个乡（镇），其他各乡（镇）也有零星分布。面积为 4 361 公顷，占泥炭沼泽土亚类面积的 87.34%，其中耕地面积 993 公顷，占本土壤面积的 22.77%。

表层为 14～42 厘米的泥炭层，平均厚度为（24.11±11）厘米（n=9）。泥炭层之下为灰蓝色的潜育层。其土体构型为 A_T、Bg、G。剖面形态特征如下：

A_{T_1}：1～11 厘米，暗灰色，湿度大，分解较差。

A_{T_2}：11～24 厘米，褐色，分解程度较好，湿度大。

A_{T_3}：24～37 厘米，黑褐色，湿度大，分解程度好。

A_{Tg}：37～44 厘米，灰黑色，含有少量黏粒，有潜育现象。

G：44～70 厘米，为灰蓝色潜育层。

表层有机质含量在 300～400 克/千克，据 3 个剖面统计，平均含量（366.7±175.8）克/千克。全氮含量在 6.5～10.6 克/千克，最高达 13.2 克/千克。全氮含量高于有机肥料 2～6 倍。碳氮比平均为 14.88。速效养分含量分别为：碱解氮（205±143）毫克/千克，有效磷（106±109）毫克/千克，速效钾（215±86）毫克/千克。

虽然养分含量较高，但由于积水时间长，一般不宜耕垦、应发展牧业。已垦耕地因养分转化慢，所以不发小苗，伏雨之后生长旺盛。秋季易贪青晚熟，应兴建排水设施，进行排水增温，改善通气状况，促进养分转化。

2. 泥炭腐殖质沼泽土属 该土属是以沼泽化成土过程为主，附加泥炭化和腐殖质化过程而形成的土壤，泥炭腐殖质沼泽土属在该地区仅有薄层泥炭腐殖质沼泽土 1 个土种，为土壤图上 26 号土。主要分布在铁岭和五林 2 个乡（镇）。面积有 632 公顷，占本亚类面积的 12.66%，其中耕地面积 115 公顷，占本类土壤面积的 18.20%。

该土壤土体构型为泥炭层 A_T、A_1、G。A_T层厚 10～30 厘米，据 5 个剖面统计，平均厚度为（17±10）厘米。A 层显灰黑色，粒状结构，质地为轻黏土，有较多锈纹。G 层为灰蓝色的潜育层，厚约 15 厘米，锈纹锈斑明显。

因具有较厚的泥炭层，所以表层有机质含量很高，据 3 个剖面统计，平均含量为

(241.7±116.5) 克/千克。全氮、全磷含量均较高，但全钾含量相对偏低。因土壤过湿，通气不良，春季冷浆，故速效养分含量低。

此土壤因季节性积水，土壤水分过多，一般不易耕垦，应以放牧为主。已垦耕地虽然潜在肥力高，但因冷凉，速效养分含量低，小苗发锈，庄稼易贪青晚熟，故应增加深松和铲蹚次数，进行排水，促进有机质分解，提高土温和速效养分含量，以利作物生长。

(三) 草甸沼泽土亚类

该亚类在牡丹江市区仅有沙底草甸沼泽土1个土属。

草甸沼泽土是以沼泽化成土过程为主，同时附加草甸化过程。该地区只有沙底草甸沼泽土属的薄层沙底草甸沼泽土1个土种，为土壤图的25号土。

主要分布在铁岭镇和北安乡的河谷沟塘低洼地稍高处。其植被为小叶樟、塔头薹草，并混有丛桦和沼柳等。地形低洼，雨季常有积水，是沼泽化和草甸化过程的基本条件。草甸沼泽土面积为2 469公顷，占沼泽土类面积的30.20%，其中耕地面积486公顷，占本类土壤面积的19.68%。

该土壤黑土层 (A_1) 厚度18～25厘米，最厚达33厘米，此层一般为暗灰色，质地多属重壤至轻黏土，团粒结构，多根系，有锈纹。黑土层以下多为泥炭化的潜育层，灰黑色，锈斑明显。底土层多因沙性较强、蓄水性较弱，故潜育程度较轻，色灰黄。另外，该土壤因属坡积或冲积而成，所以有的剖面层次为沙黏相间。

从机械组成分析结果看，黑土层质地多为重壤和轻黏土，黏粒含量为25%～35%，第二层略有增加，为24%～35%，以下各层均有降低。相反，沙粒含量增加。表层和亚表层有机质含量在30%～50克/千克，最高达100克/千克以上，但心土层和底土层含量降到10克/千克以下。表层和亚表层全氮含量在2～5克/千克，以下各层均低，全磷含量相对较低，但因心土层以下沙粒含量增加，所以全钾含量一般高于30克/千克。土壤呈酸性-微酸性，pH为6.0左右 (n=19)，且剖面各层比较均衡。

此土壤因地势低洼，有季节性积水，湿度大，草本植物生长繁茂，应以牧业为主。在地势稍高处，因潜在肥力高，农垦利用年限久，价值大，应先进行挖沟排水，然后耕垦，但要防止内涝。在耕种过程中，应进行深翻，加强田间管理，改善其湿度大和冷浆的缺点，促进小苗生长。

五、泥炭土类

泥炭土牡丹江市区的在五林镇、北安乡和军马场的山间各地及低洼地有零星分布（表2-58），面积为959公顷，占全区土壤总面积的0.46%，是该区面积较小的土类之一。

表2-58　各乡（镇）泥炭土面积统计

乡（镇）	合计（公顷）	占土壤面积（%）	其中：耕地面积（公顷）	占耕地面积（%）
北安乡	137	14.25	0	0
五林镇	822	85.75	324	100
合计	959	100	324	100

本土类是在泥炭化和潜育化过程下形成的土壤，其剖面特征是有大于50厘米的泥炭层。此为该土类与泥炭沼泽土的主要区别点。

由于该区泥炭土分布地势低洼，故统归于低位泥炭土1个亚类。其植被主要是乌拉薹草及塔头薹草等草本植物，生长繁茂，是泥炭化过程的物质基础。

由于地面植被均为草本植物，故该区泥炭土又统归于芦苇薹草低位泥炭土1个土属。

土体构型为A_T、G。A_T层厚77～178厘米，平均（128±46）厘米（$n=4$），有较多锈纹。G层为明显的灰蓝色潜育层。剖面特征为：

A_{T1}：0～51厘米，棕色，松散湿润，植物根系少。

A_{T2}：51～113厘米，暗灰色，松散湿润。

A_{T3}：113～190厘米，灰白色，松散湿润。

Cg：190～205厘米，蓝灰色，为潜育化母质层。

因山区地形所致，每年山水携带泥沙流入泥炭土，故使该区泥炭土中泥沙含量较高。因此，该区泥炭土容重约为0.5克/立方厘米，持水量小，在74%～180%。总孔隙度在77%～81%，其中毛管孔隙为38%～63%、通气孔隙16%～43%。由于泥沙含量较高，导致有机质含量低于500克/千克，在300克/千克左右。据两个样本分析结果统计，有机质平均含量为329.2克/千克，且各层次含量比较均衡。全氮平均含量为13.07克/千克，全磷（5.9±4.30）克/千克（$n=3$）。全钾含量在10～20克/千克，高于其他地区泥炭土全钾含量（为5～10克/千克），也是泥沙含量偏高所致。酸碱度为酸性-微酸性，pH为5～6。

由于所处地势低洼，土壤水分过大或地面长期积水，所以不宜农业用地，可做牧地用。另外，因有机质和全氮含量高于一般粪肥，又具有改良土壤理化性质的作用，所以泥炭土是一种很好的改土原料和有机肥源，可用来垫圈、堆肥和制造腐殖酸类肥料，园艺栽培上常用做营养钵原料及培养土。

根据泥炭层厚薄不同，该地区泥炭土划分为中、薄层芦苇薹草低位泥炭土2个土种。

（1）中层芦苇薹草低位泥炭土：该土种为土壤图上30号土，在五林等乡（镇）有零星分布，面积为106公顷，占泥炭土类11.05%，其中耕地面积为38公顷，占本类土壤面积的35.85%。其理化性状以北安乡丰收村西南250米处B74剖面为例，见表2-59和表2-60。

（2）薄层芦苇薹草低位泥炭土：该土种为土壤图上29号土，在五林、北安两个乡（镇）有此土壤分布，面积为853公顷，占泥炭土类88.95%，其中耕地面积为287公顷，占本类土壤面积的33.65%。其理化性状以东村迎门山南检查站南130米处247号剖面为例，见表2-61和表2-62。

表2-59　中层芦苇薹草低位泥炭土物理性状

土层符号	取土深度（厘米）	容重（克/立方厘米）	田间持水量（%）	孔隙度（%）		
				总孔隙度	毛管孔隙	非毛管孔隙
A_{T1}	0～51	0.47	129.8	82.3	61.0	21.3
A_{T2}	51～113	0.60	181.7	77.4	61.3	16.1

注：引自1984年第二次土壤普查资料。

表 2-60　中层芦苇薹草低位泥炭土化学性状

土层符号	取土深度（厘米）	有机质（克/千克）	全量（克/千克）			pH
			氮	磷	钾	
A_{T1}	0～51	237.4	7.89	0.99	20.89	4.7
A_{T2}	51～113	319.0	10.70	1.30	18.28	5.1
A_{T3}	113～190	162.4	—	—	—	4.7

注：引自 1984 年第二次土壤普查资料。

表 2-61　薄层芦苇薹草低位泥炭土物理性状

土层符号	取土深度（厘米）	容重（克/立方厘米）	田间持水量（%）	孔隙度（%）		
				总孔隙度	毛管孔隙	非毛管孔隙
A_{T1}	0～16	0.53	122.6	80	65	15
A_{T2}	25～35	—	—	—	—	—

注：引自 1984 年第二次土壤普查资料。

表 2-62　薄层芦苇薹草低位泥炭土化学性状

土层符号	取土深度（厘米）	有机质（克/千克）	全量（克/千克）			pH
			氮	磷	钾	
A_{T1}	0～16	362	16.47	9.99	8.82	6.0
A_{T2}	25～35	315.9	11.83	6.81	12.21	6.0

注：引自 1984 年第二次土壤普查资料。

六、新积土类

第二次土壤普查被命名为河淤土，是江河水泛滥淤积物发育而成。因此，又叫做“淤积土”“泛滥土”。牡丹江市区新积土全部归为冲积土 1 个亚类。

主要分布于江河两岸，在各乡（镇）的面积分布见表 2-63。总面积为 2 448 公顷，占全区土壤总面积的 1.16%。其中耕地面积 928 公顷，占新积土面积的 37.89%，占全区总耕地面积的 1.89%。

表 2-63　各乡（镇）新积土面积统计

乡（镇）	合计（公顷）	占土壤面积（%）	其中：耕地面积（公顷）	占耕地面积（%）
五林镇	1 004	41.01	450	48.48
温春镇	718	29.32	234	25.21
铁岭镇	456	18.63	156	16.79
兴隆镇	270	11.04	88	9.52
合计	2 448	100	928	100

依剖面层次和母质之别，冲积土亚类土壤划分为砾质冲积土、沙质冲积土和层状冲积土 3 个土属。

1. 砾质冲积土土属 该土属土壤属近期河流淤积物发育的土壤；而且历年受河水泛滥的影响很大。面积共有 84 公顷，占河淤土类面积的 3.43%，其中耕地面积 1.81 公顷，占本土属面积的 2.15%。

由于历年受河水泛滥的影响，所以地面植被稀少，只有一些矮小的杂草生长。腐殖质积累量很少，是该土壤发育程度极差的主要原因。

因河水分选作用，该区泛滥河淤土沙砾含量较多，且各地比较一致。因此，该土壤统归于薄层砾质冲积土 1 个土种，为土壤图上 31 号土。

该土壤土层很薄，表土只有 3～16 厘米，据 8 个剖面统计，平均厚度（10.87±5.89）厘米，以下便是砾石。土体构型为 A_1、C。剖面形态特征如下：

A_1：0～7 厘米，暗灰色，质地为轻壤土，湿润松散，根系较多，过渡明显。

C：7～50 厘米，灰黄色的沙砾。

此土壤沙粒含量在 50%左右，质地多为沙壤—轻壤。因此，土壤通气透水性强。有机质含量在 30～40 克/千克，全氮在 1.0～2.0 克/千克，在剖面分布极其均衡。全磷含量 2.0 克/千克左右，全钾含量在 20～30 克/千克，pH 为 5.0～6.5。

该土壤通气透水性强，土质热潮，易发小苗。当前仅在地势稍高、土层较厚、且受河水泛滥影响小的地块、有少量耕种。因土层极薄，易漏水跑肥，后期易脱肥，再加上历年受河水泛滥的威胁较大，所以农业利用价值较小，易做林业苗圃用地。

2. 沙质冲积土土属 该土属主要分布在温春、兴隆 2 个乡（镇），面积为 254 公顷，占冲积土亚类面积的 10.37%，其中耕地面积为 101 公顷，占本土属面积的 39.76%。

土体构型为 Ap、AB、BC、C。Ap 层厚度平均 19.4±1.5 厘米（n=5），质地为轻壤或中壤土，层次过渡不太明显。心土层有不太明显的淀积现象、沙性增强，多为沙壤土或轻壤土。底土多沙石，故为薄层沙质冲积土，是该地区仅有的 1 个土种，该土壤为土壤图上 32 号土。剖面形态特征如下：

Ap：0～15 厘米，暗灰色，粒状结构，质地为轻壤土，松散湿润，多植物根系。

App：15～20 厘米，暗灰色，片状或块状结构，质地为轻壤土，较紧实，植物根系较少。

C：20～41 厘米，暗灰色或暗棕色，质地为沙壤土，较松散湿润，过渡明显。

因该土壤为河水冲积而成，在江河水的分选作用下，使土壤黏粒含量很低，一般在 10%左右。相反，沙粒含量较高，占 50%以上，所以土壤通气透水性良好，土壤热潮。表层有机质平均含量为（43.7±21.9）克/千克（n=4）。全氮平均为（1.60±0.6）克/千克（n=8）。速效养分平均含量分别为：碱解氮（140±65）毫克/千克，有效磷（112±65）毫克/千克，速效钾（188±69）毫克/千克（n=5）。

该土壤热潮，全量养分易于转化，速效养分含量较高，适种各种旱田作物。但是，此土壤易漏水漏肥，抗涝不抗旱，有前劲，易发小苗，后期因易脱肥而籽粒不实。所以，农业利用要搞好灌排设施，注意防旱、合理施肥。

3. 层状冲积土土属 该土属是在河水分选作用下而淤积形成沙黏相间的土体构型。

该区五林、温春和兴隆等乡（镇）有所分布，面积为 2 111 公顷，占冲积土亚类面积的 86.20%，其中耕地面积 810 公顷，占本土属面积的 38.37%。

层状冲积土属在该地区统归为中层状冲积土 1 个土种，该土壤为土壤图上 33 号、34 号土。

该土壤剖面构型为 Ap、AB、B、C。Ap 层厚度平均为（19.58±4.42）厘米（n=6），质地为轻壤土或中壤土。

在剖面上各层质地差异悬殊，沙黏相间出现。剖面形态特征如下：

Ap：0～13 厘米，暗灰色，粒状结构，质地为中壤土，湿润松散，多植物根系。

AB：13～33 厘米，暗棕色，粒状结构，质地为中壤土，湿润松散。

B：33～64 厘米，黄棕色，块状结构，质地为沙壤土，松散。

BC：64～110 厘米，棕色，质地为轻壤土。

沙粒（1～0.05 毫米）含量很高，在 50%～60%，且各层不一。土壤容重在 1.2～1.3 克/立方厘米，有机质含量 20～30 克/千克，全氮含量 1.5～1.7 克/千克，各层含量不均。全钾含量在 20～30 克/千克，全磷含量 1.0～2.0 克/千克。

因黑土层之下为夹沙层，故保水保肥性差，不抗旱，养分总贮量低，肥力差，故生产力水平低。

第二次土壤普查时，根据该土质地的不同，将该土划分为壤质层状草甸河淤土和沙质层状草甸河淤土 2 个土种，分别是 33 号和 34 号土。33 号壤质层状草甸河淤土，在牡丹江市区耕地面积为 771.6 公顷，其物理和化学性状以大湾桥东北 150 米处 031 剖面为例，见表 2-64 和表 2-65。

表 2-64　壤质层状草甸河淤土物理性状

土层符号	取土深度（厘米）	容重（克/立方厘米）	田间持水量（%）	孔隙度（%）			物理黏粒（%）		质地名称
				总孔隙度	毛管孔隙	非毛管孔隙	<0.001 毫米	<0.01 毫米	
Ap	0～12	1.29	37.7	51.4	48.6	2.8	29.3	35.5	中壤土
App	12～21	1.35	35.1	49.4	47	2.4	23.1	37.6	中壤土
AB	40～50	1.36	34.4	49.1	46.7	2.4	28.5	42.1	中壤土

注：引自 1984 年第二次土壤普查资料。

表 2-65　壤质层状草甸河淤土化学性状

土层符号	取土深度（厘米）	有机质（克/千克）	全量（克/千克）			pH
			氮	磷	钾	
Ap	0～12	29.4	1.48	2.62	26.67	6.7
App	12～21	17.5	0.97	2.08	30.62	6.8
AB	40～50	10.1	0.60	1.44	30.34	6.8

注：引自 1984 年第二次土壤普查资料。

34 号沙质层状草甸河淤土，在牡丹江市区耕地面积为 38.8 公顷，其物理和化学性状以兴隆乡铁岭南山水源地西200米处032号剖面为例，见表2-66和表2-67。

表2-66 沙质层状草甸河淤土物理性状

土层符号	取土深度（厘米）	容重（克/立方厘米）	田间持水量（%）	孔隙度（%）			物理黏粒（%）		质地名称
				总孔隙度	毛管孔隙	非毛管孔隙	<0.001毫米	<0.01毫米	
Ap	0～13	1.25	29	52.7	36.3	16.4	12.6	20.8	轻壤土
B_1	20～30	1.35	26	49.4	35.1	14.3	12.5	16.6	沙壤土
B_2	70～80	1.26	29	52.4	36.5	15.9	15.7	24.0	轻壤土
BC	120～130	—	—	—	—	—	13.1	17.6	沙壤土

注：引自1984年第二次土壤普查资料。

表2-67 沙质层状草甸河淤土化学性状

土层符号	取土深度（厘米）	有机质（克/千克）	全量（克/千克）			pH
			氮	磷	钾	
Ap	0～13	29.5	1.26	2.26	31.66	7.3
B_1	20～30	7.8	0.41	1.25	33.07	6.5
B_2	70～80	14.6	0.88	1.34	30.80	6.0
BC	120～130	9.2	—	—	—	6.2

注：引自1984年第二次土壤普查资料。

七、水稻土类

水稻土是人类在生产活动中创造的一类特殊土壤，在江河两岸的平地及沟谷平地均有分布，在海南、铁岭、兴隆、五林4个乡（镇）种植面积较多。水稻土耕地面积共有3 551公顷。

根据水文状况，牡丹江市区水稻土分淹育水稻土和潜育水稻土2个亚类。

由于牡丹江市区水稻生产历史不长，加之年内淹水时间短，撤水和冻结期长，故水稻土发育程度不高，剖面层次分化不明显，仍保留其前身土壤的某些形态特征。因此，在水稻土分类上根据起源土壤类型，分为白浆土型淹育水稻土、草甸土型淹育水稻土、暗棕壤型淹育水稻土、冲积土型淹育水稻土、沼泽土型潜育水稻土和泥炭土型潜育水稻土6个土属。

（一）淹育水稻土亚类

牡丹江市地区水稻土大部分都归为淹育水稻土亚类，其耕地面积为3483公顷，占水稻土类耕地面积的98.08%之多。

1. 白浆土型淹育水稻土土属 该土属为土壤图上35号土，分布于五林、温春等乡（镇），面积为424公顷，占淹育水稻土耕地面积的12.18%，占水稻土耕地面积的11.94%。

土壤通体有锈纹和胶膜出现。耕层质地一般为轻黏土，由于灌水使黏粒下移，所以往下各层质地更为黏重。耕层有机质和全氮含量中等，全磷含量较低，养分较为贫乏。

2. 草甸土型淹育水稻土土属　该土属是牡丹江市区盛产稻谷的主要土壤，主要分布在海南、铁岭、兴隆、五林等乡（镇）境内，其面积为 2 530 公顷，占淹育水稻土面积的 72.63%。

该土类种植水稻年限在 70～120 年，土壤剖面分化比暗棕壤型淹育水稻土明显一些，但仍保留草甸土类的形态剖面特征。土体构型为 Ap、App、A_1（或 ABg）、AB、Bg。据 104 个剖面统计，Ap 层平均厚度为（33.3±13.1）厘米，App 厚度为（14.3±3.3）厘米，在犁底层下潜育化或潜育层出现的深度不一，一般为 37～110 厘米。剖面形态特征如下：

Ap：0～15 厘米，浅灰色，根孔中有很多红色铁锈斑，无结构，土质为重壤土。

App：15～29 厘米，灰色，有少量铁锈斑，板块状结构，少植物根系，重壤土。

A_1：29～49 厘米，暗灰色，小块状结构，较紧实，轻黏土。

ABg：49～81 厘米，灰色，小块状结构，有铁锈斑，轻黏土。

Bg：81～115 厘米，棕灰色，小核块状结构，有很多的铁锈斑，轻黏土，紧实。

草甸土型淹育水稻土机械组成和理化性状以新安密江 1001 号剖面和新安和平 1159 号剖面为例，见表 2-68～表 2-70。

表 2-68　草甸土型淹育水稻土机械组成

土层符号	土层深度（厘米）	土壤各粒级含量（%）								质地名称
		>1.0 毫米	1.0～0.25 毫米	0.25～0.05 毫米	0.05～0.01 毫米	0.01～0.005 毫米	0.005～0.001 毫米	<0.001 毫米	物理黏粒（%）	
Ap	0～15	0.7	3.9	6.7	36.0	13.5	13.8	26.1	53.4	重壤土
p	15～29	1.2	2.5	3.9	33.8	14.7	16.9	28.2	59.8	重壤土
A_1	29～49	1.5	2.7	3.0	29.8	14.7	17.1	32.7	64.5	轻黏土
ABg	49～81	0.5	0.2	0.8	27.8	14.9	15.0	39.4	69.3	轻黏土
Bg	81～115	2.0	2.7	0.1	28.0	14.9	12.9	41.6	69.4	轻黏土
Ap	0～20	—	2.2	36.6	29.5	7.9	8.5	15.3	31.7	中壤土
AB	20～80	0.2	3.8	34.9	29.8	7.9	8.5	15.2	31.6	中壤土
Bg	80～125	0.1	4.2	35.6	32.7	5.9	8.4	13.2	27.5	轻壤土
Cg	125～140	0.5	2.5	41.6	30.6	5.8	10.5	9.0	25.3	轻壤土

注：引自 1984 年第二次土壤普查资料。

表 2-69　草甸土型淹育水稻土理化性状

土层符号	土层深度（厘米）	有机质（克/千克）	全量（克/千克）			pH	代换量（me/百克土）
			氮	磷	钾		
Ap	0～15	32.3	1.7	1.3	33.6	5.7	21.6
p	15～29	20.0	1.2	1.0	27.9	7.5	27.6
A_1	29～49	13.5	0.8	1.0	30.1	7.3	24.0
ABg	49～81	10.8	—	—	—	6.5	—

（续）

土层符号	土层深度（厘米）	有机质（克/千克）	全量（克/千克）			pH	代换量（me/百克土）
			氮	磷	钾		
Bg	81～115	11.2	—	—	—	6.1	—
Ap	0～20	17.8	1.0	1.1	29.0	5.7	11.0
AB	20～80	12.6	0.7	1.3	28.9	6.8	10.6
Bg	80～125	10.0	—	—	—	7.1	—
Cg	125～140	7.1	—	—	—	7.3	—

注：引自 1984 年第二次土壤普查资料。

表 2-70 草甸土型淹育水稻土农化样分析统计

项　目	平均值	标准差	变异系数	最大值	最小值	极差	样本数（个）
有机质（克/千克）	30.9	11.6	37.5	62.2	11.9	50.3	77
全氮（克/千克）	1.61	0.47	29.2	2.72	0.79	1.93	77
碱解氮（毫克/千克）	175.8	63.2	35.9	318	72	246	77
有效磷（毫克/千克）	11.7	9.9	84.6	69	2	67	77
速效钾（毫克/千克）	88.6	39.1	44.1	209	15	194	77

注：引自 1984 年第二次土壤普查资料。

草甸土型淹育水稻土土属根据黑土层的厚度分为薄、中、厚层草甸土型淹育水稻土 3 个土种。

（1）薄层草甸土型淹育水稻土：该土壤在土壤图上为 46 号土，原土种名为薄层层状草甸土型水稻土，是海南乡合并到牡丹江市而新添加的土种，只有海南乡的沙虎村和河夹村有分布。耕地面积为 47 公顷，占该土属耕地面积的 1.84%。

（2）中层草甸土型淹育水稻土：该土壤为土壤图上 36 号土，原土种名为草甸土型水稻土，除温春镇以外其他各乡（镇）均有分布。耕地面积为 1 854 公顷，占该土属耕地面积的 73.27%，占全市水稻土耕地面积的一半以上。

土壤通体有锈纹，有少数剖面在 30 厘米开始出现铁锰结核，也有的剖面在 40 厘米开始有胶膜出现。耕层质地为轻壤或重壤土，以下各层均较黏重。耕层有机质含量 20～30 克/千克，全氮含量 1.3～1.8 克/千克，全磷含量在 1 克/千克以下，全钾含量在 30 克/千克左右。pH 为 5.5～6.0，呈微酸性。

（3）厚层草甸土型淹育水稻土：该土壤在土壤图上为 45 号土，也是海南乡合并到牡丹江市而新添加的土种，是由原厚层黏底草甸土型水稻土和厚层层状草甸土型水稻土 2 个土种合并为现在的厚层草甸土型淹育水稻土，在海南乡的沙虎、中兴、南拉古等村均有分布，耕地面积为 630 公顷，占该土属耕地面积的 24.89%。

3. 暗棕壤型淹育水稻土土属 该土属是在草甸暗棕壤上多年种植水稻而成的。该土属是海南乡合并到牡丹江市而新添加的土壤，且只有厚层暗棕壤型淹育水稻土 1 个土种，原土种名为“黏底草甸暗棕壤型水稻土”，在海南乡南拉古、拉南、中兴等村有零星分布，耕地面积为 187 公顷，占淹育水稻土亚类耕地面积的 5.36%。

该亚类种植水稻年限不长，水稻土固有的剖面分化不明显，基本上保留草甸暗棕壤的剖面形态特征。据15个剖面统计，Ap层平均厚度为（21.1±6.1）厘米，App层厚度为（5.7±7.7）厘米。潜育化层（Bg）一般出现在64～110厘米。土体构型为Ap、App、AB、Bg。剖面形态特征如下：

Ap：0～17厘米，浅灰色，无结构，中壤土，灌水后松软，撤水后龟裂，坚硬，有锈斑，根系很多。

App：17～35厘米，浅灰色，板状块，有锈斑和锈纹，干时硬，中壤土。

AB：35～85厘米，棕灰色，小粒状结构，黏粒移至此层，质地黏重，为轻黏土，层次过渡明显。

Bg：85～139厘米，黄棕色，小粒状结构，有潜育锈斑，质地为轻黏土。

从典型剖面样和农化样分析结果看，Ap层养分含量并不高，有机质平均含量仅为（35.3±16.3）克/千克，但由于淋溶作用，土体中较均衡分布；全氮为（1.79±0.67）克/千克；碱解氮、有效磷含量分别为（191.7±87.3）毫克/千克，（11.6±8.4）毫克/千克；速效钾含量较低，仅为（95.2±32.9）毫克/千克，比旱作的草甸暗棕壤低0.7倍，这可能与成土过程中脱钾作用有关。因此，水稻土必须注意施钾肥。土壤容重，撤水待干后测定结果表明容重偏高，Ap层达1.44克/立方厘米，总孔隙为46.4%；App层为1.51克/立方厘米，总孔隙为44.1%。其理化性状以海南乡拉南东1千米2005号剖面为例，见表2-71和表2-73。

表2-71 厚层暗棕壤型水稻土物理性状

土层符号	土层深度（厘米）	容重（克/立方厘米）	总孔隙度（%）	田间持水量（%）	土壤各粒级含量（%）								质地名称
					>1.0毫米	1.0～0.25毫米	0.25～0.05毫米	0.05～0.01毫米	0.01～0.005毫米	0.005～0.001毫米	<0.001毫米	物理黏粒	
Ap	0～17	1.44	46.4	24.5	8.4	10.5	15.4	29.5	10.5	12.6	21.5	44.6	中壤
p	17～35	1.15	44.1	21.0	10.5	10.7	15	29.5	9.5	13.8	21.5	44.8	中壤
AB	35～85	—	—	—	1.6	4.7	5.6	26.1	9.8	13.1	40.7	63.6	轻壤
Bg	85～139	—	—	—	1.5	4.1	4.6	27.4	10.9	12.1	40.9	63.9	轻壤

注：引自1984年第二次土壤普查资料。

表2-72 厚层暗棕壤型水稻土农化样分析统计

项 目	平均值	标准差	变异系数	最大值	最小值	极差	样本数（个）
有机质（克/千克）	35.3	16.3	46.2	72.9	20.8	52.1	11
全氮（克/千克）	1.79	0.67	37.6	3.38	1.24	2.14	11
碱解氮（毫克/千克）	191.7	87.3	45.5	387	104	283	11
有效磷（毫克/千克）	11.6	8.4	72.1	29	3	26	11
速效钾（毫克/千克）	95.2	32.9	34.6	146	36	110	11

注：引自1984年第二次土壤普查资料。

表 2-73 厚层暗棕壤型水稻土化学性状

土层符号	土层深度（厘米）	有机质（克/千克）	全量（克/千克）			pH	代换量（me/百克土）
			氮	磷	钾		
Ap	0～17	18.4	0.99	0.92	26.5	6.56	15.6
p	17～35	17.0	1.00	0.92	27.2	7.64	19.0
AB	35～85	13.8	0.78	1.16	26.1	6.39	28.2
Bg	85～139	8.6	—	—	—	5.95	
Ap	0～10	28.5	1.58	1.34	28.1	5.20	19.0
p	10～20	27.2	1.51	1.34	27.7	5.54	17.2
AB	20～48	15.9	0.97	1.11	28.5	6.26	23.0
B	48～100	6.2	—	—	—	7.35	
Bg	100～140	—	—	—	—	7.41	
Ap	0～21	44.0	2.16	1.23	30.6	6.54	23.6
p	21～33	42.9	2.12	1.24	30.0	6.28	21.8
AB	33～56	24.0	1.05	1.02	30.0	6.51	21.6
B_1	56～99	26.2	—	—	—	6.42	—
B_2	99～110	15.3	—	—	—	6.49	—
Bg	110～130	12.3	—	—	—	6.45	—

注：引自 1984 年第二次土壤普查资料。

4. 冲积土型淹育水稻土土属 该土属在牡丹江市区统归为中层冲积土型淹育水稻土 1 个土种，原土种名为“河淤土型水稻土”，该土壤为土壤图上 37 号土，分布在五林、兴隆、温春 3 个乡（镇），耕地面积为 342 公顷，占淹育水稻土亚类耕地面积的 9.82%。

耕层有大量锈纹，50 厘米以下有潜育现象。耕层质地为中壤-重壤土，黏粒含量较低，沙粒含量较高，容重在 1.2～1.3 克/立方厘米。有机质含量在 30 克/千克左右，全氮含量约 2.0 克/千克，全钾一般为 20～30 克/千克，pH 为 6.0～7.3，呈微酸性至中性。

（二）潜育水稻土亚类

该亚类土壤主要分布在铁岭和五林 2 个乡（镇），耕地面积为 68 公顷，占水稻土耕地面积的 1.92%。

根据土壤类型划分为沼泽土型潜育水稻土和泥炭土型潜育水稻土 2 个土属。

1. 沼泽土型潜育水稻土土属 该土属大部分布在铁岭镇青梅村一带，耕地面积为 68 公顷。该土属只有厚层沼泽土型潜育水稻土 1 个土种，原土种名为草甸沼泽土型水稻土，该土壤为土壤图上 38 号土。

该土壤土体构型为 Ap、AB、Bg、G。Ap 层厚度为 25～30 厘米，此层根系很多，锈纹明显。心土层具有潜育现象，稍紧实，色较深。底土为灰蓝色的潜育层。剖面为：

Ap：0～24 厘米，呈灰色，块状结构，质地为重壤土，湿润松散，锈纹较多，多根系。

A_1：24～44 厘米，黑灰色，块状结构，质地为重壤土，湿润松散，锈斑较多。

AB：44～62 厘米，暗灰色，质地为中壤土，较紧实。

Bg：62～73 厘米，暗灰色，质地为重壤土，湿润松散。

G：73～101 厘米，为灰蓝色的潜育层。

从机械组成看，耕层多为重壤土，黏粒（<0.001 毫米）含量 25%左右，容重在 1.2 克/立方厘米左右，以下各层容重较大。耕层有机质含量在 60 克/千克以上，全氮含量 3 克/千克左右，以下各层递减，全磷和全钾含量分别为 2 克/千克和 2 克/千克左右。pH 在 6.5～7.0，呈微酸-中性。

该土壤质地适中，理化性质良好，潜在肥力高，且亚表层和心土层较紧实，具有托水托肥作用，是发展水田的良好土壤。

2. 泥炭土型潜育水稻土土属　该土属只有薄层泥炭土型潜育水稻土 1 个土种，且只桦林镇朝鲜族村存在 4.6 公顷，面积很小，在土壤图上未标识。

土体构型为 Ap、A_T/A_1、G。Ap 层为暗棕色土层，厚约 15 厘米，多为重壤土，锈纹很多。A_T/A_1 为过渡层，暗灰色，质地为轻黏土。G 层为灰蓝色潜育层，质地黏重，紧实。剖面形态特征如下：

Ap：0～16 厘米，暗棕色，块状结构，质地为重壤土，湿润松散，多根系。

A_T/A_1：16～32 厘米，暗灰色，质地为重壤土。

G：32～64 厘米，为灰蓝色潜育层，质地黏重紧实。

质地为重壤土或轻黏土，黏粒（<0.001 毫米）含量 25%～30%，以耕层含量为低，向下各层有所增加。容重一般小于 1 克/立方厘米。耕层有机质含量 70 克/千克以上，下层有机质含量增至 120 克/千克，全氮含量 3～5 克/千克，全磷和全钾含量相对偏低，分别为 2 克/千克和 25 克/千克左右。pH 为 5.7～6.0，呈微酸性。

土体深厚，养分贮量极其丰富，地形低洼，地下水位高，而且表土层以下为泥炭化黑土层，吸水能力强，具有托水托肥能力，是发展水田生产的有利条件，增产潜力很大。

第三章　耕地地力评价技术路线

第一节　调查方法与内容

一、调查方法

本次调查工作采取的方法是内业调查与外业调查相结合的方法。内业调查主要包括图件资料的收集、文字资料的收集；外业调查包括耕地的土壤调查、环境调查和农业生产情况的调查。

（一）内业调查

1. 基础资料准备　包括图件资料、文件资料和数字资料3种。

（1）图件资料：主要包括1984年第二次土壤普查编绘的1∶300 000的《牡丹江市郊区土壤图》；中国人民解放军总参谋部测绘局1974年10月航摄、1977年7月调绘、1980年第一版的1∶50 000的《地形图》；牡丹江市国土资源局2010年测绘的CAD格式《牡丹江市区行政区划图》；哈尔滨万图信息技术开发有限公司提供的牡丹江市的卫星影像图。

（2）数字资料：主要有牡丹江市统计局提供的牡丹江各乡（镇）耕地面积；牡丹江市气象局提供的牡丹江市区近20年的气象数据资料。

（3）文件资料：包括第二次土壤普查编写的《牡丹江土壤》《牡丹江市郊区土壤志》《林口县土壤》《穆棱县土壤》《海林县土壤》，1993编制的《牡丹江市志》等。

2. 参考资料、补充调查资料准备　对上述资料记载不够详尽或因时间推移导致利用现状发生变化的资料等，进行了专项的补充调查。主要包括：近年来农业技术推广概况，如良种推广、科技施肥技术的推广、病虫鼠害防治等；农业机械，特别是耕作机械的种类、数量、应用效果等；水田种植面积、生产状况、产量等方面的改变与调整进行了补充调查。

（二）外业调查

外业调查包括土壤调查、环境调查和农户生产情况调查。

1. 布点　布点是调查工作的重要一环，正确的布点能保证获取信息的典型性和代表性；能提高耕地地力调查与质量评价成果的准确性和可靠性；能提高工作效率、节省人力和资金。

（1）布点原则：

①代表性、兼顾均匀性。布点首先考虑到全市耕地的典型土壤类型和土地利用类型；其次耕地地力调查布点要与土壤环境调查布点相结合。

②典型性。样本的采集必需能够正确反映样点的土壤肥力变化和土地利用方式的变化。采样点布设在利用方式相对稳定，避免各种非正常因素干扰的地块。

③比较性。尽可能在第二次土壤普查的采样点上布点，以反映第二次土壤普查以来的

耕地地力和土壤质量的变化。

④均匀性。同一土类、同一土壤利用类型在不同区域内尽量保证点位的均匀性。

（2）布点方法：采用专家经验法，聘请了熟悉市区农业和土壤情况的专家和参加过第二次土壤普查的有关技术人员，依据以上布点原则，确定调查的采样点。

①修订土壤分类系统。为了便于全省耕地地力调查工作的汇总和评价工作的实际需要，把牡丹江市区第二次土壤普查确定土壤分类系统归并到省级分类系统。牡丹江市区原有的分类系统为 8 个土类，18 个亚类，18 个土属和 24 个土种。本次调查先将新合并到海南乡、磨刀石镇和五林镇 3 个乡（镇）土壤情况归并到市区土壤图中，且新添加了 8 个土种。归并到省级分类系统为 5 个土纲、6 个亚纲、7 个土类、14 个亚类、28 个土属、41 个土种。

②确定调查点数和布点。大田调查点数的确定和布点。牡丹江市为山区，地形地貌比较复杂，以村为单位按村界东南西北四个方位定点，按照平均每个点代表 65～100 公顷的要求，依据各村耕地面积确定布点数量，在村界区划范围内均匀分布，以这个原则为控制基数，在布点过程中，充分考虑了各土壤类型所占耕地总面积的比例、耕地类型等。然后将《行政区划图》和《土壤图》叠加，将叠加后的图像作为一个图层添加到谷歌地球里，再用谷歌地球精确确定调查点位。在土壤类型和耕地利用类型相同的不同区域内，保证点位均匀分布。全市区初步确定点位 674 个。各乡（镇）所布点数分别为：北安乡 35 个、海南乡 99 个、桦林镇 41 个、磨刀石镇 49 个、铁岭镇 69 个、温春镇 106 个、五林镇 192 个、兴隆镇 83 个。

从谷歌地图上以村为单位截取并打印彩色点位图，并将定好的点保存为 .kml 格式文件，再将 .kml 格式地标点文件转换成 EXCEL 文档，工作人员携带一份采样点位表，一份采样点位图。在实地采集土样时，以点位图确定布点的方位，再用事先已录入导航点的 GPS 定位仪进行导航，精确找到目标采样点的经纬度，逐个完成耕地地力调查点的土样采集。

采样时每个点都进行容重调查采样，将用环刀取出的土样，完整地取出放入到塑料密封袋中。记好标签，带回实验室进行测定。

2. 采样

（1）土样采样方法：在作物耕作前或收获后进行取样。

野外采样田块确定。根据点位图、表，到点位所在的村庄，首先向当地农民了解本村的农业生产情况，确定最佳的采样行走路径，依据田块的准确方位修正点位图上的点位位置，并用 GPS 定位仪进行定位。

（2）调查、取样：向已确定采样田块的户主，按调查表格的内容逐项进行调查填写。在该田块中按旱田 0～40 厘米土层采样；采用 X 法、S 法、棋盘法其中任何一种方法，均匀随机采取 15 个采样点，充分混合后，四分法留取 1 千克，写好标签。

二、调查内容与步骤

（一）调查内容

按照《耕地地力调查与质量评价技术规程》（以下简称《规程》）的要求，对所列项目，如：立地条件、剖面形态特征、土壤整理、栽培管理和污染等情况进行了详细调查。为更透彻的分析和评价，对《规程》中所列的项目无一遗漏，并按说明所规定的技术范围来描述。对《规程》中未涉及，但对当地耕地地力评价又起着重要作用的一些因素，在表中附加，并将相应的填写标准在表后注明。

调查内容分为：基本情况、化肥使用情况、农药使用情况、产品销售调查等。

（二）调查步骤

牡丹江市区耕地地力工作因行政区划的改变，新合并了 3 个乡（镇）到牡丹江市区，而这 3 个乡（镇）的原属县市同样也承担了测土配方项目，但此项工作的进度不同，因此根据市区各乡（镇）不同的情况，将 8 个乡（镇）分成三类情况，并分为 3 个阶段完成。

1. 第一阶段：开展试点 五林镇是近年刚合并到牡丹江市区，原属林口县管辖，林口县已经完成了五林镇的布点工作，但没有采集土样，因此本次调查将五林镇的耕地地力调查工作交接下来，并作为试点进行实验总结。

自 2009 年 9 月 9 日至 2010 年 10 月，此阶段主要工作是收集、整理、分析资料。

（1）统一采样调查编号：继续采用了林口县编号原则，编号以乡（镇）名称的拼音首个字母和三位自然数（001～n）组成。在一个乡（镇）内，采样点编号从 001 开始顺序排列至 n（001～n）。

（2）确定调查点数和布点：五林镇共确定调查点位 192 个。依据这些点位，以所在村为单位，填写了《调查点登记表》，主要说明调查点的地理位置、采样编号和土壤名称代码，为外业做好准备工作。

（3）组建采样调查队伍：推广总站抽调 5 名技术骨干调查采样指导工作，由乡（镇）技术推广站长负责联络各村（屯），在采样村（屯）抽调 1～2 名熟悉情况的干部参与调查工作，组成由 2～3 人的调查采样小组。

（4）全面调查采样：经过充分的准备工作，5 个工作小组，从 2009 年 10 月 15 日开始，调查组以采样地标点位表和地标点位图为基础，深入到各村（屯）、田间地块进行采样调查，在为期 10 天的时间里，工作人员一边调查、一边总结经验，为工作的全面的开展积累经验，总结方法。

（5）采样：对所有被确定为调查点位的地块，依据田块的具体位置，用 GPS 卫星定位系统进行定位，记录准确的经、纬度。面积较大地块采用 X 法或棋盘法，面积较小地块采用 S 法，均匀并随机采集 15 个采样点，充分混合用“四分法”留取 1 千克。每袋土样填写两张标签，内外各 1 张。标签主要内容：该样本编号、土壤类型、采样深度、采样地点、采样时间和采样人等。

（6）汇总整理：对采集的样本逐一进行检查和对照，并对调查表格进行认真核对，发现遗漏的于 11 月 30 日前补充调查完毕。分类存放，待统一化验分析。

2. 第二阶段，全面调查 北安、温春、桦林、兴隆、铁岭 5 个乡（镇）是牡丹江市区原区划内的乡（镇），本次调查将这些乡（镇）统一部署，统一进度，全面开展牡丹江市区耕地地力调查工作。

（1）准备阶段：自 2011 年 3 月 15 日至 2011 年 4 月 17 日，此阶段主要工作是收集、整理、分析资料。

①统一采样调查编号。对这 5 个乡（镇）仍采用与五林镇相同编号规则，以乡（镇）名称的拼音首个字母和三位自然数（001～n）组成。在一个乡（镇）内，采样点编号从 001 开始顺序排列至 n（001～n）。

②确定调查点数和布点。5 个乡（镇）共确定调查点位 334 个。依据这些点位所在的乡（镇）、村为单位，填写了《调查点登记表》，主要说明调查点的地理位置、采样编号和土壤名称代码，为外业做好准备工作。

（2）采样调查：

①组建采样调查队伍。推广总站抽调 5 名技术骨干带领 20 名技术人员组成 5 个工作队，每队负责一个乡（镇），由乡（镇）技术推广站长负责联络村（屯），在采样村（屯）抽调 1～2 名熟悉情况的干部参与调查工作，各队分成若干调查采样小组在各自负责的乡（镇）开展调查工作。

②全面调查采样。经过充分的准备工作，从 2011 年 4 月 18 日开始，全市区范围内的调查采样工作全面开展。调查组以采样地标点位表和地标点位图为基础，深入到各村（屯）、田间地块进行采样调查。调查采样同步进行，到 5 月 4 日采样完成，此阶段调查全部结束。

③采样。对所有被确定为调查点位的地块，依据田块的具体位置，用 GPS 定位仪进行定位，记录准确的经、纬度。面积较大地块采用 X 法或棋盘法，面积较小地块采用 S 法，均匀并随机采集 15 个采样点，充分混合用四分法留取 1 千克。每袋土样填写两张标签，内外各 1 张。标签主要内容：该样本编号、土壤类型、采样深度、采样地点、采样时间和采样人等。

④汇总整理。对采集的样本逐一进行检查和对照，并对调查表格进行认真核对，发现遗漏的于 2011 年 6 月 30 日前补充调查完毕。无差错后统一汇总总结。

3. 第三阶段，收尾补缺　海南乡和磨刀石镇也是新合并到牡丹江市郊区区划内的乡（镇），原分别是海林市和穆棱市的辖区。这 2 个乡（镇）耕地地力开展了大量的调查工作，通过协商，将这些土壤样品以及数据等资料交接过来，到 2011 年 9 月 30 日，完成 148 个土样和相关数据的移交，并进行了整理，分析，归类存放等工作。

（三）化验分析

本次耕地地力调查共化验了 526 个土壤样本，测定了有机质、pH、全氮、全磷、全钾、碱解氮、有效磷、速效钾以及有效铜、有效铁、有效锰、有效锌、容重 13 个项目。对全部的 674 个土壤样本的外业调查资料和化验结果进行了系统的统计和分析。

第二节　样品分析化验质量控制

实验室的检测分析数据质量直接客观地反映出化验人员的素质水平、分析方法的科学性、实验室质量体系的有效性和符合性及实验室管理水平。在检测过程中由于受被检测样品（均匀性、代表性）、测量方法（检测条件、检测程序）、测量仪器（分辨率）、测量环境（湿度、温度）、测量人员（分辨能力、习惯）等因素的影响，总存在一定的测量误差，估计误差的大小，采取适当的、有效的、可行的措施加以控制，科学处理实验数据，才能获得满意的效果。

为保证分析实验质量，首先严格按照《测土配方施肥技术规范》（以下简称《规范》）所规定的实验室面积、布局、环境、仪器和人员的要求，加强实验室建设和人员培训。做好实验室环境条件的控制、人力资源的控制、计量器具的控制。按照《规范》做好标准物质和参比物质的购买、制备和保存。

一、实验室检测质量控制

（一）检测前

（1）样品确认（确保样品的唯一性、安全性）。

（2）检测方法确认（当同一项目有几种检测方法时）。

（3）检测环境确认（温度、湿度及其他干扰）。

（4）检测用仪器设备的状况确认（标志、使用记录）。

（二）检测中

（1）严格执行《标准》、《规程》或《规范》。

（2）坚持重复实验，控制精密度。在检测过程中，随机误差是无法避免的，但根据统计学原理，通过增加测定次数可减少随机误差，提高平均值的精密度。在样品测定中，所有样品的每个项目全部做重复实验。重复测定结果的误差在《规范》的要求规定允许范围内者为合格，否则对该批样品重新测定进行复查，直至达到规定要求为止。

（3）注意空白试验：空白实验即在不加试样的情况下，按照与分析试样完全相同的操作步骤和条件进行的实验。得到的结果称为空白值。它包括了试剂、蒸馏水中杂质带来的干扰。从待测试样的测定值中扣除，可消除上述因素带来的系统误差。

（4）做好校准曲线：为消除温度和其他因素影响，每批样品均需做校准曲线，与样品同条件操作。标准系列应设置 6 个以上浓度点，根据浓度和吸光值绘制校准曲线或求出一元线性回归方程。计算其相关系数。当相关系数大于 0.999 时为通过。

（5）用标准物质校核实验室的标准溶液、标准滴定溶液。

（三）检测后

加强原始记录校核、审核、确保数据准确无误。原始记录的校核、审核，主要是核查检验方法、计量单位、检验结果是否正确，重复实验结果是否超差、控制样的测定值是否准确，空白实验是否正常、校准曲线是否达到要求、检测条件是否满足、记录是否齐全、记录更改是否符合程序等。发现问题及时研究、解决或召开质量分析会议，达成共识。同时进行异常值处理和复查。

二、地力评价土壤化验项目

土壤样品分析项目：pH、有机质、全氮、碱解氮、全磷、有效磷、全钾、速效钾、有效铁、有效锌、有效锰、有效铜、土壤容重，分析方法见表 3-1。

表 3-1　土壤样本化验项目及方法表

分析项目	分析方法	标　　准
pH	玻璃电极法	NY/T 1377
有机质	重铬酸钾法	NY/T 1121.6
全氮	凯氏蒸馏法	NY/T 53
碱解氮	碱解扩散法	NY/T 1229
全磷	氢氧化钠熔融-钼锑抗比色法	NY/T 88—1988
有效磷	碳酸氢钠-钼锑抗比色法	NY/T 148
全钾	氢氧化钠熔融-原子吸收分光光度计法	NY/T 87—1988
速效钾	乙酸铵-原子吸收分光光度计法	NY/T 889
有效锌、有效铁、有效锰、有效铜	DTPA 提取原子吸收光谱法	NY/T 890
容重	环刀法	NY/T 1121.4

第三节　数据质量控制

一、田间调查取样数据质量控制

按照《规范》的要求，填写调查表格。抽取 10%的调查采样点进行审核。对调查内容或程序不符合《规范》要求，抽查合格率低于 80%的，重新调查取样。

二、数据审核

数据录入前仔细审核，对不同类型的数据审核重点各有侧重。

1. 数值型资料　注意量纲、上下限、小数点位数、数据长度等。

2. 地名　注意汉字多音字、繁简体、简全称等问题。

3. 土壤类型、地形地貌、成土母质等　注意相关名称的规范性，避免同一土壤类型、地形地貌或成土母质出现不同的表达。

4. 土壤和植株检测数据　注意对可疑数据的筛选和剔除。根据当地耕地养分状况、种植类型和施肥情况，确定检测数据与录入的调查信息是否吻合。结合对 10%的数据重点审查的原则，确定审查检测数据大值和小值的界限，对于超出界限的数据进行重点审核，经审核可信的数据保留；对检测数据明显偏高或偏低、不符合实际情况的数据或者剔除，或者返回检验室重新测定。若检验分析后，检测结果仍不符合实际的。可能是该点在采样等其他环节出现问题，应予以作废。

三、数据录入

采用《规范》要求的数据格式，按照统一的录入软件录入。采取两次录入进行数据核对。

第四节 资料的收集与整理

耕地是自然历史综合体，同时也是重要的农业生产资料。因此，耕地地力与自然环境条件和人类生产活动有着密切的关系。进行耕地地力评价，必须调查研究耕地的一些可度量或可测定的属性。这些属性概括起来有两大类型，即自然属性和社会属性。自然属性包括气候、地形地貌、水文地质、植被等自然成土因素和土壤剖面形态等；社会属性包括地理交通条件、农业经济条件、农业生产技术条件等。这些属性数据的获得，可通过多种方式来完成。一种是野外实际调查及测定；一种是收集和分析相关学科已有的调查成果和文献资料。

一、资料收集与整理流程

本次地力评价工作一方面充分收集有关牡丹江市区耕地情况资料，建立起耕地质量管理数据库，另一方面进行了外业的补充调查和室内化验分析。在此基础上，通过 GIS 系统平台，采用 ArcView 软件对调查的数据和图件进行矢量化处理（此部分工作由哈尔滨万图信息技术开发有限公司完成），最后利用农业部开发的《县域耕地资源管理信息系统 V3.2》进行耕地地力评价。主要的工作流程见图 3-1。

二、资料收集与整理方法

1. 收集 在调研的基础上广泛收集相关资料。同一类资料不同时间、不同来源、不同版本、不同介质都进行收集，以便将来相互检查、相互补充、相互佐证。

2. 登记 对收集到的资料进行登记，记载资料名称、内容、来源、页（幅）数、收集时间、密级、是否要求归还、保管人等；对图件资料进行记载比例尺、坐标系、高程系等有关技术参数；对数据产品还应记载介质类型、数据格式、打开工具等。

3. 完整性检查 资料的完整性至关重要，一套分幅图中如果缺少一幅，则整套图无法使用；一套统计数据如果不完全，这些数据也只能作为辅助数据，无法实现与现有数据的完整性比较。

4. 可靠性检查 资料只有翔实可靠，才有使用价值，否则只能是一堆文字垃圾。必须检查资料或数据产生的时间、数据产生的背景等信息。来源不清的资料或数据不能使用。

5. 筛选 通过以上几个步骤的检查可基本确定哪些是有用的资料，在这些资料里还可能存在重复、冗余或过于陈旧的资料，应做进一步的筛选。有用的留下，没有用的做适当的处理，该退回的退回，该销毁的销毁。

6. 分类 按图件、报表、文档、图片、视频等资料类型或资料涉及内容进行分类。

7. 编码 为便于管理和使用，所有资料进行统一编码成册。

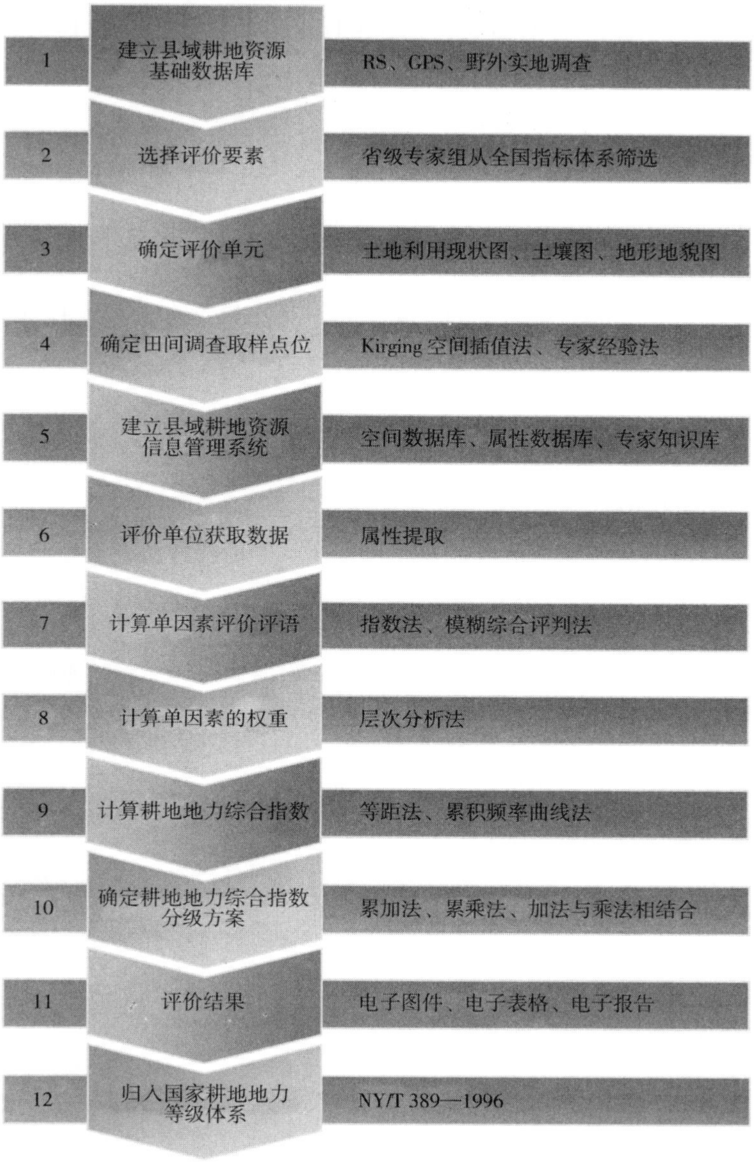

图3-1 耕地地力评价技术流程

8. 整理 对已经编码的资料，按照耕地地力评价的内容，如评价因素、成果资料要求的内容进行针对性的、进一步的整理，珍贵资料采取适当的保护措施。

9. 归档 对已整理的所有资料建立了管理和查阅使用制度，防止资料散失。

三、图件资料的收集

收集的图件资料包括：行政区划图、地形图、土壤图、第二次土壤普查成果图、卫星照片及数字化矢量和栅格图。

1. 土壤图（1∶300 000） 在进行调查和采样点位确定时，通过土壤图了解土壤类型等信息。另外，土壤图也是进行耕地地力评价单元确定的重要图件，更是各类评价成果展示的基础底图。

2. 土壤养分图（1∶50 000） 包括第二次土壤普查获得的土壤养分图及测土配方施肥新绘制的土壤养分图。

3. 地形图（1∶50 000） 由中国人民解放军总参谋部测绘局绘制了地形图，包括地形地貌信息，地形图是进行耕地地力评价单元确定的重要图件。

4. 行政区划图 由于近年来撤乡并镇工作的开展，致使部分地区行政区域变化较大，因此，收集了最新的CAD格式的行政区划图（到行政村）。

四、数据及文本资料的收集

（一）数据资料的收集

数据资料的收集内容包括市级农村及农业生产基本情况资料、土地利用现状资料、土壤肥力监测资料等。

（1）近3年粮食单产、总产、种植面积统计资料。

（2）近3年肥料用量统计表及测土配方施肥获得的农户施肥情况调查表。

（3）土地利用地块登记表。

（4）土壤普查农化数据资料。

（5）历年土壤肥力监测化验资料。

（6）测土配方施肥农户调查表。

（7）测土配方施肥土壤样品化验结果表。包括土壤有机质、大量元素、中量元素、微量元素及pH、土壤容重等土壤理化性状化验资料。

（8）测土配方施肥田间实验、技术示范相关资料。

（9）市、乡、村编码表。

（二）文本资料的收集

（1）农村及农业基本情况资料。

（2）农业气象资料。

（3）第二次土壤普查的土壤志。

（4）土地利用现状调查报告及基本农田保护区划定报告。

（5）近3年农业生产统计文本资料。

（6）土壤肥力监测及田间实验示范资料。

（7）其他文本资料。如水土保持、土壤改良、生态环境建设等资料。

五、其他资料的收集

包括照片、录像、多媒体等资料，内容涉及几个方面：土壤典型剖面、土壤肥力监测点景观、当地农业生产基地典型景观、特色农产品介绍。

第五节　耕地资源管理信息系统的建立

一、属性数据库的建立

属性数据库的建立实际上包括两大部分内容。一是相关历史数据的标准化和数据库的建立；二是测土配方施肥项目产生的大量属性数据的录入和数据库的建立。

（一）历史数据的标准化及数据库的建立

1. 数据内容　历史属性数据主要包括区域内主要河流，湖泊基本情况统计表，灌溉渠道及农田水利综合分区统计表，公路网基本情况统计表，市、乡、村行政编码及农业基本情况统计表，土地利用现状分类统计表，土壤分类系统表，各土种典型剖面理化性状统计表，土壤农化数据表，基本农田保护登记表，基本农田保护区基本情况统计表（村），地貌类型属性表，土壤肥力监测点基本情况统计表等。

2. 数据分类与编码　数据的分类编码是对数据资料进行有效管理的重要依据。编码的主要目的是节省计算机内存空间，便于用户理解使用。地理属性进入数据库之前进行编码是必要的，只有进行了正确的编码，才能使空间数据库与属性数据正确连接。

编码格式有英文字母、字母数字组合等形式。本次编码主要采用数字表示的层次型分类编码体系，它能反映专题要素分类体系的基本特征。

3. 建立编码字典　数据字典是规范、描述数据的重要典籍，是描述数据库中各类数据及其组合的数据集合，也称元数据。地理数据库的数据字典主要用于描述属性数据，它本身是一个特殊用途的文件，在数据库整个生命周期里都起着重要的作用。它避免重复数据项的出现，并提供了查询数据的唯一入口。

（二）测土配方施肥项目产生的大量属性数据的录入和数据库的建立

测土配方施肥属性数据主要包括 3 个方面的内容，一是田间实验和示范数据；二是调查数据；三是土壤检测数据。

测土配方施肥属性数据库建立必须规范，按照数字字典进行认真填写，规范了数据项的名称、数据类型、量纲、数据长度、小数点、取值范围（极大值、极小值）等属性。

（三）数据录入与审核

数据录入前仔细审核，数值型资料注意量纲、上下限；地名注意汉字、多音字、繁简体、简全称等问题，审核定稿后再录入。录入后还应仔细检查，经过二次录入相互对照方法，保证数据录入无误后，将数据库转为规定的格式（dbase 的 dbf 格式文件），再根据数据字典中的文件名编码命名后保存在子目录下。

另外，文本资料以 txt 格式命名，声音、音乐以 wav 或 mid 文件保存，超文本以 html 格式保存，图片以 bmp 或 jpg 格式保存，视频以 avi 或 mpg 格式保存，动画以 gif 格式保存。这些文件分别保存在相应的子目录下，其相对路径和文件名录入相应的属性数据库中。

二、空间数据库的建立

将纸质图件扫描后，校准地理坐标，然后采用鼠标数字化的方法将纸质图件矢量化，建立空间数据库。图件扫描的分辨率为300dpi，彩色图用24位真彩，单色图用黑白格式。数字化图件包括：土地利用现状图、土壤图、地形图、行政区划图等（表3-2）。

图件数字化的软件采用SuperMap GIS，坐标系为北京1954坐标系，高斯投影。比例尺为1∶50 000和1∶100 000。评价单元图件的叠加、调查点点位图的生成、评价单元克里格插值是使用软件平台为ArcMap软件，文件保存格式为shp格式。

表3-2　采用矢量化方法主要图层配置

序号	图层名称	图层属性	连接属性表
1	土地利用现状图	多边形	土地利用现状属性数据
2	行政区划图	线层	行政区划数据
3	土壤图	多边形	土种属性数据表
4	土壤采样点位图	点层	土壤样品分析化验结果数据表

三、空间数据库与属性数据库的连接

ArcInfo系统采用不同的数据模型分别对属性数据和空间数据进行存储管理，属性数据采用关系模型，空间数据采用网状模型。两种数据的连接非常重要。在一个图幅工作单元Coverage中，每个图形单元由一个标识码来唯一确定。同时一个Coverage中可以有若干个关系数据库文件即要素属性表，用以完成对Coverage的地理要素的属性描述。图形单元标识码是要素属性表中的一个关键字段，空间数据与属性数据以此字段形成关联，完成对地图的模拟。这种关联使ArcInfo的两种数据模型连成一体，可以方便地从空间数据检索属性数据或者从属性数据检索空间数据。

对属性数据与空间数据的连接有4种不同的途径：一是用数字化仪数字化多边形标识点，记录标识码与要素属性，建立多边形编码表，用关系数据库软件FOXPRO输入多边形属性。二是用屏幕鼠标采取屏幕地图对照的方式实现上述步骤。三是利用ArcInfo的编辑模块对同种要素一次添加标识点再同时输入属性编码。四是自动生成标识点，对照地图输入属性。

第六节　图件编制

一、耕地地力评价单元图斑的生成

耕地地力评价单元图斑是在矢量化土壤图、土地利用现状图、地形图的基础上，在ArcMap中利用矢量图的叠加分析功能，将以上3个图件叠加，生成评价单元图斑。

二、采样点位图的生成

采样点位的坐标用 GPS 定位仪进行野外采集，在 ArcInfo 中将采集的点位坐标转换成与矢量图一致的北京 1954 坐标。将转换后的点位图转换成可以与 ArcView 进行交换的 shp 格式。

三、专题图的编制

采样点位图在 ArcMap 中利用地理统计分析子模块中的克立格插值法进行空间插值完成各种养分的空间分布图。其中有有机质、有效磷，速效钾，有效锌、耕层厚度、全氮、pH 等专题图。坡度、坡向图由地形图的等高线转换成 arc 文件，再插值生成栅格文件，土壤图、土地利用图和区划图都是矢量化以后生成专题图。

四、耕地地力等级图的编制

首先利用 ArcMap 的空间分析子模块的区域统计方法，将生成的专题图件与评价单元图连接。在耕地资源管理信息系统中根据专家打分、层次分析模型与隶属函数模型进行耕地生产潜力评价，生成耕地地力等级图。

第四章　耕地土壤属性

第一节　土壤化学性状

土壤化学性状是土壤的主要属性，它决定着土壤肥力的高低。此次耕地地力调查采集土壤样品 674 个，全部在 2010 年秋收之后到 2011 年春播之前完成采样工作，并按照《规程》要求，于 2011 年 8 月 15 前，对土壤有机质、pH、全氮、全磷、全钾、碱解氮、有效磷、速效钾、有效铁、有效锰、有效锌、有效铜共 12 项土壤化学性质做了分析测定。得到测试数据 8 088 个，通过对生成的 3 145 个耕地地力评价管理单元进行空间插值生成 37 740 个土壤化学性质的统计数据，牡丹江市区本次调查按《黑龙江省耕地土壤养分分级标准》进行评价，与 1984 年第二次土壤普查牡丹江市分级标准略有不同，详见表 4－1。

表 4－1　牡丹江市区耕地土壤养分分级标准

项　目		一级	二级	三级	四级	五级	六级
碱解氮（毫克/千克）	本次调查	＞250	180～250	150～180	120～150	80～120	≤80
	土壤普查	＞210	180～210	150～180	120～150	90～120	≤90
有效磷（毫克/千克）	本次调查	＞60	40～60	20～40	10～20	5～10	≤5
	土壤普查	＞100	70～100	40～70	20～40	10～20	≤10
速效钾（毫克/千克）	本次调查	＞200	150～200	100～150	50～100	30～50	≤30
	土壤普查	＞250	200～250	150～200	100～150	50～100	
有机质（克/千克）	本次调查	＞60	40～60	30～40	20～30	10～20	≤10
	土壤普查	＞60	50～60	40～50	30～40	20～30	≤20
全氮（克/千克）	本次调查	＞2.5	2.0～2.5	1.5～2.0	1.0～1.5	≤1.0	
	土壤普查	＞4.0	3.0～4.0	2.0～3.0	1.5～2.0	1.0～1.5	≤1.0
全磷（毫克/千克）		＞2.0	1.5～2.0	1.0～1.5	0.5～1.0	≤0.5	
全钾（毫克/千克）		＞30	25～30	20～25	15～20	10～15	≤10
pH		＞8.5	7.5～8.5	6.5～7.5	5.5～6.5	≤5.5	
有效铜（毫克/千克）		＞1.8	1.0～1.8	0.4～1.0	0.2～0.4	0.1～0.2	≤0.1
有效铁（毫克/千克）		＞4.5	3.0～4.5	2.0～3.0	≤2.0		
有效锰（毫克/千克）		＞15	10～15	7.5～10	5～7.5	≤5	
有效锌（毫克/千克）		＞2	1.5～2	1.0～1.5	0.5～1.0	≤0.5	

一、土壤有机质

释　　义：土壤中除碳酸盐以外的所有含碳化合物的总含量。
字段代码：SO120203
字段名称：有机质
英文名称：Organic matter
数据类型：数值
量　　纲：克/千克
小 数 位：1
极 小 值：0
极 大 值：500

土壤有机质是土壤的重要组成部分，在土壤中含量虽少，但它不仅是植物所需各种养分的源泉之一，而且对土壤的许多属性有着深刻的影响，能改善土壤的物理化学性质。例如，土壤的结构性，通气透水性，吸附性和缓冲性等，都与土壤有机质含量有着密切的关系。因此，在一定程度上，土壤有机质含量是土壤潜在肥力的重要标志之一，了解和掌握土壤有机质状况，对进一步发展牡丹江市农业生产是非常重要的。

（一）有机质含量

牡丹江市区耕层土壤有机质含量为中等水平。根据本次调查的 3 145 个管理单元有机质含量结果分析统计，全市土壤有机质平均含量为 36.7 克/千克，达有机质分级标准的三级，第二次土壤普查有机质平均含量为 45.0 克/千克，下降了 8.3 克/千克，由于地形、植被及水热条件的变化，使耕层土壤有机质含量在不同土壤类型间的变幅较大，即各种土壤有机质平均含量在 12.5～166.0 克/千克。见表 4－2 和图 4－1。

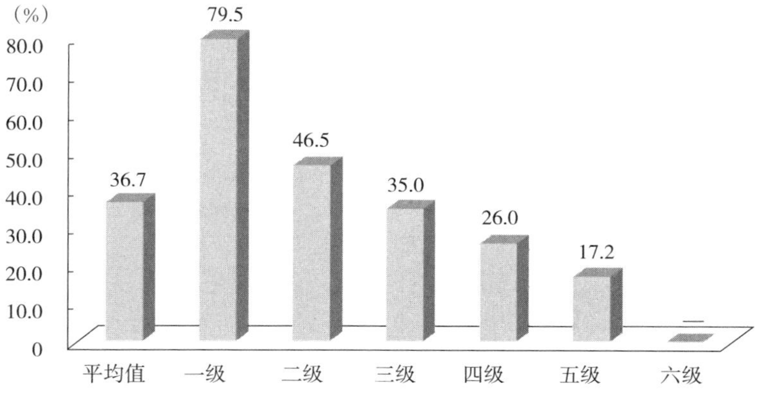

图 4－1　各等级有机质平均含量

由表 4－2 可见，一般白浆土、水稻土有机质含量较低，分别为 34.0 克/千克和 34.7 克/千克，低于总平均值 36.7 克/千克；而泥炭土和沼泽土有机质含量较高，分别平均含量为 41.8 克/千克和 47.8 克/千克（表 4－2、表 4－3）。各土类的有机质含量高低顺序与

表 4-2　各土种有机质含量统计

土　种	最大值（克/千克）	最小值（克/千克）	平均值（克/千克）	样本数（个）	一级	二级	三级	四级	五级	六级	第二次土壤普查			
					>60 克/千克	40～60 克/千克	30～40 克/千克	20～30 克/千克	10～20 克/千克	≤10 克/千克	最大值（克/千克）	最小值（克/千克）	平均值（克/千克）	样本数（个）
合计	166.0	12.5	36.7	3 134	79.6	46.5	35.0	26.0	17.2	—	364.2	12.0	45.0	322
一、暗棕壤	139.4	12.5	37.2	1 814	78.9	46.8	35.0	25.8	16.6	—	258.5	16.1	42.4	85
麻沙质暗棕壤	41.0	36.5	39.3	13	—	41.0	37.4	—	—	—	—	—	—	—
砾沙质暗棕壤	139.4	12.5	39.0	1 022	79.6	47.3	35.0	25.5	16.7	—	127.8	23.8	58.2	24
沙砾质暗棕壤	122.0	12.5	36.7	520	79.2	45.5	35.2	26.3	16.9	—	63.6	17.2	35.2	21
泥质暗棕壤	28.5	16.4	22.5	8	—	—	—	24.5	16.4	—	—	—	—	—
沙砾质白浆化暗棕壤	63.0	12.5	33.2	171	61.3	46.5	34.9	26.0	16.9	—	258.5	16.1	35.6	31
砾沙质草甸暗棕壤	42.6	27.7	35.3	18	—	41.0	35.5	29.1	—	—	29.6	23.3	39.4	3
黄土质草甸暗棕壤	52.7	12.5	26.3	46	—	47.3	34.2	25.3	15.2	—	102.2	18.0	41.5	6
亚暗矿质潜育暗棕壤	30.2	14.6	24.8	16	—	—	30.2	25.3	16.8	—	—	—	—	—
二、白浆土	166.0	15.8	34.0	332	103.3	44.1	34.1	27.2	18.0	—	59.4	16.2	29.6	82
厚层黄土质白浆土	46.2	24.9	35.3	41	—	43.1	34.9	27.7	—	—	50.0	25.3	34.2	4
中层黄土质白浆土	134.6	18.1	36.0	90	106.5	42.8	34.4	26.9	18.6	—	58.8	18.0	29.2	18
薄层黄土质白浆土	166.0	15.8	31.3	47	166.0	43.8	33.0	26.4	17.0	—	34.5	23.5	27.8	3
厚层黄土质暗白浆土	48.6	22.5	33.0	34	—	46.3	34.2	27.0	—	—	39.2	19.9	27.5	15
中层黄土质暗白浆土	70.4	16.9	33.4	120	68.7	47.8	34.0	27.9	17.7	—	59.4	16.2	30.3	42
三、草甸土	166.0	12.5	36.3	437	79.6	45.3	35.5	25.9	17.5	—	98.2	18.8	44.4	55
厚层砾底草甸土	68.8	25.3	38.7	107	68.8	43.0	37.0	26.1	—	—	98.2	46.3	75.9	3
中层砾底草甸土	74.9	27.5	48.2	20	66.1	47.5	34.3	28.0	—	—	62.4	51.4	56.2	3
薄层砾底草甸土	67.5	26.9	50.4	9	67.5	52.0	31.7	26.9	—	—	55.1	28.3	40.7	6
厚层黏壤质草甸土	55.4	22.7	33.6	23	—	44.4	35.3	25.8	—	—	52.3	32.9	43.8	3
中层黏壤质草甸土	71.6	12.5	30.9	146	64.5	47.6	34.7	25.3	17.8	—	50.9	30.1	35.7	6
薄层黏壤质草甸土	166.0	13.4	36.1	72	133.7	46.5	35.3	25.8	16.6	—	57.0	28.8	39.2	8
中层沙砾底潜育草甸土	77.6	30.5	46.2	10	77.6	43.7	35.2	—	—	—	68.1	34.0	48.2	6

（续）

土　　种	最大值（克/千克）	最小值（克/千克）	平均值（克/千克）	样本数（个）	一级 >60克/千克	二级 40～60克/千克	三级 30～40克/千克	四级 20～30克/千克	五级 10～20克/千克	六级 ≤10克/千克	第二次土壤普查 最大值（克/千克）	最小值（克/千克）	平均值（克/千克）	样本数（个）
薄层沙砾底潜育草甸土	88.2	29.4	40.0	16	85.4	59.8	31.9	29.4	—	—	57.6	26.4	44.3	4
厚层黏壤质潜育草甸土	55.9	36.5	42.0	19	—	44.4	37.9	—	—	—	61.0	24.6	40.9	3
中层黏壤质潜育草甸土	33.7	28.8	30.2	4	—	—	33.7	29.0	—	—	39.6	21.5	31.5	3
薄层黏壤质潜育草甸土	39.8	31.9	36.2	11	—	—	36.2	—	—	—	86.4	18.8	46.1	10
四、沼泽土	142.8	14.0	41.8	113	84.4	46.3	33.8	25.7	15.4	—	364.2	27.1	112.6	14
浅埋藏型沼泽土	82.6	30.1	44.6	18	82.6	44.0	33.0	—	—	—	58.2	27.8	39.3	3
中层泥炭沼泽土	116.1	14.0	38.8	67	85.4	46.5	34.1	24.7	15.4	—	364.2	27.1	166.7	3
薄层泥炭腐殖质沼泽土	142.8	41.3	71.0	4	142.8	47.0	—	—	—	—	326.3	108.9	241.7	3
薄层沙底草甸沼泽土	65.5	24.6	43.1	24	63.2	47.8	30.7	27.4	—	—	59.5	39.7	46.7	5
五、泥炭土	58.5	31.5	47.8	14	—	52.6	35.8	—	—	—	362.0	205.0	262.4	4
中层芦苇薹草低位泥炭土	43.8	31.5	38.2	5	—	42.7	35.1	—	—	—	252.2	205.0	229.2	3
薄层芦苇薹草低位泥炭土	58.5	37.8	53.1	9	—	55.0	37.8	—	—	—	—	—	362.0	1
六、新积土	71.5	22.2	38.0	73	65.9	52.9	35.5	26.6	—	—	53.8	12.0	32.5	45
薄层砾质冲积土	38.3	31.8	35.1	2	—	—	35.1	—	—	—	—	—	32.1	1
薄层沙质冲积土	39.8	22.2	33.3	8	—	—	34.8	22.2	—	—	52.3	15.2	43.7	4
中层状冲积土	71.5	24.4	38.7	63	65.9	52.9	35.7	26.8	—	—	53.8	12.0	31.4	40
七、水稻土	87.5	14.6	34.7	351	73.7	46.8	36.1	25.1	17.9	—	124.1	24.3	52.2	37
白浆土型淹育水稻土	42.1	22.1	29.1	18	—	41.5	35.0	24.2	—	—	38.9	24.3	29.2	5
薄层草甸土型淹育水稻土	28.9	22.6	26.3	6	—	—	—	26.3	—	—	—	—	—	—
中层草甸土型淹育水稻土	87.5	14.6	39.1	211	73.7	47.1	36.5	25.3	17.5	—	115.7	29.4	53.0	22
厚层草甸土型淹育水稻土	32.2	15.5	21.3	49	—	—	32.2	24.5	18.4	—	—	—	—	—
厚层暗棕壤型淹育水稻土	28.5	17.1	25.3	13	—	—	—	26.0	17.1	—	—	—	—	—
中层冲积土型淹育水稻土	41.0	22.1	31.4	40	—	40.9	35.4	24.7	—	—	30.9	30.0	30.5	2
厚层沼泽土型潜育水稻土	51.0	35.4	43.6	14	—	46.2	37.1	—	—	—	124.1	55.4	78.7	5
薄层泥炭土型潜育水稻土	—	—	—	—	—	—	—	—	—	—	77.3	38.5	55.4	3

表 4-3　各土种有机质面积和单元数量统计

土　种	面积（公顷）	单元个数（个）	一级		二级		三级		四级		五级		六级	
			面积（公顷）	个数（个）	面积（公顷）	个数（个）	面积（公顷）	个数（个）	面积（公顷）	个数（个）	面积（公顷）	个数（个）	面积（公顷）	个数（个）
合计	49 059.8	3 134	1 438.7	153	11 944.7	883	17 067.8	1 018	15 976.6	859	2 632.0	221	0	0
一、暗棕壤	27 634.6	1 814	821.7	91	7 496.2	538	9 429.9	589	8 673.3	504	1 213.5	92	0	0
麻沙质暗棕壤	291.7	13	0	0	213.1	7	78.6	6	0	0	0	0	0	0
砾沙质暗棕壤	11 656.9	1 022	323.6	59	4 269.9	373	3 776.2	309	2 366.3	224	920.9	57	0	0
沙砾质暗棕壤	10 257.7	520	468.8	29	2 385.0	123	3 522.3	185	3 781.7	168	99.9	15	0	0
泥质暗棕壤	53.9	8	0	0	0	0	0	0	44.2	6	9.7	2	0	0
沙砾质白浆化暗棕壤	3 586.2	171	29.3	3	543.0	29	1 416.3	66	1 552.9	67	44.7	6	0	0
砾沙质草甸暗棕壤	353.9	18	0	0	55.9	3	237.2	12	60.8	3	0	0	0	0
黄土质草甸暗棕壤	1 231.8	46	0	0	29.2	3	394.5	9	676.6	24	131.5	10	0	0
亚暗矿质潜育暗棕壤	202.4	16	0	0	0	0	4.9	2	190.7	12	6.9	2	0	0
二、白浆土	10 301.2	332	53.0	5	1 302.4	58	4 115.3	142	4 627.1	118	203.4	9	0	0
厚层黄土质白浆土	1 067.8	41	0	0	360.0	11	516.3	20	191.5	10	0	0	0	0
中层黄土质白浆土	2 788.3	90	42.5	2	685.8	30	1 304.2	30	659.5	23	96.3	5	0	0
薄层黄土质白浆土	1 752.0	47	3.0	1	0.3	1	380.4	14	1 297.8	29	70.5	2	0	0
厚层黄土质暗白浆土	347.5	34	0	0	101.4	5	151.9	15	94.2	14	0	0	0	0
中层黄土质暗白浆土	4 345.7	120	7.5	2	154.9	11	1 762.6	63	2 384.2	42	36.6	2	0	0
三、草甸土	4 502.9	437	294.7	24	1 199.8	130	1 259.3	122	1 175.0	109	574.2	52	0	0
厚层砾底草甸土	1 153.8	107	1.1	1	608.9	55	378.4	34	165.4	17	0	0	0	0
中层砾底草甸土	206.2	20	47.3	5	84.3	10	36.3	3	38.4	2	0	0	0	0
薄层砾底草甸土	121.7	9	1.5	2	54.1	5	0.5	1	65.6	1	0	0	0	0
厚层黏壤质草甸土	302.4	23	0	0	68.1	5	58.7	9	175.6	9	0	0	0	0
中层黏壤质草甸土	1 481.9	146	58.2	8	182.5	25	386.7	28	423.7	43	430.7	42	0	0
薄层黏壤质草甸土	709.9	72	139.2	4	139.7	14	54.3	12	233.2	32	143.5	10	0	0
中层沙砾底潜育草甸土	49.8	10	29.8	2	12.0	3	8.1	5	0	0	0	0	0	0

（续）

土　种	面积（公顷）	单元个数（个）	一级		二级		三级		四级		五级		六级	
			面积（公顷）	个数（个）	面积（公顷）	个数（个）	面积（公顷）	个数（个）	面积（公顷）	个数（个）	面积（公顷）	个数（个）	面积（公顷）	个数（个）
薄层沙砾底潜育草甸土	102.0	16	17.6	2	1.8	1	48.0	11	34.6	2	0	0	0	0
厚层黏壤质潜育草甸土	225.3	19	0	0	48.5	12	176.9	7	0	0	0	0	0	0
中层黏壤质潜育草甸土	72.5	4	0	0	0	0	34.0	1	38.5	3	0	0	0	0
薄层黏壤质潜育草甸土	77.4	11	0	0	0	0	77.4	11	0	0	0	0	0	0
四、沼泽土	1 817.4	113	74.0	15	609.3	37	739.0	33	243.9	19	151.2	9	0	0
浅埋藏型沼泽土	223.5	18	6.7	2	106.5	10	110.2	6	0	0	0	0	0	0
中层泥炭沼泽土	992.9	67	42.6	9	199.7	11	573.3	26	26.0	12	151.2	9	0	0
薄层泥炭腐殖质沼泽土	115.2	4	11.3	1	103.8	3	0	0	0	0	0	0	0	0
薄层沙底草甸沼泽土	486.0	24	13.2	3	199.3	13	55.5	1	217.9	7	0	0	0	0
五、泥炭土	324.4	14	0	0	224.8	10	99.7	4	0	0	0	0	0	0
中层芦苇薹草低位泥炭土	37.7	5	0	0	12.8	2	24.9	3	0	0	0	0	0	0
薄层芦苇薹草低位泥炭土	286.7	9	0	0	212.0	8	74.8	1	0	0	0	0	0	0
六、新积土	928.0	73	32.7	3	183.6	14	493.8	39	217.9	17	0	0	0	0
薄层砾质冲积土	16.8	2	0	0	0	0	16.8	2	0	0	0	0	0	0
薄层沙质冲积土	100.8	8	0	0	0	0	30.5	7	70.3	1	0	0	0	0
中层状冲积土	810.4	63	32.7	3	183.6	14	446.5	30	147.6	16	0	0	0	0
七、水稻土	3 551.3	351	162.7	15	928.6	96	930.9	89	1 039.5	92	489.7	59	0	0
白浆土型淹育水稻土	424.4	18	0	0	49.4	2	171.8	5	203.2	11	0	0	0	0
薄层草甸土型淹育水稻土	46.5	6	0	0	0	0	0	0	46.5	6	0	0	0	0
中层草甸土型淹育水稻土	1 853.8	211	162.7	15	835.4	82	424.3	57	245.2	26	186.3	31	0	0
厚层草甸土型淹育水稻土	629.7	49	0	0	0	0	39.0	1	298.5	21	292.2	27	0	0
厚层暗棕壤型淹育水稻土	186.6	13	0	0	0	0	0	0	175.4	12	11.2	1	0	0
中层冲积土型淹育水稻土	342.3	40	0	0	1.5	2	270.0	22	70.7	16	0	0	0	0
厚层沼泽土型潜育水稻土	68.0	14	0	0	42.3	10	25.7	4	0	0	0	0	0	0
薄层泥炭土型潜育水稻土	0	0	0	0	0	0	0	0	0	0	0	0	0	0

第二次土壤普查结果基本一致，但总体来看，有机质含量水平均为下降状态。另外，砾沙质暗棕壤因表层有 2～5 厘米枯枝落叶层，故有机质普遍较高，据统计平均含量为 39.0 克/千克，有的高达 139.4 克/千克。但是，该土壤因土层很薄，只有 10～20 厘米，其下为石砾或基岩，故有机质贮量和养分总贮量低，加之地势陡峭，所以该土壤虽然养分含量高，但不宜耕垦。

（二）有机质的分布

牡丹江市区耕层土壤有机质分布有 3 个特点。

1. 等级间分布不均 从牡丹江市区各土壤有机质面积和管理单元数量及各级含量出现次数看，多集中在二级、三级、四级 3 个等级上，含量在 20～60 克/千克，这 3 个等级的面积占总面积的 91.7%，单元数量达到 2 760 个，占总数的 88.1%，一级、五级 2 个等级出现次数很少，而六级在牡丹江市区没有出现（表 4-3 和图 4-2）。

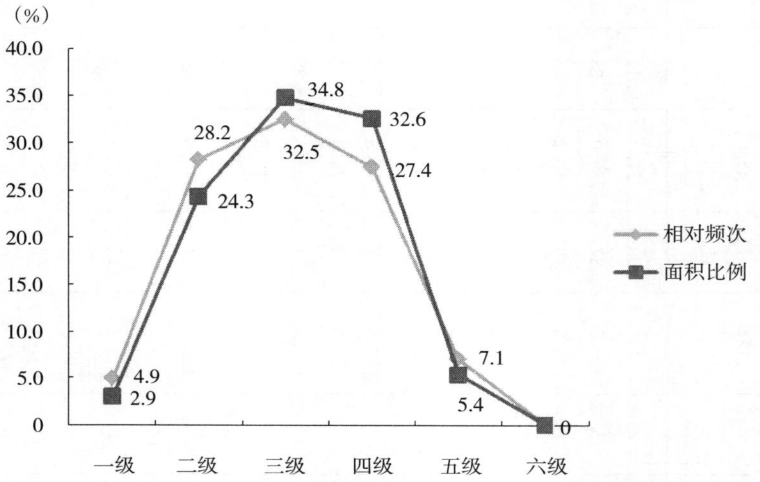

图 4-2 各等级有机质频次分布和面积比例

2. 高度的不均匀 由于生态环境和人为因素的影响，使耕层土壤有机质在不同土类间以及各乡（镇）间有很大的差异。从统计结果可见，变异性很大，8 个乡（镇）平均数最大相差 26.8 克/千克，最大的是北安乡为 48.3 克/千克，最小的是海南乡为 21.5 克/千克。即使在一个乡（镇）内有机质也是高度不均匀的，相差最多的五林镇为 152.0 克/千克，相差最少的温春镇为 39.2 克/千克。从有机质分级面积看多为二级、三级、四级，其中三级最多，占 34.8%，以乡（镇）为单位，按土壤有机质含量由高到低的排列顺序是：北安乡＞铁岭镇＞桦林镇＞五林镇＞磨刀石镇＞温春镇＞兴隆镇＞海南乡，本次耕地地力调查除新合并的 3 个乡（镇）其他与第二次土壤普查排列顺序变化不大，见表 4-4。

3. 不同层次差异显著 总的特点是表层有机质富集，向下逐减，尤其是白浆土、暗棕壤有机质含量，下层急剧降低。

表 4-4 各乡（镇）土壤有机质养分及面积统计

项目		磨刀石镇	北安乡	五林镇	海南乡	温春镇	铁岭镇	兴隆镇	桦林镇	合计
最大值（克/千克）		55.9	97.4	166.0	59.1	59.1	122.0	87.5	88.2	166.0
最小值（克/千克）		14.0	12.5	14.0	12.5	19.9	14.4	12.5	22.3	12.5
平均值（克/千克）		36.2	48.3	36.8	21.5	35.6	41.9	35.0	41.4	36.7
1984年均值（克/千克）		—	57.2	—	—	35.1	62.5	29.7	49.4	45.0
一级	平均值（克/千克）	—	70.2	93.8	—	—	89.8	81.2	77.1	79.6
	面积（公顷）	0	373.1	557.4	0	0	134.5	193.7	180.1	1 438.8
	占比（%）	0	18.1	4.1	0	0	2.5	3.7	7.3	2.9
二级	平均值（克/千克）	42.0	50.7	48.3	59.1	50.8	46.6	45.6	46.3	46.5
	面积（公顷）	3 380.0	747.0	2 676.6	0.3	933.6	3 009.5	605.4	592.4	11 944.37
	占比（%）	37.3	36.3	19.7	0	13.0	56.2	11.5	24.0	24.3
三级	平均值（克/千克）	36.2	34.1	34.8	32.5	33.8	34.8	35.7	34.6	35.0
	面积（公顷）	4 097.8	729.7	5 040.3	169.7	2 456.2	1 658.3	1 877.9	1 038.0	17 066.5
	占比（%）	45.2	35.5	37.1	4.2	34.1	31.0	35.6	42.0	34.8
四级	平均值（克/千克）	25.1	26.0	26.1	24.8	27.5	26.9	25.6	26.8	26.0
	面积（公顷）	1 271.1	178.3	5 223.8	2 357.1	3 645.6	447.8	2 190.4	662.6	15 975.6
	占比（%）	14.0	8.7	38.4	58.3	50.7	8.4	41.5	26.8	32.6
五级	平均值（克/千克）	15.4	13.8	15.2	17.5	19.9	14.4	18.1	—	17.2
	面积（公顷）	322.3	29.4	90.2	1 512.9	159.8	103.6	413.8	0	2 631.1
	占比（%）	3.6	1.4	0.7	37.4	2.2	1.9	7.8	0	5.4
六级	平均值（克/千克）	—	—	—	—	—	—	—	—	—
	面积（公顷）	0	0	0	0	0	0	0	0	0
	占比（%）	0	0	0	0	0	0	0	0	0

二、土壤氮素

（一）土壤全氮

释　　义：土壤中的全氮含量，表示氮素的供应容量，是土壤中无机态氮和有机态氮的总和。

字段代码：SO120204
英文名称：Total nitrogen
数据类型：数值
量　　纲：克/千克
数据长度：6
小 数 位：3
极 小 值：0
极 大 值：20

该区土壤全氮平均含量为 2.08 克/千克，属中高等水平，为分级标准中的二级标准。最大值为 8.08 克/千克，最小值为 0.58 克/千克，相差 7.5 克/千克（图 4－3）。

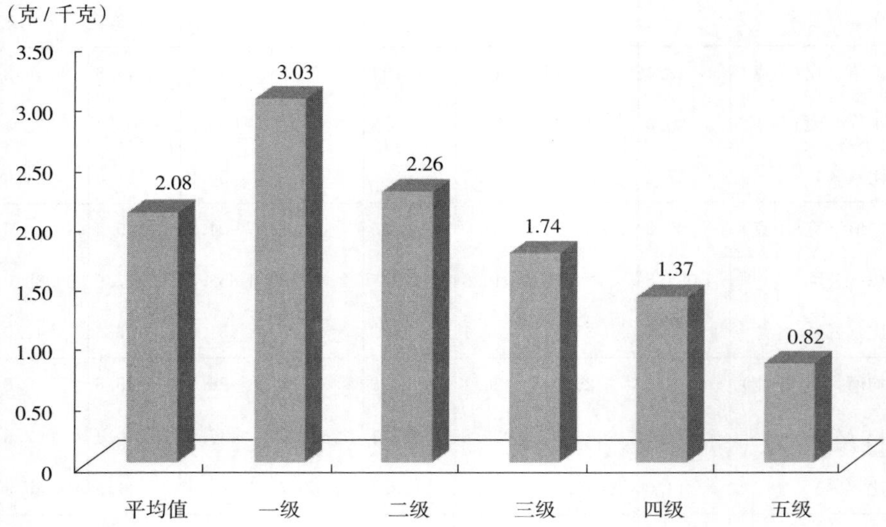

图 4－3　各等级全氮平均含量

从第二次土壤普查的结果看，在不同土壤间的全氮含量具有显著的差异。全氮含量高者达 10 克/千克以上，而有的仅在 1～2 克/千克，相差十倍之多，另外不同地块的同一类土壤，其含氮量的差异悬殊。本次调查与第二次土壤普查相比结果略有不同，在不同土壤间的全氮含量相差不大，最大的平均值为 3.56 克/千克，最小的为 1.57 克/千克，同一土壤、不同地块的全氮含量差异也不是很大。

由表 4－5 可以看出，白浆土、水稻土、新积土全氮含量较低，分别为 1.86 克/千克、1.96 克/千克和 1.89 克/千克，低于总平均含量 2.08 克/千克，最高的沼泽土为 2.36 克/千克，其次是泥炭土和草甸土，分别为 2.30 克/千克和 2.17 克/千克。

各乡（镇）土壤全氮养分及面积统计见表 4－6。

全氮含量在各乡（镇）的分布与有机质的分布规律相接近，按平均含氮量由高到低排列顺序是磨刀石镇＞北安乡＞铁岭镇＞五林镇＞桦林镇＞温春镇＞海南乡＞兴隆镇，而且与第二次土壤普查的排列顺序基本一致（表 4－6）。

表 4-5 各土种全氮含量统计

土种	最大值（克/千克）	最小值（克/千克）	平均值（克/千克）	样本数（个）	一级	二级	三级	四级	五级	第二次土壤普查			
					>2.5 克/千克	2.0～2.5 克/千克	1.5～2.0 克/千克	1.0～1.5 克/千克	≤1.0 克/千克	最大值（克/千克）	最小值（克/千克）	平均值（克/千克）	样本数（个）
合计	8.08	0.58	2.08	3 134	3.03	2.26	1.74	1.37	0.82	13.63	0.58	2.10	425
一、暗棕壤	6.81	0.58	2.12	1 814	2.99	2.26	1.75	1.34	0.81	7.94	0.58	1.83	111
麻沙质暗棕壤	3.30	2.80	3.05	13	3.05	—	—	—	—	—	—	—	—
砾沙质暗棕壤	6.81	0.58	2.24	1 022	3.00	2.27	1.77	1.33	0.75	7.94	1.06	2.69	27
沙砾质暗棕壤	5.14	0.98	2.01	520	2.96	2.24	1.73	1.33	1.00	2.62	0.58	1.46	31
泥质暗棕壤	1.93	1.70	1.84	8	—	—	1.84	—	—	—	—	—	—
沙砾质白浆化暗棕壤	3.30	0.92	1.79	171	2.71	2.22	1.73	1.38	0.92	3.40	0.75	1.58	40
砾沙质草甸暗棕壤	2.03	1.46	1.74	18	—	2.03	1.75	1.46	—	1.67	1.27	1.81	5
黄土质草甸暗棕壤	2.36	1.44	1.83	46	—	2.14	1.78	1.44	—	2.55	0.88	1.60	8
亚暗矿质潜育暗棕壤	2.04	1.32	1.60	16	—	2.04	1.64	1.41	—	—	—	—	—
二、白浆土	8.08	1.10	1.86	332	3.32	2.16	1.70	1.41	—	5.08	0.64	1.54	121
厚层黄土质白浆土	3.01	1.40	1.93	41	2.93	2.07	1.76	1.43	—	1.91	1.35	1.68	5
中层黄土质白浆土	6.63	1.18	2.17	90	3.30	2.15	1.72	1.39	—	5.08	0.95	1.67	17
薄层黄土质白浆土	8.08	1.10	1.76	47	5.85	—	1.68	1.42	—	1.79	1.25	1.44	3
厚层黄土质暗白浆土	2.97	1.19	1.77	34	2.83	2.17	1.64	1.32	—	2.20	1.05	1.45	25
中层黄土质暗白浆土	2.89	1.22	1.66	120	2.89	2.23	1.70	1.43	—	3.38	0.64	1.53	71
三、草甸土	8.08	0.75	2.17	437	3.08	2.29	1.72	1.41	0.75	6.10	0.83	2.34	72
厚层砾底草甸土	3.30	1.38	2.70	107	2.97	2.35	1.81	1.43	—	6.10	5.04	5.43	3
中层砾底草甸土	3.64	1.56	2.39	20	3.12	2.40	1.76	—	—	5.94	1.21	3.07	11
薄层砾底草甸土	3.15	1.41	2.46	9	2.75	—	—	1.42	—	3.39	1.04	2.06	9
厚层黏壤质草甸土	2.12	0.75	1.65	23	—	2.12	1.68	1.46	0.75	2.28	1.86	2.13	3
中层黏壤质草甸土	2.50	1.14	1.77	146	—	2.26	1.70	1.41	—	3.22	1.42	1.94	14
薄层黏壤质草甸土	8.08	1.27	2.11	72	4.68	2.27	1.77	1.38	—	2.43	0.99	2.06	5
中层沙砾底潜育草甸土	3.81	1.64	2.77	10	3.24	—	1.66	—	—	2.94	1.42	1.92	6

(续)

土种	最大值（克/千克）	最小值（克/千克）	平均值（克/千克）	样本数（个）	一级	二级	三级	四级	五级	第二次土壤普查			
					>2.5克/千克	2.0～2.5克/千克	1.5～2.0克/千克	1.0～1.5克/千克	≤1.0克/千克	最大值（克/千克）	最小值（克/千克）	平均值（克/千克）	样本数（个）
薄层沙砾底潜育草甸土	2.84	1.81	2.25	16	2.71	2.23	1.85	—	—	2.28	1.56	1.93	3
厚层黏壤质潜育草甸土	3.30	1.59	2.77	19	2.89	—	1.71	—	—	3.30	1.27	2.00	3
中层黏壤质潜育草甸土	1.77	1.59	1.65	4	—	—	1.65	—	—	4.56	0.83	2.03	5
薄层黏壤质潜育草甸土	1.86	1.57	1.73	11	—	—	1.73	—	—	4.11	1.09	2.29	10
四、沼泽土	6.97	1.09	2.30	113	3.06	2.24	1.72	1.34	—	13.63	1.29	4.75	19
浅埋藏型沼泽土	3.74	1.36	2.38	18	3.13	2.18	1.63	1.36	—	6.46	1.35	3.91	4
中层泥炭沼泽土	4.92	1.30	2.30	67	2.97	2.29	1.77	1.32	—	13.20	1.65	6.50	3
薄层泥炭腐殖质沼泽土	6.97	2.00	3.56	4	4.08	—	2.00	—	—	13.63	4.67	10.29	3
薄层沙底草甸沼泽土	2.83	1.09	2.01	24	2.75	2.17	1.60	1.36	—	6.24	1.29	2.69	9
五、泥炭土	2.78	1.70	2.36	14	2.58	2.25	1.85	—	—	9.66	8.95	11.17	4
中层芦苇薹草低位泥炭土	2.39	1.70	2.14	5	—	2.26	1.70	—	—	9.66	8.95	9.40	3
薄层芦苇薹草低位泥炭土	2.78	1.99	2.47	9	2.58	2.21	1.99	—	—	—	—	16.47	1
六、新积土	3.17	0.74	1.89	73	2.83	2.26	1.72	1.42	0.74	2.60	0.83	1.75	65
薄层砾质冲积土	2.44	1.97	2.21	2	—	2.44	1.97	—	—	—	—	4.97	1
薄层沙质冲积土	1.92	1.19	1.68	8	—	—	1.75	1.19	—	2.29	0.83	1.60	8
中层状冲积土	3.17	0.74	1.90	63	2.83	2.20	1.71	1.45	0.74	2.60	0.83	1.71	56
七、水稻土	4.10	0.74	1.96	351	3.15	2.24	1.75	1.40	0.90	5.11	1.32	2.64	33
白浆土型淹育水稻土	2.13	0.74	1.58	18	—	2.12	1.70	1.36	0.74	1.59	1.32	1.42	4
薄层草甸土型淹育水稻土	1.84	1.44	1.57	6	—	—	1.66	1.48	—	—	—	—	—
中层草甸土型淹育水稻土	4.10	0.98	2.14	211	3.17	2.25	1.78	1.40	0.98	4.97	1.61	2.92	20
厚层草甸土型淹育水稻土	1.90	1.31	1.59	49	—	—	1.67	1.43	—	—	—	—	—
厚层暗棕壤型淹育水稻土	1.92	1.32	1.66	13	—	—	1.81	1.42	—	—	—	—	—
中层冲积土型淹育水稻土	2.04	1.27	1.67	40	—	2.04	1.76	1.34	—	1.66	1.33	1.49	3
厚层沼泽土型潜育水稻土	2.54	1.98	2.25	14	2.54	2.27	1.99	—	—	5.11	2.54	3.63	3
薄层泥炭土型潜育水稻土	—	—	—	—	—	—	—	—	—	3.40	1.85	2.57	3

表 4-6　各乡（镇）土壤全氮养分及面积统计

项　目		磨刀石镇	北安乡	五林镇	海南乡	温春镇	铁岭镇	兴隆镇	桦林镇	合计
最大值（克/千克）		3.40	4.19	8.08	2.50	2.60	5.14	3.12	2.99	8.08
最小值（克/千克）		1.80	0.58	0.75	1.27	0.74	0.88	0.92	1.32	0.58
平均值（克/千克）		2.78	2.27	1.98	1.71	1.76	2.23	1.70	1.96	2.08
1984 年均值（克/千克）		—	2.38	—	—	1.66	2.27	1.38	2.01	2.10
一级	平均值（克/千克）	2.99	3.00	3.17	—	2.60	3.09	2.92	2.79	3.03
	面积（公顷）	6 637.9	649.2	1 860.0	0	7.4	1 198.8	186.4	288.2	10 827.9
	占比（%）	73.2	31.6	13.7	0	0.1	22.4	3.5	11.7	22.1
二级	平均值（克/千克）	2.35	2.37	2.20	2.16	2.25	2.25	2.15	2.22	2.26
	面积（公顷）	2 029.0	201.1	1 650.3	684.4	1 037.5	1 225.8	454.2	507.9	7 790.1
	占比（%）	22.4	9.8	12.1	16.9	14.4	22.9	8.6	20.5	15.9
三级	平均值（克/千克）	1.93	1.72	1.74	1.72	1.71	1.77	1.73	1.76	1.74
	面积（公顷）	404.3	1 075.7	7 621.6	2 569.5	2 348.7	2 540.3	2 439.2	1 225.7	20 225.0
	占比（%）	4.5	52.3	56.1	63.6	32.6	47.4	46.2	49.6	41.2
四级	平均值（克/千克）	—	1.30	1.40	1.41	1.39	1.39	1.31	1.40	1.37
	面积（公顷）	0	123.9	2 279.9	786.2	3 670.7	285.2	2 168.6	451.1	9 765.7
	占比（%）	0	6.0	16.8	19.5	51.0	5.3	41.1	18.2	19.9
五级	平均值（克/千克）	—	0.58	0.76	—	0.74	0.88	0.97	—	0.82
	面积（公顷）	0	7.5	176.4	0	130.9	103.6	32.8	0	451.1
	占比（%）	0	0.4	1.3	0	1.8	1.9	0.6	0	0.9

从全氮分级看，无论是在单元个数上，还是在各级的耕地面积上，都是集中在二级、三级、四级上，其中三级最高，相对频次为 32.5%，面积比例为 34.8%。见表 4-7 和图 4-4。

碳氮比：（C/N）制作堆肥的有机质材料中，碳素与氮素的比例，适当的碳氮比例，有助于微生物发酵分解。

在农业生产过程中一般禾本科作物的茎秆如水稻秆、玉米秆和杂草的碳氮比都很高，可以达到（60～100）∶1，豆科作物的茎秆的碳氮比都较小，如一般豆科绿肥的碳氮比为（15～20）∶1。碳氮比大的有机物分解矿化较困难或速度很慢。原因是当微生物分解有机物时，同化 5 份碳时约需要同化 1 份氮来构成它自身细胞体，因为微生物自身的碳氮比大约是 5∶1。而在同化（吸收利用）1 份碳时需要消耗 4 份有机碳来取得能量，所以微生物吸收利用 1 份氮时需要消耗利用 25 份有机碳。也就是说，微生物对有机质的正当分解的碳氮比的 25∶1。如果碳氮比过大，微生物的分解作用就慢，而且要消耗土壤中的有效态氮素。所以在施用碳氮比大的有机肥（如稻草等）或用碳氮比大的材料做堆沤肥时，都应该补充含氮多的肥料以调节碳氮比。一般用于衡量碳元素与氮元素，施用碳氮比高的肥料，会促进根的生长，抑制茎叶的生长。施用碳氮比低的肥料，会促进茎叶的生长，抑制根的生长。

表 4-7　各土种全氮面积和单元数量统计

土　种	面积（公顷）	单元个数（个）	一级		二级		三级		四级		五级	
			面积（公顷）	个数（个）	面积（公顷）	个数（个）	面积（公顷）	个数（个）	面积（公顷）	个数（个）	面积（公顷）	个数（个）
合计	49 059.8	3 134	1 438.7	153	11 944.7	883	17 067.8	1 018	15 976.6	859	2 632.0	221
一、暗棕壤	27 634.6	1 814	821.7	91	7 496.2	538	9 429.9	589	8 673.3	504	1 213.5	92
麻沙质暗棕壤	291.7	13	0	0	213.1	7	78.6	6	0	0	0	0
砾沙质暗棕壤	11 656.9	1 022	323.6	59	4 269.9	373	3 776.2	309	2 366.3	224	920.9	57
沙砾质暗棕壤	10 257.7	520	468.8	29	2 385.0	123	3 522.3	185	3 781.7	168	99.9	15
泥质暗棕壤	53.9	8	0	0	0	0	0	0	44.2	6	9.7	2
沙砾质白浆化暗棕壤	3 586.2	171	29.3	3	543.0	29	1 416.3	66	1 552.9	67	44.7	6
砾沙质草甸暗棕壤	353.9	18	0	0	55.9	3	237.2	12	60.8	3	0	0
黄土质草甸暗棕壤	1 231.8	46	0	0	29.2	3	394.5	9	676.6	24	131.5	10
亚暗矿质潜育暗棕壤	202.4	16	0	0	0	0	4.9	2	190.7	12	6.9	2
二、白浆土	10 301.2	332	53.0	5	1 302.4	58	4 115.3	142	4 627.1	118	203.4	9
厚层黄土质白浆土	1 067.8	41	0	0	360.0	11	516.3	20	191.5	10	0	0
中层黄土质白浆土	2 788.3	90	42.5	2	685.8	30	1 304.2	30	659.5	23	96.3	5
薄层黄土质白浆土	1 752.0	47	3.0	1	0.3	1	380.4	14	1 297.8	29	70.5	2
厚层黄土质暗白浆土	347.5	34	0	0	101.4	5	151.9	15	94.2	14	0	0
中层黄土质暗白浆土	4 345.7	120	7.5	2	154.9	11	1 762.6	63	2 384.2	42	36.6	2
三、草甸土	4 502.9	437	294.7	24	1 199.8	130	1 259.3	122	1 175.0	109	574.2	52
厚层砾底草甸土	1 153.8	107	1.1	1	608.9	55	378.4	34	165.4	17	0	0
中层砾底草甸土	206.2	20	47.3	5	84.3	10	36.3	3	38.4	2	0	0
薄层砾底草甸土	121.7	9	1.5	2	54.1	5	0.5	1	65.6	1	0	0
厚层黏壤质草甸土	302.4	23	0	0	68.1	5	58.7	9	175.6	9	0	0
中层黏壤质草甸土	1 481.9	146	58.2	8	182.5	25	386.7	28	423.7	43	430.7	42
薄层黏壤质草甸土	709.9	72	139.2	4	139.7	14	54.3	12	233.2	32	143.5	10
中层沙砾底潜育草甸土	49.8	10	29.8	2	12.0	3	8.1	5	0	0	0	0

（续）

土　　种	面积（公顷）	单元个数（个）	一级		二级		三级		四级		五级	
			面积（公顷）	个数（个）	面积（公顷）	个数（个）	面积（公顷）	个数（个）	面积（公顷）	个数（个）	面积（公顷）	个数（个）
薄层沙砾底潜育草甸土	102.0	16	17.6	2	1.8	1	48.0	11	34.6	2	0	0
厚层黏壤质潜育草甸土	225.3	19	0	0	48.5	12	176.9	7	0	0	0	0
中层黏壤质潜育草甸土	72.5	4	0	0	0	0	34.0	1	38.5	3	0	0
薄层黏壤质潜育草甸土	77.4	11	0	0	0	0	77.4	11	0	0	0	0
四、沼泽土	1 817.4	113	73.9	15	609.3	37	739.0	33	243.9	19	151.2	9
浅埋藏型沼泽土	223.5	18	6.7	2	106.5	10	110.2	6	0	0	0	0
中层泥炭沼泽土	992.9	67	42.6	9	199.7	11	573.3	26	26.0	12	151.2	9
薄层泥炭腐殖质沼泽土	115.2	4	11.3	1	103.8	3	0	0	0	0	0	0
薄层沙底草甸沼泽土	486.0	24	13.2	3	199.3	13	55.5	1	217.9	7	0	0
五、泥炭土	324.4	14	0	0	224.8	10	99.7	4	0	0	0	0
中层芦苇薹草低位泥炭土	37.7	5	0	0	12.8	2	24.9	3	0	0	0	0
薄层芦苇薹草低位泥炭土	286.7	9	0	0	212.0	8	74.8	1	0	0	0	0
六、新积土	928.0	73	32.7	3	183.6	14	493.8	39	217.9	17	0	0
薄层砾质冲积土	16.8	2	0	0	0	0	16.8	2	0	0	0	0
薄层沙质冲积土	100.8	8	0	0	0	0	30.5	7	70.3	1	0	0
中层状冲积土	810.4	63	32.7	3	183.6	14	446.5	30	147.6	16	0	0
七、水稻土	3 551.3	351	162.7	15	928.6	96	930.9	89	1 039.5	92	489.7	59
白浆土型淹育水稻土	424.4	18	0	0	49.4	2	171.8	5	203.2	11	0	0
薄层草甸土型淹育水稻土	46.5	6	0	0	0	0	0	0	46.5	6	0	0
中层草甸土型淹育水稻土	1 853.8	211	162.7	15	835.4	82	424.3	57	245.2	26	186.3	31
厚层草甸土型淹育水稻土	629.7	49	0	0	0	0	39.0	1	298.5	21	292.2	27
厚层暗棕壤型淹育水稻土	186.6	13	0	0	0	0	0	0	175.4	12	11.2	1
中层冲积土型淹育水稻土	342.3	40	0	0	1.5	2	270.0	22	70.7	16	0	0
厚层沼泽土型潜育水稻土	68.0	14	0	0	42.3	10	25.7	4	0	0	0	0
薄层泥炭土型潜育水稻土	0	0	0	0	0	0	0	0	0	0	0	0

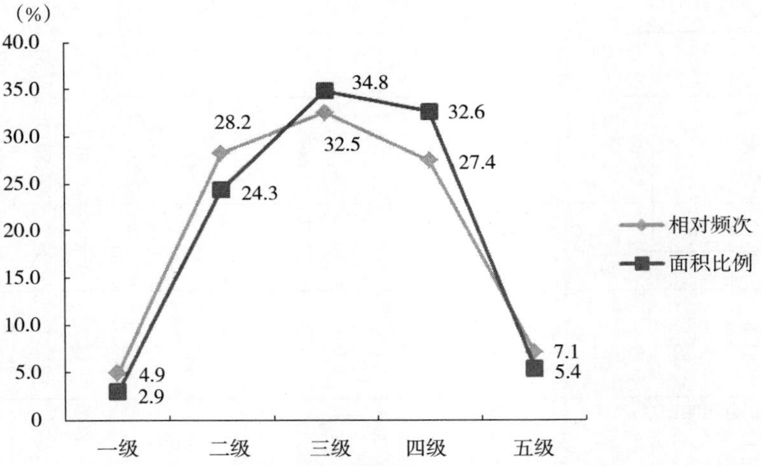

图 4-4　各等级全氮频次分布和面积比例

根据分析数据统计，牡丹江市区土壤全氮含量与土壤有机质含量成正相关，拟合的曲线方程为 $y=0.033x+0.843$（图 4-5）。

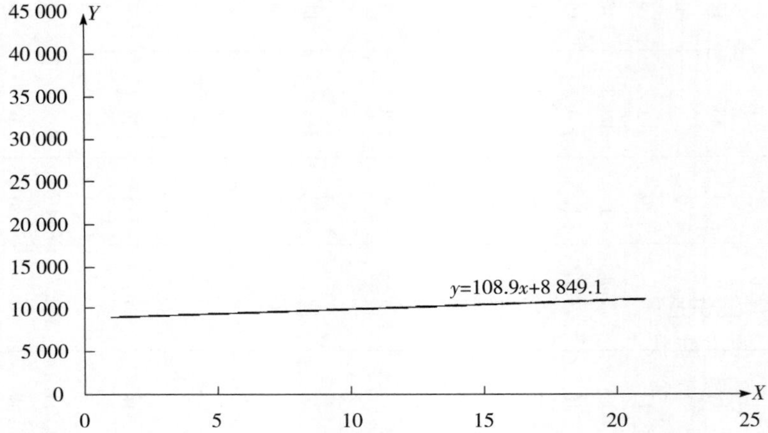

图 4-5　土壤全氮与有机质相关情况

牡丹江市土壤碳氮比（C/N）平均值为 10.39，比第二次土壤普查减少了 1.7，最大值为 26.62，最小值为 3.53，详见表 4-8。

表 4-8　土壤氮碳比统计

土　类	本次调查				第二次土壤普查			
	平均值	最大值	最小值	个数（个）	平均值	最大值	最小值	个数（个）
暗棕壤	10.40	26.91	3.53	1 814	12.10	13.73	8.25	26
白浆土	10.85	20.55	4.48	332	11.07	18.01	3.46	21
草甸土	9.80	19.24	3.57	437	12.67	14.88	10.74	16
沼泽土	10.57	20.55	3.69	113	12.09	13.14	10.64	17
泥炭土	11.68	13.36	9.05	14	14.01	15.14	12.75	3

（续）

土　类	本次调查				第二次土壤普查			
	平均值	最大值	最小值	个数（个）	平均值	最大值	最小值	个数（个）
新积土	11.80	29.62	7.56	73	12.32	15.75	7.33	14
水稻土	10.27	19.13	4.92	351	11.81	14.01	8.87	8
合计	10.39	29.62	3.53	3 134	12.16	18.01	3.46	105

从各土类来看，与1984年土壤普查相比均呈下降趋势（图4-6），其中以新积土和泥炭土碳氮比相对较高，说明土壤有机质分解缓慢、积累较多。但这个数值比微生物活动最适宜的碳氮比（25）小得多，因此又说明区内土壤氮素含量比较丰富，只要水、气、热条件适宜，有机质尚能分解转化。

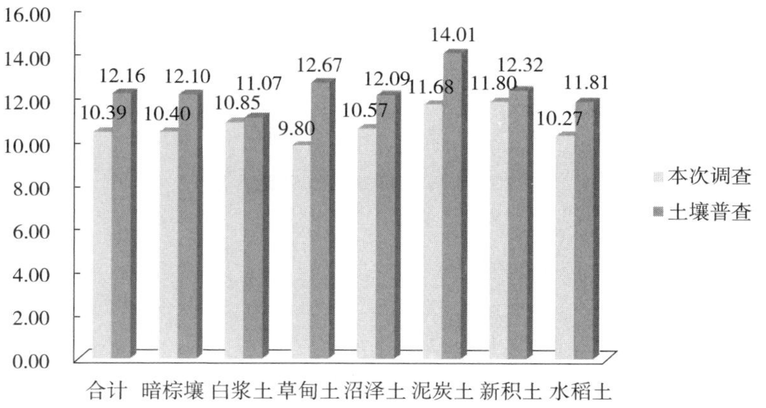

图4-6　各土类碳氮比对照

（二）氮素的供应

土壤氮素的供应状况取决于土壤全氮和速效氮（牡丹江市区以碱解氮表示）水平两个方面。下面以碱解氮含量来阐述牡丹江市土壤的供氮状况。

释　　义：用碱解扩散法测得的土壤中可被植物吸收的氮量。

字段代码：SO120224

英文名称：Alkali-hydrolysabie nitrogen

数据类型：数值

量　　纲：毫克/千克

数据长度：5

小 数 位：1

极 小 值：0

极 大 值：999.9

备　　注：1摩尔/NaOH碱解扩散法

土壤碱解氮能反映土壤近期内氮素供应情况，包括无机态氮（铵态氮、硝态氮）及易水解的有机态氮（氨基酸、酰铵和易水解蛋白质）。土壤有效氮量与作物生长关系密切，因此它在推荐施肥中意义更大。

牡丹江市区土壤碱解氮平均含量 200.7 毫克/千克，达到分级标准中的Ⅱ级水平（图 4－7），而且多集中在二级、三级，其中二级最多（图 4－8）。与 1984 年第二次土壤普查碱解氮分析结果相比较，含量有所增加，平均含量增加 46.7 毫克/千克。

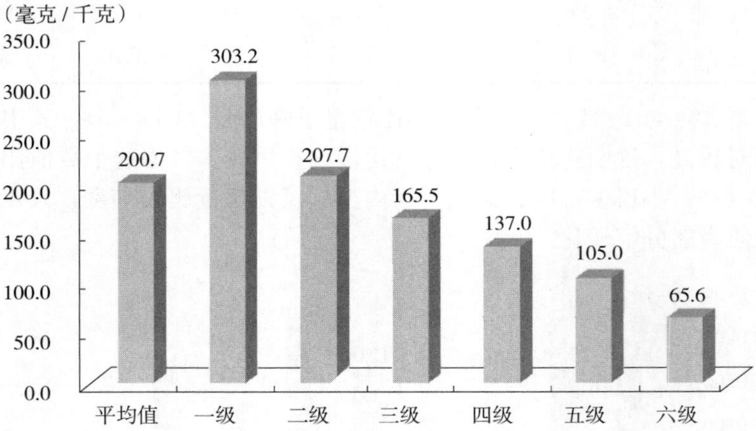

图 4－7　各等级碱解氮平均含量

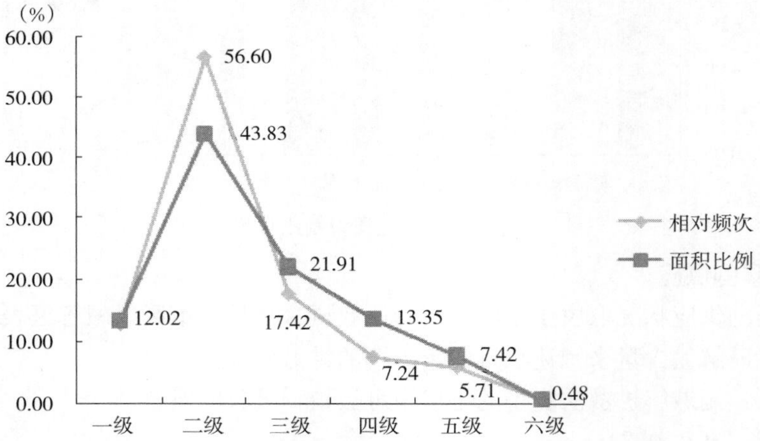

图 4－8　各等级碱解氮频次分布和面积比例

但在各乡（镇）间，其含量有所差异，以含量高低顺序排列是：海南乡＞北安乡＞磨刀石镇＞五林镇＞桦林镇＞铁岭镇＞温春镇＞兴隆镇，最高的是海南乡，229.6 毫克/千克，最低的是兴隆镇，176.4 毫克/千克。各乡（镇）以含量排列与 1984 年情况差异不大，但之间差值有所减小，见表 4－9。

表 4－9　各乡（镇）土壤碱解氮养分及面积统计

乡（镇）	磨刀石镇	北安乡	五林镇	海南乡	温春镇	铁岭镇	兴隆镇	桦林镇	合计
最大值（毫克/千克）	459.9	480.3	494.4	329.6	329.6	422.9	335.8	479.1	494.4
最小值（毫克/千克）	114.8	119.4	69.0	120.8	83.2	51.2	74.3	108.6	51.2

（续）

乡（镇）		磨刀石镇	北安乡	五林镇	海南乡	温春镇	铁岭镇	兴隆镇	桦林镇	合计
平均值（毫克/千克）		216.3	222.0	201.5	229.6	178.6	185.6	176.4	189.2	200.7
1984年均值（毫克/千克）		—	198.0	—	—	115.0	156.0	100.0	166.0	154.0
一级	平均值（毫克/千克）	284.4	328.5	310.2	259.9	329.6	307.7	335.8	290.9	303.2
	面积（公顷）	2 991.1	540.3	1 585.4	201.9	94.1	411.4	170.4	391.4	6 385.9
	占比（%）	33.0	26.3	11.7	5.0	1.3	7.7	3.2	15.8	13.0
二级	平均值（毫克/千克）	200.1	196.3	205.8	229.4	214.3	205.8	198.1	201.9	207.7
	面积（公顷）	4 262.5	1 228.6	6 663.6	3 826.1	1 479.0	2 411.3	1 130.5	503.6	21 505.2
	占比（%）	47.0	59.7	49.0	94.7	20.6	45.0	21.4	20.4	43.8
三级	平均值（毫克/千克）	172.4	164.3	163.7	165.0	165.3	161.7	168.9	163.2	165.5
	面积（公顷）	1 484.8	138.7	3 073.2	3.6	1 019.9	1 646.7	2 155.2	1 227.6	10 749.7
	占比（%）	16.4	6.7	22.6	0.1	14.2	30.8	40.8	49.6	21.9
四级	平均值（毫克/千克）	—	136.0	141.7	120.8	136.2	133.6	134.7	140.3	137.0
	面积（公顷）	0	141.0	1 309.9	8.4	3 860.5	310.4	714.6	205.6	6 550.4
	占比（%）	0	6.9	9.6	0.2	53.7	5.8	13.5	8.3	13.4
五级	平均值（毫克/千克）	116.0	119.4	114.2	—	106.5	96.8	96.8	111.5	105.0
	面积（公顷）	332.8	8.8	881.5	0	741.8	494.1	1 036.4	144.8	3 640.2
	占比（%）	3.7	0.4	6.5	0	10.3	9.2	19.6	5.9	7.4
六级	平均值（毫克/千克）	—	—	69.0	—	—	51.2	76.0	—	65.6
	面积（公顷）	0	0	74.5	0	0	79.8	74.2	0	228.5
	占比（%）	0	0	0.5	0	0	1.5	1.4	0	0.5

牡丹江市区土壤供氮强度为5%～15%，平均为9.64%。其中以厚层草甸土型淹育水稻土供氮强度最大，高达14.49%，其次是亚暗矿质潜育暗棕壤和厚层暗棕壤型淹育水稻土，最低的是薄层砾质冲积土，仅有5.9%；薄层泥炭腐殖质沼泽土和薄层沙砾底潜育草甸土分别为6.20%、6.80%。说明这些土壤过湿，通气不良，好气性微生物活动较差，有机质分解缓慢，养分转化慢，碱解氮含量低。总之，因土壤物理性状和水、气、热条件的差异，造成各种土壤间供氮强度有所不同，但差异不太悬殊，详见表4-10。与第二次土壤普查相比较，各土种供氮强度都为增加趋势，分析其原因，土壤全氮含量变化不大，碱解氮含量有所增加（表4-11、表4-12），以致供氮强度也增加。

表4-10　各土种供氮强度统计

土　　种	本次调查			第二次土壤普查		
	全氮（克/千克）	碱解氮（毫克/千克）	供氮强度（%）	全氮（克/千克）	碱解氮（毫克/千克）	供氮强度（%）
合计	2.08	200.7	9.64	2.04	154	7.50
一、暗棕壤	2.12	202.0	9.54	—	—	—
麻沙质暗棕壤	3.05	211.7	6.94	—	—	—
砾沙质暗棕壤	2.24	206.3	9.20	2.69	166	6.17

（续）

土　　种	本次调查			第二次土壤普查		
	全氮（克/千克）	碱解氮（毫克/千克）	供氮强度（%）	全氮（克/千克）	碱解氮（毫克/千克）	供氮强度（%）
沙砾质暗棕壤	2.01	201.5	10.01	1.46	120	7.67
泥质暗棕壤	1.84	224.2	12.20	—	—	—
沙砾质白浆化暗棕壤	1.79	173.3	9.69	1.58	134	8.22
砾沙质草甸暗棕壤	1.74	164.8	9.49	1.49	110	7.38
黄土质草甸暗棕壤	1.83	218.8	11.97	1.50	134	8.93
亚暗矿质潜育暗棕壤	1.60	231.7	14.46	—	—	—
二、白浆土	1.86	183.2	9.87	—	—	—
厚层黄土质白浆土	1.93	194.1	10.04	1.68	133	7.92
中层黄土质白浆土	2.17	205.9	9.50	1.67	114	6.83
薄层黄土质白浆土	1.76	171.5	9.74	1.44	127	8.82
厚层黄土质暗白浆土	1.77	187.9	10.61	1.45	112	7.72
中层黄土质暗白浆土	1.66	165.7	9.98	1.53	138	9.02
三、草甸土	2.17	206.6	9.51	—	—	—
厚层砾底草甸土	2.70	208.2	7.72	5.43	441	8.12
中层砾底草甸土	2.39	194.9	8.16	3.07	236	7.69
薄层砾底草甸土	2.46	219.9	8.95	2.06	224	10.87
厚层黏壤质草甸土	1.65	165.1	10.02	2.13	195	7.04
中层黏壤质草甸土	1.77	210.8	11.88	1.94	135	6.86
薄层黏壤质草甸土	2.11	227.0	10.77	2.06	145	7.04
中层沙砾底潜育草甸土	2.77	234.0	8.46	1.92	165	8.59
薄层沙砾底潜育草甸土	2.25	152.9	6.80	1.93	144	7.46
厚层黏壤质潜育草甸土	2.77	202.0	7.31	2.00	179	8.95
中层黏壤质潜育草甸土	1.65	178.1	10.81	2.03	290	14.29
薄层黏壤质潜育草甸土	1.73	171.6	9.89	2.29	156	6.81
四、沼泽土	2.30	199.3	8.67	—	—	—
浅埋藏型沼泽土	2.38	205.6	8.64	3.91	223	5.70
中层泥炭沼泽土	2.30	199.5	8.66	6.50	205	3.15
薄层泥炭腐殖质沼泽土	3.56	220.9	6.20	—	—	—
薄层沙底草甸沼泽土	2.01	190.6	9.46	2.69	144	5.35
五、泥炭土	2.36	244.0	10.36	—	—	—
中层芦苇薹草低位泥炭土	2.14	200.7	9.36	9.40	700	7.45
薄层芦苇薹草低位泥炭土	2.47	268.1	10.84	—	—	—
六、新积土	1.89	193.3	10.24	—	—	—
薄层砾质冲积土	2.21	130.1	5.90	—	—	—
薄层沙质冲积土	1.68	177.6	10.56	1.60	141	8.81
中层状冲积土	1.90	197.3	10.36	1.53	117	7.65
七、水稻土	1.96	203.0	10.36	—	—	—
白浆土型淹育水稻土	1.58	182.6	11.54	1.42	106	7.46
薄层草甸土型淹育水稻土	1.57	215.3	13.72	—	—	—
中层草甸土型淹育水稻土	2.14	199.7	9.32	2.92	205	7.02
厚层草甸土型淹育水稻土	1.59	230.0	14.49	—	—	—
厚层暗棕壤型淹育水稻土	1.66	230.3	13.88	—	—	—
中层冲积土型淹育水稻土	1.67	183.6	11.00	1.49	109	7.32
厚层沼泽土型潜育水稻土	2.25	208.4	9.26	3.63	275	7.58
薄层泥炭土型潜育水稻土	—	—	—	2.57	179	6.96

表 4-11　各土种碱解氮含量统计

土　　种	最大值（毫克/千克）	最小值（毫克/千克）	平均值（毫克/千克）	样本数（个）	一级	二级	三级	四级	五级	六级
					>250 毫克/千克	180～250 毫克/千克	150～180 毫克/千克	120～150 毫克/千克	80～120 毫克/千克	≤80 毫克/千克
合计	494.4	51.2	200.7	3 134	303.2	207.7	165.5	137.0	105.0	65.6
一、暗棕壤	494.4	69.0	202.0	1 814	303.5	206.6	165.7	136.3	105.4	75.3
麻沙质暗棕壤	240.3	193.8	211.7	13	—	211.7	—	—	—	—
砾沙质暗棕壤	494.4	74.3	206.3	1 022	306.8	204.4	167.3	134.7	101.5	76.1
沙砾质暗棕壤	480.3	74.3	201.5	520	303.3	206.7	164.2	135.7	106.3	74.3
泥质暗棕壤	241.9	193.8	224.2	8	—	224.2	—	—	—	—
沙砾质白浆化暗棕壤	425.0	69.0	173.3	171	281.7	206.6	162.9	139.2	108.8	75.3
砾沙质草甸暗棕壤	269.1	111.9	164.8	18	269.1	203.0	165.1	135.9	111.9	—
黄土质草甸暗棕壤	256.6	149.9	218.8	46	256.6	227.0	167.4	149.9	—	—
亚暗矿质潜育暗棕壤	247.6	219.4	231.7	16	—	231.7	—	—	—	—
二、白浆土	494.4	85.5	183.2	332	319.0	203.8	165.7	137.9	96.9	—
厚层黄土质白浆土	279.8	101.2	194.1	41	272.7	208.3	165.1	145.1	101.2	—
中层黄土质白浆土	442.7	89.2	205.9	90	317.8	209.7	165.4	142.7	89.2	—
薄层黄土质白浆土	494.4	111.1	171.5	47	494.4	202.4	162.3	138.1	111.1	—
厚层黄土质暗白浆土	479.1	103.7	187.9	34	315.0	199.7	176.4	139.2	107.3	—
中层黄土质暗白浆土	425.0	85.5	165.7	120	338.7	196.0	167.2	136.3	92.5	—
三、草甸土	494.4	85.5	206.6	437	294.3	210.0	165.9	142.9	105.1	—
厚层砾底草甸土	360.6	92.7	208.2	107	266.5	201.1	170.3	146.2	92.7	—
中层砾底草甸土	315.9	140.4	194.9	20	302.5	197.3	163.9	140.4	—	—
薄层砾底草甸土	301.5	151.6	219.9	9	293.2	193.8	161.9	—	—	—
厚层黏壤质草甸土	206.5	85.5	165.1	23	—	193.4	158.0	149.7	85.5	—
中层黏壤质草甸土	374.1	102.0	210.8	146	291.2	223.4	164.1	144.3	112.2	—
薄层黏壤质草甸土	494.4	150.1	227.0	72	333.0	209.2	161.2	—	—	—
中层沙砾底潜育草甸土	425.0	170.2	234.0	10	379.5	219.8	175.4	—	—	—
薄层沙砾底潜育草甸土	268.9	108.6	152.9	16	268.9	193.8	166.9	124.1	108.6	—

（续）

土　种	最大值（毫克/千克）	最小值（毫克/千克）	平均值（毫克/千克）	样本数（个）	一级	二级	三级	四级	五级	六级
					＞250 毫克/千克	180～250 毫克/千克	150～180 毫克/千克	120～150 毫克/千克	80～120 毫克/千克	≤80 毫克/千克
厚层黏壤质潜育草甸土	257.2	148.3	202.0	19	257.2	202.0	—	148.3	—	—
中层黏壤质潜育草甸土	180.4	173.7	178.1	4	—	180.4	177.3	—	—	—
薄层黏壤质潜育草甸土	189.2	135.1	171.6	11	—	188.1	172.4	138.1	—	—
四、沼泽土	422.9	88.4	199.3	113	310.3	199.9	162.8	137.1	110.4	—
浅埋藏型沼泽土	382.0	134.6	205.6	18	382.0	197.6	159.4	142.0	—	—
中层泥炭沼泽土	422.9	110.9	199.5	67	319.6	199.2	160.8	131.1	113.0	—
薄层泥炭腐殖质沼泽土	314.7	167.3	220.9	4	314.7	234.2	167.3	—	—	—
薄层沙底草甸沼泽土	315.9	88.4	190.6	24	273.2	203.1	165.7	140.0	105.2	—
五、泥炭土	316.4	162.7	244.0	14	316.4	214.9	164.7	—	—	—
中层芦苇薹草低位泥炭土	237.9	162.7	200.7	5	—	224.7	164.7	—	—	—
薄层芦苇薹草低位泥炭土	316.4	193.8	268.1	9	316.4	207.7	—	—	—	—
六、新积土	365.5	108.6	193.3	73	300.3	201.4	162.3	133.6	112.5	—
薄层砾质冲积土	130.1	130.1	130.1	2	—	—	—	130.1	—	—
薄层沙质冲积土	237.5	108.6	177.6	8	—	202.6	169.3	130.0	108.6	—
中层状冲积土	365.5	109.9	197.3	63	300.3	201.3	161.3	137.2	114.5	—
七、水稻土	382.0	51.2	203.0	351	300.9	215.2	165.1	133.8	108.1	51.2
白浆土型淹育水稻土	237.5	120.8	182.6	18	—	202.6	170.3	125.4	—	—
薄层草甸土型淹育水稻土	222.4	204.6	215.3	6	—	215.3	—	—	—	—
中层草甸土型淹育水稻土	382.0	51.2	199.7	211	303.1	214.3	164.1	131.0	107.2	51.2
厚层草甸土型淹育水稻土	256.6	193.8	230.0	49	256.6	229.5	—	—	—	—
厚层暗棕壤型淹育水稻土	247.6	211.2	230.3	13	—	230.3	—	—	—	—
中层冲积土型淹育水稻土	208.6	108.6	183.6	40	—	197.1	168.4	146.2	110.6	—
厚层沼泽土型潜育水稻土	343.4	139.6	208.4	14	303.1	204.0	167.4	139.6	—	—
薄层泥炭土型潜育水稻土	0	0.0	—	0	—	—	—	—	—	—

表 4-12 各土种碱解氮面积和单元数量统计

土种	面积（公顷）	单元个数（个）	一级		二级		三级		四级		五级		六级	
			面积（公顷）	个数（个）	面积（公顷）	个数（个）	面积（公顷）	个数（个）	面积（公顷）	个数（个）	面积（公顷）	个数（个）	面积（公顷）	个数（个）
合计	49 059.8	3 134	6 385.9	393	21 505.2	1 774	10 749.7	546	6 550.4	227	3 640.1	179	228.45	15
一、暗棕壤	27 634.6	1 814	4 190.0	263	12 059.2	1 006	5 420.6	304	3 047.3	109	2 768.8	123	148.68	9
麻沙质暗棕壤	291.7	13	0	0	291.7	13	0	0	0	0	0	0	0	0
砾沙质暗棕壤	11 656.9	1 022	1 981.0	147	5 801.8	637	2 127.1	153	510.0	40	1 208.4	42	28.72	3
沙砾质暗棕壤	10 257.7	520	1 833.6	98	3 867.7	234	2 065.4	98	1 504.5	39	958.7	48	27.87	3
泥质暗棕壤	53.9	8	0	0	53.9	8	0	0	0	0	0	0	0	0
沙砾质白浆化暗棕壤	3 586.2	171	266.9	15	800.6	58	1 031.0	39	858.8	25	536.9	31	92.09	3
砾沙质草甸暗棕壤	353.9	18	4.8	1	53.2	3	83.2	8	147.9	4	64.9	2	0	0
黄土质草甸暗棕壤	1 231.8	46	103.8	2	987.9	37	113.9	6	26.1	1	0	0	0	0
亚暗矿质潜育暗棕壤	202.4	16	0	0	202.4	16	0	0	0	0	0	0	0	0
二、白浆土	10 301.2	332	593.7	22	2 877.0	137	3 972.6	100	2 521.1	55	336.7	18	0	0
厚层黄土质白浆土	1 067.8	41	83.0	4	583.1	20	394.8	14	1.2	2	5.8	1	0	0
中层黄土质白浆土	2 788.3	90	426.2	11	1 404.5	50	721.6	23	158.9	4	77.1	2	0	0
薄层黄土质白浆土	1 752.0	47	3.0	1	265.4	11	1 176.1	22	306.9	12	0.6	1	0	0
厚层黄土质暗白浆土	347.5	34	54.0	4	145.2	16	25.6	3	102.4	7	20.2	4	0	0
中层黄土质暗白浆土	4 345.7	120	27.5	2	479.0	40	1 654.5	38	1 951.7	30	233.1	10	0	0
三、草甸土	4 502.9	437	931.3	61	2 586.3	262	520.0	74	297.8	22	167.6	18	0	0
厚层砾底草甸土	1 153.8	107	291.8	23	682.6	63	138.9	19	38.6	1	1.9	1	0	0
中层砾底草甸土	206.2	20	38.6	2	111.4	11	31.1	6	25.2	1	0	0	0	0
薄层砾底草甸土	121.7	9	50.9	3	4.7	4	66.1	2	0	0	0	0	0	0
厚层黏壤质草甸土	302.4	23	0	0	236.4	11	41.2	8	0.6	1	24.2	3	0	0
中层黏壤质草甸土	1 481.9	146	125.1	13	1 007.5	97	85.1	16	161.8	14	102.4	6	0	0
薄层黏壤质草甸土	709.9	72	260.3	15	374.9	45	74.8	12	0	0	0	0	0	0
中层沙砾底潜育草甸土	49.8	10	29.8	2	12.4	4	7.7	4	0	0	0	0	0	0

(续)

土种	面积（公顷）	单元个数（个）	一级		二级		三级		四级		五级		六级	
			面积（公顷）	个数（个）	面积（公顷）	个数（个）	面积（公顷）	个数（个）	面积（公顷）	个数（个）	面积（公顷）	个数（个）	面积（公顷）	个数（个）
薄层沙砾底潜育草甸土	102.0	16	17.6	2	11.2	3	16.1	2	18.1	1	39.1	8	0	0
厚层黏壤质潜育草甸土	225.3	19	117.3	1	76.2	17	0	0	31.8	1	0	0	0	0
中层黏壤质潜育草甸土	72.5	4	0	0	15.4	1	57.1	3	0	0	0	0	0	0
薄层黏壤质潜育草甸土	77.4	11	0	0	53.6	6	2.1	2	21.7	3	0	0	0	0
四、沼泽土	1 817.4	113	184.0	17	968.2	64	251.6	12	294.9	11	118.7	9	0	0
浅埋藏型沼泽土	223.5	18	6.7	2	104.2	11	46.2	3	66.2	2	0	0	0	0
中层泥炭沼泽土	992.9	67	44.1	8	735.7	45	156.9	4	37.0	4	19.3	6	0	0
薄层泥炭腐殖质沼泽土	115.2	4	11.3	1	59.3	1	44.6	2	0	0	0	0	0	0
薄层沙底草甸沼泽土	486.0	24	121.9	6	69.1	7	3.9	3	191.7	5	99.4	3	0	0
五、泥炭土	324.4	14	139.6	5	165.9	7	18.9	2	0	0	0	0	0	0
中层芦苇薹草低位泥炭土	37.7	5	0	0	18.8	3	18.9	2	0	0	0	0	0	0
薄层芦苇薹草低位泥炭土	286.7	9	139.6	5	147.1	4	0	0	0	0	0	0	0	0
六、新积土	928.0	73	151.8	4	395.0	52	213.4	8	77.9	6	89.8	3	0	0
薄层砾质冲积土	16.8	2	0	0	0	0	0	0	16.8	2	0	0	0	0
薄层沙质冲积土	100.8	8	0	0	20.3	5	0.9	1	9.4	1	70.3	1	0	0
中层状冲积土	810.4	63	151.8	4	374.8	47	212.5	7	51.8	3	19.6	2	0	0
七、水稻土	3 551.3	351	195.5	21	2 453.6	246	352.6	46	311.4	24	158.5	8	79.77	6
白浆土型淹育水稻土	424.4	18	0	0	184.2	11	86.5	4	153.6	3	0	0	0	0
薄层草甸土型淹育水稻土	46.5	6	0	0	46.5	6	0	0	0	0	0	0	0	0
中层草甸土型淹育水稻土	1 853.8	211	188.6	18	1 185.6	130	236.4	36	109.8	15	53.7	6	79.77	6
厚层草甸土型淹育水稻土	629.7	49	0.8	1	628.9	48	0	0	0	0	0	0	0	0
厚层暗棕壤型淹育水稻土	186.6	13	0	0	186.6	13	0	0	0	0	0	0	0	0
中层冲积土型淹育水稻土	342.3	40	0	0	190.6	29	10.7	4	36.0	5	104.9	2	0	0
厚层沼泽土型潜育水稻土	68.0	14	6.1	2	31.1	9	18.9	2	11.9	1	0	0	0	0
薄层泥炭土型潜育水稻土	0	0	0	0	0	0	0	0	0	0	0	0	0	0

三、土壤磷素

磷是作物三要素之一，土壤中磷素的含量及供磷强度是土壤肥力水平的重要标志。因此了解土壤磷素状况，对评价耕地地力和指导合理施肥、促进牡丹江市农业生产的发展具有重要意义。

（一）全磷含量

释　　义：土壤中磷的总储量，以每千克干土中磷的克计。

字段代码：SO120205

英文名称：Total phosphorus

数据类型：数值

数据长度：4

量　　纲：克/千克

小 数 位：4

极 小 值：0

极 大 值：90

土壤全磷量即磷的总贮量，包括有机磷和无机磷两大类。土壤中的磷素大部分是以迟效性状态存在，因此土壤全磷含量并不能作为土壤磷素供应的指标，全磷含量高时并不意味着磷素供应充足，而全磷含量低于某一水平时，却可能意味着磷素供应不足。

据本次耕地地力调查的 3 134 个管理单元分析统计，平均值为 0.692 克/千克（图4-9），仅是 1984 年第二次土壤普查全磷含量 1.960 克/千克的 35.3%。在不同土壤中全磷含量差异较大，以泥炭土全磷含量较高，平均值为 0.934 克/千克，而水稻土全磷平均含量仅有 0.636 克/千克，详见表 4-13。

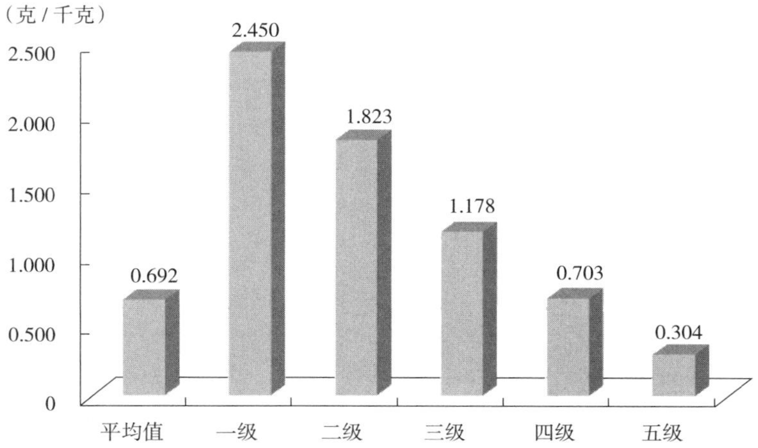

图 4-9　各等级全磷平均含量

表 4-13　各土种全磷含量统计

土　种	最大值（克/千克）	最小值（克/千克）	平均值（克/千克）	样本数（个）	一级	二级	三级	四级	五级	土壤普查平均值（克/千克）
					＞2.0 克/千克	1.5～2.0 克/千克	1.0～1.5 克/千克	0.5～1.0 克/千克	≤0.5 克/千克	
合计	2.541	0.157	0.692	3 134	2.450	1.823	1.178	0.703	0.304	1.960
一、暗棕壤	2.541	0.170	0.699	1 814	2.541	1.807	1.163	0.711	0.344	1.470
麻沙质暗棕壤	0.822	0.666	0.726	13	—	—	—	0.726	—	—
砾沙质暗棕壤	1.973	0.176	0.714	1 022	—	1.780	1.138	0.707	0.371	—
沙砾质暗棕壤	2.541	0.170	0.723	520	2.541	1.973	1.200	0.730	0.360	—
泥质暗棕壤	0.666	0.178	0.277	8	—	—	—	0.666	0.222	—
沙砾质白浆化暗棕壤	1.822	0.187	0.659	171	—	1.822	1.251	0.680	0.377	—
砾沙质草甸暗棕壤	1.459	0.575	0.815	18	—	—	1.242	0.730	—	—
黄土质草甸暗棕壤	1.035	0.176	0.419	46	—	—	1.026	0.673	0.260	—
亚暗矿质潜育暗棕壤	0.258	0.191	0.235	16	—	—	—	—	0.235	—
二、白浆土	1.853	0.174	0.690	332	—	1.725	1.146	0.686	0.418	1.390
厚层黄土质白浆土	0.886	0.519	0.703	41	—	—	—	0.703	—	—
中层黄土质白浆土	1.529	0.219	0.692	90	—	1.529	1.080	0.668	0.382	—
薄层黄土质白浆土	1.853	0.455	0.691	47	—	1.853	1.164	0.678	0.472	—
厚层黄土质暗白浆土	1.793	0.334	0.720	34	—	1.793	—	0.733	0.431	—
中层黄土质暗白浆土	1.490	0.174	0.675	120	—	—	1.399	0.683	0.408	—
三、草甸土	2.541	0.163	0.685	437	2.541	1.836	1.242	0.689	0.219	2.150
厚层砾底草甸土	1.267	0.395	0.668	107	—	—	1.157	0.664	0.453	—
中层砾底草甸土	1.378	0.541	0.774	20	—	—	1.107	0.691	—	—
薄层砾底草甸土	1.823	0.552	0.877	9	—	1.823	—	0.759	—	—
厚层黏壤质草甸土	0.833	0.494	0.626	23	—	—	—	0.638	0.494	—
中层黏壤质草甸土	1.835	0.163	0.535	146	—	1.833	1.322	0.700	0.195	—
薄层黏壤质草甸土	2.541	0.176	0.832	72	2.541	1.844	1.227	0.723	0.217	—
中层沙砾底潜育草甸土	1.490	0.631	1.021	10	—	—	1.270	0.773	—	—

（续）

土　　种	最大值（克/千克）	最小值（克/千克）	平均值（克/千克）	样本数（个）	一级	二级	三级	四级	五级	土壤普查平均值（克/千克）
					>2.0 克/千克	1.5～2.0 克/千克	1.0～1.5 克/千克	0.5～1.0 克/千克	≤0.5 克/千克	
薄层沙砾底潜育草甸土	1.043	0.666	0.763	16	—	—	1.041	0.670	—	—
厚层黏壤质潜育草甸土	1.420	0.666	0.788	19	—	—	1.280	0.695	—	—
中层黏壤质潜育草甸土	0.840	0.631	0.730	4	—	—	—	0.730	—	—
薄层黏壤质潜育草甸土	1.420	0.575	1.053	11	—	—	1.361	0.683	—	—
四、沼泽土	2.541	0.333	0.764	113	2.541	1.973	1.110	0.745	0.404	2.420
浅埋藏型沼泽土	2.541	0.618	0.989	18	2.541	—	—	0.795	—	—
中层泥炭沼泽土	1.973	0.333	0.680	67	—	1.973	1.086	0.700	0.404	—
薄层泥炭腐殖质沼泽土	1.177	0.853	0.955	4	—	—	1.177	0.881	—	—
薄层沙底草甸沼泽土	1.149	0.584	0.799	24	—	—	1.149	0.767	—	—
五、泥炭土	1.286	0.493	0.934	14	—	—	1.092	0.770	0.493	5.090
中层芦苇薹草低位泥炭土	0.839	0.493	0.736	5	—	—	—	0.796	0.493	—
薄层芦苇薹草低位泥炭土	1.286	0.666	1.045	9	—	—	1.092	0.666	—	—
六、新积土	1.371	0.518	0.684	73	—	—	1.152	0.664	—	2.070
薄层砾质冲积土	0.860	0.860	0.860	2	—	—	—	0.860	—	—
薄层沙质冲积土	1.371	0.618	0.750	8	—	—	1.371	0.662	—	—
中层状冲积土	1.043	0.518	0.670	63	—	—	1.043	0.658	—	—
七、水稻土	2.541	0.157	0.636	351	2.267	1.834	1.223	0.687	0.220	0.990
白浆土型淹育水稻土	0.971	0.519	0.702	18	—	—	—	0.702	—	—
薄层草甸土型淹育水稻土	0.196	0.157	0.178	6	—	—	—	—	0.178	—
中层草甸土型淹育水稻土	2.541	0.163	0.741	211	2.267	1.834	1.200	0.689	0.250	—
厚层草甸土型淹育水稻土	0.666	0.174	0.222	49	—	—	—	0.666	0.203	—
厚层暗棕壤型淹育水稻土	0.250	0.178	0.222	13	—	—	—	—	0.222	—
中层冲积土型淹育水稻土	1.371	0.520	0.692	40	—	—	1.371	0.637	—	—
厚层沼泽土型潜育水稻土	1.244	0.666	0.822	14	—	—	1.244	0.790	—	—
薄层泥炭土型潜育水稻土	0	0	—	0	—	—	—	—	—	—

牡丹江市区土壤全磷含量偏低，平均含量仅达到分级标准的四级，甚至低于四级平均值 0.703 毫克/千克，而且主要集中在四级，管理单元数达到 2 368 个，耕地面积为 37 815.5公顷，占总管理单元数的 75.56%，点总耕地面积的 77.08%（图 4-10）。

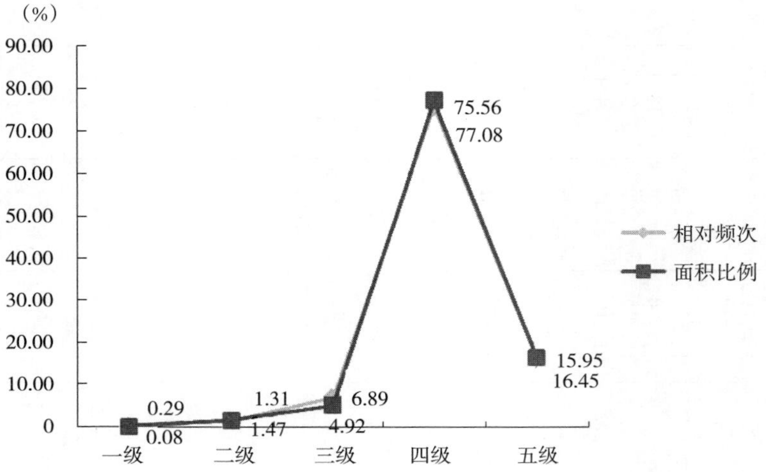

图 4-10　各等级全磷频次分布和面积比例

从各乡（镇）情况来看，全磷含量均为下降趋势，全市各乡（镇）土壤全磷含量高低顺序为北安乡＞铁岭镇＞桦林镇＞五林镇＞温春镇＞兴隆镇＞磨刀石镇＞海南乡，见表 4-14。

各土种全磷面积和单元数量统计见表 4-15。

表 4-14　各乡（镇）土壤全磷养分及面积统计

项　　目		磨刀石镇	北安乡	五林镇	海南乡	温春镇	铁岭镇	兴隆镇	桦林镇	合计
最大值（克/千克）		1.267	2.541	1.853	1.296	1.346	1.973	1.823	1.793	2.541
最小值（克/千克）		0.333	0.187	0.333	0.157	0.211	0.458	0.256	0.466	0.157
平均值（克/千克）		0.639	0.857	0.737	0.275	0.683	0.853	0.676	0.816	0.692
1984 年均值（克/千克）		—	2.220	—	—	1.540	1.870	1.700	1.790	1.824
一级	平均值（克/千克）	—	2.450	—	—	—	—	—	—	2.450
	面积（公顷）	0	38.6	0	0	0	0	0	0	38.6
	占比（%）	0	1.9	0	0	0	0	0	0	0.1
二级	平均值（克/千克）	—	1.821	1.758	—	—	1.863	1.823	1.793	1.823
	面积（公顷）	0	4.3	339.3	0	0	319.7	24.1	32.7	720.1
	占比（%）	0	0.2	2.5	0	0	6.0	0.5	1.3	1.5
三级	平均值（克/千克）	1.197	1.232	1.180	1.296	1.274	1.200	1.178	1.082	1.178
	面积（公顷）	13.6	318.9	839.2	0.3	104.4	454.3	249.0	434.4	2 414.1
	占比（%）	0.1	15.5	6.2	0	1.5	8.5	4.7	17.6	4.9
四级	平均值（克/千克）	0.670	0.729	0.697	0.661	0.685	0.762	0.679	0.736	0.703
	面积（公顷）	7 581.6	1 639.5	11 870.5	237.6	6 203.1	4 476.1	3 813.8	1 993.4	37 815.6
	占比（%）	83.6	79.7	87.4	5.9	86.2	83.6	72.2	80.6	77.1
五级	平均值（克/千克）	0.424	0.217	0.454	0.216	0.432	0.458	0.381	0.466	0.304
	面积（公顷）	1 476.0	56.2	539.2	3 802.1	887.7	103.6	1 194.4	12.4	8 071.6
	占比（%）	16.3	2.7	4.0	94.1	12.3	1.9	22.6	0.5	16.5

表 4-15 各土种全磷面积和单元数量统计

土种	面积（公顷）	单元个数（个）	一级		二级		三级		四级		五级	
			面积（公顷）	个数（个）	面积（公顷）	个数（个）	面积（公顷）	个数（个）	面积（公顷）	个数（个）	面积（公顷）	个数（个）
合计	49 059.8	3 134	38.7	9	719.9	41	2 414.2	216	37 815.5	2 368	8 071.5	500
一、暗棕壤	27 634.6	1 814	8.8	1	354.6	16	1 305.4	122	21 211.9	1 410	4 753.8	265
麻沙质暗棕壤	291.7	13	0	0	0	0	0	0	291.7	13	0	0
砾沙质暗棕壤	11 656.9	1 022	0	0	265.9	13	568.8	73	9 121.4	820	1 700.8	116
沙砾质暗棕壤	10 257.7	520	8.8	1	33.7	2	511.2	39	8 193.0	407	1 510.9	71
泥质暗棕壤	53.9	8	0	0	0	0	0	0	3.8	1	50.1	7
沙砾质白浆化暗棕壤	3 586.2	171	0	0	55.0	1	151.2	5	2 841.8	140	538.2	25
砾沙质草甸暗棕壤	353.9	18	0	0	0	0	59.3	3	294.6	15	0	0
黄土质草甸暗棕壤	1 231.8	46	0	0	0	0	14.9	2	465.6	14	751.3	30
亚暗矿质潜育暗棕壤	202.4	16	0	0	0	0	0	0	0	0	202.4	16
二、白浆土	10 301.2	332	0	0	75.9	3	168.4	11	9 139.9	292	917.1	26
厚层黄土质白浆土	1 067.8	41	0	0	0	0	0	0	1 067.8	41	0	0
中层黄土质白浆土	2 788.3	90	0	0	40.2	1	106.5	8	2 433.3	74	208.3	7
薄层黄土质白浆土	1 752.0	47	0	0	3.0	1	54.4	1	1 642.6	40	52.0	5
厚层黄土质暗白浆土	347.5	34	0	0	32.7	1	0	0	293.6	28	21.3	5
中层黄土质暗白浆土	4 345.7	120	0	0	0	0	7.5	2	3 702.7	109	635.6	9
三、草甸土	4 502.9	437	16.5	3	168.2	10	404.1	39	2 971.8	299	942.3	86
厚层砾底草甸土	1 153.8	107	0	0	0	0	5.4	3	1 096.1	99	52.3	5
中层砾底草甸土	206.2	20	0	0	0	0	38.4	4	167.9	16	0	0
薄层砾底草甸土	121.7	9	0	0	0.5	1	0	0	121.2	8	0	0
厚层黏壤质草甸土	302.4	23	0	0	0	0	0	0	298.5	21	3.9	2
中层黏壤质草甸土	1 481.9	146	0	0	36.4	5	132.5	9	566.2	62	746.8	70
薄层黏壤质草甸土	709.9	72	16.5	3	131.3	4	56.2	5	366.7	51	139.2	9
中层沙砾底潜育草甸土	49.8	10	0	0	0	0	41.1	5	8.7	5	0	0

（续）

土　种	面积（公顷）	单元个数（个）	一级		二级		三级		四级		五级	
			面积（公顷）	个数（个）	面积（公顷）	个数（个）	面积（公顷）	个数（个）	面积（公顷）	个数（个）	面积（公顷）	个数（个）
薄层沙砾底潜育草甸土	102.0	16	0	0	0	0	33.6	4	68.4	12	0	0
厚层黏壤质潜育草甸土	225.3	19	0	0	0	0	34.9	3	190.4	16	0	0
中层黏壤质潜育草甸土	72.5	4	0	0	0	0	0	0	72.5	4	0	0
薄层黏壤质潜育草甸土	77.4	11	0	0	0	0	62.1	6	15.3	5	0	0
四、沼泽土	1 817.4	113	6.7	2	7.8	2	58.8	9	1 427.3	79	316.8	21
浅埋藏型沼泽土	223.5	18	6.7	2	0	0	0	0	216.7	16	0	0
中层泥炭沼泽土	992.9	67	0	0	7.8	2	34.8	6	633.5	38	316.8	21
薄层泥炭腐殖质沼泽土	115.2	4	0	0	0	0	11.3	1	103.8	3	0	0
薄层沙底草甸沼泽土	486.0	24	0	0	0	0	12.7	2	473.2	22	0	0
五、泥炭土	324.4	14	0	0	0	0	226.3	8	97.3	5	0.9	1
中层芦苇薹草低位泥炭土	37.7	5	0	0	0	0	0	0	36.9	4	0.9	1
薄层芦苇薹草低位泥炭土	286.7	9	0	0	0	0	226.3	8	60.4	1	0	0
六、新积土	928.0	73	0	0	0	0	62.4	3	865.6	70	0	0
薄层砾质冲积土	16.8	2	0	0	0	0	0	0	16.8	2	0	0
薄层沙质冲积土	100.8	8	0	0	0	0	0.9	1	99.9	7	0	0
中层状冲积土	810.4	63	0	0	0	0	61.5	2	748.9	61	0	0
七、水稻土	3 551.3	351	6.6	3	113.4	10	188.7	24	2 101.8	213	1 140.8	101
白浆土型淹育水稻土	424.4	18	0	0	0	0	0	0	424.4	18	0	0
薄层草甸土型淹育水稻土	46.5	6	0	0	0	0	0	0	0	0	46.5	6
中层草甸土型淹育水稻土	1 853.8	211	6.6	3	113.4	10	177.8	20	1 271.9	143	284.2	35
厚层草甸土型淹育水稻土	629.7	49	0	0	0	0	0	0	6.2	2	623.5	47
厚层暗棕壤型淹育水稻土	186.6	13	0	0	0	0	0	0	0	0	186.6	13
中层冲积土型淹育水稻土	342.3	40	0	0	0	0	9.8	3	332.4	37	0	0
厚层沼泽土型潜育水稻土	68.0	14	0	0	0	0	1.1	1	66.9	13	0	0
薄层泥炭土型潜育水稻土	0	0	0	0	0	0	0	0	0	0	0	0

（二）有效磷含量

释　　义：耕层土壤中能供作物吸收的磷元素含量。以每千克干土中所含磷的毫克数表示

字段代码：SO120206

英文名称：Available phosphorous，缩写为 A-P

数据类型：数值

量　　纲：毫克/千克

数据长度：5

小 数 位：1

极 小 值：0

极 大 值：999.9

备　　注：碳酸氢钠（石灰性土、水稻土）或氟化铵-盐酸（红壤、红黄壤）提取-钼锑抗比色法

土壤有效磷，也称为速效磷，是土壤中可被植物吸收的磷的组分，包括全部水溶性磷、部分吸附态磷及有机态磷，有的土壤中还包括某些沉淀态磷。在化学上，有效磷定义为能与^{32}P进行同位素交换的或容易被某些化学试剂提取的磷及土壤溶液中的磷酸盐。

土壤有效磷含量是土壤磷素供应水平的重要指标。牡丹江市区土壤有效磷含量平均为54.6毫克/千克，达二级标准，属中等水平（图4-11），1984年第二次土壤普查有效磷含量平均为74.4毫克/千克，相比减少了19.8毫克/千克。分析其原因，一是由于中华人民共和国成立后至20世纪80年代初，以施用有机肥为主，化肥为辅，产量较高，形成掠夺性经营，土壤养分补充不足，土壤有效磷含量降低；二是牡丹江市区处于山地、丘陵地带，坡地、岗地较多，水土流失严重，土壤有效磷随之流失；三是由于本次耕地地力评价和第二次土壤普查土壤有效磷测试方法不同，引起数据有偏差。

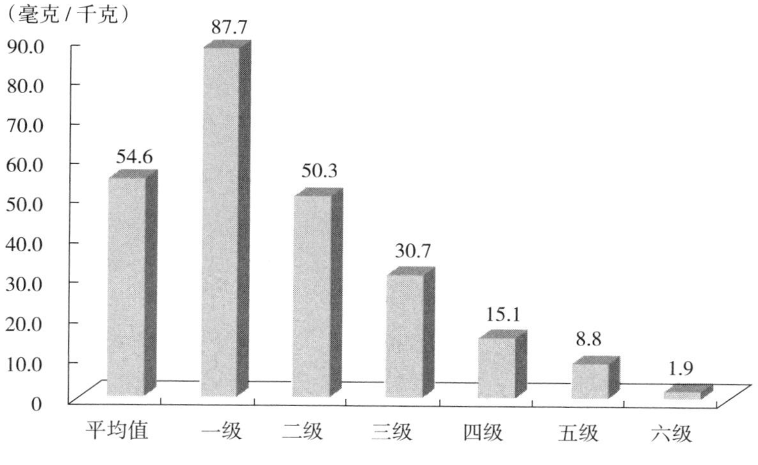

图4-11　各等级有效磷平均含量

由于磷在土壤中易固定，移动性差，故有效磷水平在土壤类型间变异较大，据全区 7 个土类统计，大部分土类有效磷含量均为下降趋势，以泥炭土有效磷含量最高，平均 90.8 毫克/千克，为一级水平。而水稻土最低为 50.4 毫克/千克，相差 40.4 毫克/千克（图 4-12）。

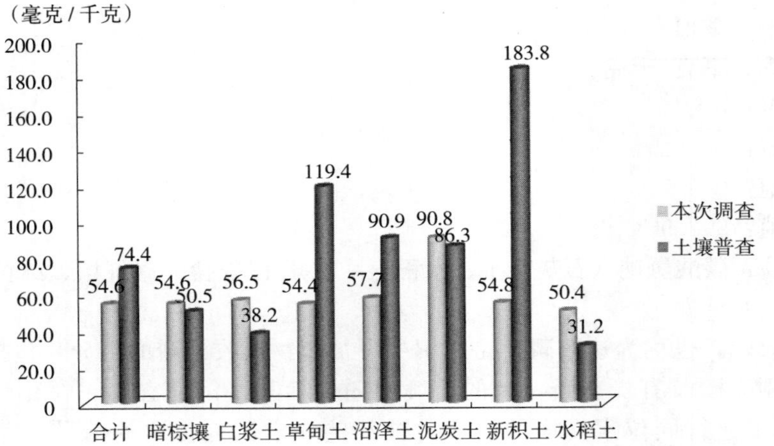

图 4-12　各土类有效磷平均含量

此次调查有效磷含量的差异性很大，但相对第二次土壤普查平稳了许多，原因在于土壤经多年耕作熟化，还有本次调查在土样采集和化验分析的数量上，远多于第二次土壤普查，其数值更接近客观值。另外有效磷含量最小值为 0.3 毫克/千克，而最大值为 196.2 毫克/千克，极差相当大，反映了有效磷在分布上存在高度不均匀和差异显著的特点。

由分级可见，大部分面积集中在一级、二级、三级，占总面积的 93.76%，在管理单元上来看也是如此，占总管理单元数的 94.64%（图 4-13）。

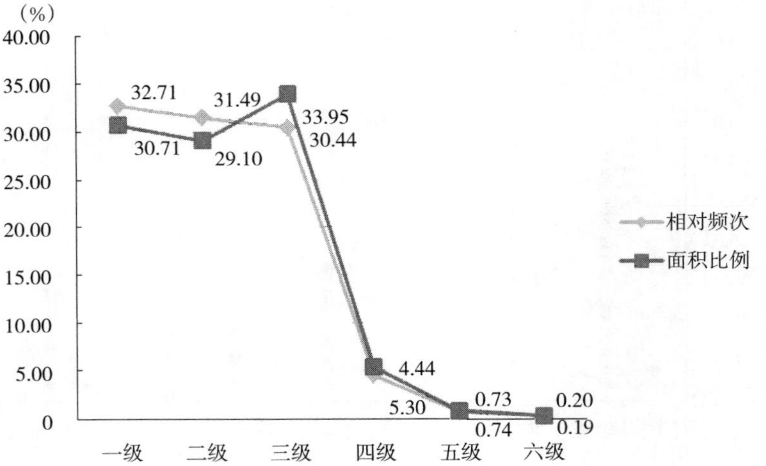

图 4-13　各等级有效磷频次分布和面积比例

由于各土类间有效磷含量的差异，导致各乡（镇）间的分布也很不均衡，按平均含量降序排列为桦林镇＞铁岭镇＞海南乡＞北安乡＞五林镇＞温春镇＞兴隆镇＞磨刀石镇。桦林镇最高为 67.4 毫克/千克，达一级标准；磨刀石镇最低为 38.6 毫克/千克，达三级标准，数值上相差近一倍，在含量分级上差两个等级（表 4-16）。

各土种有效磷含量统计见表 4-17，各土种有效磷面积和单元数量统计见表 4-18。

表 4-16　各乡（镇）土壤有效磷养分及面积统计

项　目		磨刀石镇	北安乡	五林镇	海南乡	温春镇	铁岭镇	兴隆镇	桦林镇	合计
最大值（毫克/千克）		194.6	196.2	140.3	181.3	141.4	176.3	194.0	195.9	196.2
最小值（毫克/千克）		0.3	13.3	9.7	10.9	8.7	8.0	11.6	22.4	0.3
平均值（毫克/千克）		38.6	61.4	55.1	65.1	47.8	66.9	46.7	67.4	54.6
1984 年均值（毫克/千克）		—	106.0	—	—	62.0	95.0	56.0	52.0	74.4
一级	平均值（毫克/千克）	96.3	90.6	78.4	99.6	82.7	88.8	87.9	84.6	87.7
	面积（公顷）	1 559.1	788.8	3 842.0	2 107.3	1 144.0	2 757.2	1 577.1	1 291.0	15 066.5
	占比（%）	17.2	38.3	28.3	52.2	15.9	51.5	29.9	52.2	30.7
二级	平均值（毫克/千克）	47.8	51.4	51.1	50.1	49.2	50.4	47.9	50.1	50.3
	面积（公顷）	697.5	552.4	6 263.6	982.3	2 398.8	1 467.2	1 168.2	745.6	14 275.6
	占比（%）	7.7	26.8	46.1	24.3	33.3	27.4	22.1	30.2	29.1
三级	平均值（毫克/千克）	28.6	32.0	33.0	30.2	30.5	30.9	30.7	35.3	30.7
	面积（公顷）	5 157.0	432.0	3 298.2	842.7	2 912.3	1 107.7	2 468.1	436.4	16 654.4
	占比（%）	56.9	21.0	24.3	20.9	40.5	20.7	46.7	17.6	33.9
四级	平均值（毫克/千克）	13.9	15.3	18.3	16.5	17.9	19.6	15.3	—	15.1
	面积（公顷）	1 338.9	284.3	169.4	107.8	611.1	20.9	67.8	0	2 600.2
	占比（%）	14.8	13.8	1.2	2.7	8.5	0.4	1.3	0	5.3
五级	平均值（毫克/千克）	8.8	—	9.7	—	8.7	8.0	—	—	8.8
	面积（公顷）	220.5	0	15.1	0	129.0	0.7	0	0	365.3
	占比（%）	2.4	0	0.1	0	1.8	0	0	0	0.7
六级	平均值（毫克/千克）	1.9	—	—	—	—	—	—	—	1.9
	面积（公顷）	98.2	0	0	0	0	0	0	0	98.2
	占比（%）	1.1	0	0	0	0	0	0	0	0.2

表 4-17　各土种有效磷含量统计

土　种	最大值（毫克/千克）	最小值（毫克/千克）	平均值（毫克/千克）	样本数（个）	一级	二级	三级	四级	五级	六级	第二次土壤普查			
					>60毫克/千克	40～60毫克/千克	20～40毫克/千克	10～20毫克/千克	5～10毫克/千克	≤5毫克/千克	最大值（毫克/千克）	最小值（毫克/千克）	平均值（毫克/千克）	样本数（个）
合计	196.2	0.3	54.6	3 134	87.7	50.3	30.7	15.1	8.8	1.9	473.0	7.0	74.4	315
一、暗棕壤	194.6	0.3	54.6	1 814	86.8	50.8	30.9	14.8	8.9	1.9	212.0	7.0	50.5	85
麻沙质暗棕壤	48.9	0.3	24.0	13	—	46.5	34.6	11.4	—	0.3	—	—	—	—
砾沙质暗棕壤	194.6	0.3	54.3	1 022	88.1	51.0	30.4	15.5	9.1	2.7	98.0	14.0	38.3	21
沙砾质暗棕壤	194.6	2.9	54.1	520	83.5	51.1	31.5	14.4	7.6	2.9	101.0	11.0	49.9	21
泥质暗棕壤	107.2	73.9	91.1	8	91.1	—	—	—	—	—	—	—	—	—
沙砾质白浆化暗棕壤	146.3	11.6	53.9	171	81.0	49.9	31.9	13.0	—	—	198.0	7.0	60.0	34
砾沙质草甸暗棕壤	193.4	12.5	66.5	18	124.4	45.5	29.8	12.5	—	—	—	—	33.0	1
黄土质草甸暗棕壤	135.0	23.9	68.5	46	90.2	50.5	30.0	—	—	—	212.0	55.0	46.1	8
亚暗矿质潜育暗棕壤	135.0	33.4	58.9	16	128.0	46.9	36.7	—	—	—	—	—	—	—
二、白浆土	195.9	8.7	56.5	332	89.6	50.1	30.7	16.8	8.7	—	76.0	7.0	38.2	81
厚层黄土质白浆土	119.6	21.4	53.4	41	83.8	50.6	33.8	—	—	—	53.0	14.0	30.5	4
中层黄土质白浆土	165.5	10.3	64.6	90	95.2	51.5	33.2	11.2	—	—	41.0	23.0	32.0	2
薄层黄土质白浆土	96.6	19.9	48.5	47	80.0	49.5	32.8	19.9	—	—	62.0	7.0	22.0	23
厚层黄土质暗白浆土	195.9	16.3	61.6	34	103.5	50.2	26.2	16.3	—	—	61.0	11.0	78.1	17
中层黄土质暗白浆土	117.1	8.7	53.3	120	83.0	49.0	29.1	18.6	8.7	—	76.0	7.0	30.7	35
三、草甸土	194.0	5.9	54.4	437	93.2	48.9	29.8	13.4	7.9	—	473.0	7.0	119.4	64
厚层砾底草甸土	85.5	9.8	36.5	107	78.7	46.3	28.3	13.6	9.8	—	310.0	253.0	275.0	3
中层砾底草甸土	75.4	13.6	47.1	20	69.4	45.0	31.1	13.6	—	—	98.0	15.0	52.4	9
薄层砾底草甸土	88.0	34.6	56.7	9	77.7	42.7	38.0	—	—	—	73.0	10.0	35.1	8
厚层黏壤质草甸土	79.9	37.0	52.2	23	70.2	50.2	38.4	—	—	—	314.0	77.0	195.0	4
中层黏壤质草甸土	194.0	10.7	62.6	146	97.7	48.7	29.9	10.7	—	—	191.0	42.0	114.8	8
薄层黏壤质草甸土	193.1	11.6	70.8	72	109.9	51.3	30.3	11.6	—	—	473.0	92.0	281.6	8
中层沙砾底潜育草甸土	102.3	31.8	60.7	10	84.6	47.4	31.8	—	—	—	171.0	16.0	89.0	4

（续）

土种	最大值（毫克/千克）	最小值（毫克/千克）	平均值（毫克/千克）	样本数（个）	一级	二级	三级	四级	五级	六级	第二次土壤普查			
					>60毫克/千克	40～60毫克/千克	20～40毫克/千克	10～20毫克/千克	5～10毫克/千克	≤5毫克/千克	最大值（毫克/千克）	最小值（毫克/千克）	平均值（毫克/千克）	样本数（个）
薄层沙砾底潜育草甸土	95.5	38.6	60.7	16	82.2	53.7	38.6	—	—	—	332.0	54.0	153.7	3
厚层黏壤质潜育草甸土	85.5	5.9	36.8	19	75.6	47.0	28.1	12.5	5.9	—	105.0	7.0	65.3	3
中层黏壤质潜育草甸土	69.5	38.4	53.9	4	65.6	46.1	38.4	—	—	—	171.0	78.0	110.3	6
薄层黏壤质潜育草甸土	48.9	17.4	42.2	11	—	46.2	31.1	17.4	—	—	113.0	16.0	54.6	8
四、沼泽土	196.2	19.1	57.7	113	94.4	49.2	30.2	19.2	—	—	232.0	25.0	90.9	17
浅埋藏型沼泽土	196.2	19.2	70.9	18	100.5	52.5	33.2	19.2	—	—	204.0	38.0	122.0	4
中层泥炭沼泽土	100.7	19.1	45.3	67	80.7	49.0	29.5	19.1	—	—	232.0	30.0	106.0	3
薄层泥炭腐殖质沼泽土	88.0	40.5	61.1	4	78.3	44.0	—	—	—	—	112.0	26.0	72.0	4
薄层沙底草甸沼泽土	134.0	36.6	81.6	24	109.2	50.3	36.6	—	—	—	117.0	25.0	75.2	6
五、泥炭土	135.0	60.8	90.8	14	90.8	—	—	—	—	—	112.0	65.0	86.3	3
中层芦苇薹草低位泥炭土	98.7	60.8	80.8	5	80.8	—	—	—	—	—	112.0	65.0	86.3	3
薄层芦苇薹草低位泥炭土	135.0	69.7	96.4	9	96.4	—	—	—	—	—	—	—	0	0
六、新积土	109.6	19.7	54.8	73	72.4	49.1	31.8	19.7	—	—	426.0	56.0	183.8	30
薄层砾质冲积土	71.7	57.3	64.5	2	71.7	57.3	—	—	—	—	—	—	0	0
薄层沙质冲积土	68.0	25	51.3	8	67.0	53.0	25.3	—	—	—	221.0	70.0	112.2	5
中层状冲积土	109.6	19.7	55.0	63	73.1	48.4	34.4	19.7	—	—	426.0	56.0	198.1	25
七、水稻土	162.7	10.9	50.4	351	83.8	50.6	30.4	15.2	—	—	136.0	12.0	31.2	35
白浆土型淹育水稻土	98.4	27.3	55.6	18	78.6	49.8	30.2	—	—	—	27.0	15.0	21.8	4
薄层草甸土型淹育水稻土	31.7	17.2	26.2	6	—	—	27.9	17.2	—	—	—	—	—	—
中层草甸土型淹育水稻土	162.7	11.0	51.2	211	91.1	49.9	30.6	13.7	—	—	128.0	12.0	33.0	22
厚层草甸土型淹育水稻土	70.4	10.9	44.4	49	66.5	51.5	29.1	16.5	—	—	—	—	—	—
厚层暗棕壤型淹育水稻土	75.6	25.0	49.0	13	70.1	54.2	32.4	—	—	—	—	—	—	—
中层冲积土型淹育水稻土	79.3	20.0	46.9	40	69.4	52.0	30.3	20.0	—	—	24.0	16.0	19.3	3
厚层沼泽土型潜育水稻土	109.2	52.9	73.9	14	79.0	55.3	—	—	—	—	19.0	12.0	15.3	3
薄层泥炭土型潜育水稻土	0	0	—	0	—	—	—	—	—	—	136.0	16.0	59.0	3

表 4-18 各土种有效磷面积和单元数量统计

土种	面积（公顷）	单元个数（个）	一级		二级		三级		四级		五级		六级	
			面积（公顷）	个数（个）	面积（公顷）	个数（个）	面积（公顷）	个数（个）	面积（公顷）	个数（个）	面积（公顷）	个数（个）	面积（公顷）	个数（个）
合计	49 059.8	3 134	15 066.2	1 025	14 275.5	987	16 654.4	954	2 600.2	139	365.3	23	98.2	6
一、暗棕壤	27 634.6	1 814	8 126.7	608	7 346.1	546	10 464.4	560	1 381.7	74	217.5	20	98.2	6
麻沙质暗棕壤	291.7	13	0	0	23.7	2	189.3	5	54.9	4	0	0	23.83	2
砾沙质暗棕壤	11 656.9	1 022	3 049.2	335	2 829.7	301	4 939.7	318	593.1	48	196.1	17	49.17	3
沙砾质暗棕壤	10 257.7	520	3 018.0	172	3 222.7	163	3 349.6	164	620.7	17	21.4	3	25.2	1
泥质暗棕壤	53.9	8	53.9	8	0	0	0	0	0	0	0	0	0	0
沙砾质白浆化暗棕壤	3 586.2	171	1 133.7	58	1 120.4	55	1 265.2	54	66.8	4	0	0	0	0
砾沙质草甸暗棕壤	353.9	18	107.8	6	89.3	7	110.6	4	46.1	1	0	0	0	0
黄土质草甸暗棕壤	1 231.8	46	742.7	26	30.7	10	458.4	10	0	0	0	0	0	0
亚暗矿质潜育暗棕壤	202.4	16	21.3	3	29.6	8	151.5	5	0	0	0	0	0	0
二、白浆土	10 301.2	332	3 348.1	116	3 664.3	104	2 633.7	93	526.1	18	129.0	1	0	0
厚层黄土质白浆土	1 067.8	41	179.0	9	467.7	21	421.2	11	0	0	0	0	0	0
中层黄土质白浆土	2 788.3	90	927.6	39	1 294.2	27	390.3	20	176.3	4	0	0	0	0
薄层黄土质白浆土	1 752.0	47	787.5	9	520.5	21	433.6	14	10.4	3	0	0	0	0
厚层黄土质暗白浆土	347.5	34	246.1	15	20.8	3	56.7	13	23.9	3	0	0	0	0
中层黄土质暗白浆土	4 345.7	120	1 207.9	44	1 361.3	32	1 331.9	35	315.6	8	129.0	1	0	0
三、草甸土	4 502.9	437	1 443.3	134	1 154.0	140	1 602.6	137	284.3	24	18.8	2	0	0
厚层砾底草甸土	1 153.8	107	165.8	17	90.3	17	741.1	54	146.5	18	10.1	1	0	0
中层砾底草甸土	206.2	20	78.1	7	20.1	5	97.1	7	10.9	1	0	0	0	0
薄层砾底草甸土	121.7	9	35.9	4	1.5	2	84.2	3	0	0	0	0	0	0
厚层黏壤质草甸土	302.4	23	10.4	4	288.4	16	3.6	3	0	0	0	0	0	0
中层黏壤质草甸土	1 481.9	146	748.0	58	397.7	46	268.4	41	67.8	1	0	0	0	0
薄层黏壤质草甸土	709.9	72	286.2	30	182.6	26	200.9	15	40.2	1	0	0	0	0
中层沙砾底潜育草甸土	49.8	10	36.1	4	12.6	5	1.0	1	0	0	0	0	0	0

（续）

土种	面积（公顷）	单元个数（个）	一级		二级		三级		四级		五级		六级	
			面积（公顷）	个数（个）	面积（公顷）	个数（个）	面积（公顷）	个数（个）	面积（公顷）	个数（个）	面积（公顷）	个数（个）	面积（公顷）	个数（个）
薄层沙砾底潜育草甸土	102.0	16	36.5	5	30.9	9	34.6	2	0	0	0	0	0	0
厚层黏壤质潜育草甸土	225.3	19	8.0	3	39.3	4	151.9	9	17.6	2	8.6	1	0	0
中层黏壤质潜育草甸土	72.5	4	38.3	2	15.4	1	18.9	1	0	0	0	0	0	0
薄层黏壤质潜育草甸土	77.4	11	0	0	75.3	9	0.8	1	1.3	1	0	0	0	0
四、沼泽土	1 817.4	113	688.5	41	453.9	27	573.5	41	101.5	4	0	0	0	0
浅埋藏型沼泽土	223.5	18	96.1	10	15.6	1	110.2	6	1.6	1	0	0	0	0
中层泥炭沼泽土	992.9	67	325.4	16	200.1	14	367.3	34	100.0	3	0	0	0	0
薄层泥炭腐殖质沼泽土	115.2	4	59.7	2	55.5	2	0	0	0	0	0	0	0	0
薄层沙底草甸沼泽土	486.0	24	207.3	13	182.8	10	95.9	1	0	0	0	0	0	0
五、泥炭土	324.4	14	324.4	14	0	0	0	0	0	0	0	0	0	0
中层芦苇薹草低位泥炭土	37.7	5	37.7	5	0	0	0	0	0	0	0	0	0	0
薄层芦苇薹草低位泥炭土	286.7	9	286.7	9	0	0	0	0	0	0	0	0	0	0
六、新积土	928.0	73	401.3	27	339.4	36	141.7	7	45.6	3	0	0	0	0
薄层砾质冲积土	16.8	2	2.6	1	14.2	1	0	0	0	0	0	0	0	0
薄层沙质冲积土	100.8	8	14.0	3	7.1	3	79.6	2	0	0	0	0	0	0
中层状冲积土	810.4	63	384.6	23	318.1	32	62.1	5	45.6	3	0	0	0	0
七、水稻土	3 551.3	351	733.9	85	1 317.7	134	1 238.7	116	261.0	16	0	0	0	0
白浆土型淹育水稻土	424.4	18	185.0	5	223.3	11	16.0	2	0	0	0	0	0	0
薄层草甸土型淹育水稻土	46.5	6	0	0	0	0	46.0	5	0.5	1	0	0	0	0
中层草甸土型淹育水稻土	1 853.8	211	385.9	50	524.4	76	830.6	76	113.0	9	0	0	0	0
厚层草甸土型淹育水稻土	629.7	49	25.4	5	341.9	28	155.9	11	106.4	5	0	0	0	0
厚层暗棕壤型淹育水稻土	186.6	13	18.2	4	26.2	3	142.1	6	0	0	0	0	0	0
中层冲积土型淹育水稻土	342.3	40	97.8	10	155.4	13	48.0	16	41.1	1	0	0	0	0
厚层沼泽土型潜育水稻土	68.0	14	21.6	11	46.5	3	0	0	0	0	0	0	0	0
薄层泥炭土型潜育水稻土	0	0	0	0	0	0	0	0	0	0	0	0	0	0

(三) 供磷强度

由全磷和有效磷含量可见，牡丹江市区土壤供磷强度较第二次土壤普查有所增加，而且各土类间的差异变小，如最大供磷强度泥炭土为 9.72%，而最小供磷强度沼泽土为 7.55%，可见差值相差很小（表 4-19）。各乡（镇）间的供磷强度相差也不大，除海南乡土壤供磷强度为 23.64%，其原因是海南乡水稻种植面积较大，水田中全磷含量比旱田含量低很多（表 4-20）。

表 4-19 各土种供磷强度统计

土种	本次调查			第二次土壤普查		
	全磷（克/千克）	有效磷（毫克/千克）	供磷强度（%）	全磷（克/千克）	有效磷（毫克/千克）	供磷强度（%）
暗棕壤	0.698 7	54.6	7.82	1.470	50.71	3.45
白浆土	0.689 8	56.5	8.19	1.390	27.65	1.99
草甸土	0.684 7	54.4	7.94	2.150	119.39	5.53
沼泽土	0.764 4	57.7	7.55	2.420	90.88	3.76
泥炭土	0.934 4	90.8	9.72	5.090	86.3	1.69
新积土	0.684 1	54.8	8.02	2.070	193.77	8.89
水稻土	0.635 6	50.4	7.92	0.990	31.23	3.13
平均	0.691 8	54.6	7.89	1.960	71.83	3.76

表 4-20 各乡（镇）供磷强度统计

土种	本次调查			第二次土壤普查		
	全磷（克/千克）	有效磷（毫克/千克）	供磷强度（%）	全磷（克/千克）	有效磷（毫克/千克）	供磷强度（%）
磨刀石镇	0.639	38.6	6.04	—	—	—
北安乡	0.857	61.4	7.17	2.220	106.05	4.78
五林镇	0.737	55.1	7.48	—	—	—
海南乡	0.275	65.1	23.64	—	—	—
温春镇	0.683	47.8	7.00	1.540	62.27	4.04
铁岭镇	0.853	66.9	7.84	1.870	94.88	5.07
兴隆镇	0.676	46.7	6.91	1.700	55.96	3.29
桦林镇	0.816	67.4	8.26	1.790	52.34	2.92
平均	0.692	54.6	7.89	1.960	72.00	3.67

四、土壤钾素

钾是植物重要营养元素之一。近些年来随着科学种田的发展和单位面积产量的提高，施用钾肥的增产效果已日趋明显。

（一）全钾含量

释　　义：耕层土壤中钾素的总量。以每千克干土中所含钾的克数计

字段代码：SO120225

英文名称：Total potassium

数据类型：数值

量　　纲：克/千克

数据长度：4

小 数 位：1

极 小 值：0

极 大 值：99.9

备　　注：GB/T 7480 酚二磺酸分光光度法或紫外比色法或离子色谱法

土壤中的钾包括3种形态：

（1）矿物钾：主要存在于土壤粗粒部分，约占全钾的90%左右，植物极难吸收。

（2）缓效性钾：占全钾的2%～8%，是土壤速效钾的来源。

（3）速效性钾：指吸附于土壤胶体表面的代换性钾和土壤溶液中的钾离子。植物主要是吸收土壤溶液中的钾离子。当季植物的钾营养水平主要决定于土壤速效钾的含量。一般速效性钾含量仅占全钾的0.1%～2%，其含量除受耕作、施肥等影响外，还受土壤缓效性钾贮量和转化速率的控制。

该区土壤黏土矿物以水云母、蒙脱石为主，全钾含量较丰富。据统计，全钾平均含量为23.3克/千克，1984年第二次土壤普查含量为27.8克/千克，全钾平均含量减少了4.5

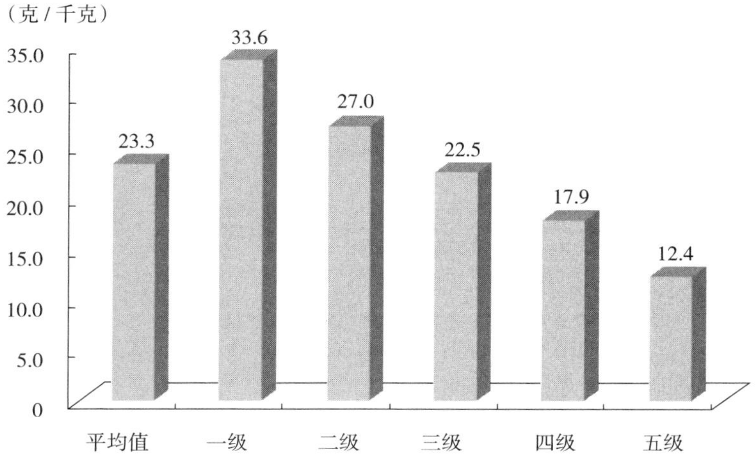

图4-14　各等级全钾平均含量

克/千克，全市平均含量达到分级标准的三级水平（图 4－14）。

从各土类全钾平均含量分析来看，除个别土类外，与土壤普查相比大体上呈含量下降趋势，下降幅度基本在 4 克/千克左右（图 4－15）。

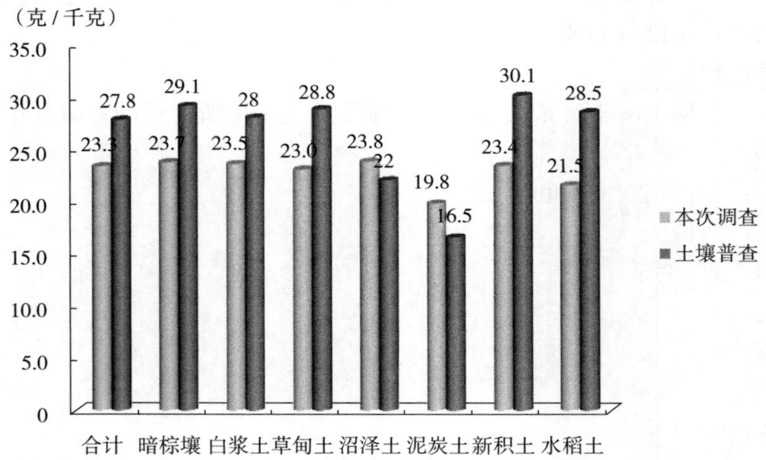

图 4－15　各土类全钾平均含量

从含量分级情况统计得出，6 个等级都有分布，但主要集中在二级、三级、四级，在管理单元和面积比例上，这 3 个等级分别占到 92.98%和 92.63%。一级分布很少，而五级、六级只有零星分布（图 4－16）。

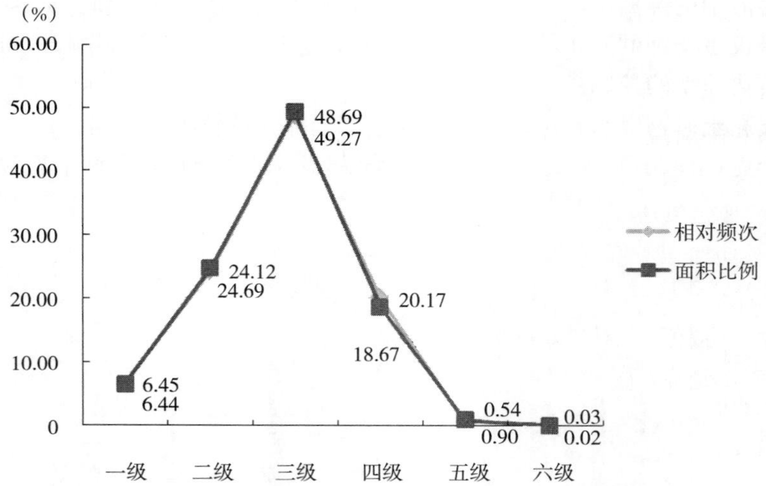

图 4－16　各等级全钾频次分布和面积比例

各乡（镇）全钾的平均含量相差不大，最高的是磨刀石镇，为 26.7 克/千克，最低的是海南乡，为 17.5 克/千克。各乡（镇）按全钾平均含量从高到低排序为磨刀石镇＞兴隆镇＞北安乡＞铁岭镇＞温春镇＞五林镇＞桦林镇＞海南乡，详见表4－21。

各土种全钾含量见表 4－22，各土种全钾面积和单元数量见表 4－23。

表 4-21　各乡（镇）土壤全钾养分及面积统计

项　目		磨刀石镇	北安乡	五林镇	海南乡	温春镇	铁岭镇	兴隆镇	桦林镇	合计
最大值（克/千克）		41.5	32.9	36.9	28.6	31.5	38.0	41.5	34.5	41.5
最小值（克/千克）		17.1	10.4	11.5	7.8	16.1	15.4	17.1	15.1	7.8
平均值（克/千克）		26.7	25.2	22.1	17.5	23.2	23.7	25.7	21.6	23.3
一级	平均值（克/千克）	34.3	31.6	33.7	—	31.5	31.7	34.3	34.5	33.6
	面积（公顷）	1 475.1	118.4	67.0	0	61.0	555.5	853.6	28.0	3 158.6
	占比（%）	16.3	5.8	0.5	0	0.8	10.4	16.2	1.1	6.4
二级	平均值（克/千克）	27.3	26.8	26.2	28.6	27.1	26.9	27.0	26.7	27.0
	面积（公顷）	3 631.9	714.5	1 793.5	8.4	2 855.6	1 357.0	1 572.9	181.2	12 115.0
	占比（%）	40.0	34.7	13.2	0.2	39.7	25.3	29.8	7.3	24.7
三级	平均值（克/千克）	23.4	23.3	22.3	21.3	22.5	22.6	22.7	22.1	22.5
	面积（公顷）	2 952.1	1 045.2	10 104.5	120.6	3 343.8	2 536.8	2 504.6	1 566.2	24 173.8
	占比（%）	32.5	50.8	74.4	3.0	46.5	47.4	47.4	63.3	49.3
四级	平均值（克/千克）	18.6	18.4	18.6	17.3	17.9	18.3	18.1	18.2	17.9
	面积（公顷）	1 012.2	77.2	1 306.5	3 875.2	934.8	904.3	350.1	697.6	9 158.0
	占比（%）	11.2	3.8	9.6	95.9	13.0	16.9	6.6	28.2	18.7
五级	平均值（克/千克）	—	10.8	12.7	15.0	—	—	—	—	12.4
	面积（公顷）	0	102.1	316.8	24.7	0	0	0	0	443.6
	占比（%）	0	5.0	2.3	0.6	0	0	0	0	0.9
六级	平均值（克/千克）	—	—	—	7.8	—	—	—	—	7.8
	面积（公顷）	0	0	0	11.2	0	0	0	0	11.2
	占比（%）	0	0	0	0.3	0	0	0	0	0

（二）速效钾含量

释　　义：土壤中容易为作物吸收利用的钾素含量。包括土壤溶液中的以及吸附在土壤胶体上的代换性钾离子。以每千克干土中所含钾的毫克数表示

字段代码：SO120208

英文名称：Available potassium

数据类型：数值

量　　纲：毫克/千克

数据长度：3

小 数 位：0

极 小 值：0

极 大 值：900

备　　注：乙酸铵提取-火焰光度法

土壤速效钾是指水溶性钾和黏土矿物晶体外表面吸附的交换性钾，这一部分钾素植物可以直接吸收利用，对植物生长及其品质起着重要作用。其含量水平的高低反映了土壤的供钾能力，是土壤质量的主要指标。

表 4-22　各土种全钾含量统计

土　　种	最大值（克/千克）	最小值（克/千克）	平均值（克/千克）	样本数（个）	一级	二级	三级	四级	五级	六级	土壤普查平均值（克/千克）
					>30 克/千克	25～30 克/千克	20～25 克/千克	15～20 克/千克	10～15 克/千克	≤10 克/千克	
合计	41.5	7.8	23.3	3 134	33.6	27.0	22.5	17.9	12.4	7.8	27.8
一、暗棕壤	41.5	10.4	23.7	1 814	33.9	27.0	22.5	18.1	12.3	—	29.1
麻沙质暗棕壤	29.9	24.9	27.3	13	—	28.7	24.9	—	—	—	—
砾沙质暗棕壤	41.5	11.9	23.8	1 022	33.9	26.9	22.5	18.3	12.8	—	—
沙砾质暗棕壤	38.2	11.9	23.9	520	34.4	27.1	22.5	18.3	11.9	—	—
泥质暗棕壤	19.9	15.8	17.2	8	—	—	—	17.2	—	—	—
沙砾质白浆化暗棕壤	41.5	10.4	24.6	171	33.0	27.3	22.9	18.6	11.0	—	—
砾沙质草甸暗棕壤	23.8	17.8	22.2	18	—	—	22.5	17.8	—	—	—
黄土质草甸暗棕壤	29.3	15.0	19.4	46	—	26.4	21.8	17.1	15.0	—	—
亚暗矿质潜育暗棕壤	17.7	15.7	16.5	16	—	—	—	16.5	—	—	—
二、白浆土	38.2	10.4	23.5	332	32.5	26.8	22.5	18.1	12.5	—	28.0
厚层黄土质白浆土	28.4	17.2	22.9	41	—	26.8	22.7	17.4	—	—	—
中层黄土质白浆土	38.2	17.0	23.0	90	34.4	26.8	22.4	17.7	—	—	—
薄层黄土质白浆土	27.2	14.6	22.5	47	—	25.7	22.9	18.7	14.6	—	—
厚层黄土质暗白浆土	28.4	20.2	24.1	34	—	27.0	22.2	—	—	—	—
中层黄土质暗白浆土	32.1	10.4	24.4	120	31.2	26.9	22.4	18.8	10.4	—	—
三、草甸土	38.0	10.4	23.0	437	32.0	27.1	22.7	17.9	12.9	—	28.8
厚层砾底草甸土	38.0	17.8	25.6	107	31.7	27.0	23.2	18.6	—	—	—
中层砾底草甸土	32.9	22.1	27.0	20	32.3	28.2	23.7	—	—	—	—
薄层砾底草甸土	28.8	21.9	25.4	9	—	27.7	22.5	—	—	—	—
厚层黏壤质草甸土	32.1	20.7	26.4	23	32.1	27.1	21.9	—	—	—	—
中层黏壤质草甸土	29.6	10.4	19.7	146	—	26.6	22.3	17.6	11.2	—	—
薄层黏壤质草甸土	29.4	14.6	22.7	72	—	27.5	22.3	18.8	14.6	—	—
中层沙砾底潜育草甸土	21.9	17.6	19.9	10	—	—	21.3	19.0	—	—	—
薄层沙砾底潜育草甸土	27.3	21.3	25.4	16	—	26.4	23.0	—	—	—	—

（续）

土　　种	最大值（克/千克）	最小值（克/千克）	平均值（克/千克）	样本数（个）	一级	二级	三级	四级	五级	六级	土壤普查平均值（克/千克）
					>30克/千克	25～30克/千克	20～25克/千克	15～20克/千克	10～15克/千克	≤10克/千克	
厚层黏壤质潜育草甸土	29.1	19.6	25.3	19	—	27.4	24.1	19.6	—	—	—
中层黏壤质潜育草甸土	21.1	20.9	21.0	4	—	—	21.0	—	—	—	—
薄层黏壤质潜育草甸土	26.8	21.7	23.2	11	—	26.7	22.4	—	—	—	—
四、沼泽土	38.1	15.9	23.8	113	35.5	27.1	22.6	18.2	—	—	22.0
浅埋藏型沼泽土	24.7	17.5	21.7	18	—	—	23.0	18.3	—	—	—
中层泥炭沼泽土	38.1	18.3	24.9	67	37.2	26.7	22.4	19.2	—	—	—
薄层泥炭腐殖质沼泽土	19.9	15.9	17.4	4	—	—	—	17.4	—	—	—
薄层沙底草甸沼泽土	30.8	16.9	23.2	24	30.5	28.1	22.4	17.6	—	—	—
五、泥炭土	26.2	11.9	19.8	14	—	25.8	22.6	16.3	11.9	—	16.5
中层芦苇薹草低位泥炭土	26.2	22.7	24.6	5	—	25.8	22.9	—	—	—	—
薄层芦苇薹草低位泥炭土	23.2	11.9	17.1	9	—	—	22.5	16.3	11.9	—	—
六、新积土	32.0	20.6	23.4	73	31.6	26.9	22.4	—	—	—	30.1
薄层砾质冲积土	32.0	27.3	29.7	2	32.0	27.3	—	—	—	—	—
薄层沙质冲积土	25.0	21.9	23.6	8	—	—	23.6	—	—	—	—
中层状冲积土	31.2	20.6	23.2	63	31.2	26.9	22.2	—	—	—	—
七、水稻土	31.3	7.8	21.5	351	31.1	27.0	22.5	17.2	—	7.8	28.5
白浆土型淹育水稻土	28.5	20.4	23.3	18	—	27.2	21.8	—	—	—	—
薄层草甸土型淹育水稻土	16.6	16.5	16.5	6	—	—	—	16.5	—	—	—
中层草甸土型淹育水稻土	31.3	15.8	22.5	211	31.1	27.2	22.7	17.4	—	—	—
厚层草甸土型淹育水稻土	22.8	15.7	17.1	49	—	—	21.5	16.9	—	—	—
厚层暗棕壤型淹育水稻土	17.6	7.8	16.0	13	—	—	—	16.7	—	7.8	—
中层冲积土型淹育水稻土	25.9	19.2	22.8	40	—	25.7	22.3	19.2	—	—	—
厚层沼泽土型潜育水稻土	26.6	19.9	23.0	14	—	26.0	22.8	19.9	—	—	—
薄层泥炭土型潜育水稻土	0	0	—	0	—	—	—	—	—	—	—

表 4-23　各土种全钾面积和单元数量统计

土　种	面积(公顷)	单元个数(个)	一级		二级		三级		四级		五级		六级	
			面积(公顷)	个数(个)	面积(公顷)	个数(个)	面积(公顷)	个数(个)	面积(公顷)	个数(个)	面积(公顷)	个数(个)	面积(公顷)	个数(个)
合计	49 059.8	3 134	3 158.5	202	12 115.0	756	24 173.5	1 526	9 158.0	632	443.6	17	11.2	1
一、暗棕壤	27 634.6	1 814	2 314.7	142	7 513.8	447	13 012.9	899	4 713.1	319	80.0	7	0	0
麻沙质暗棕壤	291.7	13	0	0	102.4	8	189.3	5	0	0	0	0	0	0
砾沙质暗棕壤	11 656.9	1 022	1 170.4	77	3 382.7	273	5 155.5	505	1 932.5	165	15.9	2	0	0
沙砾质暗棕壤	10 257.7	520	789.6	49	2 728.8	112	5 008.7	271	1 726.1	86	4.6	2	0	0
泥质暗棕壤	53.9	8	0	0	0	0	0	0	53.9	8	0	0	0	0
沙砾质白浆化暗棕壤	3 586.2	171	354.7	16	1 280.0	49	1 714.4	88	202.2	16	34.9	2	0	0
砾沙质草甸暗棕壤	353.9	18	0	0	0	0	349.1	17	4.8	1	0	0	0	0
黄土质草甸暗棕壤	1 231.8	46	0	0	19.9	5	595.9	13	591.3	27	24.7	1	0	0
亚暗矿质潜育暗棕壤	202.4	16	0	0	0	0	0	0	202.4	16	0	0	0	0
二、白浆土	10 301.2	332	375.5	22	2 353.8	73	6 320.6	195	1 152.2	40	99.3	2	0	0
厚层黄土质白浆土	1 067.8	41	0	0	186.8	8	631.1	28	249.9	5	0	0	0	0
中层黄土质白浆土	2 788.3	90	292.3	9	97.7	8	1 768.1	54	630.3	19	0	0	0	0
薄层黄土质白浆土	1 752.0	47	0	0	255.8	4	1 461.2	37	32.0	5	3.0	1	0	0
厚层黄土质暗白浆土	347.5	34	0	0	159.1	14	188.3	20	0	0	0	0	0	0
中层黄土质暗白浆土	4 345.7	120	83.2	13	1 654.3	39	2 271.9	56	240.0	11	96.3	1	0	0
三、草甸土	4 502.9	437	187.0	17	1 155.6	134	1 720.8	166	1 312.5	116	127.1	4	0	0
厚层砾底草甸土	1 153.8	107	85.8	8	619.9	55	425.9	40	22.2	4	0	0	0	0
中层砾底草甸土	206.2	20	77.0	6	30.3	3	99.0	11	0	0	0	0	0	0
薄层砾底草甸土	121.7	9	0	0	54.1	5	67.6	4	0	0	0	0	0	0
厚层黏壤质草甸土	302.4	23	24.2	3	75.4	14	202.8	6	0	0	0	0	0	0
中层黏壤质草甸土	1 481.9	146	0	0	184.6	18	323.3	34	969.1	92	4.9	2	0	0
薄层黏壤质草甸土	709.9	72	0	0	71.5	18	354.4	39	161.9	13	122.1	2	0	0
中层沙砾底潜育草甸土	49.8	10	0	0	0	0	7.8	4	42.0	6	0	0	0	0

（续）

土 种	面积（公顷）	单元个数（个）	一级		二级		三级		四级		五级		六级	
			面积（公顷）	个数（个）	面积（公顷）	个数（个）	面积（公顷）	个数（个）	面积（公顷）	个数（个）	面积（公顷）	个数（个）	面积（公顷）	个数（个）
薄层沙砾底潜育草甸土	102.0	16	0	0	66.6	11	35.4	5	0	0	0	0	0	0
厚层黏壤质潜育草甸土	225.3	19	0	0	40.5	8	67.5	10	117.3	1	0	0	0	0
中层黏壤质潜育草甸土	72.5	4	0	0	0	0	72.5	4	0	0	0	0	0	0
薄层黏壤质潜育草甸土	77.4	11	0	0	12.8	2	64.6	9	0	0	0	0	0	0
四、沼泽土	1 817.4	113	177.7	12	137.6	18	1 037.4	60	464.7	23	0	0	0	0
浅埋藏型沼泽土	223.5	18	0	0	0	0	198.4	13	25.1	5	0	0	0	0
中层泥炭沼泽土	992.9	67	158.2	9	58.4	13	691.4	38	84.8	7	0	0	0	0
薄层泥炭腐殖质沼泽土	115.2	4	0	0	0	0	0	0	115.2	4	0	0	0	0
薄层沙底草甸沼泽土	486.0	24	19.5	3	79.2	5	147.6	9	239.6	7	0	0	0	0
五、泥炭土	324.4	14	0	0	30.9	3	154.0	6	2.4	1	137.2	4	0	0
中层芦苇薹草低位泥炭土	37.7	5	0	0	30.9	3	6.9	2	0	0	0	0	0	0
薄层芦苇薹草低位泥炭土	286.7	9	0	0	0	0	147.1	4	2.4	1	137.2	4	0	0
六、新积土	928.0	73	45.8	2	212.1	12	670.1	59	0	0	0	0	0	0
薄层砾质冲积土	16.8	2	14.2	1	2.6	1	0	0	0	0	0	0	0	0
薄层沙质冲积土	100.8	8	0	0	0	0	100.8	8	0	0	0	0	0	0
中层状冲积土	810.4	63	31.6	1	209.5	11	569.3	51	0	0	0	0	0	0
七、水稻土	3 551.3	351	57.9	7	711.3	69	1 257.8	141	1 513.1	133	0	0	11.2	1
白浆土型淹育水稻土	424.4	18	0	0	203.4	5	221.0	13	0	0	0	0	0	0
薄层草甸土型淹育水稻土	46.5	6	0	0	0	0	0	0	46.5	6	0	0	0	0
中层草甸土型淹育水稻土	1 853.8	211	57.9	7	363.8	55	754.6	84	677.6	65	0	0	0	0
厚层草甸土型淹育水稻土	629.7	49	0	0	0	0	19.0	2	610.7	47	0	0	0	0
厚层暗棕壤型淹育水稻土	186.6	13	0	0	0	0	0	0	175.4	12	0	0	11.2	1
中层冲积土型淹育水稻土	342.3	40	0	0	131.0	7	209.5	31	1.8	2	0	0	0	0
厚层沼泽土型潜育水稻土	68.0	14	0	0	13.1	2	53.7	11	1.2	1	0	0	0	0
薄层泥炭土型潜育水稻土	0	0	0	0	0	0	0	0	0	0	0	0	0	0

据 3 134 个管理单元统计，速效钾平均含量 123.7 毫克/千克，达到分级标准的三级，但与 1984 年第二次土壤普查结果相比，土壤中的速效钾平均含量下降幅度很大，相差达 100 毫克/千克（图 4 - 17）。

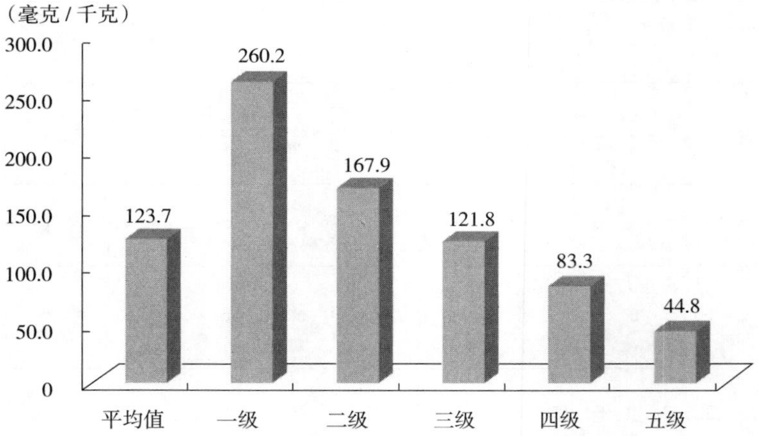

图 4 - 17　各等级速效钾平均含量

从各土类情况来看，除泥炭土外，所有土类的速效钾平均含量均比 1984 年第二次土壤普查的平均含量有所下降，且下降幅度都很大，最小的水稻土也相差 57.3 毫克/千克，最大的草甸土相差为 119.6 毫克/千克（图 4 - 18）。

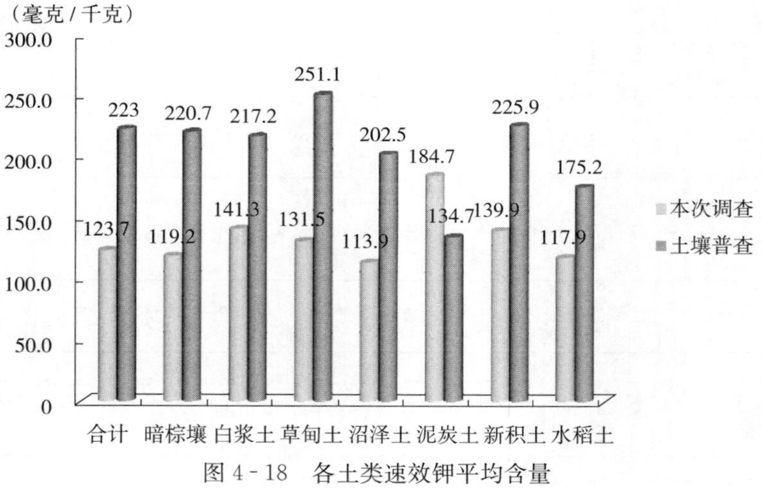

图 4 - 18　各土类速效钾平均含量

速效钾含量分级，主要集中在三级、四级，占总管理单元数的 74.95%，占总耕地面积的 72.41%，一级、二级分布很少，五级、六级基本没有分布（图 4 - 19）。

另外，各乡（镇）间的分布差异性不大，而且均比 1984 年的平均含量低，但以温春镇为高，163.2 毫克/千克，铁岭镇最低，108.8 毫克/千克，各乡（镇）降序排列为温春镇＞兴隆镇＞桦林镇＞海南乡＞北安乡＞五林镇＞磨刀石镇＞铁岭镇，见表 4 - 24。

各土种速效钾含量见表 4 - 25，各土种速效钾面积及单元数量见表 4 - 26。

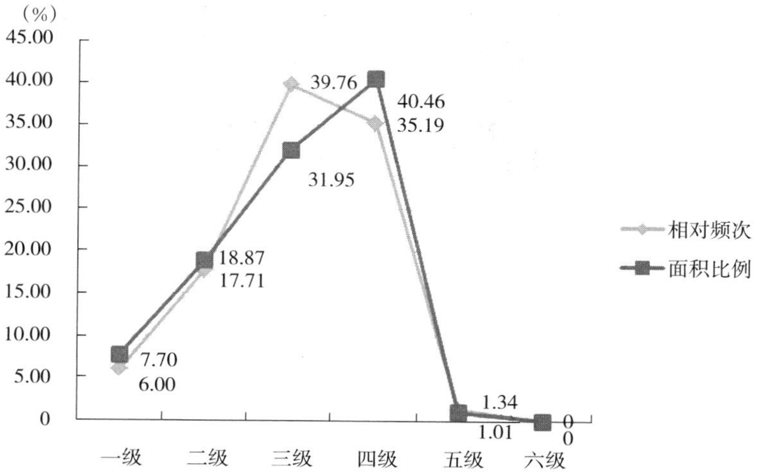

图 4-19　各等级速效钾频次分布和面积比例

表 4-24　各乡（镇）土壤速效钾养分及面积统计

项　　目		磨刀石镇	北安乡	五林镇	海南乡	温春镇	铁岭镇	兴隆镇	桦林镇	合计
最大值（毫克/千克）		328	414	360	229	371	408	556	599	599
最小值（毫克/千克）		47	45	42	33	78	34	36	64	33
平均值（毫克/千克）		109.7	123.0	118.0	128.4	163.2	108.8	136.9	132.5	123.7
1984年均值（毫克/千克）		—	284	—	—	226	181	205	161	223
一级	平均值（毫克/千克）	263.6	308.9	273.5	218.5	240.7	273.9	240.2	305.6	260.2
	面积（公顷）	125.2	94.4	467.6	9.7	1 409.8	426.1	996.1	250.3	3 779.2
	占比（%）	1.4	4.6	3.4	0.2	19.6	8.0	18.9	10.1	7.7
二级	平均值（毫克/千克）	176.7	160.9	163.3	167.7	170.6	170.9	165.2	172.6	167.9
	面积（公顷）	835.5	213.1	1 603.1	1 568.1	2 913.7	198.9	1 506.4	419.0	9 257.8
	占比（%）	9.2	10.4	11.8	38.8	40.5	3.7	28.5	16.9	18.9
三级	平均值（毫克/千克）	118.2	118.8	120.6	128.6	128.7	119.1	124.5	122.1	121.8
	面积（公顷）	3 362.4	928.7	4 117.7	1 679.5	1 493.5	1 595.5	1 284.1	1 215.3	15 676.9
	占比（%）	37.1	45.1	30.3	41.6	20.8	29.8	24.3	49.1	32.0
四级	平均值（毫克/千克）	82.8	86.9	83.7	77.2	92.3	83.3	81.4	84.9	83.3
	面积（公顷）	4 665.0	813.7	7 353.7	758.8	1 378.2	2 885.9	1 405.5	588.4	19 849.2
	占比（%）	51.4	39.5	54.1	18.8	19.2	53.9	26.6	23.8	40.5
五级	平均值（毫克/千克）	47.4	45.0	42.0	40.0	—	45.5	44.7	—	44.8
	面积（公顷）	83.1	7.5	46.1	24.0	0	247.3	89.1	0	497.1
	占比（%）	0.9	0.4	0.3	0.6	0	4.6	1.7	0	1.0
六级	平均值（毫克/千克）	—	—	—	—	—	—	—	—	—
	面积（公顷）	0	0	0	0	0	0	0	0	0
	占比（%）	0	0	0	0	0	0	0	0	0

表 4-25　各土种速效钾含量统计

土　　种	最大值（毫克/千克）	最小值（毫克/千克）	平均值（毫克/千克）	样本数（个）	一级	二级	三级	四级	五级	六级	土壤普查平均值（毫克/千克）
					＞200 毫克/千克	150～200 毫克/千克	100～150 毫克/千克	50～100 毫克/千克	30～50 毫克/千克	≤30 毫克/千克	
合计	599	33	123.7	3 134	260.2	167.9	121.8	83.3	44.8	—	223
一、暗棕壤	414	34	119.2	1 814	258.9	166.3	121.5	83.6	44.9	—	220.7
麻沙质暗棕壤	126	100	111.9	13	—	—	117.2	100.0	—	—	—
砾沙质暗棕壤	360	34	120.1	1 022	252.5	165.7	122.4	83.2	44.0	—	—
沙砾质暗棕壤	414	34	116.3	520	258.4	166.7	118.2	84.5	46.8	—	—
泥质暗棕壤	185	144	168.5	8	—	176.7	144.0	—	—	—	—
沙砾质白浆化暗棕壤	408	41	114.0	171	311.6	168.6	124.3	82.1	44.7	—	—
砾沙质草甸暗棕壤	287	42	153.2	18	243.8	177.5	122.3	81.5	42.0	—	—
黄土质草甸暗棕壤	208	59	124.6	46	208.0	165.2	126.1	84.9	—	—	—
亚暗矿质潜育暗棕壤	162	115	135.9	16	—	160.3	130.3	—	—	—	—
二、白浆土	599	47	141.3	332	253.2	170.6	122.9	84.3	47.0	—	217.2
厚层黄土质白浆土	245	67	111.3	41	245.0	153.5	118.1	87.2	—	—	—
中层黄土质白浆土	302	80	157.2	90	244.7	176.0	123.7	92.9	—	—	—
薄层黄土质白浆土	180	58	110.4	47	—	168.5	120.3	80.5	—	—	—
厚层黄土质暗白浆土	599	76	174.4	34	322.3	164.7	121.9	88.2	—	—	—
中层黄土质暗白浆土	363	47	142.3	120	231.6	170.1	125.6	79.7	47.0	—	—
三、草甸土	556	45	131.5	437	273.0	168.8	121.7	84.6	46.8	—	251.1
厚层砾底草甸土	328	47	117.7	107	265.6	174.5	115.3	82.4	47.0	—	—
中层砾底草甸土	201	58	120.5	20	201.0	—	113.5	89.0	—	—	—
薄层砾底草甸土	281	95	140.9	9	281.0	151.0	114.7	95.0	—	—	—
厚层黏壤质草甸土	142	47	96.7	23	—	—	118.7	89.5	47.0	—	—
中层黏壤质草甸土	556	45	145.1	146	264.5	170.2	128.9	82.1	45.0	—	—
薄层黏壤质草甸土	414	74	135.7	72	361.8	161.8	121.7	87.2	—	—	—
中层沙砾底潜育草甸土	208	117	150.7	10	206.0	176.0	131.3	—	—	—	—
薄层沙砾底潜育草甸土	116	86	103.7	16	—	—	107.5	92.3	—	—	—

（续）

土　　种	最大值（毫克/千克）	最小值（毫克/千克）	平均值（毫克/千克）	样本数（个）	一级	二级	三级	四级	五级	六级	土壤普查平均值（毫克/千克）
					>200 毫克/千克	150～200 毫克/千克	100～150 毫克/千克	50～100 毫克/千克	30～50 毫克/千克	≤30 毫克/千克	
厚层黏壤质潜育草甸土	328	93	161.4	19	275.3	158.5	117.3	96.5	—	—	—
中层黏壤质潜育草甸土	199	147	163.0	4	—	168.3	147.0	—	—	—	—
薄层黏壤质潜育草甸土	131	68	104.6	11	—	—	119.7	78.3	—	—	—
四、沼泽土	302	55	113.9	113	227.6	176.6	120.7	83.4	—	—	202.5
浅埋藏型沼泽土	210	56	117.7	18	208.7	193.0	117.0	86.2	—	—	—
中层泥炭沼泽土	302	67	109.1	67	256.0	176.3	118.6	82.6	—	—	—
薄层泥炭腐殖质沼泽土	120	55	82.5	4	—	—	120.0	70.0	—	—	—
薄层沙底草甸沼泽土	188	73	129.7	24	—	174.4	126.9	89.0	—	—	—
五、泥炭土	338	80	184.7	14	280.7	179.0	134.0	89.0	—	—	134.7
中层芦苇薹草低位泥炭土	195	80	135.4	5	—	182.5	134.0	89.0	—	—	—
薄层芦苇薹草低位泥炭土	338	161	212.1	9	280.7	177.8	—	—	—	—	—
六、新积土	371	67	139.9	73	267.1	162.3	116.9	92.3	—	—	225.9
薄层砾质冲积土	86	67	76.5	2	—	—	—	76.5	—	—	—
薄层沙质冲积土	195	150	163.6	8	—	168.2	150.0	—	—	—	—
中层状冲积土	371	89	139.0	63	267.1	158.7	115.1	96.3	—	—	—
七、水稻土	328	33	117.9	351	254.9	168.0	123.7	78.7	39.5	—	175.2
白浆土型淹育水稻土	250	76	125.5	18	228.0	—	117.0	84.7	—	—	—
薄层草甸土型淹育水稻土	80	33	53.8	6	—	—	—	71.3	36.3	—	—
中层草甸土型淹育水稻土	328	41	117.1	211	266.7	169.1	122.7	77.8	42.7	—	—
厚层草甸土型淹育水稻土	200	62	117.4	49	—	168.7	129.1	75.7	—	—	—
厚层暗棕壤型淹育水稻土	178	77	141.1	13	—	171.7	127.4	83.5	—	—	—
中层冲积土型淹育水稻土	298	74	124.4	40	256.0	164.2	119.5	82.0	—	—	—
厚层沼泽土型潜育水稻土	142	66	110.1	14	—	—	126.8	80.0	—	—	—
薄层泥炭土型潜育水稻土	0	0	—	0	—	—	—	—	—	—	—

表 4-26　各土种速效钾面积和单元数量统计

土　种	面积（公顷）	单元个数（个）	一级		二级		三级		四级		五级		六级	
			面积（公顷）	个数（个）	面积（公顷）	个数（个）	面积（公顷）	个数（个）	面积（公顷）	个数（个）	面积（公顷）	个数（个）	面积（公顷）	个数（个）
合计	49 059.8	3 134	3 779.1	188	9 257.9	555	15 676.7	1 246	19 849.1	1 103	497.1	42	0	0
一、暗棕壤	27 634.6	1 814	1 237.8	75	4 908.8	308	8 921.5	706	12 203.2	704	363.3	21	0	0
麻沙质暗棕壤	291.7	13	0	0	0	0	236.8	9	54.9	4	0	0	0	0
砾沙质暗棕壤	11 656.9	1 022	663.2	44	1 892.9	192	3 540.8	375	5 315.4	403	244.7	8	0	0
沙砾质暗棕壤	10 257.7	520	375.6	17	2 032.4	76	3 662.7	225	4 160.8	196	26.2	6	0	0
泥质暗棕壤	53.9	8	0	0	44.2	6	9.7	2	0	0	0	0	0	0
沙砾质白浆化暗棕壤	3 586.2	171	90.3	8	489.6	17	766.8	56	2 193.2	84	46.3	6	0	0
砾沙质草甸暗棕壤	353.9	18	103.1	5	108.4	2	92.0	8	4.2	2	46.1	1	0	0
黄土质草甸暗棕壤	1 231.8	46	5.6	1	320.0	12	431.6	18	474.7	15	0	0	0	0
亚暗矿质潜育暗棕壤	202.4	16	0	0	21.3	3	181.1	13	0	0	0	0	0	0
二、白浆土	10 301.2	332	1 406.6	42	2 368.6	99	2 466.9	91	4 022.1	94	37.2	6	0	0
厚层黄土质白浆土	1 067.8	41	2.3	1	79.9	6	304.4	14	681.2	20	0	0	0	0
中层黄土质白浆土	2 788.3	90	339.0	13	1 124.0	37	565.5	24	759.8	16	0	0	0	0
薄层黄土质白浆土	1 752.0	47	0	0	177.8	11	170.1	11	1 404.1	25	0	0	0	0
厚层黄土质暗白浆土	347.5	34	157.9	8	54.7	9	92.8	11	42.0	6	0	0	0	0
中层黄土质暗白浆土	4 345.7	120	907.4	20	932.1	36	1 334.0	31	1 135.0	27	37.2	6	0	0
三、草甸土	4 502.9	437	444.3	40	898.0	77	1 594.1	184	1 491.9	127	74.7	9	0	0
厚层砾底草甸土	1 153.8	107	45.7	5	208.0	23	316.5	28	536.5	46	47.1	5	0	0
中层砾底草甸土	206.2	20	34.7	3	0	0	113.6	12	58.0	5	0	0	0	0
薄层砾底草甸土	121.7	9	0.5	1	35.4	3	67.1	3	18.7	2	0	0	0	0
厚层黏壤质草甸土	302.4	23	0	0	0	0	95.5	10	182.7	10	24.2	3	0	0
中层黏壤质草甸土	1 481.9	146	325.5	19	421.5	32	443.9	63	287.7	31	3.4	1	0	0
薄层黏壤质草甸土	709.9	72	22.4	6	130.2	9	330.8	34	226.6	23	0	0	0	0
中层沙砾底潜育草甸土	49.8	10	6.4	2	0.4	1	43.1	7	0	0	0	0	0	0

（续）

土　种	面积（公顷）	单元个数（个）	一级		二级		三级		四级		五级		六级	
			面积（公顷）	个数（个）	面积（公顷）	个数（个）	面积（公顷）	个数（个）	面积（公顷）	个数（个）	面积（公顷）	个数（个）	面积（公顷）	个数（个）
薄层沙砾底潜育草甸土	102.0	16	0	0	0	0	65.0	12	37.0	4	0	0	0	0
厚层黏壤质潜育草甸土	225.3	19	9.2	4	34.3	6	52.0	7	129.8	2	0	0	0	0
中层黏壤质潜育草甸土	72.5	4	0	0	68.3	3	4.2	1	0	0	0	0	0	0
薄层黏壤质潜育草甸土	77.4	11	0	0	0	0	62.5	7	14.9	4	0	0	0	0
四、沼泽土	1 817.4	113	135.0	5	463.8	14	472.6	38	746.1	56	0	0	0	0
浅埋藏型沼泽土	223.5	18	8.3	3	18.5	1	84.8	3	111.8	11	0	0	0	0
中层泥炭沼泽土	992.9	67	126.7	2	263.4	6	233.8	24	369.0	35	0	0	0	0
薄层泥炭腐殖质沼泽土	115.2	4	0	0	0	0	59.3	1	55.9	3	0	0	0	0
薄层沙底草甸沼泽土	486.0	24	0	0	181.9	7	94.7	10	209.4	7	0	0	0	0
五、泥炭土	324.4	14	72.3	3	227.2	8	6.0	1	18.9	2	0	0	0	0
中层芦苇薹草低位泥炭土	37.7	5	0	0	12.8	2	6.0	1	18.9	2	0	0	0	0
薄层芦苇薹草低位泥炭土	286.7	9	72.3	3	214.4	6	0	0	0	0	0	0	0	0
六、新积土	928.0	73	157.2	8	182.5	16	404.8	39	183.5	10	0	0	0	0
薄层砾质冲积土	16.8	2	0	0	0	0	0	0	16.8	2	0	0	0	0
薄层沙质冲积土	100.8	8	0	0	21.1	6	79.6	2	0	0	0	0	0	0
中层状冲积土	810.4	63	157.2	8	161.4	10	325.2	37	166.7	8	0	0	0	0
七、水稻土	3 551.3	351	325.9	15	209.1	33	1 810.9	187	1 183.4	110	22.0	6	0	0
白浆土型淹育水稻土	424.4	18	170.7	4	0	0	144.5	5	109.3	9	0	0	0	0
薄层草甸土型淹育水稻土	46.5	6	0	0	0	0	0	0	33.3	3	13.2	3	0	0
中层草甸土型淹育水稻土	1 853.8	211	85.3	9	60.3	14	1 004.6	121	694.8	64	8.8	3	0	0
厚层草甸土型淹育水稻土	629.7	49	0	0	25.3	3	365.0	33	239.3	13	0	0	0	0
厚层暗棕壤型淹育水稻土	186.6	13	0	0	41.4	6	127.1	5	18.0	2	0	0	0	0
中层冲积土型淹育水稻土	342.3	40	70.0	2	82.0	10	121.8	14	68.5	14	0	0	0	0
厚层沼泽土型潜育水稻土	68.0	14	0	0	0	0	47.9	9	20.1	5	0	0	0	0
薄层泥炭土型潜育水稻土	0	0	0	0	0	0	0	0	0	0	0	0	0	0

(三) 供钾强度

据分析数据统计，当前土壤供钾强度（速效钾与全钾比）在 0.53%左右，是相当低的，且与第二次土壤普查相比也下降了 0.27%，其主要原因在于土壤中的速效钾含量降低，另外土壤中全钾的含量降低幅度很小，说明土壤中钾素营养潜力还很大（表 4-27）。

表 4-27　各土种供钾强度统计

土　种	本次调查			第二次土壤普查		
	全磷（克/千克）	有效磷（毫克/千克）	供磷强度（%）	全磷（克/千克）	有效磷（毫克/千克）	供磷强度（%）
暗棕壤	23.7	119.2	0.50	29.1	220.7	0.76
白浆土	23.5	141.3	0.60	28.0	217.2	0.78
草甸土	23.0	131.5	0.57	28.8	251.1	0.87
沼泽土	23.8	113.9	0.48	22.0	202.5	0.92
泥炭土	19.8	184.7	0.93	16.5	134.7	0.82
新积土	23.4	139.9	0.60	30.1	225.9	0.75
水稻土	21.5	117.9	0.55	28.5	175.2	0.61
平均	23.3	123.7	0.53	27.8	223.0	0.80

五、土壤酸碱度（pH）

释　　义：土壤酸碱度，代表土壤溶液中氢离子活度的负对数
字段代码：SO120201
英文名称：Soil acidity
数据类型：数值
量　　纲：无
数据长度：4
小 数 位：1
极 小 值：0
极 大 值：14

土壤溶液的酸碱度，用 pH 表示。土壤 pH 的高低影响着土壤中营养元素的有效性，是作物生长发育的土壤环境条件之一。因此，土壤酸碱度是土壤肥力的重要影响因素。

牡丹江市区表层土壤 pH 在 4.6～8.3，由 3 134 个管理单元统计，平均为 6.0，属微酸性至中性，其中 pH 大于 8.5 的没有，pH 在 5.5～6.5，占耕地面积的 63.71%；占管理单元总数的 63.98%，pH 在 6.5～7.5 和小于 5.5，这两个区间有一定的分布（图 4-20）。总体来看，牡丹江市土壤酸碱度呈微酸性至中性，碱性地块很少，适宜作物的生长。

无论在各乡（镇）之间还是各土类上，土壤 pH 的差异都不大，且与 1984 年差异也不大，土壤 pH 在剖面上的分布除水稻土表层较小外，其余土壤都以表层为大，以下各层有降低趋势（表 4-28、表 4-29）。

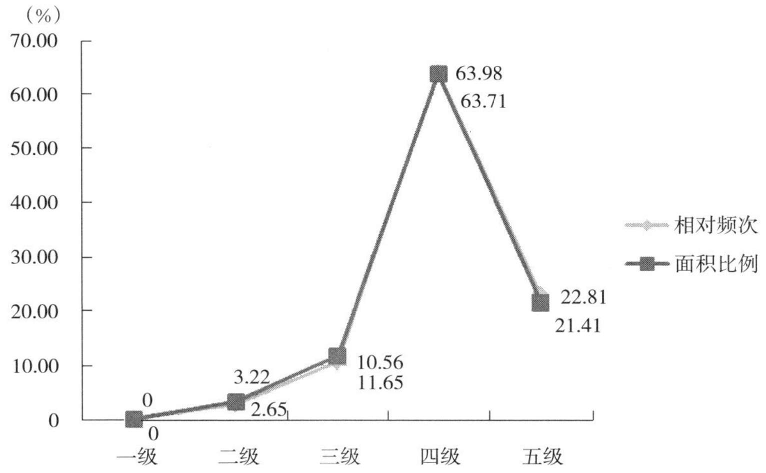

图 4-20　各等级 pH 频次分布和面积比例

表 4-28　各乡（镇）土壤 pH 及面积统计

项　　目		磨刀石镇	北安乡	五林镇	海南乡	温春镇	铁岭镇	兴隆镇	桦林镇	合计
最大值		6.6	8.3	7.7	6.8	8.3	7.8	7.9	7.5	8.3
最小值		4.6	4.8	4.6	5.9	5.4	4.9	4.9	4.9	4.6
一级	范围	—	—	—	—	>8.5	—	—	—	—
	面积（公顷）	0	0	0	0	0	0	0	0	0
	占比（%）	0	0	0	0	0	0	0	0	0
二级	范围	—	—	—	—	7.5～8.5	—	—	—	—
	面积（公顷）	0	91.3	40.0	0	1 384.9	40.4	23.3	0	1 579.9
	占比（%）	0	4.4	0.3	0	19.2	0.8	0.4	0	3.2
三级	范围	—	—	—	—	6.5～7.5	—	—	—	—
	面积（公顷）	711.2	387.2	349.9	485.1	2 618.0	625.1	324.4	216.9	5 717.8
	占比（%）	7.8	18.8	2.6	12.0	36.4	11.7	6.1	8.8	11.7
四级	范围	—	—	—	—	5.5～6.5	—	—	—	—
	面积（公顷）	7 405.2	795.8	6 671.5	3 555.0	2 587.1	3 789.8	4 678.0	1 775.3	31 257.6
	占比（%）	81.6	38.7	49.1	88.0	36.0	70.8	88.6	71.8	63.7
五级	范围	—	—	—	—	≤5.5	—	—	—	—
	面积（公顷）	954.7	783.1	6 526.8	0	605.2	898.3	255.6	480.7	10 504.4
	占比（%）	10.5	38.1	48.0	0	8.4	16.8	4.8	19.4	21.4

表 4-29　各土种 pH 面积和单元数量统计

土种	面积（公顷）	单元个数（个）	最大值	最小值	一级（>8.5）		二级（7.5～8.5）		三级（6.5～7.5）		四级（5.5～6.5）		五级（≤5.5）	
					面积（公顷）	个数（个）	面积（公顷）	个数（个）	面积（公顷）	个数（个）	面积（公顷）	个数（个）	面积（公顷）	个数（个）
合计	49 059.8	3 134	8.3	4.6	0	0	1 579.9	83	5 717.8	331	31 257.6	2 005	10 504.4	715
一、暗棕壤	27 634.6	1 814	8.3	4.6	0	0	327.7	19	2 363.1	117	18 480.8	1 190	6 463.1	488
麻沙质暗棕壤	291.7	13	6.5	6.2	0	0	0	0	0	0	291.7	13	0	0
砾沙质暗棕壤	11 656.9	1 022	8.3	4.6	0	0	75.7	14	861.2	67	8 428.6	690	2 291.5	251
沙砾质暗棕壤	10 257.7	520	8.3	4.6	0	0	229.4	4	1 050.8	29	6 035.5	307	2 941.9	180
泥质暗棕壤	53.9	8	6.5	6.1	0	0	0	0	0	0	53.9	8	0	0
沙砾质白浆化暗棕壤	3 586.2	171	7.7	4.9	0	0	22.5	1	372.1	16	2 067.3	102	1 124.3	52
砾沙质草甸暗棕壤	353.9	18	6.8	5.7	0	0	0	0	40.0	1	313.9	17	0	0
黄土质草甸暗棕壤	1 231.8	46	6.6	4.9	0	0	0	0	39.0	4	1 087.5	37	105.4	5
亚暗矿质潜育暗棕壤	202.4	16	6.5	6.0	0	0	0	0	0	0	202.4	16	0	0
二、白浆土	10 301.2	332	8.3	4.8	0	0	894.1	34	1 568.0	38	5 329.9	175	2 509.3	85
厚层黄土质白浆土	1 067.8	41	5.7	5.0	0	0	0	0	0	0	485.6	13	582.2	28
中层黄土质白浆土	2 788.3	90	7.5	5.0	0	0	0	0	190.6	8	1 899.7	61	698.0	21
薄层黄土质白浆土	1 752.0	47	7.9	4.8	0	0	24.8	3	19.5	3	570.4	15	1 137.2	26
厚层黄土质暗白浆土	347.5	34	8.2	5.5	0	0	41.9	6	225.8	10	78.2	17	1.6	1
中层黄土质暗白浆土	4 345.7	120	8.3	4.9	0	0	827.4	25	1 132.0	17	2 296.0	69	90.3	9
三、草甸土	4 502.9	437	8.2	4.8	0	0	125.7	8	629.2	79	3 190.2	302	557.8	48
厚层砾底草甸土	1 153.8	107	6.8	4.9	0	0	0	0	122.7	15	914.6	78	116.5	14
中层砾底草甸土	206.2	20	6.6	5.4	0	0	0	0	5.0	2	190.3	17	10.9	1
薄层砾底草甸土	121.7	9	6.5	4.9	0	0	0	0	0	0	101.5	5	20.2	4
厚层黏壤质草甸土	302.4	23	6.1	4.9	0	0	0	0	0	0	238.2	13	64.2	10
中层黏壤质草甸土	1 481.9	146	8.2	5.6	0	0	125.7	8	447.0	46	909.2	92	0	0
薄层黏壤质草甸土	709.9	72	7.2	4.8	0	0	0	0	27.9	7	443.3	58	238.7	7
中层沙砾底潜育草甸土	49.8	10	7.5	4.8	0	0	0	0	18.6	6	1.4	2	29.8	2

（续）

土　　种	面积（公顷）	单元个数（个）	最大值	最小值	一级（>8.5）		二级（7.5～8.5）		三级（6.5～7.5）		四级（5.5～6.5）		五级（≤5.5）	
					面积（公顷）	个数（个）	面积（公顷）	个数（个）	面积（公顷）	个数（个）	面积（公顷）	个数（个）	面积（公顷）	个数（个）
薄层沙砾底潜育草甸土	102.0	16	6.3	5.2	0	0	0	0	0	0	56.3	7	45.7	9
厚层黏壤质潜育草甸土	225.3	19	6.6	5.5	0	0	0	0	8.0	3	185.5	15	31.8	1
中层黏壤质潜育草甸土	72.5	4	6.3	6.0	0	0	0	0	0	0	72.5	4	0	0
薄层黏壤质潜育草甸土	77.4	11	5.9	5.6	0	0	0	0	0	0	77.4	11	0	0
四、沼泽土	1 817.4	113	8.3	4.6	0	0	27.4	2	265.7	14	1 011.9	55	512.4	42
浅埋藏型沼泽土	223.5	18	7.2	5.5	0	0	0	0	67.8	3	57.7	9	98.0	6
中层泥炭沼泽土	992.9	67	8.3	4.6	0	0	27.4	2	150.4	10	502.1	30	312.9	25
薄层泥炭腐殖质沼泽土	115.2	4	5.8	5.0	0	0	0	0	0	0	103.4	2	11.7	2
薄层沙底草甸沼泽土	486.0	24	6.8	5.4	0	0	0	0	47.5	1	348.7	14	89.8	9
五、泥炭土	324.4	14	7.5	5.1	0	0	0	0	71.2	2	233.5	8	19.7	4
中层芦苇薹草低位泥炭土	37.7	5	5.8	5.1	0	0	0	0	0	0	18.1	1	19.7	4
薄层芦苇薹草低位泥炭土	286.7	9	7.5	5.7	0	0	0	0	71.2	2	215.5	7	0	0
六、新积土	928.0	73	7.9	4.6	0	0	133.7	5	62.3	7	525.8	41	206.1	20
薄层砾质冲积土	16.8	2	6.7	6.6	0	0	0	0	16.8	2	0	0	0	0
薄层沙质冲积土	100.8	8	7.9	6.3	0	0	79.6	2	5.2	1	16.0	5	0	0
中层状冲积土	810.4	63	7.9	4.6	0	0	54.1	3	40.3	4	509.9	36	206.1	20
七、水稻土	3 551.3	351	7.9	4.6	0	0	71.3	15	758.2	74	2 485.6	234	236.2	28
白浆土型淹育水稻土	424.4	18	7.2	4.6	0	0	0	0	199.1	7	208.0	8	17.3	3
薄层草甸土型淹育水稻土	46.5	6	6.6	6.5	0	0	0	0	46.0	5	0.5	1	0	0
中层草甸土型淹育水稻土	1 853.8	211	7.9	5.1	0	0	71.3	15	339.7	46	1 332.4	136	110.4	14
厚层草甸土型淹育水稻土	629.7	49	6.6	6.0	0	0	0	0	91.3	6	538.4	43	0	0
厚层暗棕壤型淹育水稻土	186.6	13	6.5	6.0	0	0	0	0	0	0	186.6	13	0	0
中层冲积土型淹育水稻土	342.3	40	7.3	4.6	0	0	0	0	82.1	10	152.8	20	107.4	10
厚层沼泽土型潜育水稻土	68.0	14	6.2	5.5	0	0	0	0	0	0	66.9	13	1.1	1
薄层泥炭土型潜育水稻土	0	0	0	0	0	0	0	0	0	0	0	0	0	0

六、土壤微量元素

土壤微量元素是指自然界中含量很低的一种化学元素。部分微量元素具有生物学意义，是植物和动物正常生长和生活所必需的，称为“必需微量元素”或者“微量养分”，通常简称“微量元素”。必需微量元素在植物和动物体内的作用有很强的专一性，是不可缺乏和不可替代的，当供给不足时，植物往往表现出特定的缺乏症状，农作物产量降低，质量下降，严重时可能绝产。而施加微量元素肥料，有利于产量的提高，这已经被科学实验和生产实验所证实。对于作物来说，含量在 0.2～200 毫克/千克（按干物重计）的必需营养元素称为“微量元素”。到目前为止，证实作物所必需的微量元素有硼、锰、铜、锌、钼、铁、氯等。

土壤中微量元素的含量与土壤类型、母质以及土壤所处的环境条件有密切关系。同时也与土地开垦时间、微量元素肥料和有机肥料施入量有关。在一块地长期种植一种作物，也会对土壤中微量元素含量有较大的影响。不同作物对不同的微量元素的敏感性也不相同，玉米对锌比较敏感，缺锌时玉米出现白叶病；大豆对硼、钼的需要量较多，严重缺乏时表现“花而不实”；马铃薯需要较多的硼、铜，而氯过多则会影响其品质和糖分含量。

（一）有效锌含量

释　　义：耕层土壤中能供作物吸收的锌的含量。以每千克干土中所含锌的毫克数表示

字段代码：SO120209

英文名称：Available zinc

数据类型：数值

量　　纲：毫克/千克

数据长度：5

小 数 位：2

极 小 值：0

极 大 值：99.99

备　　注：DTPA 提取-原子吸收光谱法

锌是农作物生长发育不可缺少的微量营养元素，它既是植物体内氧化还原过程的催化剂，又是参与植物细胞呼吸作用的碳酸酐酶的组成成分。在作物体内锌主要参与生长素的合成和某些酶的活动。缺锌时作物生长受抑制，叶小簇生，叶脉间失绿发白，叶黄矮化，根系生长不良，不利于种子形成，从而影响作物产量及品质。如玉米缺锌时出现花白苗，在 3～5 叶期幼叶呈淡黄色或白色，中后期节间缩短，植株矮小，根部发黑，不结果穗或果穗秃尖缺粒，甚至干枯死亡；水稻缺锌，植株矮缩，小花不孕率增加，延迟成熟。不同作物对锌肥敏感度不同，对锌肥敏感的作物有玉米、水稻、高粱、棉花、大豆、番茄、西瓜等。审

牡丹江市耕地土壤中有效锌的平均含量为 2.47 毫克/千克（图 4－21），达到分级标准的Ⅰ级水平，远高于Ⅱ级平均含量 1.77 毫克/千克，全市耕地土壤锌元素含量丰富，能够

满足大部分农作物的生长需求（图 4 - 21）。

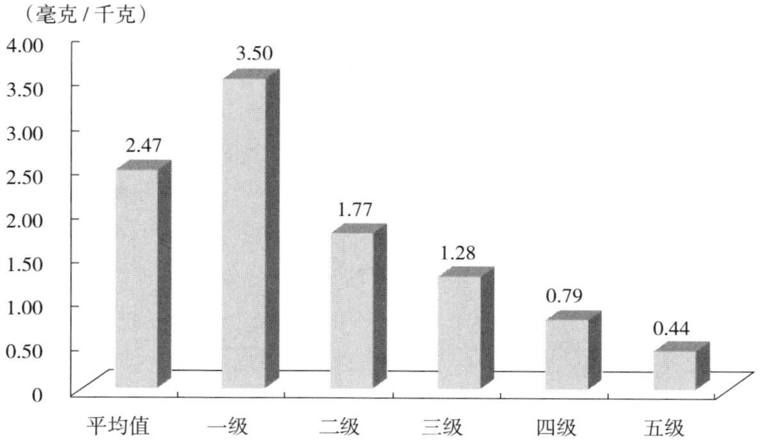

图 4 - 21　各等级有效锌平均含量

从各土类之间来看，有效锌含量差异不大，所有土类的平均含量都达到一级，最高的泥炭土有效锌含量为 3.43 毫克/千克，其次是沼泽土含量为 3.37 毫克/千克；含量较低有水稻土、白浆土、暗棕壤，分别为 2.34 毫克/千克、2.38 毫克/千克、2.39 毫克/千克（图 4 - 22）。

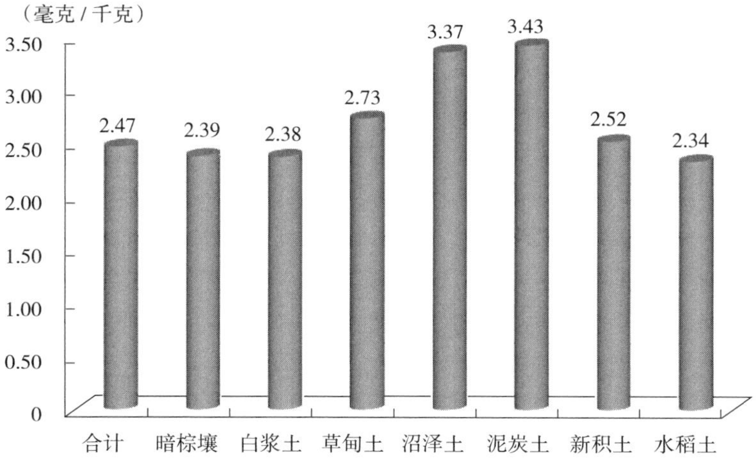

图 4 - 22　各土类有效锌平均含量

从分级情况来看，主要集中在一级、二级、三级，含量在一级的管理单元数占总数的 50.67%，占到总面积的 43.43%；含量在Ⅱ级的管理单元数占总数的 22.30%，占到总面积的 27.18%；含量在三级的管理单元数占总数的 20.52%，占到总面积的 18.73%；四级、五级相对频次和面积比例都很小，两级总和不到 10%（图 4 - 23）。

各乡（镇）之间土壤有效锌含量差异较大，最高的桦林镇达到 4.14 毫克/千克，最低的海南乡为 1.73 毫克/千克，2 个乡（镇）相差达 2.41 毫克/千克，按平均含量由高到低排列

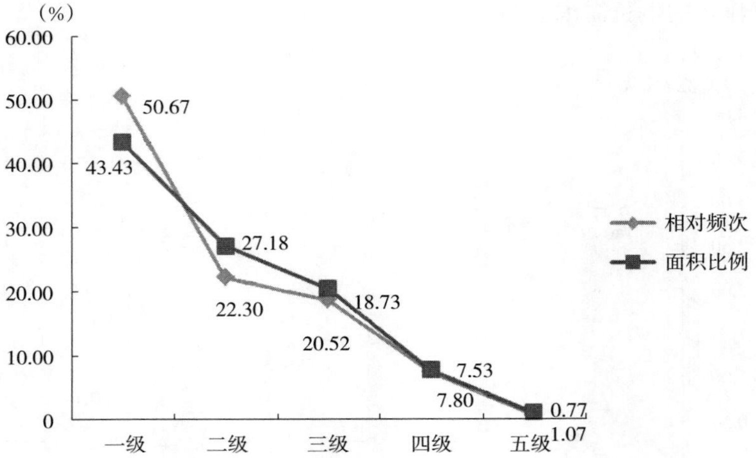

图 4-23 各等级有效锌频次分布和面积比例

为桦林镇＞北安乡＞铁岭镇＞温春镇＞兴隆镇＞磨刀石镇＞五林镇＞海南乡（表 4-30）。

各土种有效锌含量见表 4-31，各土种有效锌面积和单元数量见表 4-32。

表 4-30 各乡（镇）土壤有效锌含量及面积统计

项目		磨刀石镇	北安乡	五林镇	海南乡	温春镇	铁岭镇	兴隆镇	桦林镇	合计
最大值（毫克/千克）		10.57	13.82	5.91	5.23	11.97	10.57	9.00	16.08	16.08
最小值（毫克/千克）		0.30	1.05	0.43	0.41	0.95	1.15	0.66	1.26	0.30
平均值（毫克/千克）		2.04	4.01	1.89	1.73	2.49	3.39	2.13	4.14	2.47
一级	平均值（毫克/千克）	3.22	4.58	2.65	2.91	3.05	3.66	3.31	4.70	3.50
	面积（公顷）	3 623.8	1 496.4	3 830.5	1 416.1	3 008.2	4 209.6	1 841.2	1 882.1	21 307.7
	占比（%）	39.9	72.7	28.2	35.1	41.8	78.6	34.9	76.1	43.4
二级	平均值（毫克/千克）	1.74	1.82	1.80	1.70	1.75	1.77	1.75	1.70	1.77
	面积（公顷）	1 488.2	294.7	4 624.5	969.3	2 866.1	893.1	1 812.8	385.4	13 334.1
	占比（%）	16.4	14.3	34.0	24.0	39.8	16.7	34.3	15.6	27.2
三级	平均值（毫克/千克）	1.24	1.33	1.29	1.26	1.35	1.29	1.25	1.39	1.28
	面积（公顷）	2 167.8	266.3	4 428.6	719.3	1 273.2	250.9	757.7	205.5	10 069.3
	占比（%）	23.9	12.9	32.6	17.8	17.7	4.7	14.3	8.3	20.5
四级	平均值（毫克/千克）	0.76	—	0.88	0.76	0.95	—	0.81	—	0.79
	面积（公顷）	1 612.5	0	579.5	716.6	47.7	0	869.5	0	3 825.8
	占比（%）	17.8	0	4.3	17.7	0.7	0	16.5	0	7.8
五级	平均值（毫克/千克）	0.40	—	0.43	0.45	—	—	—	—	0.44
	面积（公顷）	178.9	0	125.2	218.9	0	0	0	0	523
	占比（%）	2.0	0	0.9	5.4	0	0	0	0	1.1

表 4-31 各土种有效锌含量统计

土种	最大值（毫克/千克）	最小值（毫克/千克）	平均值（毫克/千克）	样本数（个）	一级	二级	三级	四级	五级
					>2.0 毫克/千克	1.5～2 毫克/千克	1.0～1.5 毫克/千克	0.5～1.0 毫克/千克	≤0.5 毫克/千克
合计	16.08	0.30	2.47	3 134	3.50	1.77	1.28	0.79	0.44
一、暗棕壤	13.34	0.46	2.39	1 814	3.32	1.79	1.28	0.80	0.47
麻沙质暗棕壤	2.70	0.89	1.50	13	2.70	—	1.16	0.90	—
砾沙质暗棕壤	13.34	0.64	2.40	1 022	3.33	1.77	1.30	0.79	—
沙砾质暗棕壤	10.98	0.64	2.45	520	3.39	1.83	1.25	0.80	—
泥质暗棕壤	3.42	1.14	2.06	8	3.42	1.87	1.33	—	—
沙砾质白浆化暗棕壤	10.20	0.66	2.24	171	3.13	1.79	1.25	0.83	—
砾沙质草甸暗棕壤	4.36	1.60	2.58	18	2.84	1.69	—	—	—
黄土质草甸暗棕壤	5.68	0.46	2.53	46	3.42	1.75	1.16	0.78	0.46
亚暗矿质潜育暗棕壤	2.40	0.50	1.21	16	2.40	1.70	1.17	0.71	0.50
二、白浆土	16.08	0.30	2.38	332	3.53	1.73	1.31	0.80	0.34
厚层黄土质白浆土	5.91	0.62	1.95	41	3.22	1.77	1.39	0.80	—
中层黄土质白浆土	8.60	0.30	2.13	90	3.56	1.65	1.22	0.80	0.30
薄层黄土质白浆土	5.68	0.43	2.03	47	2.77	1.79	1.28	0.93	0.43
厚层黄土质暗白浆土	16.08	1.24	3.42	34	5.20	1.64	1.32	—	—
中层黄土质暗白浆土	10.87	1.16	2.55	120	3.30	1.74	1.38	—	—
三、草甸土	10.98	0.41	2.73	437	3.75	1.74	1.26	0.77	0.45
厚层砾底草甸土	10.57	0.41	2.47	107	3.84	1.81	1.27	0.75	0.44
中层砾底草甸土	5.76	1.32	3.68	20	3.91	1.92	1.32	—	—
薄层砾底草甸土	3.72	1.55	2.86	9	3.45	1.68	—	—	—
厚层黏壤质草甸土	4.48	0.91	2.05	23	3.19	1.70	1.25	0.93	—
中层黏壤质草甸土	10.87	0.45	2.53	146	4.03	1.69	1.22	0.74	0.46
薄层黏壤质草甸土	7.99	0.43	2.93	72	3.35	1.72	1.40	0.95	0.43
中层沙砾底潜育草甸土	5.38	2.55	3.69	10	3.69	—	—	—	—

（续）

土　种	最大值（毫克/千克）	最小值（毫克/千克）	平均值（毫克/千克）	样本数（个）	一级 >2.0 毫克/千克	二级 1.5～2 毫克/千克	三级 1.0～1.5 毫克/千克	四级 0.5～1.0 毫克/千克	五级 ≤0.5 毫克/千克
薄层沙砾底潜育草甸土	10.98	2.07	4.22	16	4.22	—	—	—	—
厚层黏壤质潜育草甸土	10.57	0.89	3.44	19	4.39	1.81	1.15	0.90	—
中层黏壤质潜育草甸土	3.25	2.17	2.61	4	2.61	—	—	—	—
薄层黏壤质潜育草甸土	3.37	1.66	2.11	11	2.40	1.76	—	—	—
四、沼泽土	13.82	0.53	3.37	113	4.01	1.75	1.41	0.74	—
浅埋藏型沼泽土	13.82	0.95	3.77	18	4.23	1.74	—	0.95	—
中层泥炭沼泽土	10.98	1.33	2.98	67	3.69	1.76	1.41	—	—
薄层泥炭腐殖质沼泽土	2.95	0.53	2.19	4	2.74	—	—	0.53	—
薄层沙底草甸沼泽土	11.38	1.46	4.33	24	4.72	1.72	1.46	—	—
五、泥炭土	4.53	1.69	3.43	14	3.56	1.69	—	—	—
中层芦苇薹草低位泥炭土	4.53	1.69	3.03	5	3.36	1.69	—	—	—
薄层芦苇薹草低位泥炭土	4.29	2.76	3.65	9	3.65	—	—	—	—
六、新积土	11.97	0.98	2.52	73	3.91	1.72	1.24	0.98	—
薄层砾质冲积土	5.99	3.79	4.89	2	4.89	—	—	—	—
薄层沙质冲积土	3.10	1.60	2.72	8	2.87	1.60	—	—	—
中层状冲积土	11.97	0.98	2.42	63	4.12	1.74	1.24	0.98	—
七、水稻土	10.87	0.41	2.34	351	3.76	1.70	1.26	0.77	0.44
白浆土型淹育水稻土	7.56	0.98	2.18	18	4.15	1.83	1.33	0.98	—
薄层草甸土型淹育水稻土	2.86	0.41	1.66	6	2.66	—	—	0.79	0.41
中层草甸土型淹育水稻土	10.87	0.47	2.60	211	3.81	1.74	1.27	0.75	0.47
厚层草甸土型淹育水稻土	5.23	0.41	1.43	49	3.56	1.60	1.25	0.78	0.41
厚层暗棕壤型淹育水稻土	1.77	0.48	1.10	13	—	1.65	1.18	0.68	0.49
中层冲积土型淹育水稻土	6.08	0.98	2.07	40	3.40	1.63	1.24	0.98	—
厚层沼泽土型潜育水稻土	6.19	2.23	3.94	14	3.94	—	—	—	—
薄层泥炭土型潜育水稻土	—	—	—	0	—	—	—	—	—

表 4-32　各土种有效锌面积和单元数量统计

土　种	面积（公顷）	单元个数（个）	一级		二级		三级		四级		五级	
			面积（公顷）	个数（个）	面积（公顷）	个数（个）	面积（公顷）	个数（个）	面积（公顷）	个数（个）	面积（公顷）	个数（个）
合计	49 059.8	3 134	21 307.8	1 588	13 334.1	699	10 069.2	587	3 825.8	236	522.9	24
一、暗棕壤	27 634.6	1 814	12 111.6	905	7 414.6	427	5 519.7	357	2 577.4	121	11.3	4
麻沙质暗棕壤	291.7	13	54.9	4	0	0	23.7	2	213.1	7	0	0
砾沙质暗棕壤	11 656.9	1 022	5 451.6	516	2 686.1	233	2 157.4	195	1 362.0	78	0	0
沙砾质暗棕壤	10 257.7	520	4 515.2	261	2 780.9	131	2 373.9	109	587.7	19	0	0
泥质暗棕壤	53.9	8	9.7	2	30.4	3	13.8	3	0	0	0	0
沙砾质白浆化暗棕壤	3 586.2	171	1 497.0	82	951.4	35	903.0	45	234.8	9	0	0
砾沙质草甸暗棕壤	353.9	18	161.8	14	192.0	4	0	0	0	0	0	0
黄土质草甸暗棕壤	1 231.8	46	415.2	25	746.1	15	47.2	2	15.6	1	7.8	3
亚暗矿质潜育暗棕壤	202.4	16	6.2	1	27.7	6	0.8	1	164.2	7	3.5	1
二、白浆土	10 301.2	332	3 443.7	146	3 884.0	107	2 309.7	52	502.3	24	161.6	3
厚层黄土质白浆土	1 067.8	41	162.3	10	370.9	17	527.3	11	7.3	3	0	0
中层黄土质白浆土	2 788.3	90	795.7	36	780.0	19	624.8	13	429.3	20	158.5	2
薄层黄土质白浆土	1 752.0	47	518.5	18	884.8	19	280.0	8	65.7	1	3.0	1
厚层黄土质暗白浆土	347.5	34	258.5	18	45.1	5	43.8	11	0	0	0	0
中层黄土质暗白浆土	4 345.7	120	1 708.7	64	1 803.2	47	833.7	9	0	0	0	0
三、草甸土	4 502.9	437	2 400.5	256	685.4	64	1 080.0	73	166.3	34	170.7	10
厚层砾底草甸土	1 153.8	107	434.7	49	84.3	15	585.0	34	30.2	6	19.6	3
中层砾底草甸土	206.2	20	186.0	18	9.4	1	10.9	1	0	0	0	0
薄层砾底草甸土	121.7	9	37.4	6	84.2	3	0	0	0	0	0	0
厚层黏壤质草甸土	302.4	23	43.8	8	218.7	8	38.0	5	1.9	2	0	0
中层黏壤质草甸土	1 481.9	146	829.1	69	143.2	24	351.9	25	128.7	23	29.0	5
薄层黏壤质草甸土	709.9	72	415.4	57	82.8	5	89.1	7	0.5	1	122.1	2
中层沙砾底潜育草甸土	49.8	10	49.8	10	0	0	0	0	0	0	0	0

（续）

土 种	面积（公顷）	单元个数（个）	一级		二级		三级		四级		五级	
			面积（公顷）	个数（个）	面积（公顷）	个数（个）	面积（公顷）	个数（个）	面积（公顷）	个数（个）	面积（公顷）	个数（个）
薄层沙砾底潜育草甸土	102.0	16	102.0	16	0	0	0	0	0	0	0	0
厚层黏壤质潜育草甸土	225.3	19	173.8	13	41.5	3	5.1	1	4.9	2	0	0
中层黏壤质潜育草甸土	72.5	4	72.5	4	0	0	0	0	0	0	0	0
薄层黏壤质潜育草甸土	77.4	11	56.1	6	21.3	5	0	0	0	0	0	0
四、沼泽土	1 817.4	113	1 197.4	83	269.4	19	291.6	9	59.0	2	0	0
浅埋藏型沼泽土	223.5	18	119.2	15	56.6	2	0	0	47.7	1	0	0
中层泥炭沼泽土	992.9	67	644.2	44	112.5	15	236.2	8	0	0	0	0
薄层泥炭腐殖质沼泽土	115.2	4	103.8	3	0	0	0	0	11.3	1	0	0
薄层沙底草甸沼泽土	486.0	24	330.2	21	100.3	2	55.5	1	0	0	0	0
五、泥炭土	324.4	14	323.6	13	0.9	1	0	0	0	0	0	0
中层芦苇薹草低位泥炭土	37.7	5	36.9	4	0.9	1	0	0	0	0	0	0
薄层芦苇薹草低位泥炭土	286.7	9	286.7	9	0	0	0	0	0	0	0	0
六、新积土	928.0	73	503.4	34	195.4	7	218.0	30	11.2	2	0	0
薄层砾质冲积土	16.8	2	16.8	2	0	0	0	0	0	0	0	0
薄层沙质冲积土	100.8	8	30.5	7	70.3	1	0	0	0	0	0	0
中层状冲积土	810.4	63	456.1	25	125.1	6	218.0	30	11.2	2	0	0
七、水稻土	3 551.3	351	1 327.7	151	884.6	74	650.1	66	509.6	53	179.4	7
白浆土型淹育水稻土	424.4	18	185.0	5	27.4	3	211.2	9	0.8	1	0	0
薄层草甸土型淹育水稻土	46.5	6	13.2	3	0	0	0	0	27.9	2	5.5	1
中层草甸土型淹育水稻土	1 853.8	211	878.6	109	489.9	44	285.7	27	198.8	30	0.8	1
厚层草甸土型淹育水稻土	629.7	49	20.8	6	298.9	14	57.2	11	201.1	15	51.6	3
厚层暗棕壤型淹育水稻土	186.6	13	0	0	45.6	4	10.1	4	9.4	3	121.6	2
中层冲积土型淹育水稻土	342.3	40	162.0	14	22.8	9	85.9	15	71.7	2	0	0
厚层沼泽土型潜育水稻土	68.0	14	68.0	14	0	0	0	0	0	0	0	0
薄层泥炭土型潜育水稻土	0	0	0	0	0	0	0	0	0	0	0	0

（二）有效铜含量

释　　义：耕层土壤中能供作物吸收的铜的含量。以每千克干土中所含铜的毫克数表示

字段代码：SO120213

英文名称：Available copper

数据类型：数值

量　　纲：毫克/千克

数据长度：4

小 数 位：2

极 小 值：0

极 大 值：9.99

备　　注：草酸-草酸铵提取-极谱法

铜是植物体内抗坏血酸氧化酶、多酚氧化酶和质体蓝素等电子递体的组成成分，在代谢过程中起到重要的作用，同时亦是植物抗病的重要机制。

按铜在土壤中的形态可分为水溶态铜、代换性铜、难溶性铜以及铜的有机化合物。水溶态、代换性的铜能被作物吸收利用，因此称为有效态铜。后两者铜则很难被植物吸收利用。四种形态的铜含量加在一起称为全量铜。水溶态铜在土壤中含量较少，一般不易测出，主要是有机酸所形成的可溶性络合物。例如：草酸铜和柠檬铜，此外，还有硝酸铜和氯化铜。代换态铜是土壤胶体所吸附的铜离子和铜络离子。

牡丹江市区耕地土壤中有效铜的平均含量为 1.99 毫克/千克，达到分级标准的一级水平，远高于二级平均含量 1.43 毫克/千克，全市耕地土壤铜元素含量丰富，能够满足大部分农作物的生长需求（图 4-24）。

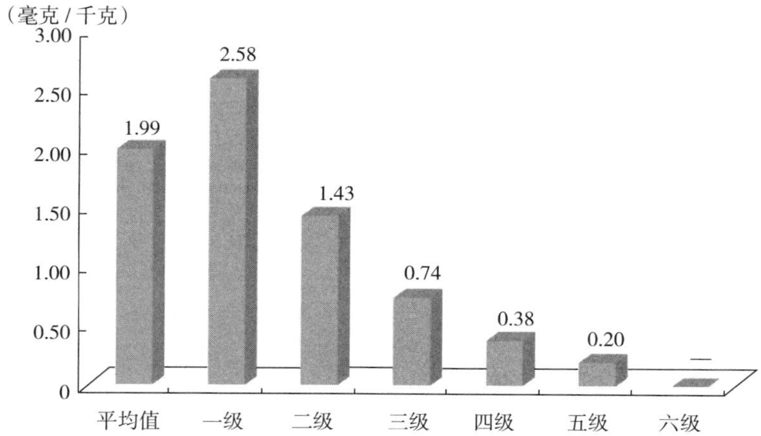

图 4-24　各等级有效铜平均含量

从各土类之间来看，有效铜含量差异不大，除了泥炭土平均含量为 1.65 毫克/千克，其他土类的平均含量都达到一级，最高的水稻土有效铜含量 2.59 毫克/千克，其次是草甸土含量为 2.29 毫克/千克，各土类按平均含量降序排列为水稻土＞草甸土＞新积土＞沼泽

土＞白浆土＞暗棕壤＞泥炭土（图 4－25）。

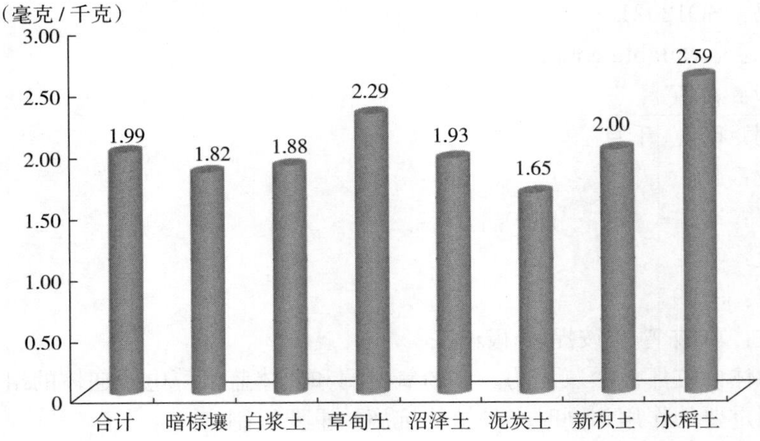

图 4－25　各土类有效铜平均含量

从分级情况来看，主要集中在一级、二级上。含量在一级的管理单元数占总数的 52.87％，占到总面积的 46.67％；含量在二级的管理单元数占总数的 39.82％，占到总面积的 43.88％；含量在三级的管理单元数占总数的 8.35％，占到总面积的 6.92％；四级、五级、六级相对频次和面积比例几乎没有（图 4－26）。

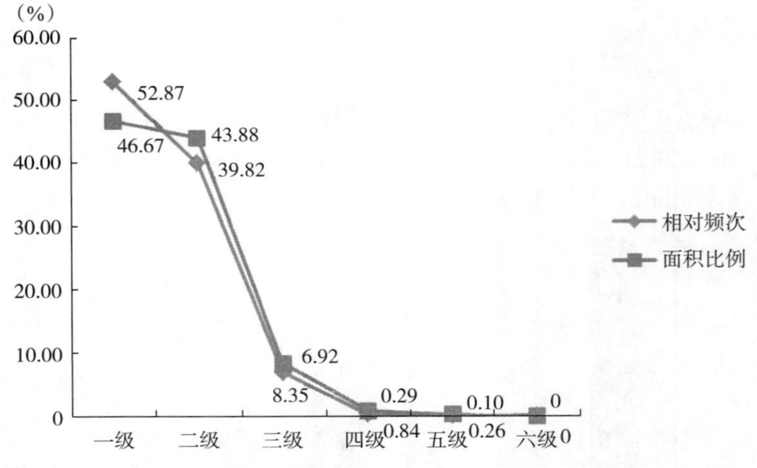

图 4－26　各等级有效铜频次分布和面积比例

各乡（镇）之间土壤有效铜含量差异不大，最高的海南乡达到 2.42 毫克/千克，最低的温春镇为 1.67 毫克/千克，两乡（镇）相差达 0.75 毫克/千克，只有五林镇和温春镇在Ⅱ级水平内，其他乡（镇）全部在Ⅰ级水平内，按平均含量由高到低排列为海南乡＞铁岭镇＞兴隆镇＞磨刀石镇＞北安乡＞桦林镇＞五林镇＞温春镇（表 4－33）。

各土种有效铜含量见表 4－34，各土种有效铜面积及单元数统计见表 4－35。

表 4-33 各乡（镇）土壤有效铜含量及面积统计

项目		磨刀石镇	北安乡	五林镇	海南乡	温春镇	铁岭镇	兴隆镇	桦林镇	合计
最大值（毫克/千克）		9.89	8.69	3.43	3.50	4.39	9.89	5.09	10.83	10.83
最小值（毫克/千克）		0.41	0.83	0.20	1.21	0.70	0.52	0.41	0.55	0.20
平均值（毫克/千克）		2.09	2.08	1.68	2.42	1.67	2.25	2.11	1.82	1.99
一级	平均值（毫克/千克）	2.8	2.9	2.3	2.5	2.3	2.7	2.6	3.0	2.6
	面积（公顷）	4 993.2	1 001.4	3 701.4	3 582.7	2 032.8	3 380.0	3 256.6	949.4	22 897.5
	占比（%）	55.0	48.7	27.2	88.7	28.3	63.1	61.7	38.4	46.7
二级	平均值（毫克/千克）	1.5	1.5	1.4	1.6	1.4	1.4	1.5	1.5	1.4
	面积（公顷）	2 899.4	1 032.2	8 156.1	4 57.3	4 800.6	1 651.5	1 319.8	1 211.9	21 528.8
	占比（%）	32.0	50.2	60.0	11.3	66.7	30.8	25.0	49.0	43.9
三级	平均值（毫克/千克）	0.8	0.9	0.8	—	0.9	0.7	0.6	0.8	0.7
	面积（公顷）	1 178.6	23.8	1 195.7	0	361.8	322.1	704.8	311.6	4 098.4
	占比（%）	13.0	1.2	8.8	0	5.0	6.0	13.3	12.6	8.4
四级	平均值（毫克/千克）	—	—	0.4	—	—	—	—	—	0.4
	面积（公顷）	0	0	409.8	0	0	0	0	0	409.8
	占比（%）	0	0	3.0	0	0	0	0	0	0.8
五级	平均值（毫克/千克）	—	—	0.2	—	—	—	—	—	0.2
	面积（公顷）	0	0	125.2	0	0	0	0	0	125.2
	占比（%）	0	0	0.9	0	0	0	0	0	0.3
六级	平均值（毫克/千克）	—	—	—	—	—	—	—	—	—
	面积（公顷）	0	0	0	0	0	0	0	0	0
	占比（%）	0	0	0	0	0	0	0	0	0

（三）有效铁含量

释　　义：耕层土壤中能供作物吸收的铁的含量。以每千克干土中所含铁的毫克数表示

字段代码：SO120215

英文名称：Available iron

数据类型：数值

量　　纲：毫克/千克

数据长度：6

小 数 位：1

极 小 值：0

极 大 值：5 000

备　　注：DTPA 提取-原子吸收光谱法

铁是作物不可缺少的重要元素，铁在作物体内是一些酶的组成成分。由于它长期居于某些重要氧化还原酶结构上的活性部位，起着电子传递的作用，对于催化各类物质代谢中的氧化还原反应，有着重要影响。因此，铁与碳、氮代谢的关系十分密切。

牡丹江市耕地土壤中有效铁的平均含量为 88.25 毫克/千克，达到分级标准的一级水平，远高于一级标准的下限 4.5 毫克/千克，即使是全市最小值 9.80 毫克/千克也是一级标准下限的 2 倍，全市耕地土壤中铁元素含量丰富，能够满足农作物的生长需求。

表 4-34 各土种有效铜含量统计

土种	最大值（毫克/千克）	最小值（毫克/千克）	平均值（毫克/千克）	样本数（个）	一级	二级	三级	四级	五级	六级
					>1.8毫克/千克	1.0～1.8毫克/千克	0.4～1.0毫克/千克	0.2～0.4毫克/千克	0.1～0.2毫克/千克	≤0.1毫克/千克
合计	10.83	0.20	1.99	3 134	2.58	1.43	0.74	0.38	0.20	—
一、暗棕壤	9.89	0.33	1.82	1 814	2.48	1.41	0.73	0.38	—	—
麻沙质暗棕壤	2.52	1.57	2.05	13	2.45	1.58	—	—	—	—
砾沙质暗棕壤	9.89	0.33	1.81	1 022	2.53	1.39	0.74	0.36	—	—
沙砾质暗棕壤	6.29	0.39	1.82	520	2.47	1.45	0.71	0.39	—	—
泥质暗棕壤	2.50	1.50	1.95	8	2.11	1.50	—	—	—	—
沙砾质白浆化暗棕壤	5.57	0.42	1.71	171	2.24	1.45	0.76	—	—	—
砾沙质草甸暗棕壤	3.23	1.78	2.26	18	2.32	1.79	—	—	—	—
黄土质草甸暗棕壤	3.42	0.37	1.95	46	2.38	1.40	0.73	0.37	—	—
亚暗矿质潜育暗棕壤	3.38	2.49	2.98	16	2.98	—	—	—	—	—
二、白浆土	10.83	0.20	1.88	332	2.46	1.50	0.78	—	0.20	—
厚层黄土质白浆土	2.60	0.64	1.75	41	2.05	1.47	0.64	—	—	—
中层黄土质白浆土	4.24	0.41	1.92	90	2.48	1.50	0.83	—	—	—
薄层黄土质白浆土	2.59	0.20	1.61	47	2.10	1.53	0.80	—	0.20	—
厚层黄土质暗白浆土	10.83	1.22	2.42	34	3.63	1.46	—	—	—	—
中层黄土质暗白浆土	3.73	0.52	1.84	120	2.38	1.49	0.71	—	—	—
三、草甸土	9.89	0.20	2.29	437	2.70	1.49	0.69	—	0.20	—
厚层砾底草甸土	9.89	0.41	2.17	107	2.68	1.52	0.66	—	—	—
中层砾底草甸土	3.18	1.17	1.63	20	2.31	1.41	—	—	—	—
薄层砾底草甸土	3.62	1.53	2.26	9	2.63	1.53	—	—	—	—
厚层黏壤质草甸土	2.81	0.52	1.44	23	2.36	1.36	0.61	—	—	—
中层黏壤质草甸土	5.09	0.94	2.57	146	2.67	1.67	0.94	—	—	—
薄层黏壤质草甸土	3.70	0.20	2.06	72	2.33	1.53	0.83	—	0.20	—
中层沙砾底潜育草甸土	4.38	2.38	3.11	10	3.11	—	—	—	—	—

（续）

土种	最大值（毫克/千克）	最小值（毫克/千克）	平均值（毫克/千克）	样本数（个）	一级	二级	三级	四级	五级	六级
					>1.8 毫克/千克	1.0～1.8 毫克/千克	0.4～1.0 毫克/千克	0.2～0.4 毫克/千克	0.1～0.2 毫克/千克	≤0.1 毫克/千克
薄层沙砾底潜育草甸土	2.63	0.70	1.35	16	2.42	1.31	0.78	—	—	—
厚层黏壤质潜育草甸土	9.89	1.43	4.09	19	4.57	1.53	—	—	—	—
中层黏壤质潜育草甸土	2.45	2.30	2.37	4	2.37	—	—	—	—	—
薄层黏壤质潜育草甸土	2.13	1.64	1.94	11	2.11	1.65	—	—	—	—
四、沼泽土	6.82	0.40	1.93	113	2.88	1.43	0.89	0.40	—	—
浅埋藏型沼泽土	5.52	1.38	2.47	18	2.65	1.57	—	—	—	—
中层泥炭沼泽土	4.96	0.76	1.54	67	2.53	1.41	0.85	—	—	—
薄层泥炭腐殖质沼泽土	2.29	0.40	1.70	4	2.13	—	—	0.40	—	—
薄层沙底草甸沼泽土	6.82	0.98	2.67	24	3.56	1.54	0.98	—	—	—
五、泥炭土	2.43	1.01	1.65	14	2.18	1.51	—	—	—	—
中层芦苇薹草低位泥炭土	2.43	1.35	1.93	5	2.18	1.55	—	—	—	—
薄层芦苇薹草低位泥炭土	1.79	1.01	1.50	9	—	1.50	—	—	—	—
六、新积土	4.39	0.94	2.00	73	2.41	1.31	0.94	—	—	—
薄层砾质冲积土	2.11	1.20	1.66	2	2.11	1.20	—	—	—	—
薄层沙质冲积土	2.41	0.94	1.90	8	2.39	1.16	0.94	—	—	—
中层状冲积土	4.39	1.05	2.02	63	2.42	1.33	—	—	—	—
七、水稻土	9.89	0.41	2.59	351	2.80	1.45	0.63	—	—	—
白浆土型淹育水稻土	4.45	0.70	2.47	18	2.82	1.39	0.70	—	—	—
薄层草甸土型淹育水稻土	2.84	1.81	2.56	6	2.56	—	—	—	—	—
中层草甸土型淹育水稻土	9.89	0.41	2.64	211	2.95	1.46	0.62	—	—	—
厚层草甸土型淹育水稻土	3.14	1.68	2.52	49	2.54	1.68	—	—	—	—
厚层暗棕壤型淹育水稻土	3.09	1.94	2.50	13	2.50	—	—	—	—	—
中层冲积土型淹育水稻土	3.88	1.22	2.60	40	2.71	1.22	—	—	—	—
厚层沼泽土型潜育水稻土	3.43	1.49	2.26	14	2.37	1.57	—	—	—	—
薄层泥炭土型潜育水稻土	—	—	—	—	—	—	—	—	—	—

表 4-35 各土种有效铜面积和单元数量统计

土种	面积（公顷）	单元个数（个）	一级		二级		三级		四级		五级		六级	
			面积（公顷）	个数（个）	面积（公顷）	个数（个）	面积（公顷）	个数（个）	面积（公顷）	个数（个）	面积（公顷）	个数（个）	面积（公顷）	个数（个）
合计	49 059.8	3 134	22 897.6	1 657	21 528.8	1 248	4 098.4	217	409.8	9	125.2	3	0	0
一、暗棕壤	27 634.6	1 814	11 146.1	799	13 333.9	861	2 756.0	146	398.5	8	0	0	0	0
麻沙质暗棕壤	291.7	13	213.0	7	78.8	6	0	0	0	0	0	0	0	0
砾沙质暗棕壤	11 656.9	1 022	5 269.1	428	4 902.3	508	1 437.0	83	48.7	3	0	0	0	0
沙砾质暗棕壤	10 257.7	520	3 192.2	220	6 139.2	261	602.6	35	323.7	4	0	0	0	0
泥质暗棕壤	53.9	8	44.2	6	9.7	2	0	0	0	0	0	0	0	0
沙砾质白浆化暗棕壤	3 586.2	171	1 432.8	77	1 797.8	69	355.7	25	0	0	0	0	0	0
砾沙质草甸暗棕壤	353.9	18	311.8	16	42.1	2	0	0	0	0	0	0	0	0
黄土质草甸暗棕壤	1 231.8	46	480.6	29	364.2	13	360.8	3	26.1	1	0	0	0	0
亚暗矿质潜育暗棕壤	202.4	16	202.4	16	0	0	0	0	0	0	0	0	0	0
二、白浆土	10 301.2	332	4 396.4	157	5 079.9	141	822.0	33	0	0	3.0	1	0	0
厚层黄土质白浆土	1 067.8	41	403.5	21	658.6	19	5.8	1	0	0	0	0	0	0
中层黄土质白浆土	2 788.3	90	1 514.1	50	882.1	24	392.0	16	0	0	0	0	0	0
薄层黄土质白浆土	1 752.0	47	489.9	14	1 015.8	28	243.3	4	0	0	3.0	1	0	0
厚层黄土质暗白浆土	347.5	34	199.0	15	148.5	19	0	0	0	0	0	0	0	0
中层黄土质暗白浆土	4 345.7	120	1 789.9	57	2 374.9	51	180.9	12	0	0	0	0	0	0
三、草甸土	4 502.9	437	2 985.6	308	1 120.0	106	275.3	21	0	0	122.1	2	0	0
厚层砾底草甸土	1 153.8	107	710.9	69	243.8	26	199.1	12	0	0	0	0	0	0
中层砾底草甸土	206.2	20	49.9	5	156.4	15	0	0	0	0	0	0	0	0
薄层砾底草甸土	121.7	9	86.2	6	35.4	3	0	0	0	0	0	0	0	0
厚层黏壤质草甸土	302.4	23	25.7	5	251.8	14	25.0	4	0	0	0	0	0	0
中层黏壤质草甸土	1 481.9	146	1 298.5	132	172.4	13	10.9	1	0	0	0	0	0	0
薄层黏壤质草甸土	709.9	72	448.4	52	138.9	17	0.5	1	0	0	122.1	2	0	0
中层沙砾底潜育草甸土	49.8	10	49.8	10	0	0	0	0	0	0	0	0	0	0

（续）

土　种	面积（公顷）	单元个数（个）	一级		二级		三级		四级		五级		六级	
			面积（公顷）	个数（个）	面积（公顷）	个数（个）	面积（公顷）	个数（个）	面积（公顷）	个数（个）	面积（公顷）	个数（个）	面积（公顷）	个数（个）
薄层沙砾底潜育草甸土	102.0	16	16.1	2	46.2	11	39.8	3	0	0	0	0	0	0
厚层黏壤质潜育草甸土	225.3	19	172.3	16	53.0	3	0	0	0	0	0	0	0	0
中层黏壤质潜育草甸土	72.5	4	72.5	4	0	0	0	0	0	0	0	0	0	0
薄层黏壤质潜育草甸土	77.4	11	55.3	7	22.1	4	0	0	0	0	0	0	0	0
四、沼泽土	1 817.4	113	735.5	43	1 033.5	61	37.1	8	11.3	1	0	0	0	0
浅埋藏型沼泽土	223.5	18	159.1	15	64.4	3	0	0	0	0	0	0	0	0
中层泥炭沼泽土	992.9	67	197.0	11	777.7	50	18.1	6	0	0	0	0	0	0
薄层泥炭腐殖质沼泽土	115.2	4	103.8	3	0	0	0	0	11.3	1	0	0	0	0
薄层沙底草甸沼泽土	486.0	24	275.6	14	191.4	8	19.0	2	0	0	0	0	0	0
五、泥炭土	324.4	14	18.8	3	305.6	11	0	0	0	0	0	0	0	0
中层芦苇薹草低位泥炭土	37.7	5	18.8	3	18.9	2	0	0	0	0	0	0	0	0
薄层芦苇薹草低位泥炭土	286.7	9	0	0	286.7	9	0	0	0	0	0	0	0	0
六、新积土	928.0	73	603.8	46	319.0	26	5.2	1	0	0	0	0	0	0
薄层砾质冲积土	16.8	2	2.6	1	14.2	1	0	0	0	0	0	0	0	0
薄层沙质冲积土	100.8	8	16.0	5	79.6	2	5.2	1	0	0	0	0	0	0
中层状冲积土	810.4	63	585.2	40	225.2	23	0	0	0	0	0	0	0	0
七、水稻土	3 551.3	351	3 011.5	301	336.9	42	202.8	8	0	0	0	0	0	0
白浆土型淹育水稻土	424.4	18	147.6	14	153.6	3	123.2	1	0	0	0	0	0	0
薄层草甸土型淹育水稻土	46.5	6	46.5	6	0	0	0	0	0	0	0	0	0	0
中层草甸土型淹育水稻土	1 853.8	211	1 632.2	171	141.9	33	79.7	7	0	0	0	0	0	0
厚层草甸土型淹育水稻土	629.7	49	628.9	48	0.8	1	0	0	0	0	0	0	0	0
厚层暗棕壤型淹育水稻土	186.6	13	186.6	13	0	0	0	0	0	0	0	0	0	0
中层冲积土型淹育水稻土	342.3	40	321.9	37	20.4	3	0	0	0	0	0	0	0	0
厚层沼泽土型潜育水稻土	68.0	14	47.7	12	20.3	2	0	0	0	0	0	0	0	0
薄层泥炭土型潜育水稻土	0	0	0	0	0	0	0	0	0	0	0	0	0	0

从各土类之间来看，有效铁含量差异不大，所有土类的平均含量都达到一级，最高的泥炭土有效铁含量 115.10 毫克/千克，其次是沼泽土含量为 109.79 毫克/千克，含量最低的是草甸土 79.53 毫克/千克。

分级情况来看，全部集中在一级，二级、三级、四级在牡丹江市区没有出现。

牡丹江市各土种有效铁含量见表 4-37，各土种有效铁含量面积和单元数统计见表4-38。

各乡（镇）之间土壤有效铁含量差异较大，最高的五林镇达到 117.68 毫克/千克，最低的海南乡为 41.43 毫克/千克，两乡（镇）相差达 76.25 毫克/千克，按平均含量由高到低排列为五林镇＞兴隆镇＞北安乡＞桦林镇＞铁岭镇＞磨刀石镇＞温春镇＞海南乡（图 4-27、表 4-36）。

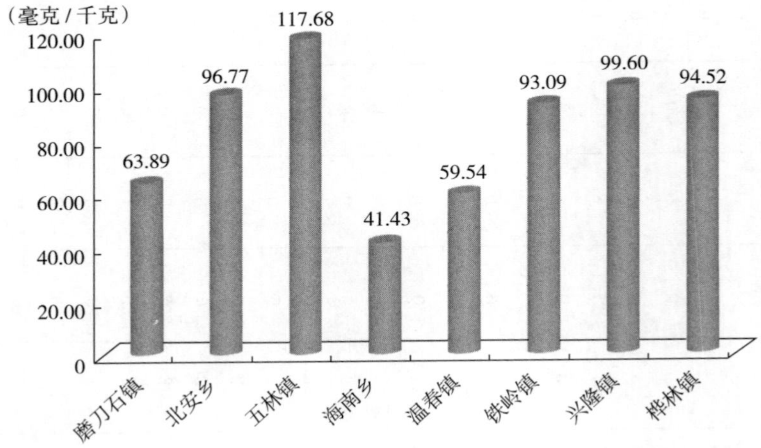

图 4-27　各乡（镇）有效铁平均含量

表 4-36　各乡（镇）土壤有效铁含量及面积统计

项目		磨刀石镇	北安乡	五林镇	海南乡	温春镇	铁岭镇	兴隆镇	桦林镇	合计
最大值（毫克/千克）		217.8	270.4	291.3	80.8	249.9	257.0	269.4	235.5	291.3
最小值（毫克/千克）		10.3	16.2	12.0	27.5	9.8	24.6	26.6	40.8	9.8
平均值（毫克/千克）		63.9	96.8	117.7	41.4	59.5	93.1	99.6	94.5	88.2
一级	平均值（毫克/千克）	63.9	96.8	117.7	41.4	59.5	93.1	99.6	94.5	88.2
	面积（公顷）	9 071.2	2 057.4	13 588.2	4 040.0	7 195.2	5 353.6	5 281.2	2 472.9	49 059.8
	占比（%）	100.0	100.0	100.0	100.0	100.0	100.0	100.0	100.0	100.0
二级	平均值（毫克/千克）	—	—	—	—	—	—	—	—	—
	面积（公顷）	0	0	0	0	0	0	0	0	0
	占比（%）	0	0	0	0	0	0	0	0	0
三级	平均值（毫克/千克）	—	—	—	—	—	—	—	—	—
	面积（公顷）	0	0	0	0	0	0	0	0	0
	占比（%）	0	0	0	0	0	0	0	0	0
四级	平均值（毫克/千克）	—	—	—	—	—	—	—	—	—
	面积（公顷）	0	0	0	0	0	0	0	0	0
	占比（%）	0	0	0	0	0	0	0	0	0

表 4-37　各土种有效铁含量统计

土　种	最大值（毫克/千克）	最小值（毫克/千克）	平均值（毫克/千克）	样本数(个)	一级	二级	三级	四级
					>4.5 毫克/千克	3.0～4.5 毫克/千克	2.0～3.0 毫克/千克	≤2.0 毫克/千克
合计	291.30	9.80	88.25	3 134	88.25	—	—	—
一、暗棕壤	270.40	10.30	89.20	1 814	89.20	—	—	—
麻沙质暗棕壤	146.00	51.50	89.95	13	89.95	—	—	—
砾沙质暗棕壤	270.40	10.30	90.79	1 022	90.79	—	—	—
沙砾质暗棕壤	250.80	12.00	92.33	520	92.33	—	—	—
泥质暗棕壤	43.60	29.60	34.33	8	34.33	—	—	—
沙砾质白浆化暗棕壤	218.40	24.60	85.62	171	85.62	—	—	—
砾沙质草甸暗棕壤	170.30	43.00	102.36	18	102.36	—	—	—
黄土质草甸暗棕壤	108.90	27.50	51.29	46	51.29	—	—	—
亚暗矿质潜育暗棕壤	48.80	34.80	45.06	16	45.06	—	—	—
二、白浆土	291.30	9.80	80.41	332	80.41	—	—	—
厚层黄土质白浆土	192.30	52.50	124.92	41	124.92	—	—	—
中层黄土质白浆土	238.10	21.60	95.19	90	95.19	—	—	—
薄层黄土质白浆土	291.30	16.80	81.63	47	81.63	—	—	—
厚层黄土质暗白浆土	104.60	13.10	53.38	34	53.38	—	—	—
中层黄土质暗白浆土	251.80	9.80	61.30	120	61.30	—	—	—
三、草甸土	291.30	11.50	79.53	437	79.53	—	—	—
厚层砾底草甸土	189.00	22.70	71.75	107	71.75	—	—	—
中层砾底草甸土	125.90	53.10	85.82	20	85.82	—	—	—
薄层砾底草甸土	185.80	81.20	129.28	9	129.28	—	—	—
厚层黏壤质草甸土	134.30	58.00	87.42	23	87.42	—	—	—
中层黏壤质草甸土	161.80	11.50	61.12	146	61.12	—	—	—
薄层黏壤质草甸土	291.30	30.40	103.96	72	103.96	—	—	—
中层沙砾底潜育草甸土	213.70	41.50	118.66	10	118.66	—	—	—

（续）

土　种	最大值（毫克/千克）	最小值（毫克/千克）	平均值（毫克/千克）	样本数(个)	一级 >4.5 毫克/千克	二级 3.0～4.5 毫克/千克	三级 2.0～3.0 毫克/千克	四级 ≤2.0 毫克/千克
薄层沙砾底潜育草甸土	111.00	71.30	87.13	16	87.13	—	—	—
厚层黏壤质潜育草甸土	179.00	32.90	65.02	19	65.02	—	—	—
中层黏壤质潜育草甸土	82.90	72.70	76.65	4	76.65	—	—	—
薄层黏壤质潜育草甸土	179.00	97.00	150.55	11	150.55	—	—	—
四、沼泽土	253.10	12.00	87.51	113	87.51	—	—	—
浅埋藏型沼泽土	237.60	31.10	114.49	18	114.49	—	—	—
中层泥炭沼泽土	203.40	12.00	73.48	67	73.48	—	—	—
薄层泥炭腐殖质沼泽土	253.10	88.30	137.43	4	137.43	—	—	—
薄层沙底草甸沼泽土	154.70	36.80	98.13	24	98.13	—	—	—
五、泥炭土	150.60	56.00	109.79	14	109.79	—	—	—
中层芦苇薹草低位泥炭土	137.30	88.00	104.48	5	104.48	—	—	—
薄层芦苇薹草低位泥炭土	150.60	56.00	112.73	9	112.73	—	—	—
六、新积土	249.90	9.90	115.10	73	115.10	—	—	—
薄层砾质冲积土	64.30	42.30	53.30	2	53.30	—	—	—
薄层沙质冲积土	102.80	20.20	69.98	8	69.98	—	—	—
中层状冲积土	249.90	9.90	122.80	63	122.80	—	—	—
七、水稻土	269.40	22.70	95.39	351	95.39	—	—	—
白浆土型淹育水稻土	209.60	41.90	113.67	18	113.67	—	—	—
薄层草甸土型淹育水稻土	47.20	36.40	43.13	6	43.13	—	—	—
中层草甸土型淹育水稻土	269.40	22.70	102.20	211	102.20	—	—	—
厚层草甸土型淹育水稻土	48.70	31.90	42.85	49	42.85	—	—	—
厚层暗棕壤型淹育水稻土	48.60	33.20	42.88	13	42.88	—	—	—
中层冲积土型淹育水稻土	215.20	50.10	140.67	40	140.67	—	—	—
厚层沼泽土型潜育水稻土	114.10	61.70	95.08	14	95.08	—	—	—
薄层泥炭土型潜育水稻土	—	—	—	—	—	—	—	—

表 4-38　各土种有效铁面积和单元数量统计

土　　种	面积（公顷）	单元个数（个）	一级		二级		三级		四级	
			面积（公顷）	个数（个）	面积（公顷）	个数（个）	面积（公顷）	个数（个）	面积（公顷）	个数（个）
合计	49 059.8	3 134	49 059.8	3 134	0	0	0	0	0	0
一、暗棕壤	27 634.6	1 814	27 634.6	1 814	0	0	0	0	0	0
麻沙质暗棕壤	291.7	13	291.7	13	0	0	0	0	0	0
砾沙质暗棕壤	11 656.9	1 022	11 656.9	1 022	0	0	0	0	0	0
沙砾质暗棕壤	10 257.7	520	10 257.7	520	0	0	0	0	0	0
泥质暗棕壤	53.9	8	53.9	8	0	0	0	0	0	0
沙砾质白浆化暗棕壤	3 586.2	171	3 586.2	171	0	0	0	0	0	0
砾沙质草甸暗棕壤	353.9	18	353.9	18	0	0	0	0	0	0
黄土质草甸暗棕壤	1 231.8	46	1 231.8	46	0	0	0	0	0	0
亚暗矿质潜育暗棕壤	202.4	16	202.4	16	0	0	0	0	0	0
二、白浆土	10 301.2	332	10 301.2	332	0	0	0	0	0	0
厚层黄土质白浆土	1 067.8	41	1 067.8	41	0	0	0	0	0	0
中层黄土质白浆土	2 788.3	90	2 788.3	90	0	0	0	0	0	0
薄层黄土质白浆土	1 752.0	47	1 752.0	47	0	0	0	0	0	0
厚层黄土质暗白浆土	347.5	34	347.5	34	0	0	0	0	0	0
中层黄土质暗白浆土	4 345.7	120	4 345.7	120	0	0	0	0	0	0
三、草甸土	4 502.9	437	4 502.9	437	0	0	0	0	0	0
厚层砾底草甸土	1 153.8	107	1 153.8	107	0	0	0	0	0	0
中层砾底草甸土	206.2	20	206.2	20	0	0	0	0	0	0
薄层砾底草甸土	121.7	9	121.7	9	0	0	0	0	0	0
厚层黏壤质草甸土	302.4	23	302.4	23	0	0	0	0	0	0
中层黏壤质草甸土	1 481.9	146	1 481.9	146	0	0	0	0	0	0
薄层黏壤质草甸土	709.9	72	709.9	72	0	0	0	0	0	0
中层沙砾底潜育草甸土	49.8	10	49.8	10	0	0	0	0	0	0

（续）

土　种	面积（公顷）	单元个数（个）	一级		二级		三级		四级	
			面积（公顷）	个数（个）	面积（公顷）	个数（个）	面积（公顷）	个数（个）	面积（公顷）	个数（个）
薄层沙砾底潜育草甸土	102.0	16	102.0	16	0	0	0	0	0	0
厚层黏壤质潜育草甸土	225.3	19	225.3	19	0	0	0	0	0	0
中层黏壤质潜育草甸土	72.5	4	72.5	4	0	0	0	0	0	0
薄层黏壤质潜育草甸土	77.4	11	77.4	11	0	0	0	0	0	0
四、沼泽土	1 817.4	113	1 817.4	113	0	0	0	0	0	0
浅埋藏型沼泽土	223.5	18	223.5	18	0	0	0	0	0	0
中层泥炭沼泽土	992.9	67	992.9	67	0	0	0	0	0	0
薄层泥炭腐殖质沼泽土	115.2	4	115.2	4	0	0	0	0	0	0
薄层沙底草甸沼泽土	486.0	24	486.0	24	0	0	0	0	0	0
五、泥炭土	324.4	14	324.4	14	0	0	0	0	0	0
中层芦苇薹草低位泥炭土	37.7	5	37.7	5	0	0	0	0	0	0
薄层芦苇薹草低位泥炭土	286.7	9	286.7	9	0	0	0	0	0	0
六、新积土	928.0	73	928.0	73	0	0	0	0	0	0
薄层砾质冲积土	16.8	2	16.8	2	0	0	0	0	0	0
薄层沙质冲积土	100.8	8	100.8	8	0	0	0	0	0	0
中层状冲积土	810.4	63	810.4	63	0	0	0	0	0	0
七、水稻土	3 551.3	351	3 551.3	351	0	0	0	0	0	0
白浆土型淹育水稻土	424.4	18	424.4	18	0	0	0	0	0	0
薄层草甸土型淹育水稻土	46.5	6	46.5	6	0	0	0	0	0	0
中层草甸土型淹育水稻土	1 853.8	211	1 853.8	211	0	0	0	0	0	0
厚层草甸土型淹育水稻土	629.7	49	629.7	49	0	0	0	0	0	0
厚层暗棕壤型淹育水稻土	186.6	13	186.6	13	0	0	0	0	0	0
中层冲积土型淹育水稻土	342.3	40	342.3	40	0	0	0	0	0	0
厚层沼泽土型潜育水稻土	68.0	14	68.0	14	0	0	0	0	0	0
薄层泥炭土型潜育水稻土	0	0	0	0	0	0	0	0	0	0

（四）有效锰含量

释　　义：耕层土壤中能供作物吸收的锰的含量。以每千克干土中所含锰的毫克数表示

字段代码：SO120214

英文名称：Available iron

数据类型：数值

量　　纲：毫克/千克

数据长度：5

小 数 位：1

极 小 值：0

极 大 值：999.9

备　　注：DTPA 提取-原子吸收光谱法

早在 1922 年就已发现锰是作物必需元素，它是作物的组成元素，是多种酶活性的核心元素。锰在植物体内主要作为某些酶的活性核心元素参与氧化作用、参加氮及无机酸的代谢、二氧化碳的同化、碳水化合物的分解、胡萝卜素、核黄素、维生素 C 的合成等。

牡丹江市区耕地土壤中有效锰和有效铁的情况相似，含量丰富，能够满足农作物的生长需求。全市有效锰平均含量为 66.01 毫克/千克，达到分级标准的一级水平，远高于一级标准下限 15.00 毫克/千克，是其 4 倍之多。

从各土类之间来看，有效锰含量差异不大，所有土类的平均含量都达到一级，最高的泥炭土有效锰含量 79.39 毫克/千克，其次是白浆土含量为 71.40 毫克/千克，含量最低的是水稻土，平均含量 55.41 毫克/千克（表 4－39）。

从分级情况来看，基本上都集中在一级，含量在一级的管理单元数占总数的 98.34%，占到总面积的 97.01%；含量在二级、三级、四级、五级的管理单元数和面积很小（图 4－28）。

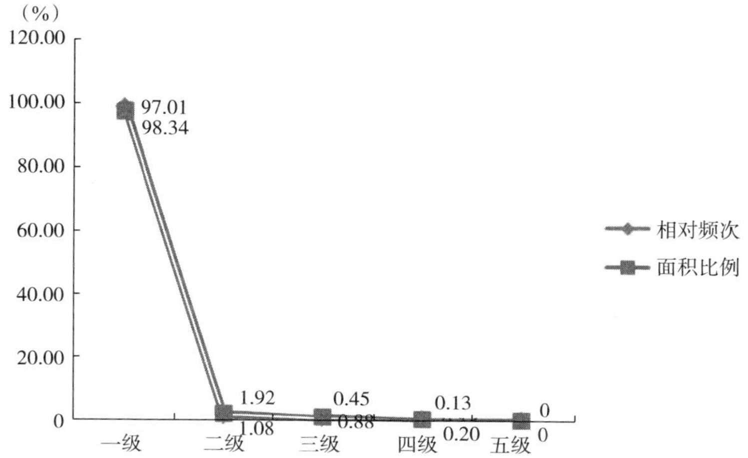

图 4－28　各等级有效锰频次分布和面积比例

表 4-39　各土种有效锰含量统计

土　种	最大值（毫克/千克）	最小值（毫克/千克）	平均值（毫克/千克）	样本数（个）	一级	二级	三级	四级	五级
					>15 毫克/千克	10～15 毫克/千克	7.5～10 毫克/千克	5～7.5 毫克/千克	≤5 毫克/千克
合计	170.20	6.20	66.01	3 134	66.93	12.98	8.56	6.50	—
一、暗棕壤	170.20	6.20	69.30	1 814	69.50	13.53	8.10	6.80	—
麻沙质暗棕壤	170.20	69.20	107.67	13	107.67	—	—	—	—
砾沙质暗棕壤	170.20	8.10	70.06	1 022	70.23	13.50	8.10	—	—
沙砾质暗棕壤	149.90	6.20	68.98	520	69.32	13.60	—	6.80	—
泥质暗棕壤	23.50	22.80	23.20	8	23.20	—	—	—	—
沙砾质白浆化暗棕壤	147.60	22.50	76.01	171	76.01	—	—	—	—
砾沙质草甸暗棕壤	128.10	31.50	75.36	18	75.36	—	—	—	—
黄土质草甸暗棕壤	115.10	21.90	42.31	46	42.31	—	—	—	—
亚暗矿质潜育暗棕壤	23.10	20.60	22.14	16	22.14	—	—	—	—
二、白浆土	163.30	6.20	71.40	332	76.15	12.28	8.64	6.20	—
厚层黄土质白浆土	151.00	59.20	87.17	41	87.17	—	—	—	—
中层黄土质白浆土	142.40	18.00	83.88	90	83.88	—	—	—	—
薄层黄土质白浆土	145.60	12.50	87.72	47	89.36	12.50	—	—	—
厚层黄土质暗白浆土	163.30	8.30	67.34	34	77.29	13.50	8.73	—	—
中层黄土质暗白浆土	126.90	6.20	51.42	120	58.64	12.15	8.58	6.20	—
三、草甸土	142.30	10.50	57.10	437	58.02	13.21	—	—	—
厚层砾底草甸土	92.20	23.00	58.29	107	58.29	—	—	—	—
中层砾底草甸土	129.30	28.30	56.77	20	56.77	—	—	—	—
薄层砾底草甸土	99.30	33.80	68.77	9	68.77	—	—	—	—
厚层黏壤质草甸土	126.90	41.00	89.60	23	89.60	—	—	—	—
中层黏壤质草甸土	132.30	10.50	40.77	146	42.15	13.41	—	—	—
薄层黏壤质草甸土	119.80	12.50	69.18	72	70.80	12.50	—	—	—
中层沙砾底潜育草甸土	65.70	37.80	45.01	10	45.01	—	—	—	—

（续）

土　　种	最大值（毫克/千克）	最小值（毫克/千克）	平均值（毫克/千克）	样本数（个）	一级	二级	三级	四级	五级
					>15 毫克/千克	10～15 毫克/千克	7.5～10 毫克/千克	5～7.5 毫克/千克	≤5 毫克/千克
薄层沙砾底潜育草甸土	70.20	46.60	58.88	16	58.88	—	—	—	—
厚层黏壤质潜育草甸土	142.30	33.10	72.95	19	72.95	—	—	—	—
中层黏壤质潜育草甸土	69.70	58.00	62.90	4	62.90	—	—	—	—
薄层黏壤质潜育草甸土	100.50	39.00	85.25	11	85.25	—	—	—	—
四、沼泽土	118.60	12.90	63.27	113	63.72	12.90	—	—	—
浅埋藏型沼泽土	86.10	15.10	47.78	18	47.78	—	—	—	—
中层泥炭沼泽土	118.60	15.30	66.84	67	66.84	—	—	—	—
薄层泥炭腐殖质沼泽土	83.30	27.20	66.10	4	66.10	—	—	—	—
薄层沙底草甸沼泽土	97.50	12.90	64.46	24	66.70	12.90	—	—	—
五、泥炭土	116.80	43.80	79.39	14	79.39	—	—	—	—
中层芦苇薹草低位泥炭土	116.80	93.20	107.04	5	107.04	—	—	—	—
薄层芦苇薹草低位泥炭土	88.20	43.80	64.03	9	64.03	—	—	—	—
六、新积土	163.30	8.10	65.73	73	68.12	13.60	8.20	—	—
薄层砾质冲积土	47.00	44.20	45.60	2	45.60	—	—	—	—
薄层沙质冲积土	70.80	8.10	49.53	8	55.44	—	8.10	—	—
中层状冲积土	163.30	8.30	68.43	63	70.31	13.60	8.30	—	—
七、水稻土	163.30	8.80	55.41	351	56.53	13.67	8.80	—	—
白浆土型淹育水稻土	127.00	35.90	71.29	18	71.29	—	—	—	—
薄层草甸土型淹育水稻土	22.10	8.80	15.95	6	21.70	13.00	8.80	—	—
中层草甸土型淹育水稻土	139.50	11.90	57.46	211	58.74	13.78	—	—	—
厚层草甸土型淹育水稻土	35.60	18.70	21.38	49	21.38	—	—	—	—
厚层暗棕壤型淹育水稻土	23.80	21.90	22.89	13	22.89	—	—	—	—
中层冲积土型淹育水稻土	163.30	35.30	85.34	40	85.34	—	—	—	—
厚层沼泽土型潜育水稻土	123.60	53.10	84.74	14	84.74	—	—	—	—
薄层泥炭土型潜育水稻土	—	—	—	—	—	—	—	—	—

各乡（镇）之间土壤有效锰含量差异较大，最高的五林镇达到 84.58 毫克/千克，最低的海南乡为 22.04 毫克/千克，两乡（镇）相差达 62.54 毫克/千克，按平均含量由高到低排列为五林镇＞桦林镇＞磨刀石镇＞兴隆镇＞北安乡＞铁岭镇＞温春镇＞海南乡（图 4－29和表 4－40）。

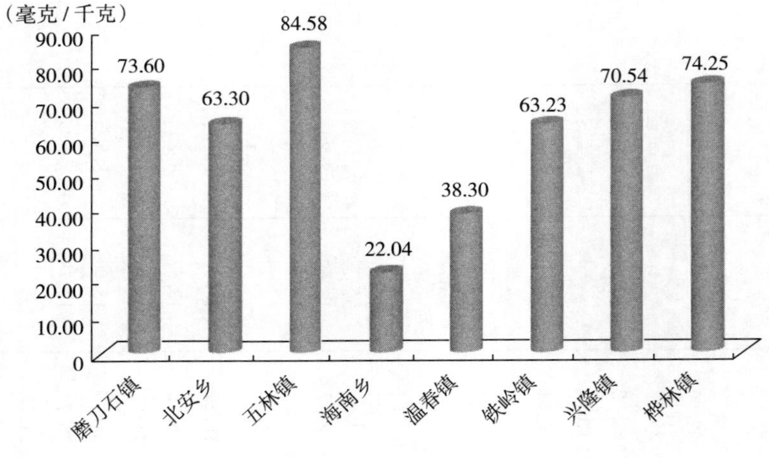

图 4－29　各乡（镇）有效锰平均含量

表 4－40　各乡（镇）土壤有效锰含量及面积统计

项目		磨刀石镇	北安乡	五林镇	海南乡	温春镇	铁岭镇	兴隆镇	桦林镇	合计
最大值（毫克/千克）		170.2	129.7	154.6	44.3	82.1	139.3	163.3	154.9	170.2
最小值（毫克/千克）		25.9	14.5	12.5	8.8	6.2	12.9	23.0	24.8	6.2
平均值（毫克/千克）		73.6	63.3	84.6	22.0	38.3	63.2	70.5	74.3	66.0
一级	平均值（毫克/千克）	73.6	64.7	84.8	22.3	42.6	63.4	70.5	74.3	66.9
	面积（公顷）	9 071.2	2 030.4	13 463.1	3 985.3	5 965.8	5 321.2	5 281.2	2 472.9	47 591.1
	占比（%）	100.0	98.7	99.1	98.6	82.9	99.4	100.0	100.0	97.0
二级	平均值（毫克/千克）	—	14.5	12.5	13.5	12.3	12.9	—	—	13.0
	面积（公顷）	0	27.0	125.2	50.7	706.1	32.5	0	0	941.5
	占比（%）	0	1.3	0.9	1.3	9.8	0.6	0	0	1.9
三级	平均值（毫克/千克）	—	—	—	8.8	8.5	—	—	—	8.6
	面积（公顷）	0	0	0	4.0	425.4	0	0	0	429.5
	占比（%）	0	0	0	0.1	5.9	0	0	0	0.9
四级	平均值（毫克/千克）	—	—	—	—	6.5	—	—	—	6.5
	面积（公顷）	0	0	0	0	97.8	0	0	0	97.8
	占比（%）	0	0	0	0	1.4	0	0	0	0.2
五级	平均值（毫克/千克）	—	—	—	—	—	—	—	—	—
	面积（公顷）	0	0	0	0	0	0	0	0	0
	占比（%）	0	0	0	0	0	0	0	0	0

各土种有效锰面积和单元数量统计见表 4－41。

表 4-41　各土种有效锰面积和单元数量统计

土　种	面积（公顷）	单元个数（个）	一级		二级		三级		四级		五级	
			面积（公顷）	个数（个）	面积（公顷）	个数（个）	面积（公顷）	个数（个）	面积（公顷）	个数（个）	面积（公顷）	个数（个）
合计	49 059.8	3 134	47 591.1	3 082	941.4	34	429.5	14	97.8	4	0	0
一、暗棕壤	27 634.6	1 814	27 389.2	1 808	207.6	3	5.1	1	32.7	2	0	0
麻沙质暗棕壤	291.7	13	291.7	13	0	0	0	0	0	0	0	0
砾沙质暗棕壤	11 656.9	1 022	11 637.4	1 019	14.4	2	5.1	1	0	0	0	0
沙砾质暗棕壤	10 257.7	520	10 031.9	517	193.1	1	0	0	32.7	2	0	0
泥质暗棕壤	53.9	8	53.9	8	0	0	0	0	0	0	0	0
沙砾质白浆化暗棕壤	3 586.2	171	3 586.2	171	0	0	0	0	0	0	0	0
砾沙质草甸暗棕壤	353.9	18	353.9	18	0	0	0	0	0	0	0	0
黄土质草甸暗棕壤	1 231.8	46	1 231.8	46	0	0	0	0	0	0	0	0
亚暗矿质潜育暗棕壤	202.4	16	202.4	16	0	0	0	0	0	0	0	0
二、白浆土	10 301.2	332	9 514.9	308	371.7	13	349.5	9	65.2	2	0	0
厚层黄土质白浆土	1 067.8	41	1 067.8	41	0	0	0	0	0	0	0	0
中层黄土质白浆土	2 788.3	90	2 788.3	90	0	0	0	0	0	0	0	0
薄层黄土质白浆土	1 752.0	47	1 748.9	46	3.0	1	0	0	0	0	0	0
厚层黄土质暗白浆土	347.5	34	313.0	29	9.4	1	25.1	4	0	0	0	0
中层黄土质暗白浆土	4 345.7	120	3 596.9	102	359.3	11	324.4	5	65.2	2	0	0
三、草甸土	4 502.9	437	4 239.9	428	263.0	9	0	0	0	0	0	0
厚层砾底草甸土	1 153.8	107	1 153.8	107	0	0	0	0	0	0	0	0
中层砾底草甸土	206.2	20	206.2	20	0	0	0	0	0	0	0	0
薄层砾底草甸土	121.7	9	121.7	9	0	0	0	0	0	0	0	0
厚层黏壤质草甸土	302.4	23	302.4	23	0	0	0	0	0	0	0	0
中层黏壤质草甸土	1 481.9	146	1 341.0	139	140.9	7	0	0	0	0	0	0
薄层黏壤质草甸土	709.9	72	587.8	70	122.1	2	0	0	0	0	0	0
中层沙砾底潜育草甸土	49.8	10	49.8	10	0	0	0	0	0	0	0	0

（续）

土种	面积（公顷）	单元个数（个）	一级		二级		三级		四级		五级	
			面积（公顷）	个数（个）	面积（公顷）	个数（个）	面积（公顷）	个数（个）	面积（公顷）	个数（个）	面积（公顷）	个数（个）
薄层沙砾底潜育草甸土	102.0	16	102.0	16	0	0	0	0	0	0	0	0
厚层黏壤质潜育草甸土	225.3	19	225.3	19	0	0	0	0	0	0	0	0
中层黏壤质潜育草甸土	72.5	4	72.5	4	0	0	0	0	0	0	0	0
薄层黏壤质潜育草甸土	77.4	11	77.4	11	0	0	0	0	0	0	0	0
四、沼泽土	1 817.4	113	1 784.9	112	32.5	1	0	0	0	0	0	0
浅埋藏型沼泽土	223.5	18	223.5	18	0	0	0	0	0	0	0	0
中层泥炭沼泽土	992.9	67	992.9	67	0	0	0	0	0	0	0	0
薄层泥炭腐殖质沼泽土	115.2	4	115.2	4	0	0	0	0	0	0	0	0
薄层沙底草甸沼泽土	486.0	24	453.5	23	32.5	1	0	0	0	0	0	0
五、泥炭土	324.4	14	324.4	14	0	0	0	0	0	0	0	0
中层芦苇薹草低位泥炭土	37.7	5	37.7	5	0	0	0	0	0	0	0	0
薄层芦苇薹草低位泥炭土	286.7	9	286.7	9	0	0	0	0	0	0	0	0
六、新积土	928.0	73	822.2	70	35.0	1	70.8	2	0	0	0	0
薄层砾质冲积土	16.8	2	16.8	2	0	0	0	0	0	0	0	0
薄层沙质冲积土	100.8	8	30.5	7	0	0	70.3	1	0	0	0	0
中层状冲积土	810.4	63	774.9	61	35.0	1	0.5	1	0	0	0	0
七、水稻土	3 551.3	351	3 515.5	342	31.7	7	4.0	2	0	0	0	0
白浆土型淹育水稻土	424.4	18	424.4	18	0	0	0	0	0	0	0	0
薄层草甸土型淹育水稻土	46.5	6	33.3	3	9.2	1	4.0	2	0	0	0	0
中层草甸土型淹育水稻土	1 853.8	211	1 831.3	205	22.5	6	0	0	0	0	0	0
厚层草甸土型淹育水稻土	629.7	49	629.7	49	0	0	0	0	0	0	0	0
厚层暗棕壤型淹育水稻土	186.6	13	186.6	13	0	0	0	0	0	0	0	0
中层冲积土型淹育水稻土	342.3	40	342.3	40	0	0	0	0	0	0	0	0
厚层沼泽土型潜育水稻土	68.0	14	68.0	14	0	0	0	0	0	0	0	0
薄层泥炭土型潜育水稻土	0	0	0	0	0	0	0	0	0	0	0	0

第二节　土壤物理性状

土壤水、气、热不仅是植物生长发育的必要条件，而且与土壤养分的有效性有着密切的关系，因此三者均是土壤肥力的重要因素。

土壤水、气、热三者间是相辅相成、矛盾统一的关系，即水多、气少、土温低，相反是水少、气多、土壤热潮，其主导的动态因素是水。但水分状况主要取决于土壤质地、结构、容重和孔隙状况。

一、土壤质地

字段名称：质地

释　　义：土壤中各种粒径土粒的组合比例关系称为机械组成，根据机械组合的近似性，划分为若干类别，称之为质地类型。

字段代码：SO120101

英文名称：Texture

数据类型：文本

数据长度：6

备　　注：苏联卡庆斯基制土壤质地分类

土壤质地，即机械组成。1984 年第二次土壤普查土壤质地分类采用了卡庆斯基分类法。本次调查将土壤质地作为一项评价指标，并对各质地面积进行了统计分析，市区内共有 6 种土壤质地，分别为轻壤土、重壤土、轻黏土、中壤土、重黏土和沙壤土。各土壤质地耕地面积统计见表 4 - 42。

表 4 - 42　各种土壤质地耕地面积统计

乡（镇）	合计	磨刀石镇	北安乡	五林镇	海南乡	温春镇	铁岭镇	兴隆镇	桦林镇
轻壤土（公顷）	12 267.8	1 954.2	603.5	3 734.1	852.0	1 739.7	1 454.8	1 182.0	747.6
占比（%）	25.0	21.5	29.3	27.5	21.1	24.2	27.2	22.4	30.2
重壤土（公顷）	19 625.5	4 983.4	858.4	4 020.1	1 996.2	1 792.6	3 046.6	2 112.8	815.4
占比（%）	40.0	54.9	41.7	29.6	49.4	24.9	56.9	40.0	33.0
轻黏土（公顷）	12 604.4	843.4	269.4	4 779.3	60.3	3 402.8	628.9	1 739.1	881.2
占比（%）	25.7	9.3	13.1	35.2	1.5	47.3	11.7	32.9	35.6
中壤土（公顷）	4 305.7	1 290.2	326.1	1 054.7	875.2	260.1	223.3	247.4	28.8
占比（%）	8.8	14.2	15.9	7.8	21.7	3.6	4.2	4.7	1.2
重黏土（公顷）	53.9	0	0	0	53.9	0	0	0	0
占比（%）	0.1	0	0	0	1.3	0	0	0	0
沙壤土（公顷）	202.4	0	0	0	202.4	0	0	0	0
占比（%）	0.4	0	0	0	5.0	0	0	0	0

牡丹江市区结合第二次土壤普查数据统计得出，市内土壤质地具有以下 4 个特点：

1. 表层质地均一 据 71 个剖面统计，表层土壤物理性黏粒（<0.01 毫米）平均含量为 45.52%，属中壤至重壤土，大部分为重壤土，耕地面积为 19 625.5，占总耕地面积的 40.0%，轻黏土和轻壤土分别占 25.7%和 25.0%。质地状况比较理想，不黏不沙，沙黏适中。

2. 沙粒含量较高 从机械分析结果看，各种土壤物理性沙粒（>0.01 毫米）平均含量为 54.48%，其中的中沙粒（1～0.25 毫米）和细沙粒（0.25～0.05 毫米）含量共达 30.01%（表 4-43）。另外，还含有数量不等的石块（>3 毫米）和石砾（1～3 毫米）。这种粒级含量较高，虽然对保水保肥和团粒结构的形成不利，但对防止土壤淀浆板结具有良好的作用，能改善土壤的热量状况，使土壤热潮。

表 4-43 土壤各粒级含量统计

项 目	各粒级直径（毫米）						总 量		质地名称
	1～0.25	0.25～0.05	0.05～0.01	0.01～0.005	0.005～0.001	<0.001	>0.01 毫米	<0.01 毫米	
平均值（%）	11.39	18.62	24.47	11.23	12.15	22.14	54.48	45.52	重壤土
样本数（个）	71	71	71	71	71	71	71	71	

注：引自 1984 年第二次土壤普查资料。

3. 黏粒含量偏低 全市表层土壤黏粒（<0.001 毫米）平均含量为 22.1%，尤其暗棕壤、新积土、白浆土黏粒含量更低，分别为 17.2%、17.8%和 20.6%（表 4-44），这虽然能降低土壤的持水性和保肥性能，但能大大改善土壤的物理性质和耕性，对农业生产管理十分有利。

表 4-44 土壤黏粒（<0.001 毫米）含量统计

单位：%

土 类	表层土（A_1）			亚表层土（AB）			心土层（B）			样本数（个）
	最高	最低	平均	最高	最低	平均	最高	最低	平均	
暗棕壤	25	11.5	17.2	35.5	11.1	17.8	44.6	10.1	25.3	7
白浆土	23.4	14.7	20.6	26	15.8	22.8	53.5	26.0	38.6	4
草甸土	33.4	16.1	22.8	39.2	19.1	28.1	47.1	17.3	30.9	7
沼泽土	33.1	14.4	26.2	37.9	22.9	32.1	31.4	13.4	21.5	6
新积土	29.3	8.7	17.8	23.1	12.5	17.1	28.5	10.0	18.7	4
水稻土	38.4	10.4	26.1	48.5	22.8	31.2	51.8	23.0	34.1	7
平均	38.4	8.7	23.1	48.5	11.1	26.3	53.5	10.0	29.8	35

注：引自 1984 年第二次土壤普查资料。

4. 心土层黏粒含量增加 从表 4-44 可见，除沼泽土和新积土外，其余各种土壤心土层黏粒含量均有不同程度的增加，一般增加 30%～50%，白浆土增加更为显著，可达 87.4%。因此，心土层质地为重壤土至轻黏土，较表土更为黏重。表 4-45。

显然心土层黏化现象非常明显，尤其白浆土、草甸土、水稻土等表现更为突出。这种黏化作用有利之处在于它能托水托肥，起保水保肥作用。其不利方面是黏化层容量大，坚硬、板结，通透性差，影响根系下扎。因此应该因土制宜，因作物制宜、采取深松或超深松，增施有机肥等管理培肥措施进行调解。

表 4-45　土壤物理性黏粒（<0.01 毫米）含量统计

单位:%

土类	表层土（A_1）			亚表层土（AB）			心土层（B）			样本数（个）
	最高	最低	平均	最高	最低	平均	最高	最低	平均	
暗棕壤	68.0	22.4	47.7	70.0	21.5	47.5	72.3	16.2	51.1	7
白浆土	28.2	43.9	51.1	59.3	42.8	51.6	78.7	39.2	61.8	4
草甸土	59.1	38.0	52.0	65.0	39.2	53.6	77.8	46.6	60.3	7
沼泽土	69.0	46.4	57.3	74.2	29.9	54.5	66.3	21.2	46.7	6
新积土	35.5	20.8	28.2	37.6	16.6	28.6	42.1	17.1	29.9	4
水稻土	61.8	23.0	49.6	68.9	37.6	52.1	71.3	43.3	58.0	7
平均	69.0	20.8	48.5	74.2	16.6	49.2	78.7	16.2	51.5	35

注：引自 1984 年第二次土壤普查资料。

二、土壤容重

释　　义：在自然状态下单位容积土壤的烘干重量
字段代码：SO120102
英文名称：Bulk density
数据类型：数值
量　　纲：克/立方厘米
数据长度：4
小 数 位：2
极 小 值：0.8
极 大 值：1.8

土壤容重的大小反映了土壤疏松或紧实状况，也可以推测土壤质地、结构、孔隙度及通气状况等。一般表层土壤容重为 1～1.1 克/立方厘米为好。牡丹江市表层土壤容重在 0.59～1.76 克/立方厘米，平均为 1.15 克/立方厘米，相对于 1984 年第二次土壤普查平均容重 1.13 克/立方厘米略有增加，各土类表层土壤容重也比较接近。除沼泽土和泥炭土外，其余各种土壤心土层容重均有增加，在 1.33～1.51 克/立方厘米。说明该区土壤容重大小适宜，并且具有上虚下实的特点，对作物生长发育和保水保肥是十分有利的（表 4-46）。

表 4-46　各土类土壤容重统计

单位：克/立方厘米

土壤	本次调查				第二次土壤普查			
	最大值	最小值	平均值	个数（个）	最大值	最小值	平均值	个数（个）
暗棕壤	1.76	0.69	1.15	1 814	1.33	0.34	1.04	6
白浆土	1.39	0.59	1.13	332	1.34	1.14	1.26	4
草甸土	1.62	0.59	1.19	437	1.23	0.85	1.14	7

（续）

土壤	本次调查				第二次土壤普查			
	最大值	最小值	平均值	个数（个）	最大值	最小值	平均值	个数（个）
沼泽土	1.45	0.69	1.15	113	1.29	0.89	1.07	7
泥炭土	1.35	1.00	1.11	14	0.53	0.50	0.52	—
新积土	1.47	0.79	1.06	73	1.29	1.18	1.22	5
水稻土	1.76	0.79	1.19	351	1.33	0.92	1.20	7
平均	1.76	0.59	1.15	3 134	1.34	0.34	1.13	36

三、土壤孔隙状况

释　　义：多孔体中所有孔隙的体积与多孔体总体积之比

英文名称：Porosity

数据类型：数值

量　　纲：%

数据长度：5

小 数 位：1

极 小 值：0

极 大 值：99.9

土壤孔隙既是土壤水分的贮存场所，也是空气、水分的通道，因此土壤孔隙类型和数量在农业生产中是极为重要的。

土壤孔隙有毛管孔隙和通气孔隙（非毛管孔隙）之分，前者主要是贮存水分；后者主要是空气的走廊，经常为空气所占据。土壤总孔隙度达50%～60%为好，其中通气孔隙占10%以上，通气孔隙与毛管孔隙之比在1∶（2～4）为佳。因为只有这样的配合比例才能使土壤水、气、热协调，有利于作物生长发育。当然，不同作物对总孔隙度和毛管孔隙的要求是不同的。经第二次土壤普查测定统计，该区耕层土壤总孔隙度平均为56.6%，通气孔隙平均为17.7%，通气孔隙与毛管孔隙之比为1∶2.2。可见牡丹江市区土壤总孔隙度及通气孔隙与毛管孔隙比例较为适宜。

但据土壤孔隙状况的统计，不同种类的土壤或同种土壤不同地块，其土壤孔隙状况有所差异。牡丹江市区暗棕壤和草甸土孔隙状况较好，白浆土次之，主要是通气孔隙所占比例较小，平均为8%，甚至有的地块通气孔隙仅占1%～3%。

四、土壤水分状况

从理论上讲，0～100厘米土层是作物生长的主要土壤环境。因此，土壤抗旱涝能力的大小，土壤水分状况好与坏，主要取决于土壤类型和0～100厘米土层的土体构型。因为不同土壤类型和土体构型决定着土壤质地、结构、孔隙状况以及有机质含量，也反映障碍层次的有无、类型和特性。这些因素及特性又影响着土壤的持水性和渗水性，影响着土壤的贮水量和水分的有效性，决定着土壤“水库”的类型，以及作物根系的发育和深度。因此，土壤类型和土体构型是土壤水分状况的内因。

从土壤“水库”的观点，根据牡丹江市区土壤类型和土体构型，可将土壤“水库”及其规模划分为 4 个类型：即漏水库、浅水库（小水库）、饱水库（大水库）和良水库。

1. 漏水库　主要土壤类型是河淤土和沙石质暗棕壤。其土体构型是通体含沙或石砾，属松散型，渗透性能强，有效贮水量低。

2. 浅水库　主要土壤类型有石质暗棕壤和各种白浆土。从土体构型看，石质暗棕壤土体薄，仅有 50 厘米左右，且通体含石砾，以下为基岩，属薄层型。因基岩隔绝地下水。所以土壤水分只能来源于自然降水，而且由于地形陡斜，多余水可侧渗流走，不能满足作物生长需要，故可称为“枯水库”。白浆土由于白浆层黏重、板结、具僵性，吸水、持水能力均差，严重的阻碍着水、气在土体内的垂直运行和交换，使土壤水分的消长主要在黑土层进行，若超过临界值就表现过湿，乃至成涝，特别是夏季一场大雨就显涝，而春季三天无雨即显旱，使作物经常处于水分余缺不均的环境中，影响正常生长，成为高产稳产的主要障碍。

3. 饱水库　主要土壤类型为沼泽土和泥炭土。土体构型为泥炭层和潜育层。由于此库地势低洼，使下层土壤长期处于潜育状态，再加之上部泥炭层蓄水量极大，所以为大水库或深水库，过饱和的水分使土壤水、气、热失调，不利旱田作物生长发育。

4. 良水库　牡丹江市良好的土壤“水库”，包括一部分草甸暗棕壤和各种草甸土。这些土壤土体构型良好，无障碍层，质地多为壤质土，均匀适中，黏而不紧，粒状结构，表层容重 1.1～1.2 克/立方厘米，至 100 厘米处为 1.4 克/立方厘米左右，总孔隙度大，一般在 55%左右，而且大小孔隙比例适当。在这些良好的物理性条件下，形成了良好的水分特性，蓄水、供水、透水性能都很好，而且上下各层贮水和供水能力均衡，上层多余水比较快的渗至下层蓄积起来；当表层干旱时，由于毛管作用把下层水分运往上层，供作物吸收利用，使水分在土体内的运行和交换量大，既能下排又能上供，是既抗旱又耐涝的一类土壤“水库”

五、土壤三相比

土壤三相比，即单位体积原状土壤的固相（土壤矿物质颗粒）、液相（土壤水溶液）、气相（土壤空气）三者间的比例。三相比的大小决定着土壤水、气、热的协调性，进而影响着土壤肥力状况。理想的土壤固、液、气三相比（以体积计）是 50∶25∶25 或 50∶30∶20。即以土壤总体积为 100%，其中固体颗粒为 50%，而水和气各占 25%为宜，这样在土壤中水有水道、气有气廊，水气各得其所，使土壤热量适当。但由于土壤水分和空气的经常变动，所以土壤三相比实际上是个依时间而变的数值。为说明这个问题，现以土壤田间持水量（对某种土壤来说是个固定不变的常数）为液相来统计三相比（这个液相要比自然状态的液相为高，不过可以说明大概的三相比）。

根据第二次土壤普查统计，牡丹江市土壤固相∶液相∶气相为 43∶44∶13。因土壤变化及土壤组成不同，使不同土壤的固、液、气三相比出现一定差异。如：暗棕壤的三相比为44∶32∶24；白浆土三相比为48∶32∶20；草甸土三相比为44∶33∶23；河淤土三相比为42∶38∶20。由此看来，牡丹江市耕地土壤三相比基本适宜。

第三节　土壤肥力的演变

农业土壤的肥力状况除受母质、地形、气候和生物等自然因素的影响之外，也是人类生活和长期耕作、施肥等综合作用的结果。因此，随着农业生产集约化程度的发展和耕作制度的改革，使区内土壤肥力状况也相应地发生了变化。但是，由于垦殖和利用方式的差异，导致土壤肥力向着两个相反的方向演变，即精耕细作、用养结合好的土壤，其理化性状不断好转，肥力有所提高；相反，耕作粗放、水土流失、用养失调、甚至只用不养的土壤，其肥力不断下降。因此，了解和掌握全市土壤肥力的演变状况，对合理利用、改良和培肥土壤，不断提高土壤的肥力水平，促进牡丹江市区农业生产的进一步发展是非常重要的。现以土壤的物理和化学性状两方面论述牡丹江市区土壤肥力的演变。

一、土壤物理性状的演变

土壤的物理性状，特别是土壤容重、孔隙状况及持水性等，直接影响到土壤的水、肥、气、热状况及其相互间的协调性。即使是土壤的任何一项物理性指标发生变化，必然引起相应的肥力因素的改变，导致土壤肥力的演变。

实践证明，精耕细作、用养结合好的土壤，物理性状向着有利于作物生长和土壤肥力不断提高的良好方向发展。例如该区的新积土，在老菜田、新菜田和旱田粮食作物不同耕作制度下，由于施肥和耕种措施的差异，即老蔬菜田由于多年的精耕细作，合理施肥、用养结合，所以老蔬菜田土壤容重较小，孔隙度较大，通气孔隙在10%以上（表4-47），是牡丹江市生产力水平较高的土壤，也是人工培肥的结果。

表4-47　新老菜田及大田土壤物理性状

土类	利用方式	容重（克/立方厘米）	田间持水量（%）	总孔隙度（%）	其中（%）		样本数（个）
					毛管孔隙度	通气孔隙	
新积土	老菜田	1.18	36.99	55.47	43.6	11.9	2
新积土	新菜田	1.20	36.75	54.72	44.1	10.6	2
新积土	大田	1.29	34.70	51.32	44.8	6.5	2

注：引自1984年第二次土壤普查资料。

但是，耕作粗放，用养失调的土壤，其容重随种植年限的增加而提高，总孔隙度下降，特别是通气孔隙有显著降低（表4-48）。使土壤向着板结、通气透水性不良、肥力降低，最后导致土壤生产力水平下降的方向演变。

表 4-48 用养失调土壤物理性状变化

土类	种植年限（年）	容重（克/立方厘米）	田间持水量（%）	总孔隙度（%）	其中（%）		样本数（个）
					毛管孔隙度	通气孔隙	
暗棕壤	未垦	0.77	59.08	70.94	45.5	25.4	2
暗棕壤	5	1.05	46.76	60.00	49.1	10.9	2
暗棕壤	15～20	1.23	39.47	53.59	48.5	5.1	2
暗棕壤	50	1.28	36.64	52.00	46.9	5.1	2

注：引自 1984 年第二次土壤普查资料。

二、土壤养分含量的演变

由于地貌类型、垦殖历史、利用方式和耕作措施的差异，使牡丹江市区内土壤养分含量向着提高和降低两个相反的方向演变，导致土壤养分含量相差悬殊。

（一）地貌类型与土壤养分状况

从 1984 年第二次土壤普查农化样统计结果可见，同一类型土壤养分含量变化规律是：山地土壤养分含量低于岗地；平地土壤养分含量低于洼地。例如，岗地白浆化暗棕壤有机质、全氮和碱解氮平均含量均高于山区白浆化暗棕壤，而且极差和标准差都小，说明各地块间养分含量比较均衡，变化幅度小。同样，草甸土各养分含量都是洼地高于平地（表 4-49）。很显然，地形条件有重新分配水、土、肥的作用，平地、洼地比山地、岗地具有封闭性，有利于富集水、土和各种营养元素。

表 4-49 地貌类型与土壤养分状况

养　分	白浆化暗棕壤					草甸土				
	地形	最大值	最小值	平均值	样本数	地形	最大值	最小值	平均值	样本数
有机质（克/千克）	山地	6.71	2.38	3.14	12	平地	8.25	3.59	4.50	5
	岗地	3.84	2.94	3.44	6	洼地	6.95	3.75	4.89	3
全氮（克/千克）	山地	0.246	0.116	0.162	12	平地	0.415	0.142	0.234	5
	岗地	0.191	0.132	0.164	6	洼地	0.381	0.178	0.250	3
碱解氮（毫克/千克）	山地	169	90	124	12	平地	302	113	172	5
	岗地	151	111	133	6	洼地	253	133	178	3
有效磷（毫克/千克）	山地	170	7	40	12	平地	163	16	64	5
	岗地	62	14	28	6	洼地	171	104	129	3
速效钾（毫克/千克）	山地	330	100	182	12	平地	271	123	191	5
	岗地	250	111	176	6	洼地	318	203	250	3

注：引自 1984 年第二次土壤普查资料。

（二）垦殖历史与土壤养分状况

由于历年不合理的耕作制度等重用轻养的生产方式所致，区内除老菜田之外，大面积的耕地，特别是中、远郊旱田土壤养分含量随垦殖历史的延长而降低。据暗棕壤12个农化样分析结果统计，垦殖50年的有机质平均含量为2.78%，比垦殖15～20年的有机质平均含量为5.36%，降低48.1%，平均每年降低2.4%，比未垦殖的荒地有机质平均含量为11.75%，降低76.3%，平均每年降低1.5%。总之，垦殖初期有机质和各种养分含量降低速度快，随垦殖年限的增加而降低速率减慢（图4-30）。

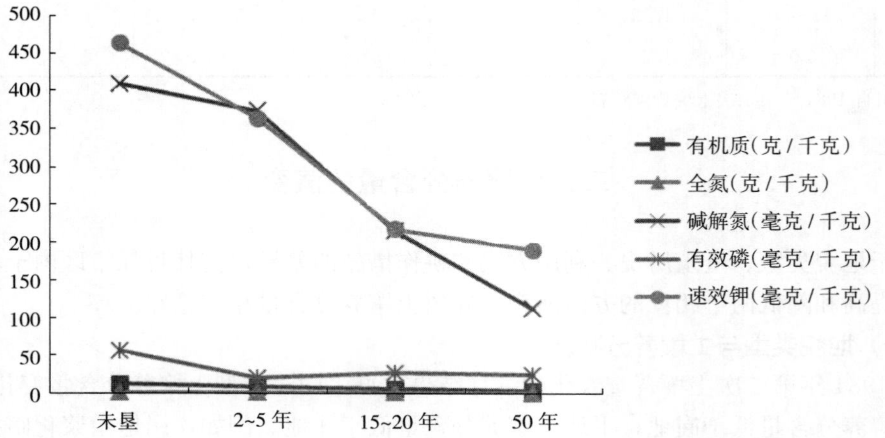

图4-30　不同垦殖年限土壤养分变化

从理论上讲，荒地开垦后，土壤有机质降低是必然趋势，若能降到一定程度（4%或5%，其最佳值因地而异）而稳定下来，显然这是土壤熟化的标志，土壤有机质的结构更好，功能更强。但是，土壤有机质不停降低，则是肥力减退的表现。随着土壤有机质的降低。其他各种养分含量也有降低趋势，详见表4-50。

表4-50　垦殖历史与土壤养分含量状况

土壤类型	垦殖年限（年）	养分含量					样本数（个）
		有机质（克/千克）	全氮（克/千克）	碱解氮（毫克/千克）	有效磷（毫克/千克）	速效钾（毫克/千克）	
暗棕壤	未垦	11.75	0.538	409	56	463	14
暗棕壤	2～5	8.13	0.493	373	20	363	4
暗棕壤	15～20	5.36	0.284	215	27	218	12
暗棕壤	50	2.78	0.144	112	24	190	12

注：引自1984年第二次土壤普查资料。

（三）利用方式与土壤养分含量状况

不同的利用方式，不同管理与培肥措施，是引起土壤养分向不同方面发展的重要原因。例如：牡丹江市区新建菜田土壤养分含量普遍高于粮田土壤，而老菜田土壤养分含量又高于新菜田（表4-51）。这是因为菜田土壤集约程度高、人们投入菜田的能量和养料物质多，用养结合好，能量转化和物质循环协调的缘故。

表 4-51　不同利用方式对土壤养分的影响

利用方式	土壤名称	养分含量	最大值	最小值	平均值	样本数（个）
粮田	河淤土	有机质（克/千克）	3.18	1.15	2.4	25
		全氮（克/千克）	0.18	0.07	0.14	25
		碱解氮（毫克/千克）	140	83	102	25
		有效磷（毫克/千克）	106	8	37	25
		速效钾（毫克/千克）	408	124	227	25
新菜田	河淤土	有机质（克/千克）	5.61	1.94	2.79	20
		全氮（克/千克）	0.30	0.11	0.15	20
		碱解氮（毫克/千克）	199	71	110	20
		有效磷（毫克/千克）	546	7	133	20
		速效钾（毫克/千克）	1 036	142	289	20
老菜田	河淤土	有机质（克/千克）	6.82	2.6	4.15	30
		全氮（克/千克）	0.35	0.12	0.21	30
		碱解氮（毫克/千克）	266	98	168	30
		有效磷（毫克/千克）	597	10	228	30
		速效钾（毫克/千克）	399	128	289	30

注：引自1984年第二次土壤普查资料。

据调查，为了适应蔬菜的生长发育，连年获得高产稳产，区内菜田土壤每年大量施入优质、高效的有机肥，这是一种养料，是改土物质的高收入。同时，合理灌水、精耕细作使土、肥相融，水、气、热协调，所以土壤熟化程度高，养分含量丰富。由此可见，物质生产，要有物质的高投入才有高产出，只要合理增加施肥量，合理耕作，做到用养结合，加强培肥措施，投入能量与物质，土壤肥力会不断提高。当然，投入和产出要讲究经济效益，产投比要合理适宜。牡丹江市的菜田土壤，特别是老菜田土壤肥力状况就是一个鲜明的例子。

第五章　耕地地力评价

第一节　耕地地力评价基本原理

耕地地力是耕地自然要素相互作用所表现出来的潜在生产能力。耕地地力评价大体可分为以气候要素为主的潜力评价和以土壤要素为主的潜力评价。在一个较小的区域范围内（县域），气候要素相对一致，耕地地力评价可以根据所在区域的地形地貌、成土母质、土壤理化性状、农田基础设施等要素相互作用表现出来的综合特征，揭示耕地综合生产力的高低。

耕地地力评价可用两种表达方法：一是用单位面积产量来表示，其关系式为：

$$Y=b_0+b_1x_1+b_2x_2+\cdots+b_nx_n$$

式中：Y——单位面积产量；

x_1——耕地自然属性（参评因素）；

b_1——该属性对耕地地力的贡献率（解多元回归方程求得）。

单位面积产量表示法的优点是一旦上述函数关系建立，就可以根据调查点自然属性的数值直接估算要素，单位面积产量还因农民的技术水平、经济能力的差异而产生很大的变化。如果耕种者技术水平比较低或者主要精力放在外出务工，肥沃的耕地实际产量不一定高；如果耕种者具有较高的技术水平，并采用精耕细作的农事措施，自然条件较差的耕地上仍然可获得较高的产量。因此，上述关系理论上成立，实践上却难以做到。

耕地地力评价的另一种表达方法，是用耕地自然要素评价的指数来表示，其关系式为：

$$IFI=b_1x_1+b_2x_2+\cdots+b_nx_n$$

式中：IFI——耕地地力综合指数；

x_1——耕地自然属性（参评因素）；

b_1——该属性对耕地地力的贡献率（层次分析方法或专家直接评估求得）。

根据 IFI 的大小及其组成，不仅可以了解耕地地力的高低，而且可以揭示影响耕地地力的障碍因素及其影响程度。采用合适的方法，也可以将 IFI 值转换为单位面积产量，更直观地反映耕地的地力。

第二节　耕地地力评价原则和依据

本次耕地地力评价是一般性目的的评价，根据所在地区特定气候区域以及地形地貌、成土母质、土壤理化性状、农田基础设施等要素相互作用表现出来的综合特征，揭示耕地潜在生产能力的高低。通过耕地地力评价，可以全面了解牡丹江市区的耕地质量现状，合理调整农业结构；生产无公害农产品、绿色食品、有机食品；针对耕地土壤存在的障碍因素，改造中低产田，保护耕地质量，提高耕地的综合生产能力；建立耕地资源数据网络，对耕地质量实行有效的管理等提供科学依据。

耕地地力的评价是对耕地的基础地力及其生产能力的全面鉴定，因此，在评价时须遵循以下 3 个原则。

一、综合因素研究和主导因素分析相结合的原则

耕地地力是各类要素的综合体现，综合因素研究是对地形地貌、土壤理化性状以及相关的社会经济因素进行综合研究、分析与评价，全面了解耕地地力状况。主导因素是指对耕地地力起决定作用的，相对稳定的因子，在评价中着重对其进行研究分析。

二、定性与定量相结合的原则

影响耕地地力有定性的和定量的因素，评价时必须把定量和定性评价结合起来。可定量的评价因子按其数值参与计算评价；对非数量化的定性因子要充分应用专业知识，先进行数值化处理，再进行计算评价。

三、采用 GIS 支持的自动化评价方法的原则

充分应用计算机技术，通过建立数据库、评价模型，实现评价流程的全部数字化、自动化。

第三节　利用耕地资源管理信息系统进行地力评价

一、确定评价单元

耕地评价单元是由耕地构成因素组成的综合体。本次根据《耕地地力调查与质量评价技术规程》（以下简称《规程》）的要求，采用综合方法确定评价单元，即用 1∶50 000 的土壤图、土地利用现状图、地形图，先数字化，再在计算机上叠加复合生成评价单元图斑，然后进行综合取舍，形成评价单元。这种方法的优点是考虑全面，综合性强，同一评价单元内土壤类型相同、土地利用类型相同、地形地貌类型相同，既满足了对耕地地力和质量做出评价，又便于耕地利用与管理。本次牡丹江市区调查共确定形成评价单元 3 134 个评价单元，总面积 49 059.76 公顷。

（一）确定评价单元方法

（1）以土壤图为基础，将农业生产影响一致的土壤类型归并在一起成为一个评价单元。

（2）以耕地类型图为基础确定评价单元。

（3）以土地利用现状图为基础确定评价单元。

（4）采用网格法确定评价单元。

（二）评价单元数据获取

采取将评价单元与各专题图件叠加采集各参评因素的信息，具体的方法是：按唯一标识原则为评价单元编码；生成评价信息空间数据库和属性数据库；从图形库中调出评价因子的专题图，与评价单元图进行叠加；保持评价单元几何形状不变，直接对叠加后形成的图形属性库进行操作，以评价单元为基本统计单位，按面积加权平均汇总评价单元各评价因素的值。由此，得到图形与属性相连，以评价单元为基本单位的评价信息。

根据不同类型数据的特点，采取以下几种途径为评价单元获取数据：

1. 点位数据 对于点位分布图，先进行插值形成栅格图，与评价单元图叠加后采用加权统计的方法给评价单元赋值。如土壤有效磷点位图、速效钾点位图等。

2. 矢量图 对于矢量图，直接与评价单元图叠加，再采用加权统计的方法为评价单元赋值。对于土壤质地、容重等较稳定的土壤理化性状，可用一个乡（镇）范围内同一个土种的平均值直接为评价单元赋值。

3. 等值线图 对于等值线图，先采用地面高程模型生成栅格图，再与评价单元图叠加后采用分区统计的方法给评价单元赋值。

二、确定评价指标

耕地地力评价实质是评价地形地貌、土壤理化性状等自然要素对农作物生长限制程度的强弱。选取评价指标时遵循以下几个原则：

（1）选取的指标对耕地地力有比较大的影响，如地形部位、坡度等。

（2）选取的指标在评价区域内的变异较大，便于划分耕地地力的等级。

（3）选取的评价指标在时间序列上具有相对的稳定性，如有机质含量等，评价的结果能够有较长的有效期。

（4）选取评价指标与评价区域的大小有密切的关系。

结合牡丹江市区的土壤条件、农田地基础设施状况、当前农业生产中耕地存在的突出问题等，并参照《规程》中所确定的64项指标体系，见表5-1。

表5-1 全国耕地地力评价指标体系

类别	代码	要素名称	类别	代码	要素名称
气候	AL101000	≥10℃积温	立地条件	AL201000	经度
	AL102000	≥10℃积温		AL202000	纬度
	AL103000	年降水量		AL203000	高程
	AL104000	全年日照时数		AL204000	地貌类型
	AL105000	光能辐射总量		AL205000	地形部位
	AL106000	无霜期		AL206000	坡度
	AL107000	干燥度		AL207000	坡向

（续）

类别	代码	要素名称
立地条件	AL208000	成土母质
	AL209000	土壤侵蚀类型
	AL201000	土壤侵蚀程度
	AL201100	林地覆盖率
	AL201200	地面破碎情况
	AL201300	地表岩石露头状况
	AL201400	地表砾石度
	AL201500	田面坡度
剖面形态特征	AL301000	剖面构型
	AL302000	质地构型
	AL303000	有效土层厚度
	AL304000	耕层厚度
	AL305000	腐殖层厚度
	AL306000	田间持水量
	AL307000	旱季地下水位
	AL308000	潜水埋深
	AL309000	水型
耕层理化性状	AL401000	质地
	AL402000	容重
	AL403000	pH
	AL404000	阳离子代换量（CEC）
耕层养分状况	AL501000	有机质
	AL502000	全氮
	AL503000	有效磷
	AL504000	速效钾
耕层养分状况	AL505000	缓效钾
	AL506000	有效锌
	AL507000	水溶态硼
	AL508000	有效钼
	AL509000	有效铜
	AL501000	有效硅
	AL501100	有效锰
	AL501200	有效铁
	AL501300	交换性钙
	AL501400	交换性镁
障碍因素	AL601000	障碍层类型
	AL602000	障碍层出现位置
	AL603000	障碍层厚度
	AL604000	耕层含盐量
	AL605000	1 米土层含盐量
	AL606000	盐化类型
	AL607000	地下水矿化度
土壤管理	AL701000	灌溉保证率
	AL702000	灌溉模数
	AL703000	抗旱能力
	AL704000	排涝能力
	AL705000	排涝模数
	AL706000	轮作制度
	AL707000	梯田化水平
	AL708000	设施类型（蔬菜地）

结合牡丹江市区实际情况最后确定了选取 3 个准则、12 项指标：地貌类型、地形部位、坡向、坡度、海拔、pH、有机质、质地、障碍层类型、有效磷、有效锌、速效钾，每个指标的名称、释义、量纲等定义见表 5－2。

表 5-2 牡丹江市区耕地地力评价指标

评价准则	评价指标	释义	数据					
			类型	量纲	长度	小数位	极小值	极大值
立地条件	地貌类型	地貌常以成因—形态的差异，划分成若干不同的类型，同一类型具有相同或相似的特征	文本	—	18	—	—	—
	地形部位	地块在地貌形态中所处的位置	文本	—	50	—	—	—
	坡向	地表坡面所对的方向	文本	—	4	—	—	—
	坡度	山坡的倾斜角度，通常用坡面与水平面所成的两面角来表示	数值	°	4	1	0	90
	海拔	平均海平面（或称“零面”）以上的垂直高度，1956 黄海高程系	数值	米	6	1	−1 000	9 999.9
剖面特征	pH	反映土壤酸碱度，代表土壤溶液中氢离子活度的负对数	数值	无	4	1	1.0	14.0
	有机质	土壤中除碳酸盐以外的所有含碳化合物的总含量	数值	克/千克	5	1	0	500
	质地	土壤中各种粒径土粒的组合比例关系称为机械组成，根据机械组成的近似性，划分为若干类别，称之为质地类别	文本	—	6	—	—	—
	障碍层类型	构成植物生长障碍的土层类型	文本	—	10	—	—	—
土壤养分	有效磷	耕层土壤中能供作物吸收的磷元素的含量。以每千克干土中所含 P 的毫克数表示	数值	毫克/千克	5	1	0	999.9
	速效钾	土壤中容易为作物吸收利用的钾素含量。包括土壤溶液中的以及吸附在土壤胶体上的代换性钾离子。以每千克干土中所含 K 的毫克数表示	数值	毫克/千克	3	0	0	900
	有效锌	耕层土壤中能供作物吸收的锌的含量。以每千克干土中所 Zn 的毫克数表示	数值	毫克/千克	5	2	0	99.99

牡丹江市区耕地地力评价指标权重是由黑龙江省、牡丹江市和乡（镇）三级农业专家多次会商后，提交黑龙江省地力评价工作领导小组，经省地力评价技术专家组综合评定赋值，评价指标组合权重结果见表 5-3。

表 5-3 牡丹江市区耕地地力评价指标权重

项 目	立地条件	剖面形态特征	土壤养分	组合权重
地貌类型	0.253 8	—	—	0.139 9
地形部位	0.201 4	—	—	0.111 0
坡向	0.167 1	—	—	0.092 1
坡度	0.241 2	—	—	0.132 9
海拔	0.136 6	—	—	0.075 3

（续）

项 目	立地条件	剖面形态特征	土壤养分	组合权重
pH	—	0.238 2	—	0.069 8
有机质	—	0.170 4	—	0.050 0
质地	—	0.118 1	—	0.034 6
障碍层类型	—	0.473 3	—	0.138 7
有效磷	—	—	0.551 1	0.085 9
速效钾	—	—	0.293 1	0.045 7
有效锌	—	—	0.155 8	0.024 3

（一）立地条件

1. 地貌类型 地貌常以成因-形态的差异，划分成若干不同的类型，同一类型具有相同或相似的特征。

牡丹江市区可分为丘陵、山地、沟谷平原三种地貌类型。据本次调查耕地的统计结果来看，其中，山地面积最大，为31 111.7公顷，占63.4%；丘陵面积其次，为12 982.9公顷，占26.5%；河谷平原面积最小，为4 965.2公顷，占10.1%。不同地貌类型的土壤水、肥、气、热等因素都有不同程度的差异，对作物产量影响程度不同。

2. 地形部位 地块在地貌形态中所处的位置，无量纲。

考虑到牡丹江市区地形的复杂性，地形部位的组合权重也较大，经过分类合并共分成17种，分别为山地裙部、平岗及河谷阶地；河谷平地；山地、丘陵上部；山地低洼地、河谷低洼地；丘陵平岗；平岗台地；山地中下坡；漫岗低平地、低阶地；沟谷平地；河谷低洼地；山地低洼地、江河两岸低平地；沟谷洼地；山地低洼地；山间低洼地和江河两岸低平地；漫岗平地；山地顶部；沟谷低洼地。不同的地形部位光照及土壤温度差异较大，对作物产量有影响。

3. 坡向 地表坡面所对的方向，无量纲。

此次评价经过与专家商讨，牡丹江市坡向赋值由高至低的顺序为平地、正南、西南、东南、正西、正东、西北、东北、正北。

4. 坡度 山坡的倾斜角度，通常用坡面与水平面所成的两面角来表示，属数值型，量纲表示为度。

坡度在数据字典中为数值型，但本调查中的坡度用6个范围值表示不同的坡度，分别为0°、3°、5°、8°、15°、25°，而牡丹江市区在坡度的隶属函数定义为概念性，为这6个范围值进行赋值。

5. 海拔 平均海平面（或称“零面”）以上的垂直高度，1956黄海高程系，属数值型，量纲表示为米。

海拔原未定为牡丹江市区耕地地力评价的指标，在首次评价结果与实地勘查验证时，发现海南乡部分地块的评价结果与实际相比等级偏低，而磨刀石镇部分地块的评价结果与实际情况相比等级偏高，分析原因磨刀石镇有偏差的地块虽地势平坦但处于高海拔冷凉地带，海南乡有偏差的地块虽说土壤条件较差但积温条件比较好。得知此情况后，与省专家商讨，牡丹江市区的海拔在200～664米，相差较大，因此将海拔作为评价指标之一。经再次的验证，加入海拔的评价结果基本与实际情况相符。

（二）剖面形态特征

1. pH 反映耕地土壤耕层（0～40厘米）酸碱强度水平的指标，属数值型，无量纲。

牡丹江市区土壤pH在4.6～8.3，不同土壤类型、不同地域间土壤pH差异较大，对农作物产量影响较大。

2. 有机质 反映耕地土壤耕层（0～40厘米）有机质含量的指标，属数值型，量纲表示为克/千克。

牡丹江市区不同土壤类型、不同地域间土壤有机质分布为12.5～166.0克/千克，平均值为36.7克/千克，有机质差异较大，尤其是耕作年限较长的耕地，土壤有机质下降较大。

3. 土壤质地 反映土壤颗粒粗细程度的物理性指标，属概念型，无量纲。

牡丹江市区土壤类型有暗棕壤、水稻土、沼泽土、白浆土、草甸土、新积土、泥炭土7种，土壤质地有轻壤土、重壤土、轻黏土、中壤土、重黏土、沙壤土6种，不同土壤质地对农作物产量影响较大。

4. 障碍层类型 构成植物生长障碍的土层类型。

牡丹江市区障碍层类型有黏盘层、白浆层、潜育层和沙砾层四种。土壤障碍层类型与土壤类型有很强的相关性，对作物产量构成因子的影响十分明显。

（三）土壤养分

1. 有效磷 反映耕地土壤耕层（0～40厘米）供磷能力强度水平的指标，属数值型，量纲表示为毫克/千克。

牡丹江市区土壤有效磷分布为2.9～196.2毫克/千克，平均值为54.6毫克/千克，不同地域间土壤有效磷值差异较大，对农作物产量影响也很大。多年肥料田间实验表明，不同磷肥用量对作物产量影响有很大差异。

2. 速效钾 反映耕地土壤耕层（0～40厘米）供钾能力强度水平的指标，属数值型，量纲表示为毫克/千克。

牡丹江市区土壤速效钾分布为33～599毫克/千克，平均值124毫克/千克，市区主栽作物以玉米、大豆和水稻为主，均属于好钾作物，是牡丹江市郊区土壤速效钾下降的主要原因。高产土壤下降幅度较大，在牡丹江市范围内土壤速效钾的梯度分布十分明显。多点钾肥实验证明，70%的土壤施钾表现不同程度的增产。

3. 有效锌 反映耕地土壤耕层（0～40厘米）供锌能力强度水平的指标，属数值型，量纲表示为毫克/千克。

牡丹江市区土壤有效锌分布为0.30～16.08毫克/千克，平均值为2.47毫克/千克，土壤缺锌临界值以上到1.5毫克/千克，其面积占全市耕地的29.4%，70%左右的耕地施用锌肥表现不同程度的增产。

评价指标中的地貌类型、地形部位、坡向、坡度、海拔属于土壤本身属性的地理因素，自然产量差异占主要地位。牡丹江“九山半水半分田”，70％以上的土地属于山坡和半山坡，地形地貌复杂多样，因此立地条件准则权重较大，为0.551 1；障碍层类型、pH、有机质、质地为土壤固有属性，与人为耕作活动密切相关，是影响耕地质量、土地综合生产能力的重要因素，剖面形态特征准则权重为0.293 1；有效磷、速效钾、有效锌属于土壤化学性状，受施肥、种植作物种类以及气象自然因素影响较大，同时也是认为可控因素，因此指标权重较低，土壤养分准则权重为0.155 8。

三、评价单元赋值

根据各评价因子的空间分布图或属性数据库，将各评价因子数据赋值给评价单元，主要采取以下方法。

1. 对点位数据　如碱解氮、有效磷、速效钾等，采用插值的方法形成栅格图与评价单元图叠加，通过统计给评价单元赋值。

2. 对矢量分布图　如地貌类型、地形部位、坡向、坡度等，直接与评价单元图叠加，通过加权统计、属性提取，给评价单元赋值。

四、评价指标的标准化

所谓评价指标标准化就是要对每一个评价单元不同数量级、不同量纲的评价指标数据进行0～1化。数值型指标的标准化，采用数学方法进行处理；概念型指标标准化先采用专家经验法，对定性指标进行数值化描述，然后进行标准化处理。

模糊评价法是数值标准化最通用的方法。它是采用模糊数学的原理，建立起评价指标值与耕地生产能力的隶属函数关系，其数学表达式$\mu=f(x)$。μ是隶属度，这里代表生产能力；x代表评价指标值。根据隶属函数关系，可以对每个x算出其对应的隶属度μ，是0～1中间的数值。在这次评价中，将选定的评价指标与耕地生产能力的关系分为戒上型函数、戒下型函数、峰型函数、直线型函数以及概念型函数5种类型的隶属函数。前4种类型可以先通过专家打分的办法对一组评价单元值评估出相应的一组隶属度，根据这两组数据拟合隶属函数，计算所有评价单元的隶属度；最后一种是采用专家直接打分评估法，确定每一种概念型评价单元的隶属度。

（一）评价指标评分标准

用1～9定为9个等级打分标准，1表示同等重要，3表示稍微重要，5表示明显重要，7表示强烈重要，9极端重要。2、4、6、8处于中间值。不重要按上述轻重倒数相反。

（二）各评价指标隶属函数的建立

1. 立地条件准则层

（1）地貌类型：概念型，隶属度专家评估见表5-4。

表 5-4 地貌类型隶属度专家评估

序号	地貌类型	隶属度赋值
1	河谷平原	1.0
2	丘陵	0.8
3	山地	0.6

（2）地形部位：概念型，隶属度专家评估见表 5-5。

表 5-5 地形部位隶属度专家评估

序号	地形部位	隶属度赋值
1	沟谷低洼地	0.30
2	沟谷平地	0.90
3	沟谷洼地	0.40
4	河谷低洼地	0.45
5	河谷平地	1.00
6	漫岗低平地、低阶地	0.85
7	漫岗平地	0.90
8	平岗台地	0.80
9	丘陵平岗	0.85
10	山地、丘陵	0.75
11	山地、丘陵上部	0.70
12	山地低洼地	0.40
13	山地低洼地、河谷低洼地	0.40
14	山地低洼地、江河两岸平地	0.50
15	山地顶部	0.60
16	山地裙部、平岗及河谷平地	0.95
17	山地中下坡	0.70
18	山间低洼地和江河两岸低平地	0.50

（3）坡向：概念型，隶属度专家评估见表 5-6。

表 5-6 坡向隶属度专家评估

序号	坡向	隶属度赋值
1	东北	0.55
2	东南	0.85
3	平地	1.00
4	西北	0.65
5	西南	0.90
6	正北	0.40

（续）

序号	坡向	隶属度赋值
7	正东	0.75
8	正南	0.98
9	正西	0.80

（4）坡度：概念型，隶属度专家评估见表 5－7。

表 5－7　坡度隶属度专家评估

序号	坡向（度）	隶属度赋值
1	0	1.00
2	3	0.95
3	5	0.85
4	8	0.70
5	15	0.50
6	25	0.20

（5）海拔：戒下型，隶属度专家评估见表 5－8，函数拟合曲线见图 5－1。

表 5－8　海拔隶属度专家评估

海拔（米）	200	300	400	500	600	700
隶属度赋值	1.00	0.95	0.88	0.79	0.68	0.55

海拔隶属函数：

$$Y=1/\left[1+0.000\,004\times(X-226.441\,211)^2\right]\quad U_{t1}=1\,000$$

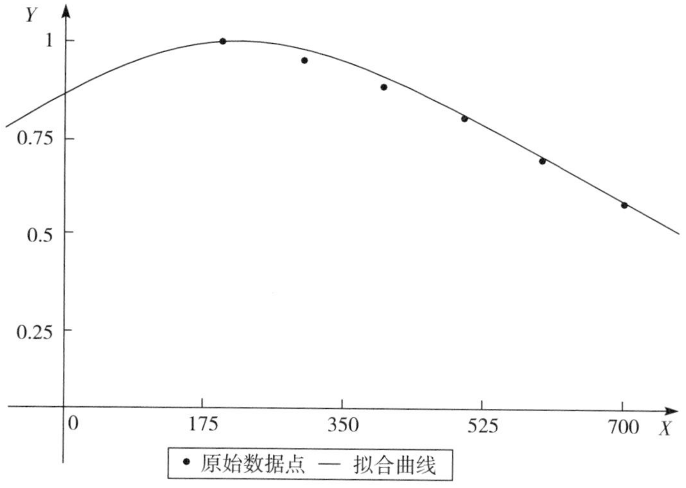

图 5－1　海拔隶属函数拟合曲线

2. 剖面形态特征准则层

（1）pH：峰型，隶属度专家评估见表 5-9，函数拟合曲线见图 5-2。

表 5-9　pH 隶属度专家评估

pH	4.5	5	5.5	6	6.5	7	7.5	8	8.5
隶属度赋值	0.62	0.75	0.86	0.95	0.98	1.00	0.90	0.75	0.55

pH 隶属函数：

$$Y=1/\left[1+0.160\ 574\times(X-6.500\ 697)^2\right]\quad U_{t1}=4，U_{t2}=9$$

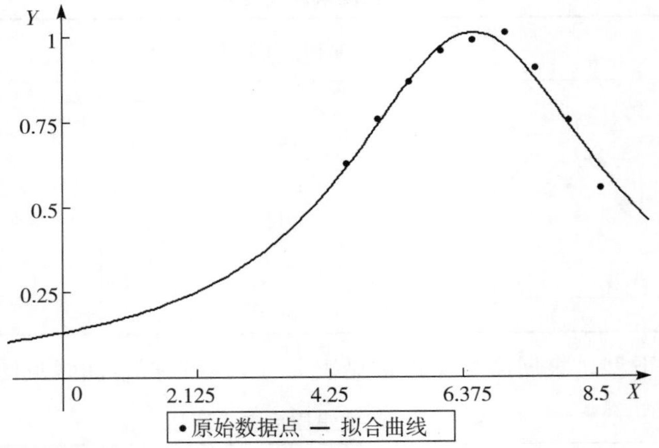

图 5-2　pH 隶属函数拟合曲线

（2）有机质：戒上型，隶属度专家评估见表 5-10，隶属函数拟合曲线见图 5-3。

表 5-10　有机质隶属度专家评估

有机质	10	20	30	40	50	60
隶属度赋值	0.52	0.67	0.78	0.88	0.95	1.00

有机质隶属函数：

$$Y=1/\left[1+0.000\ 337\times(X-59.936\ 651)^2\right]\quad U_{t1}=1$$

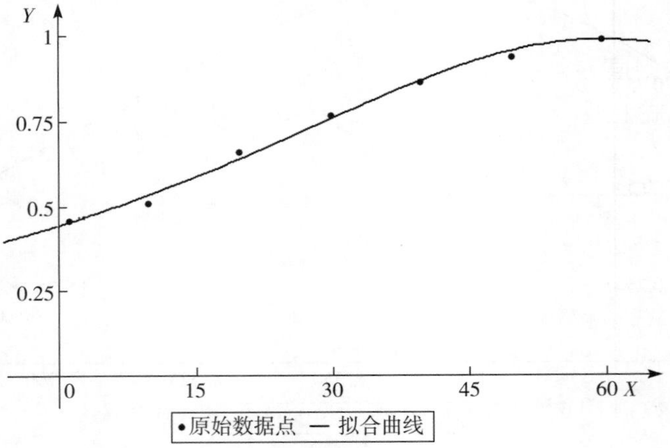

图 5-3　有机质隶属函数拟合曲线

（3）质地：概念型，隶属度专家评估见表 5-11。

表 5-11　质地隶属度专家评估

序号	质地	隶属度赋值
1	轻壤土	0.7
2	轻黏土	0.8
3	沙壤土	0.5
4	中壤土	0.9
5	重壤土	1.0
6	重黏土	0.2

（4）障碍层类型：概念型，隶属度专家评估见表 5-12。

表 5-12　障碍层类型隶属度专家评估

序号	地貌类型	隶属度赋值
1	白浆层	0.85
2	潜育层	0.65
3	沙砾层	0.40
4	黏盘层	1.00

3. 土壤养分准则层

（1）有效磷：戒上型，隶属度专家评估见表 5-13，隶属函数拟合曲线见图 5-4。

表 5-13　有效磷隶属度专家评估

有效磷	1	5	10	20	40	60
隶属度赋值	0.30	0.40	0.55	0.70	0.98	1.00

有效磷隶属函数：

$$Y=1/[1+0.000\,632\times(X-49.977\,367)^2] \quad U_{t1}=1$$

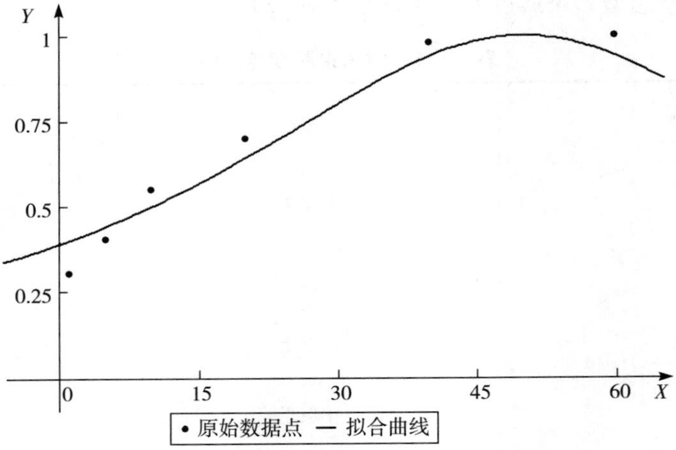

图 5-4　有效磷隶属函数拟合曲线

（2）速效钾：戒上型，隶属度专家评估见表 5-14，隶属函数拟合曲线见图 5-5。

表 5-14　速效钾隶属度专家评估

速效钾	30	50	100	150	200	250	300
隶属度赋值	0.4	0.5	0.62	0.76	0.88	0.97	1

速效钾隶属函数：

$$Y=1/\left[1+0.000\,025\times(X-259.480\,103)^2\right]\quad U_{t1}=10$$

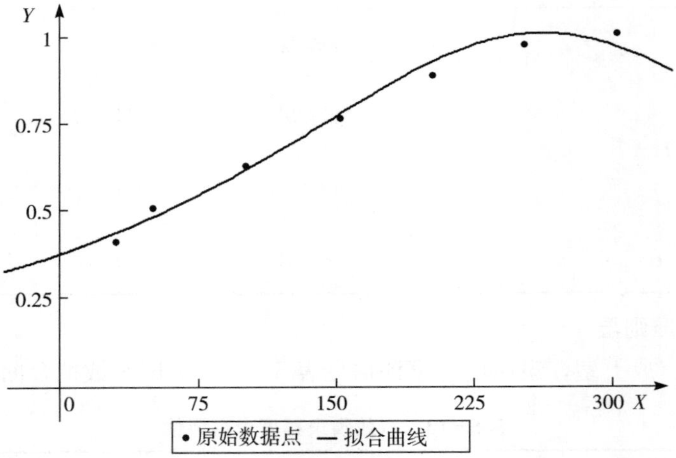

图 5-5　速效钾隶属函数拟合曲线

（3）有效锌：戒上型，隶属度专家评估见表 5-15，隶属函数拟合曲线见图 5-6。

表 5-15　有效锌隶属度专家评估

有效锌	0.5	1	1.5	2	2.5
隶属度赋值	0.6	0.77	0.87	0.95	1

有效锌隶属函数：

$$Y=1/\left[1+0.158\,809\times(X-2.470\,638)^2\right] \quad U_{t1}=0.2$$

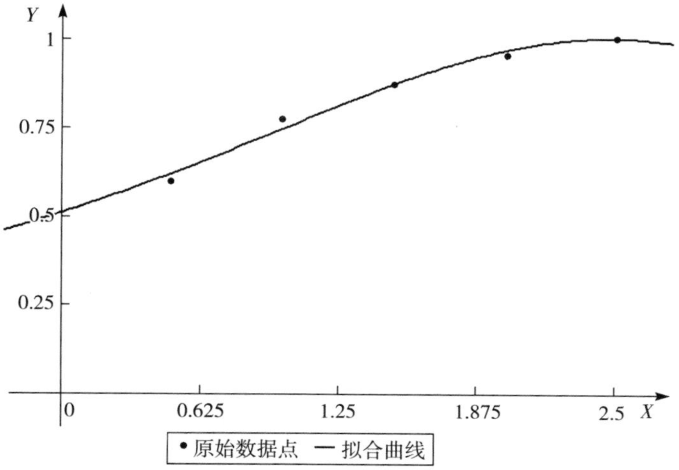

图 5-6　有效锌隶属函数拟合曲线

（三）耕地地力评价层次分析模型编辑

1. 牡丹江市区耕地地力评价层判断矩阵　见图 5-7。

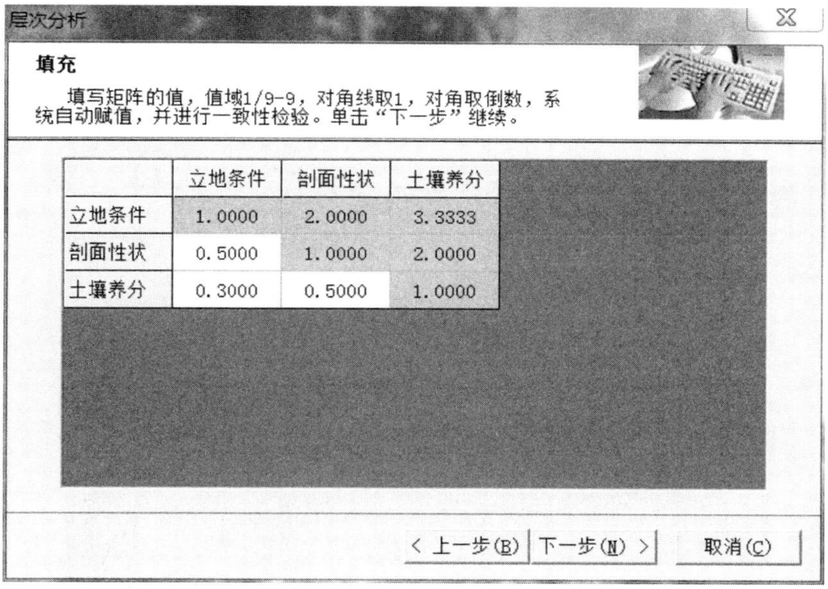

图 5-7

2. 立地条件准则层判断矩阵 见图 5－8。

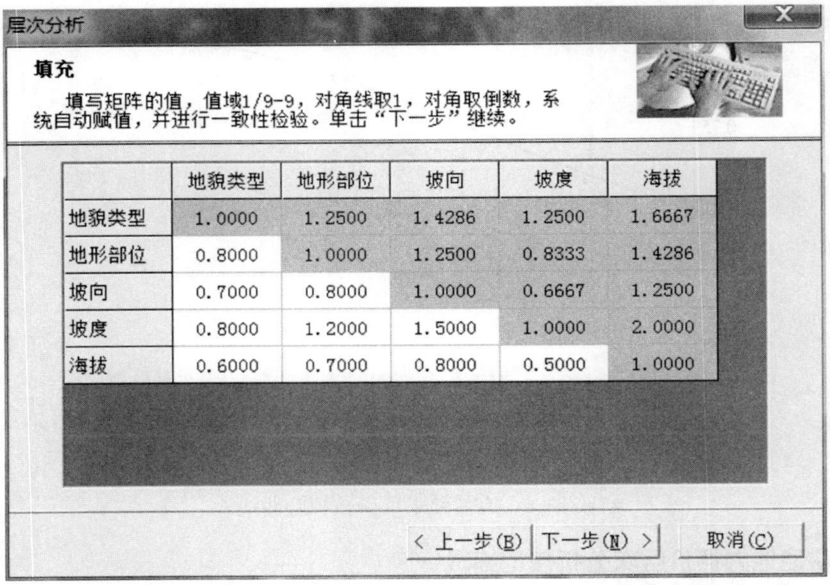

	地貌类型	地形部位	坡向	坡度	海拔
地貌类型	1.0000	1.2500	1.4286	1.2500	1.6667
地形部位	0.8000	1.0000	1.2500	0.8333	1.4286
坡向	0.7000	0.8000	1.0000	0.6667	1.2500
坡度	0.8000	1.2000	1.5000	1.0000	2.0000
海拔	0.6000	0.7000	0.8000	0.5000	1.0000

图 5－8

3. 剖面形态特征准则层判断矩阵 见图 5－9。

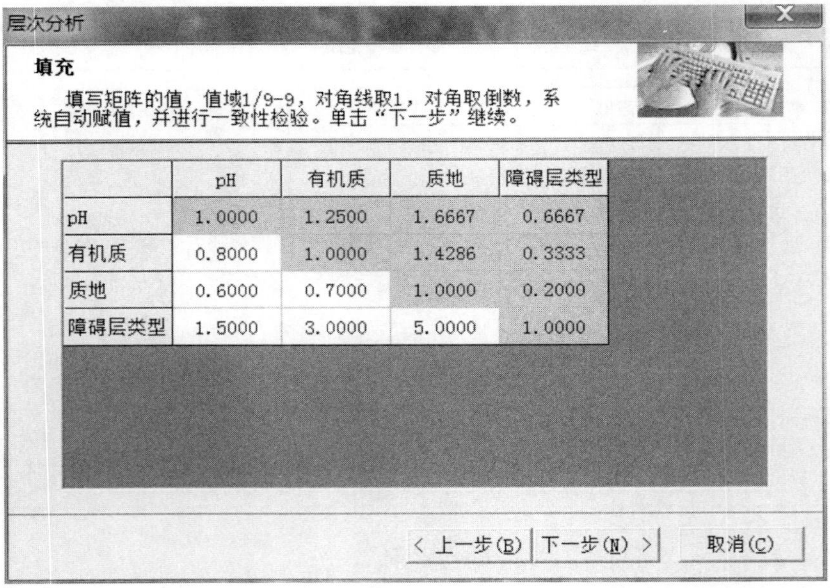

	pH	有机质	质地	障碍层类型
pH	1.0000	1.2500	1.6667	0.6667
有机质	0.8000	1.0000	1.4286	0.3333
质地	0.6000	0.7000	1.0000	0.2000
障碍层类型	1.5000	3.0000	5.0000	1.0000

图 5－9

4. 土壤养分准则层判断矩阵　见图 5-10。

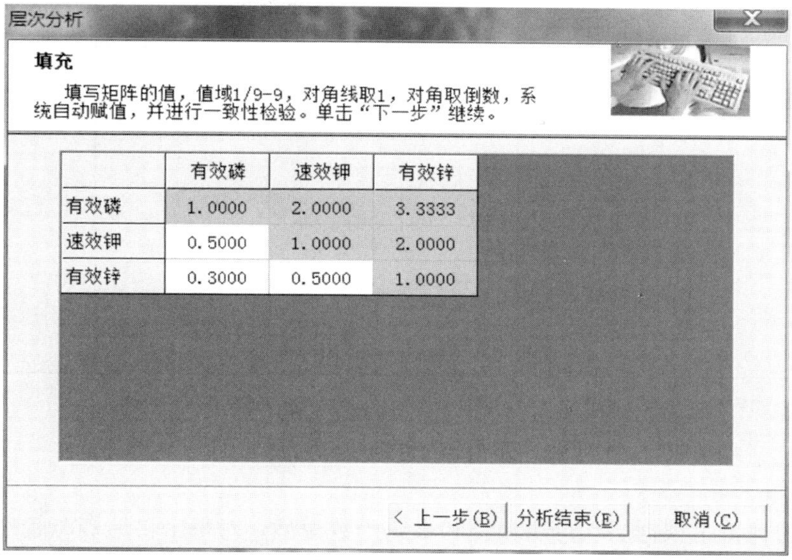

图 5-10

5. 层次分析报告　构造层次模型见图 5-11，层次分析结果见表 5-16。

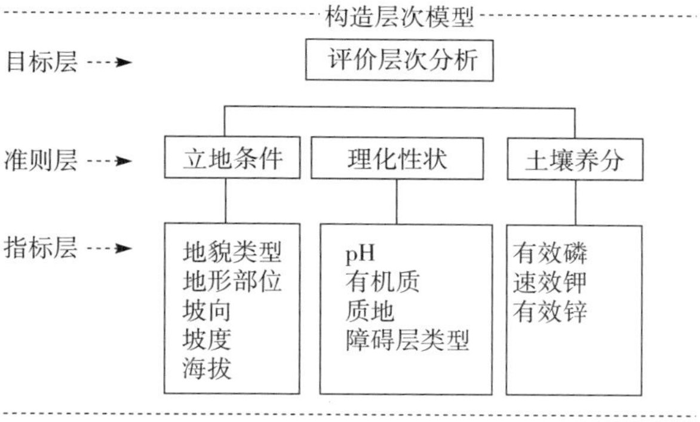

图 5-11　构造层次模型

表 5-16　层次分析结果

层次 A	层次 C			组合权重 $\sum C_i A_i$
	立地条件	理化性状	土壤养分	
	0.551 1	0.293 1	0.155 8	
地貌类型	0.253 8			0.139 9
地形部位	0.201 4			0.111 0
坡向	0.167 1			0.092 1
坡度	0.241 2			0.132 9
海拔	0.136 6			0.075 3

（续）

层次 A	层次 C			组合权重 $\sum C_i A_i$
	立地条件	理化性状	土壤养分	
	0.551 1	0.293 1	0.155 8	
pH		0.238 2		0.069 8
有机质		0.170 4		0.050 0
质地		0.118 1		0.034 6
障碍层类型		0.473 3		0.138 7
有效磷			0.551 1	0.085 9
速效钾			0.293 1	0.045 7
有效锌			0.155 8	0.024 3

五、进行耕地地力等级评价

耕地地力评价是根据层次分析模型和隶属函数模型，对每个耕地资源管理单元的农业生产潜力进行评价，再根据集类分析的原理对评价结果进行分级，从而产生耕地地力等级，并将地力等级以不同的颜色在耕地资源管理单元图上表达。

1. 在耕地资源管理单元图上进行评价 根据层次分析模型和隶属函数模型对每个单元进行评价（图 5-12）。

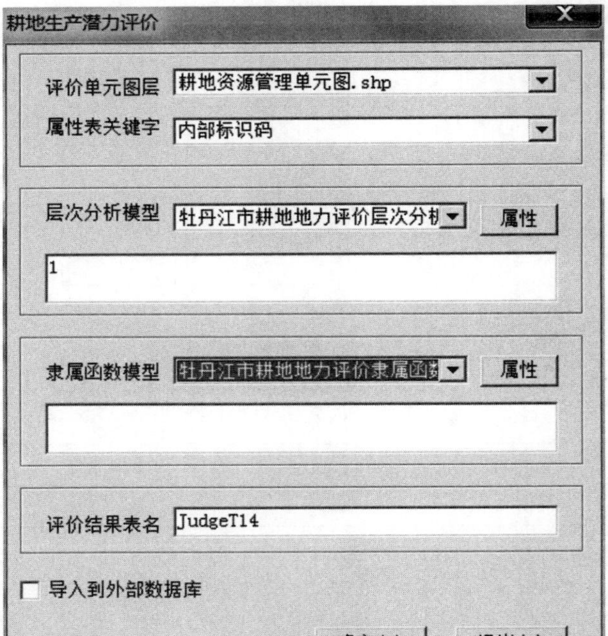

图 5-12

2. 耕地生产潜力评价窗口　见图 5 - 13。

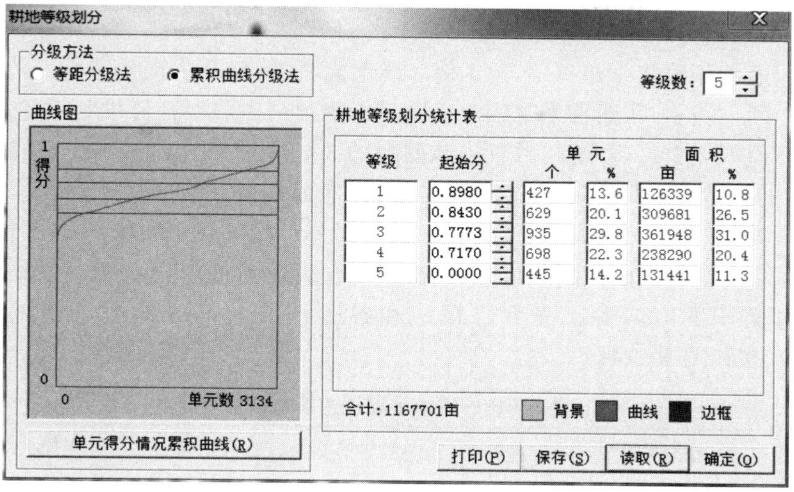

图 5 - 13

六、计算耕地地力生产性能综合指数（*IFI*）

$$IFI = \sum F_i \times C_i (i = 1,2,3\cdots)$$

式中：*IFI*——耕地地力综合指数（Integrated Fertility Index）；

F_i——第 *i* 个评价因子的隶属度；

C_i——第 i 个评价因子的组合权重。

七、确定耕地地力综合指数分级方案

采取累积曲线分级法划分耕地地力等级，用加法模型计算耕地生产性能综合指数（*IFI*），将牡丹江市区耕地地力划分为五级（表 5 - 17）。

表 5 - 17　土壤地力指数分级

地力分级	地力综合指数分级（*IFI*）	管理单元数量（个）
一级	>0.898	427
二级	0.843～0.898	629
三级	0.777 3～0.843	935
四级	0.717～0.777 3	698
五级	0～0.717	445

第四节　耕地地力评价结果与分析

本次耕地地力评价将全市 8 个乡（镇）耕地面积 49 060 公顷划分为 5 个等级：一级地 5 432.1 公顷，占总耕地面积的 11.1%；二级地 12 913.7 公顷，占总耕地面积的 26.3%；三级地 15 026.3 公顷，占总耕地面积的 30.6%；四级地 10 004.2 公顷，占总耕地面积的 20.4%；五级地 5 683.5 公顷，占总耕地面积的 11.6%。一级、二级地属高产田土壤，面积共 18 345.8 公顷，占总耕地面积的 37.4%；三级为中产田土壤，面积为 15 026.3公顷，占总耕地面积的 30.6%；四级、五级地为低产田土壤，面积 15 687.7 公顷，占耕地总面积的 32.0%。各乡（镇）和各土种的分等级面积和比例情况详见表 5-18、表 5-19 和图 5-14。

表 5-18　耕地土壤地力等级统计

土　　种	面积（公顷）	一级地		二级地		三级地		四级地		五级地	
		面积（公顷）	占总面积（%）	面积（公顷）	占总面积（%）	面积（公顷）	占总面积（%）	面积（公顷）	占总面积（%）	面积（公顷）	占总面积（%）
一、暗棕壤	27 634.6	269.6	1.0	2 281.1	8.3	11 046.7	40.0	8 705.4	31.5	5 332.0	19.3
麻沙质暗棕壤	291.7	0	0	0	0	210.5	72.2	57.9	19.8	23.3	8.0
砾沙质暗棕壤	11 656.9	0	0	0	0	2 751.8	23.6	4 497.3	38.6	4 407.8	37.8
沙砾质暗棕壤	10 257.7	0	0	0	0	6 142.6	59.9	3 375.5	32.9	739.7	7.2
泥质暗棕壤	53.9	0	0	41.6	77.2	12.3	22.8	0	0	0	0
沙砾质白浆化暗棕壤	3 586.2	0	0	1 671.2	46.6	1 664.6	46.4	249.4	7.0	1.0	0
砾沙质草甸暗棕壤	353.9	0	0	4.8	1.3	232.1	65.6	117.0	33.1	0	0
黄土质草甸暗棕壤	1 231.8	269.6	21.9	563.5	45.7	32.8	2.7	366.0	29.7	0	0
亚暗矿质潜育暗棕壤	202.4	0	0	0	0	0	0	42.3	20.9	160.2	79.1
二、白浆土	10 301.3	1 277	12.4	7 298.3	70.8	1 424.5	13.8	301.8	2.9	0	0
厚层黄土质白浆土	1 067.8	2.3	0.2	920.2	86.2	34.5	3.2	110.9	10.4	0	0
中层黄土质白浆土	2 788.3	605.3	21.7	1 494.8	53.6	534.5	19.2	153.8	5.5	0	0
薄层黄土质白浆土	1 752.0	73.8	4.2	1 663.3	94.9	14.9	0.9	0	0	0	0
厚层黄土质暗白浆土	347.5	232.4	66.9	91.2	26.3	23.9	6.9	0	0	0	0
中层黄土质暗白浆土	4 345.7	363.2	8.4	3 128.8	72.0	816.7	18.8	37.1	0.9	0	0
三、草甸土	4 502.9	1 449.8	32.2	1 511.8	33.6	1 209.9	26.9	260.3	5.8	71.3	1.6
厚层砾底草甸土	1 153.8	54.6	4.7	339.2	29.4	688.4	59.7	71.6	6.2	0	0
中层砾底草甸土	206.2	7.3	3.6	76.6	37.1	122.3	59.3	0	0	0	0

（续）

土　　种	面积（公顷）	一级地		二级地		三级地		四级地		五级地	
		面积（公顷）	占总面积（%）	面积（公顷）	占总面积（%）	面积（公顷）	占总面积（%）	面积（公顷）	占总面积（%）	面积（公顷）	占总面积（%）
三、草甸土											
薄层砾底草甸土	121.7	0	0	120.9	99.4	0.8	0.6	0	0	0	0
厚层黏壤质草甸土	302.4	220.7	73.0	81.8	27.0	0	0	0	0	0	0
中层黏壤质草甸土	1 481.9	828.5	55.9	626.0	42.2	13.0	0.9	14.4	1.0	0	0
薄层黏壤质草甸土	709.9	338.7	47.7	267.3	37.6	104.0	14.6	0	0	0	0
中层沙砾底潜育草甸土	49.8	0	0	0	0	47.5	95.3	0.4	0.8	1.9	3.8
薄层沙砾底潜育草甸土	102.0	0	0	0	0	99.0	97.1	3.0	2.9	0	0
厚层黏壤质潜育草甸土	225.3	0	0	0	0	32.3	14.3	126.5	56.1	66.5	29.5
中层黏壤质潜育草甸土	72.5	0	0	0	0	49.4	68.2	23.1	31.8	0	0
薄层黏壤质潜育草甸土	77.4	0	0	0	0	53.2	68.7	21.3	27.5	2.9	3.8
四、沼泽土	1 817.5	0	0	301.0	16.6	867.3	47.7	453.0	24.9	196.2	10.8
浅埋藏型沼泽土	223.5	0	0	0	0	94.5	42.3	115.0	51.4	14.0	6.3
中层泥炭沼泽土	992.9	0	0	0	0	496.1	50.0	314.6	31.7	182.2	18.3
薄层泥炭腐殖质沼泽土	115.2	0	0	0	0	103.4	89.8	11.7	10.2	0	0
薄层沙底草甸沼泽土	486.0	0	0	301.0	61.9	173.3	35.7	11.7	2.4	0	0
五、泥炭土	324.4	0	0	31.7	9.8	21.2	6.5	196.8	60.6	74.8	23.0
中层芦苇薹草低位泥炭土	37.7	0	0	31.7	84.0	6.0	16.0	0	0	0	0
薄层芦苇薹草低位泥炭土	286.7	0	0	0	0	15.2	5.3	196.8	68.6	74.8	26.1
六、新积土	928.0	790.9	85.2	55.3	6.0	81.7	8.8	0	0	0	0
薄层砾质冲积土	16.8	0	0	16.8	100.0	0	0	0	0	0	0
薄层沙质冲积土	100.8	0	0	21.1	21.0	79.6	79.0	0	0	0	0
中层状冲积土	810.4	790.9	97.6	17.4	2.1	2.1	0.3	0	0	0	0
七、水稻土	3 551.3	1 644.9	46.3	1 434.8	40.4	375.0	10.6	87.3	2.5	9.4	0.3
白浆土型淹育水稻土	424.4	417.7	98.4	6.7	1.6	0	0	0	0	0	0
薄层草甸土型淹育水稻土	46.5	0	0	0	0	44.4	95.5	0	0	2.1	4.5
中层草甸土型淹育水稻土	1 853.8	989.4	53.4	803.0	43.3	61.3	3.3	0	0	0	0
厚层草甸土型淹育水稻土	629.7	0	0	286.4	45.5	248.8	39.5	87.3	13.9	7.3	1.2
厚层暗棕壤型淹育水稻土	186.6	21.9	11.7	144.3	77.3	20.5	11.0	0	0	0	0
中层冲积土型淹育水稻土	342.3	169.5	49.5	172.7	50.5	0	0	0	0	0	0
厚层沼泽土型潜育水稻土	68.0	46.4	68.1	21.7	31.9	0	0	0	0	0	0
薄层泥炭土型潜育水稻土	0	0	0	0	0	0	0	0	0	0	0

表 5-19 各乡（镇）耕地地力等级统计

乡（镇）	面积（公顷）	一级地		二级地		三级地		四级地		五级地	
		面积（公顷）	占总面积（%）	面积（公顷）	占总面积（%）	面积（公顷）	占总面积（%）	面积（公顷）	占总面积（%）	面积（公顷）	占总面积（%）
磨刀石镇	9 071.2	54.5	0.6	515.6	5.7	1 949.7	21.5	3 619.3	39.9	2 932.1	32.3
北安乡	2 057.4	175.4	8.5	427.7	20.8	503.6	24.5	574.5	27.9	376.2	18.3
五林镇	13 588.1	1 327.2	9.8	4 331.1	31.9	5 251.6	38.6	2 274.4	16.7	404.0	3.0
海南乡	4 040.0	586.4	14.5	1 806.3	44.7	993.6	24.6	366.1	9.1	287.6	7.1
温春镇	7 195.2	889.8	12.4	2 330.9	32.4	2 671.3	37.1	1 024.5	14.2	278.7	3.9
铁岭镇	5 353.6	995.4	18.6	934.7	17.5	1 318.6	24.6	1 178.5	22.0	926.5	17.3
兴隆镇	5 281.2	988.5	18.7	1 846.4	35.0	1 391.4	26.3	611.2	11.6	443.7	8.4
桦林镇	2 473.1	414.9	16.8	721.0	29.2	946.5	38.2	355.7	14.4	34.9	1.4
合计	49 059.8	5 432.1	11.1	12 913.7	26.3	15 026.3	30.6	10 004.2	20.4	5 683.7	11.6

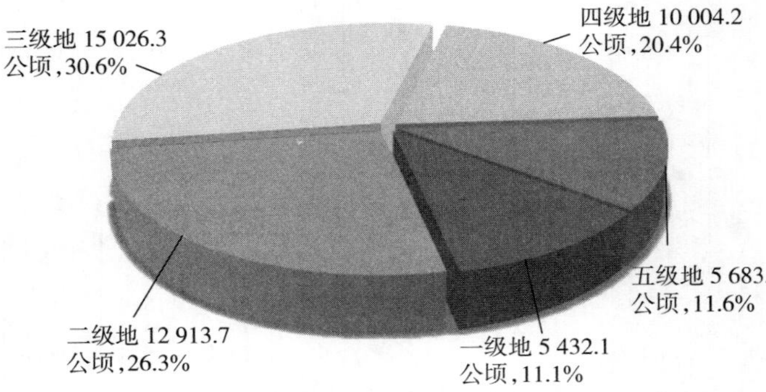

图 5-14 牡丹江市区耕地地力等级划分

一、一 级 地

牡丹江市区一级耕地面积为 5 432.1 公顷，占市区总耕地面积的 11.1%。主要分布五林、铁岭、兴隆和温春 4 个乡（镇），分别占一级耕地面积的 24.4%、18.3%、18.2%和 16.4%。分布面积最大的是五林镇 1 327.2 公顷，占五林镇总耕地面积的 9.8%；磨刀石镇是分布面积最小而且占本地耕地面积比例也是最小的，面积为 54.5 公顷，占磨刀石镇耕地面积的 0.6%；一级地占本乡（镇）耕地面积比例最大的是兴隆镇，面积为 998.5 公顷，占该乡（镇）耕地总面积的 18.7%（图 5-15）。土壤类型分布面积最大的是水稻土 1 644.9公顷，占水稻土耕地面积的 46.3%；占本土类耕地面积比例最大的是新积土，为 790.9 公顷，占新积土耕地面积的 85.2%；土壤类型中沼泽土和泥炭土没有一级耕地面积分布。

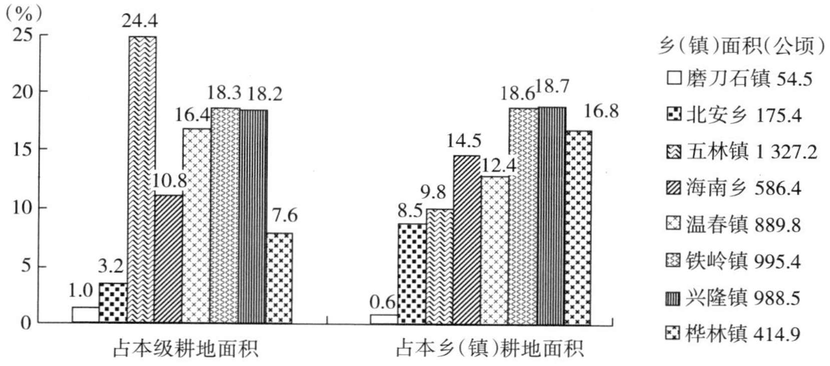

图 5-15

二、二 级 地

牡丹江市区二级耕地面积 12 913.7 公顷，占市区总耕地面积的 26.3%。主要分布在五林、温春、兴隆和海南 4 个乡（镇），共计占二级耕地面积的 79.9%。分布面积最大的是五林镇，4 331.1 公顷，占五林镇总耕地面积的 31.9%；分布面积最小的是北安乡，427.7 公顷，占北安乡总耕地面积的 20.8%。二级地占本乡（镇）耕地面积比例最大的海南乡，面积为 1 806.3 公顷，占海南乡总耕地面积的 44.7%；面积比例最小的是磨刀石镇，面积为 515.6 公顷，占该镇总耕地面积的 5.7%（图 5-16）。各土壤类型中二级地分布面积最大的是白浆土，占本土类耕地面积比例也是最大的，面积为 7 298.2 公顷，占白浆土耕地面积的 70.8%；面积最小的是泥炭土二级地为 31.7 公顷，占泥炭土耕地面积的 9.8%；占本土类耕地面积比例最小的是新积土，面积为 55.3 公顷，占新积土耕地总面积的 6.0%。

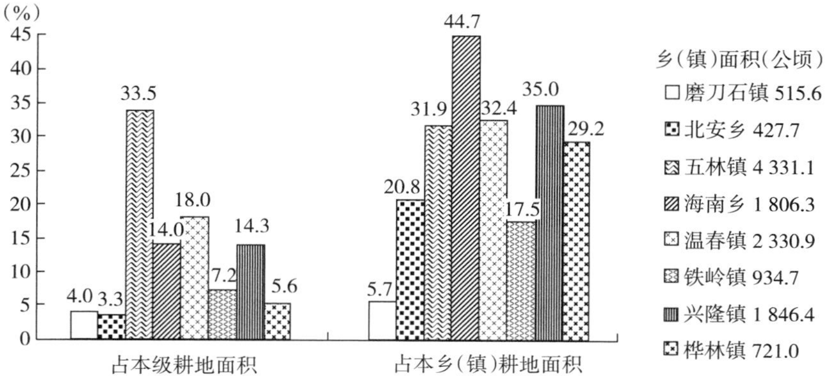

图 5-16

三、三 级 地

牡丹江市区三级耕地面积 15 026.3 公顷，占市区总耕地面积的 30.6%。主要分布在五林镇、温春镇和磨刀石镇，分别占三级耕地面积的 34.9%、17.8%、13.0%。分布面积和占本乡（镇）耕地面积比例最大的是五林镇，面积为 5 251.6 公顷，占五林镇总耕地面积的 38.6%；分布面积最小的是北安乡，为 503.6 公顷，占该乡总耕地面积的 24.5%。占本乡（镇）耕地面积比例最小的是磨刀石镇，面积为 1 949.7 公顷，占该镇总耕地面积的 21.5%（图 5－17）。各土壤类型中三级地分布面积最大的是暗棕壤，为 11 046.7 公顷，占该土类耕地面积的 40.0%；最小的是泥炭土面积为 21.2 公顷，占泥炭土耕地面积的 6.5%；占本土类耕地面积比例最大的沼泽土面积为 867.3 公顷，占该土类耕地面积的 47.7%。

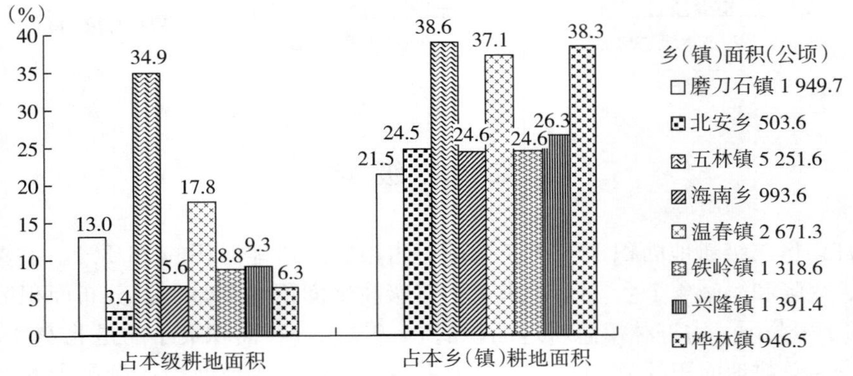

图 5－17

四、四 级 地

牡丹江市区四级耕地面积 10 004.2 公顷，占市区总耕地面积的 20.4%。主要分布在磨刀石镇、五林镇、铁岭镇和温春镇，共计占四级耕地面积的 80.9%。分布面积最大的是磨刀石镇，面积为 3 619.3 公顷，占该镇总耕地面积的 39.9%，是各乡（镇）中占本乡（镇）耕地面积比例最大的；面积最小的桦林镇，为 355.7 公顷，占该镇总耕地面积的 14.4%。海南乡四级地比重最小，面积为 366.1 公顷，占海南乡总耕地面积的 9.1%（图 5－18）。土

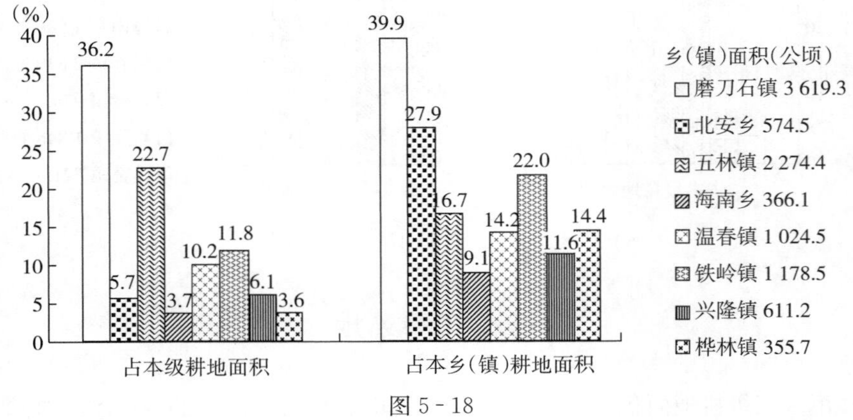

图 5－18

壤类型分布面积最大的是暗棕壤，为 8 705.2 公顷，占暗棕壤总耕地面积的 31.5%；占本土类耕地面积最大的泥炭土，面积为 196.8 公顷，占该土类耕地面积的 60.6%；新积土在四级耕地里没有分布。

五、五 级 地

牡丹江市区五级耕地面积 5 683.5 公顷，占市区总耕地面积的 11.6%。主要分布在磨刀石镇和铁岭镇，分别占五级耕地面积的 51.6%和 16.3%。分布面积最大的磨刀石镇，为 2 932.1 公顷，占该镇总耕地面积的 32.3%；面积最小的桦林镇的 34.9 公顷，占五级耕地面积的 0.6%，占该镇总耕地面积的 1.4%（图 5－19）。土壤类型分布面积最大的是暗棕壤，为 5 332.0 公顷，占暗棕壤总耕地面积的 19.3%；白浆土和新积土在五级耕地中没有分布。

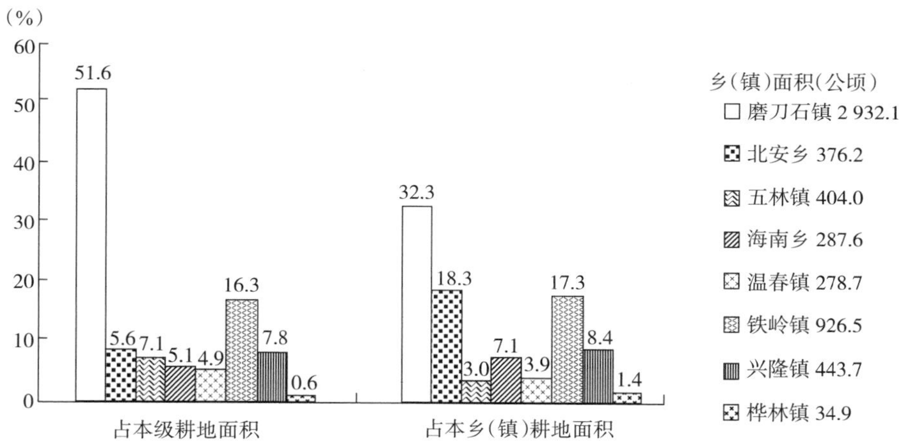

图 5－19

第五节　中低产土壤障碍因素及利用方向

按照农业部中低产土壤划分标准，牡丹江市区四级、五级地属于低产田土壤，面积 15 687.7 公顷，占总耕地面积的 32.0%。主要分布在磨刀石镇、五林镇、铁岭镇和温春镇，分布面积最大的是磨刀石镇，面积为 6 551.4 公顷，占低产田的 41.8%。土壤类型主要是暗棕壤，面积达到 14 037.2 公顷。

一、中低产田的类型与成因

依据形成中低产田的主要成因和治理改造的方向，将牡丹江市区中低产田分为渍涝型和坡耕型两类。

1. 渍涝型 造成渍涝型中低产田的主要原因是坡降小，地势平坦，排水不畅，土壤结构不良，通透性差，表层积水难以下渗，造成内涝、冷浆。主要分布于江河两岸和山间河谷平原地带。土壤类型复杂，以新积土、白浆土、草甸土为主。防洪标准低，工程不配套，易受洪水侵袭。

2. 坡耕型 山区坡耕地，有的水土流失导致土壤贫瘠、干旱、缺水。这样的耕地，视为“坡耕型”（也称“侵蚀型”）。其情况比较复杂，但这类中低产田有一共同的障碍因素——水土流失。坡耕型又可分水失、风蚀、缺水 3 个亚类。

（1）水失亚类：多分布浅山区、丘陵区的坡岗地段，低产原因是坡度大，水土流失严重，群众称之为跑水、跑土、跑肥的“三跑田”。土壤养分和有机质含量低，保水、保肥能力差，土地贫瘠。

（2）风蚀亚类：主要分布于平原和丘陵漫岗地区。低产原因是地势平坦、开阔，防护林少或没有防护林，表土风蚀严重，土壤瘠薄。

（3）缺水亚类：多分布于丘陵、漫岗顶部。低产原因是土壤保水能力差，又难灌溉，加之降水分配不平衡，造成土壤缺水、干旱而低产。

除此之外，还有部分特殊地形、地势的耕地，经常遭受风、雹等自然灾害而造成低产，这类低产耕地往往是带状分布，低产的主要原因属不可控因素。

二、中低产田利用方向

牡丹江市区和全国一样，耕地较少，后备资源不多。因此，绝大部分中产田和大部分低产田要继续作为耕地，种植以粮食为主的农作物。坡度 25°以上，开垦历史较久，土壤侵蚀严重的低产田，坚决退耕还林；15°～25°的坡耕地要逐步退耕还果、退耕还草、退耕还林。这部分耕地种植农作物产量不高，但作为果园、种牧草、植树造林用，是较好的土地。中低产田作为不稳定耕地，不退不治。一些特殊的不可控原因造成的低产田参照相邻的耕地利用治理。

继续作为耕地的中低产田，一方面，要采取兴修水利、植树造林等工程措施改善农田的环境条件；另一方面，要采用增施有机肥，改良土壤等措施提高土壤肥力。同时要采用先进的耕作栽培技术，加强经营管理，不断提高单产。

第六节　归并农业部地力等级指标划分标准

一、国家农业标准

农业部于 1997 年颁布了“全国耕地类型区、耕地地力等级划分”农业行业标准。该标准根据粮食单产水平将全国耕地地力划分为 10 个等级。以产量表达耕地生产能力，年单产大于 13 500 千克/公顷为一级地，小于 1 500 千克/公顷为十级地，每 1 500 千克为一个等级，详见表 5 - 20。

表 5-20　全国耕地类型区、耕地地力等级划分

地力等级	谷类作物产量（千克/公顷）
一级	＞13 500
二级	12 000～13 500
三级	10 500～12 000
四级	9 000～10 500
五级	7 500～10 500
六级	6 000～7 500
七级	4 500～6 000
八级	3 000～4 500
九级	1 500～3 000
十级	＜1 500

二、耕地地力综合指数转换为概念型产量

每一个地力等级内随机选取10%的管理单元，调查近3年实际的年平均产量，经济作物统一折算为谷类作物产量，归入国家等级。详见表5-21。

表 5-21　牡丹江市区耕地地力评价等级归入国家地力等级

市区地力等级	管理单元数（个）	抽取单元数（个）	近3年平均产量（千克/公顷）	参照国家农业标准归入国家地力等级
一级	427	118	8 300	五级
二级	629	256	8 000	五级
三级	935	289	7 500	六级
四级	698	242	6 500	六级
五级	445	183	6 000	七级

牡丹江市区一级、二级地，归入国家为五级地；三级、四级地，归入国家为六级地；五级地归入国家为七级地。

归入国家等级后，五级地面积共18 345.8公顷，占总耕地面积的37.4%；六级地面积为25 030.5公顷，占总耕地面积的51.0%；七级地面积5 683.5公顷，占总耕地面积的11.6%。

第七节　地力评价结果验证

按照《黑龙江省耕地地力评价规程》要求，牡丹江市于2011年10月17日对地力评价结果进行了实地勘查验证，验证结果如下：

这次耕地地力评价调查了牡丹江市区8个乡（镇）的耕地面积49 059.8公顷，生成

了 3 144 个耕地地力评价管理单元，评价结果分 5 级，一级、二级、三级、四级、五级地的管理单元数量分别为 427 个、629 个、935 个、698 个和 445 个，分别占总数的 13.6%、20.1%、29.8%、22.3%和 14.2%。

按照《耕地地力评价规程》要求，在不同地力等级管理单元中随机选取几个管理单元，按照管理单元面积大小，每个管理单元调查 3～5 个地块的实际产量，与评价结果的产量进行回归，≥85%的地块产量相符即为合格，实际产量结果见表 5-22。

表 5-22　地力评价结果实地验证统计

地力等级	调查地块	1	2	3	4	5	6	7	8	9	10
一级	评价结果	≥8 300	≥8 300	≥8 300	≥8 300	≥8 300	≥8 300	≥8 300	≥8 300	≥8 300	≥8 300
	实地验证	8 547	8 435	8 303	8 470	8 645	8 375	8 505	8 765	8 361	8 459
二级	评价结果	8 000～8 300	8 000～8 300	8 000～8 300	8 000～8 300	8 000～8 300	8 000～8 300	8 000～8 300	8 000～8 300	8 000～8 300	8 000～8 300
	实地验证	8 231	7 994	8 183	8 294	8 243	8 278	8 465	8 159	8 257	8 233
三级	评价结果	7 500～8 000	7 500～8 000	7 500～8 000	7 500～8 000	7 500～8 000	7 500～8 000	7 500～8 000	7 500～8 000	7 500～8 000	7 500～8 000
	实地验证	7 657	7 314	7 456	7 287	7 784	7 894	7 573	7 642	7 673	6 927
四级	评价结果	6 500～7 000	6 500～7 000	6 500～7 000	6 500～7 000	6 500～7 000	6 500～7 000	6 500～7 000	6 500～7 000	6 500～7 000	6 500～7 000
	实地验证	6 583	6 857	6 732	6 874	6 857	6 786	6 489	6 700	6 663	6 890
五级	评价结果	6 000～6 500	6 000～6 500	6 000～6 500	6 000～6 500	6 000～6 500	6 000～6 500	6 000～6 500	6 000～6 500	6 000～6 500	6 000～6 500
	实地验证	6 183	6 157	6 432	6 374	6 257	6 486	5 989	6 700	6 363	6 190

在 5 个耕地地力评价等级中，随机抽取共 50 个管理单元进行了实地勘查验证，相符合结果为 88%，达到了≥85%的标准，本次耕地地力评价实地勘查验证合格。

第六章 耕地区域配方施肥推荐

通过耕地地力评价，建立了完善的耕地土壤数据库，科学合理地开展了区域施肥推荐、单元施肥推荐和农户施肥推荐，整体囊括了全市的所有耕地区域，局部包含了每个耕地地力管理单元，详细到农户的田间地头，避免了过去人为划分施肥单元指导测土配方施肥的弊端。过去的测土施肥确定施肥单元，多是采用区域土壤类型、基础地力产量、农户常年施肥量等粗劣方式为农户提供施肥配方建议。本次地力评价是采用地理信息系统提供的多项评价指标，综合各种施肥因素和施肥参数来确定较精密的施肥单元。主要根据耕地质量评价情况，按照耕地所在地的养分状况、自然条件、生产条件及产量状况，结合多年的测土配方施肥肥效小区实验所得数据，按照不同地力等级情况确定了玉米、大豆两大主栽作物的施肥配方，在大配方的基础上，制订了按土测值、目标产量及种植品种特性确定的精准施肥配方。市区共确定了 3 134 个施肥单元。综合评价了各施肥单元的地力水平，为精确科学地开展测土配方施肥工作提供依据。本次地力评价为市区所确定的县域施肥推荐、单元施肥推荐和农户施肥推荐，具有一定的针对性、精确性和科学性，完成了测土配方施肥技术从估测分析到精准实施的提升过程。

第一节 区域施肥推荐

一、区域耕地施肥区划分

牡丹江市区境内玉米、大豆产区，按产量、地形部位、地貌类型、土壤类型、海拔、土壤质地、障碍层类型等可划分为 3 个测土施肥区域。

（一）高产田施肥区

通过对牡丹江市区耕地 3 134 个管理单元进行评价，将耕地划分为 5 个等级，一级、二级地属高产田土壤，面积共 18 345.8 公顷，占 37.4%，也是牡丹江市区高产田施肥区。大多位于平地或山地坡下平缓处，地势平坦、土壤质地松软，耕层深厚，黑土层较深，地下水丰富，通透性好，保水保肥能力强，土壤理化性状优良，无霜期长，气温高，热量充足，土地资源丰富，土质肥沃，水资源较充足的地块。主要分布五林、铁岭、兴隆、温春、海南等乡（镇）。其中，五林镇面积最大，为 5 658.3 公顷，占高产田面积的 30.8%；其次是温春、兴隆、海南和铁岭，分别为 3 220.7 公顷、2 834.9 公顷、2 392.7 公顷、1 930.1 公顷，分别占高产田面积的 17.6%、15.5%、13.0%、10.5%（表 6－1）。高产田中白浆土类耕地面积最大，为 8 575.0 公顷，占高产田面积的 46.7%（表 6－2）。

表 6-1 高产田施肥区乡（镇）面积统计

乡（镇）	总面积（公顷）	一级地面积（公顷）	二级地面积（公顷）	高产田面积（公顷）	占高产田面积（%）
磨刀石镇	9 071.2	54.5	515.6	570.1	3.1
北安乡	2 057.4	175.4	427.7	603.1	3.3
五林镇	13 588.2	1 327.2	4 331.1	5 658.3	30.8
海南乡	4 040.0	586.4	1 806.3	2 392.7	13.0
温春镇	7 195.2	889.8	2 330.9	3 220.7	17.6
铁岭镇	5 353.6	995.4	934.7	1 930.1	10.5
兴隆镇	5 281.2	988.5	1 846.4	2 834.9	15.5
桦林镇	2 472.9	414.9	721	1 135.9	6.2
合计	49 059.8	5 432.1	12 913.7	18 345.8	100.0

表 6-2 高产田施肥区土类面积统计

土类	总面积（公顷）	一级地面积（公顷）	二级地面积（公顷）	高产田面积（公顷）	占高产田面积（%）
暗棕壤	27 634.6	269.6	2 281.1	2 550.7	13.9
白浆土	10 301.2	1 276.8	7 298.2	8 575.0	46.7
草甸土	4 502.9	1 449.9	1 511.6	2 961.5	16.1
沼泽土	1 817.4	0	301	301	1.6
泥炭土	324.4	0	31.7	31.7	0.2
新积土	928	790.9	55.3	846.2	4.6
水稻土	3 551.3	1 644.9	1 434.7	3 079.6	16.8
合计	49 059.8	5 432.1	12 913.7	18 345.8	100.0

（二）中产田施肥区

三级为中产田土壤，面积为 15 026.3 公顷，占总耕地面积的 30.6%，该区多为丘陵漫岗地或山地坡中处、沟谷的低洼地，地势升高，坡度 3°～5°，有轻度侵蚀，个别土壤存在障碍因素，土壤质地不一，疏松或黏重，以中壤土、轻黏土为主。耕层适中，黑土层较浅，保水保肥能力差；低洼地虽地下水丰富，但因持水性强，通气不良。主要分布在五林、温春、磨刀石等乡（镇），五林镇面积最大，为 5 251.6 公顷，占中产田面积 34.9%（表 6-3）。大部分为暗棕壤，面积为 11 046.7 公顷，占 73.5%（表 6-4）。

表 6-3 中产田施肥区乡（镇）面积统计

乡（镇）	总面积（公顷）	三级地面积（公顷）	中产田面积（公顷）	占中产田面积（%）
磨刀石镇	9 071.2	1 949.7	1 949.7	13.0
北安乡	2 057.4	503.6	503.6	3.4
五林镇	13 588.2	5 251.6	5 251.6	34.9

（续）

乡（镇）	总面积（公顷）	三级地面积（公顷）	中产田面积（公顷）	占中产田面积（%）
海南乡	4 040.0	993.6	993.6	6.6
温春镇	7 195.2	2 671.3	2 671.3	17.8
铁岭镇	5 353.6	1 318.6	1 318.6	8.8
兴隆镇	5 281.2	1 391.4	1 391.4	9.3
桦林镇	2 472.9	946.5	946.5	6.3
合计	49 059.8	15 026.3	15 026.3	100.0

表 6-4　中产田施肥区土类面积统计

土　类	总面积（公顷）	三级地面积（公顷）	中产田面积（公顷）	占中产田面积（%）
暗棕壤	27 634.6	11 046.7	11 046.7	73.5
白浆土	10 301.2	1 424.5	1 424.5	9.5
草甸土	4 502.9	1 209.9	1 209.9	8.1
沼泽土	1 817.4	867.3	867.3	5.8
泥炭土	324.4	21.2	21.2	0.1
新积土	928.0	81.8	81.8	0.5
水稻土	3 551.3	375.0	375.0	2.5
合计	49 059.8	15 026.3	15 026.3	100.0

（三）低产田施肥区

四级、五级为低产田土壤，面积 15 687.7 公顷，占总耕地面积的 32.0%。该区多分布丘陵漫岗地顶部或山地坡上处、沟谷的低洼地，地势较高，海拔在 300 米以上，坡度 7°以上，有轻度侵蚀和中度侵蚀，个别土壤存在障碍因素，土壤质地不一，疏松或黏重，以轻壤、中黏土为主。该区中的暗棕壤土层薄，保水性能差，土壤内聚力小，质地疏松，抗蚀性能差，低洼地虽地下水丰富，因持水性强，通气不良。面积最大的是磨刀石镇，为 6 551.4公顷，占低产田面积的 41.8%（表 6-5）。基本都为暗棕壤，占面积的 89.5%（表 6-6）。

表 6-5　低产田施肥区乡（镇）面积统计

乡（镇）	总面积（公顷）	四级地面积（公顷）	五级地面积（公顷）	低产田面积（公顷）	占低产田面积（%）
磨刀石镇	9 071.2	3 619.3	2 932.1	6 551.4	41.8
北安乡	2 057.4	574.5	376.2	950.7	6.1
五林镇	13 588.2	2 274.4	404	2 678.4	17.1
海南乡	4 040.0	366.1	287.6	653.7	4.2
温春镇	7 195.2	1 024.5	278.7	1 303.2	8.3

（续）

乡（镇）	总面积（公顷）	四级地面积（公顷）	五级地面积（公顷）	低产田面积（公顷）	占低产田面积（%）
铁岭镇	5 353.6	1 178.5	926.5	2 105	13.4
兴隆镇	5 281.2	611.2	443.7	1 054.9	6.7
桦林镇	2 472.9	355.7	34.9	390.6	2.5
合计	49 059.8	10 004.2	5 683.5	15 687.7	100.0

表 6-6　高产田施肥区土类面积统计

土　类	总面积（公顷）	四级地面积（公顷）	五级地面积（公顷）	低产田面积（公顷）	占低产田面积（%）
暗棕壤	27 634.6	8 705.2	5 332	14 037.2	89.5
白浆土	10 301.2	301.7	0	301.7	1.9
草甸土	4 502.9	260.2	71.3	331.5	2.1
沼泽土	1 817.4	453	196.2	649.2	4.1
泥炭土	324.4	196.8	74.8	271.6	1.7
新积土	928.0	0	0	0	0.0
水稻土	3 551.3	87.3	9.3	96.6	0.6
合计	49 059.8	10 004.2	5 683.5	15 687.7	100.0

二、施肥分区施肥方案

根据以上 3 个施肥分区，统计各区理化性状见表 6-7。

表 6-7　区域施肥区土壤养分含量统计

区域施肥区	管理单元数（个）	有机质（克/千克）	碱解氮（毫克/千克）	有效磷（毫克/千克）	速效钾（毫克/千克）	pH
高产田施肥区	1 056	35.1	197.3	59.2	134.5	6.2
中产田施肥区	935	38.5	200.9	56.1	124.1	6.0
低产田施肥区	1 143	36.7	203.6	49.1	113.4	5.9
合计	3 134	36.7	200.7	54.6	123.7	6.0

由表 6-7 看出，高产田施肥区有效磷、速效钾偏高，其他养分适中；中产田施肥区土壤偏酸性，养分适中；低产田施肥区有效磷、pH 略低，速效钾偏低。

通过以上各施肥区养分含量分析，得出各施肥区在增施有机肥基础上应遵循的原则是：高产田施肥区稳氮、降磷、增钾；中产田施肥区稳氮、稳磷、增钾；低产田施肥区稳氮、略增磷、增钾。

施肥单元是耕地地力评价图中具有属性相同的图斑。在同一土壤类型中也会有多个图斑——施肥单元。按耕地地力评价要求，牡丹江市玉米产区可划分为 3 个测土施肥区域，大豆划分为 2 个测土施肥区。

根据“3414”实验、配方肥对比实验、多年氮磷钾最佳施肥量实验建立起来的施肥参数体系和土壤养分丰缺指标体系，选择适合该区域特定施肥单元的测土施肥配方推荐方法（养分平衡法、丰缺指标法、氮磷钾比例法、以磷定氮法、目标产量法），计算不同级别施肥分区代码的推荐施肥量（N、P_2O_5、K_2O）。

（一）玉米产区施肥推荐方案

玉米高产田施肥见表 6－8，中产田施肥见表 6－9，低产田施肥见表 6－10。

表 6－8　高产田施肥分区代码与作物施肥推荐关联查询

施肥分区代码	碱解氮含量（毫克/千克）	纯氮施肥推荐量（千克/公顷）	有效磷含量（毫克/千克）	P_2O_5施肥推荐量（千克/公顷）	速效钾含量（毫克/千克）	K_2O 施肥推荐量（千克/公顷）
1	>250	86.3	>60	54.8	>60	26.3
2	180～250	95.1	40～60	65.3	150～200	33.8
3	150～180	107.8	20～40	70.5	100～150	37.2
4	120～150	129.8	10～20	86.3	50～100	41.3
5	80～120	139.3	5～10	93.8	30～50	47.7
6	<80	141.4	<5	97.2	<30	51.9

表 6－9　中产田施肥分区代码与作物施肥推荐关联查询

施肥分区代码	碱解氮含量（毫克/千克）	纯氮施肥推荐量（千克/公顷）	有效磷含量（毫克/千克）	P_2O_5施肥推荐量（千克/公顷）	速效钾含量（毫克/千克）	K_2O 施肥推荐量（千克/公顷）
1	>250	74.8	>60	51.0	>60	22.3
2	180～250	80.8	40～60	55.5	150～200	28.7
3	150～180	89.7	20～40	59.9	100～150	31.6
4	120～150	98.4	10～20	70.3	50～100	35.1
5	80～120	110.4	5～10	76.7	30～50	40.5
6	<80	113.3	<5	79.6	<30	44.1

表 6－10　低产田施肥分区代码与作物施肥推荐关联查询

施肥分区代码	碱解氮含量（毫克/千克）	纯氮施肥推荐量（千克/公顷）	有效磷含量（毫克/千克）	P_2O_5施肥推荐量（千克/公顷）	速效钾含量（毫克/千克）	K_2O 施肥推荐量（千克/公顷）
1	>250	63.6	>60	43.4	>200	17.3
2	180～250	68.7	40～60	47.1	150～200	22.2
3	150～180	76.2	20～40	50.9	100～150	24.3
4	120～150	83.6	10～20	59.8	50～100	27.8
5	80～120	93.8	5～10	65.2	30～50	31.5
6	<80	96.3	<5	67.7	<30	35.3

（二）大豆产区施肥推荐方案

大豆高产田施肥推荐见表 6-11，中低产田见表 6-12。

表 6-11　高产田施肥分区代码与作物施肥推荐关联查询

施肥分区代码	碱解氮含量（毫克/千克）	纯氮施肥推荐量（千克/公顷）	有效磷含量（毫克/千克）	P_2O_5施肥推荐量（千克/公顷）	速效钾含量（毫克/千克）	K_2O施肥推荐量（千克/公顷）
1	＞250	25.2	＞60	59.3	＞200	20.5
2	180～250	29.1	40～60	63.8	150～200	25.2
3	150～180	32.5	20～40	76.2	100～150	28.3
4	120～150	38.5	10～20	81.0	50～100	33.7
5	80～120	43.2	5～10	85.2	30～50	39.8
6	＜80	46.9	＜5	93.8	＜30	45.3

表 6-12　中低产田施肥分区代码与作物施肥推荐关联查询

施肥分区代码	碱解氮含量（毫克/千克）	纯氮施肥推荐量（千克/公顷）	有效磷含量（毫克/千克）	P_2O_5施肥推荐量（千克/公顷）	速效钾含量（毫克/千克）	K_2O施肥推荐量（千克/公顷）
1	＞250	23.9	＞60	51.8	＞200	18.6
2	180～250	27.1	40～60	56.3	150～200	23.9
3	150～180	29.6	20～40	64.8	100～150	26.6
4	120～150	35.5	10～20	68.9	50～100	30.9
5	80～120	38.6	5～10	72.4	30～50	37.4
6	＜80	43.2	＜5	80.3	＜30	42.8

例如：高产施肥区种植玉米，土壤养分测试结果为：碱解氮 152 毫克/千克，有效磷 42.5 毫克/千克，速效钾 87 毫克/千克。根据施肥分区代码与其养分含量对照，查得施肥分区模式为 3-2-4。其氮磷钾配方施肥量，通过关联玉米高产施肥分区代码与作物施肥推荐关联查询表，得出氮肥分区代码为 3，推荐施纯氮 107.8 千克/公顷，磷肥分区代码 2，查得 P_2O_5的施用量为 65.3 千克/公顷，钾肥分区代码 4，查得 K_2O 的施用量为 41.3 千克/公顷。

第二节　单元施肥推荐

本次耕地地力评价，牡丹江市区共确定了 3 134 个管理单元，通过县域耕地资源管理信息系统测土配方施肥的功能，对每个管理单元进行施肥推荐或者对指导单元进行施肥推荐。辐射到全市各类土壤和多种作物及多个品种，为农户测土施肥和区域配肥站配肥提供科学依据，也使牡丹江市真正实现测、配、供一条龙服务，为测土配方施肥技术进一步推广奠定坚实基础。

一、施肥参数建立

根据测土配方施肥“3414”田间小区实验、配方肥对比实验、多年氮磷钾最佳施肥量实验建立起来的施肥参数体系和土壤养分丰缺指标体系，调查作物、肥料品种特征，建立肥料运筹方案，建立适合牡丹江市区域特定施肥单元的测土配方施肥推荐参数，包括土壤养分丰缺指标法、养分平衡法、地力差减法及精确施氮模型。

（一）公用参数

作物品种特征表是测土施肥模块管理作物品种的出、入口。大田最高产量是某一作物品种在当地大田生产条件下最高生产潜力产量，是适宜度指数法预测作物目标产量的重要参数（图 6－1）。

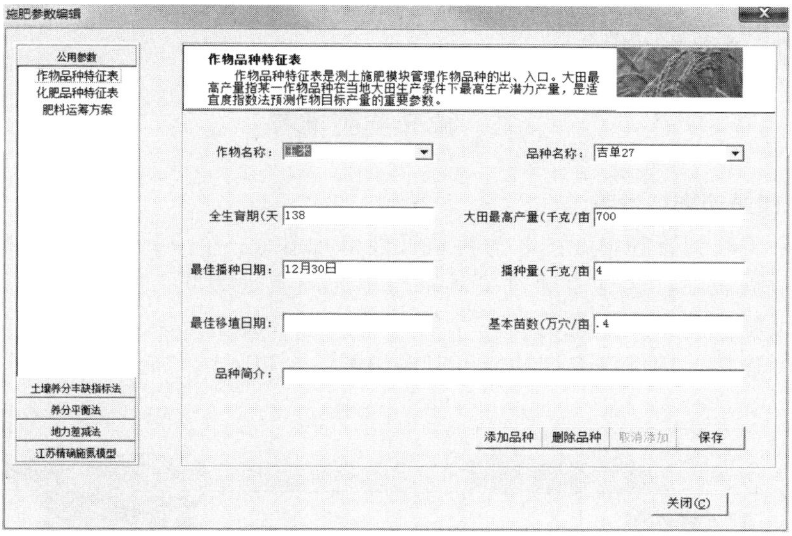

图 6－1　施肥参数编辑

化肥品种特征表是确定肥料施用量的重要依据，其中“配方肥”列出的系列配方是推荐施肥方案的依据，最终推荐的配方肥料只能从该配方系列中选出。

肥料运筹方案是决定肥料在作物一生中的分配比例，可分为一次基肥和多次追肥，所有肥料均以标准化肥计。

（二）土壤养分丰缺指标法

土壤养分丰缺评价标准是土壤养分丰缺状况评价和应用丰缺指标法进行肥料用量预测的重要参数。

化肥施用标准是丰缺指标法进行肥料用量预测的重要参数，土壤养分丰缺状况评价完成后，将根据结果指定肥料品种的用量。

（三）养分平衡法

作物单位经济产量养分吸收量即百千克籽粒（或其他经济产量）耗氮、磷、钾量，不同作物品种之间有一定差异，该参数通过当地实验获取。

土壤养分校正系数是养分平衡法进行肥料用量预测的重要参数，通过实验获取。

（四）地力差减法

作物单位经济产量养分吸收量即百千克籽粒（或其他经济产量）耗氮、磷、钾量，不同作物品种之间有一定差异，该参数通过当地实验获取。

土壤基础地力产量比例表：据实验结果，同一土壤类型，基础地力产量（不施肥产量）与正常产量呈较好的正相关，在一定条件下这个比例视为一个常数。

（五）精确施氮模型

基础地力产量表：在本模型中特指无氮区产量。

施肥区作物吸氮量表：在精确施氮条件下百千克籽粒吸氮量，与地区、土壤类型、作物品种、产量水平相关。

无氮区作物吸氮量表：在施磷施钾不施氮条件下百千克籽粒吸氮量，与地区、土壤类型、作物品种、产量水平相关。

二、单元施肥推荐

（一）管理单元施肥推荐

推荐结果关联到管理单元图，为耕地管理单元图每一个单元推荐施肥方案，其结果保存在指定数据表中，数据表通过关键字与单元图实现关联。应用信息查询等方式可以在图上查询施肥方案。系统为每一个管理单元推荐施肥方案，结果保存到数据表并与管理单元图连接，用信息查询功能可以输出某一个单元的“施肥推荐卡”（图 6-2～图 6-4）。

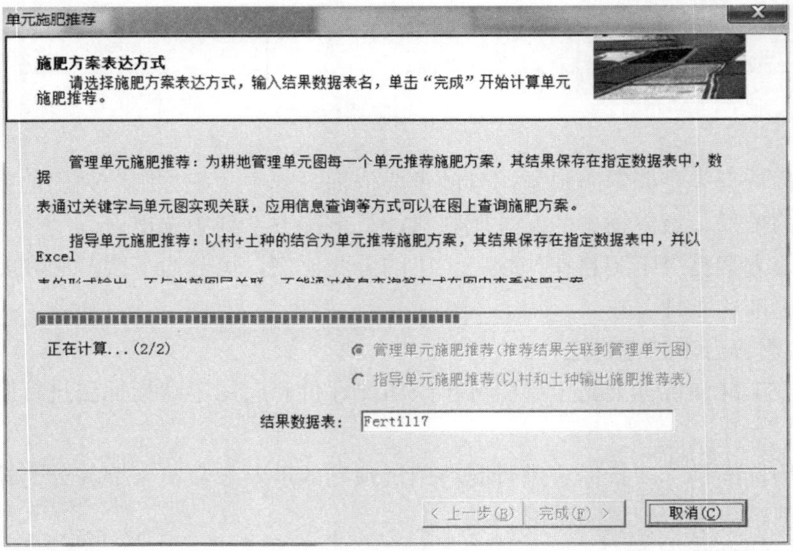

图 6-2　管理单元施肥推荐

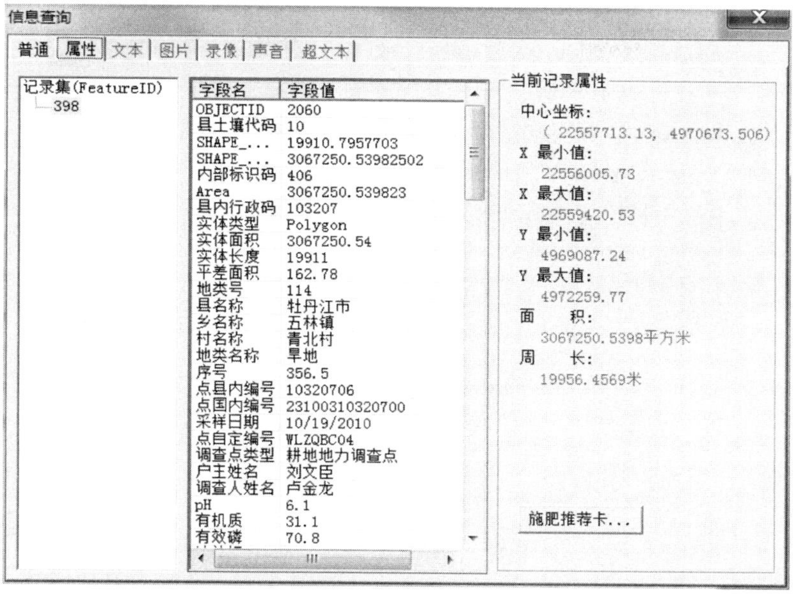

图 6-3　信息查询

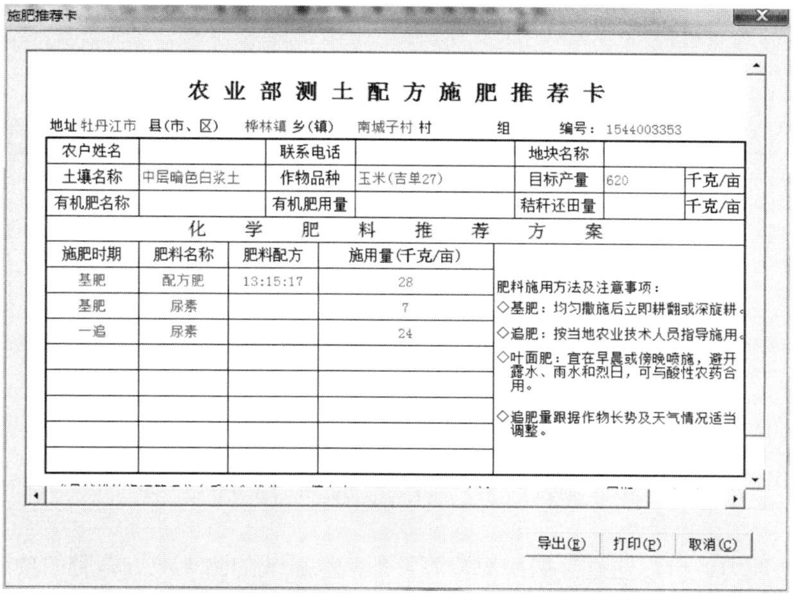

图 6-4　某管理单元施肥推荐卡

（二）指导单元施肥推荐

以村和土种的结合为单元推荐施肥方案，系统首先生成施肥指导单元，计算每一个指导单元的属性值，然后再为每一个指导单元推荐施肥方案，其结果保存到 Excel 数据表中（图 6-5 和图 6-6），但不与管理单元图连接。

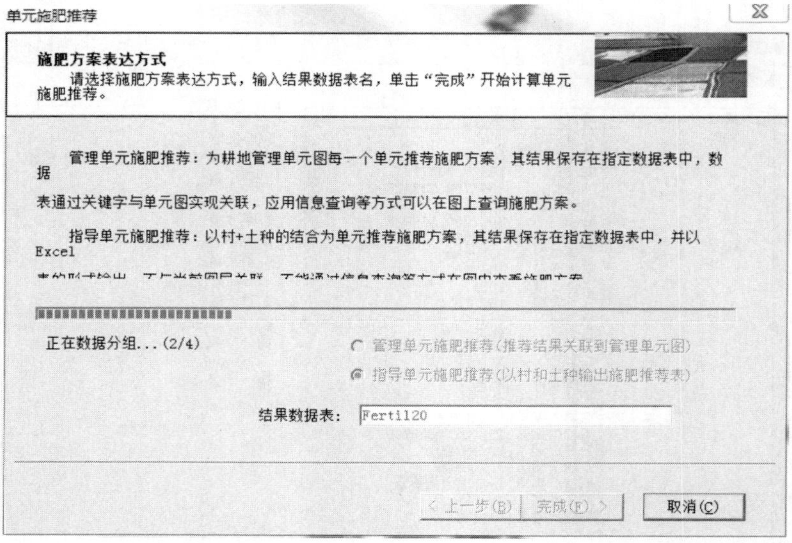

图 6-5　指导单元施肥推荐

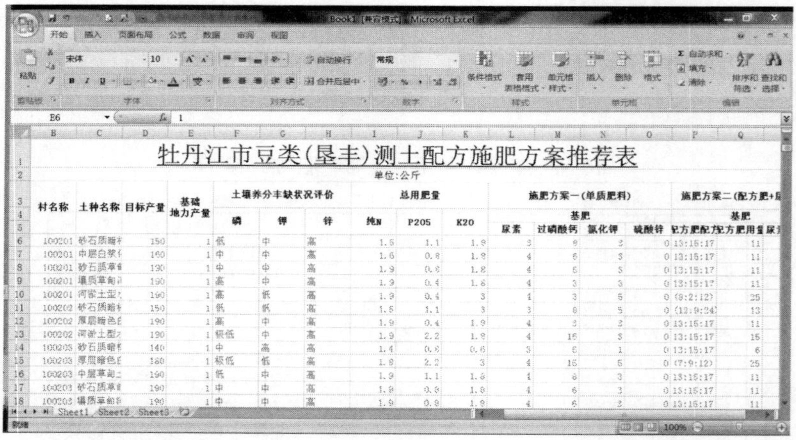

图 6-6　指导单元施肥方案推荐表

第三节　农户施肥推荐

本次耕地地力评价，通过县域耕地资源管理信息系统的测土配方施肥的功能，对具有一定共同属性的地块或单元进行施肥推荐。同时，为了更加精准的对采集土样的地块给予施肥推荐，为测土农户提出科学施肥建议，为进一步推广测土配方施肥技术奠定坚实基础。

一、施肥推荐方法

考虑到牡丹江市区测土配方施肥项目实施年限不长，诸多数据尚不完善，目前采用氮、磷、钾比例法为采样农户进行施肥推荐，通过调查总结该地区多年内不同土壤、不同作物田间实验得出氮、磷、钾的最适用量，然后计算出三者之间的比例关系，首先确定了磷肥的用量，然后按各种养分之间的比例关系推荐氮、钾的肥料用量。

二、函数的建立

参考黑龙江省第一至第三积温区黑土类型耕地高产田调查资料，确定牡丹江市区土壤有效磷含量与玉米、大豆最佳施磷量的关系（表 6－13）。

表 6－13　土壤有效磷含量与玉米、大豆最佳施磷量比照

作　物	速效 P_2O_5（毫克/千克）	适宜施用量（千克/公顷）	作　物	速效 P_2O_5（毫克/千克）	适宜施用量（千克/公顷）
玉　米	10	90	大豆	10	82.5
	30	82.5		30	67.5
	60	75		60	60
	90	67.5		90	52.5
	120	60		120	45

（一）玉米土壤有效磷含量与最佳施磷量

玉米土壤有效磷含量与最佳施磷量关系见图 6－7。

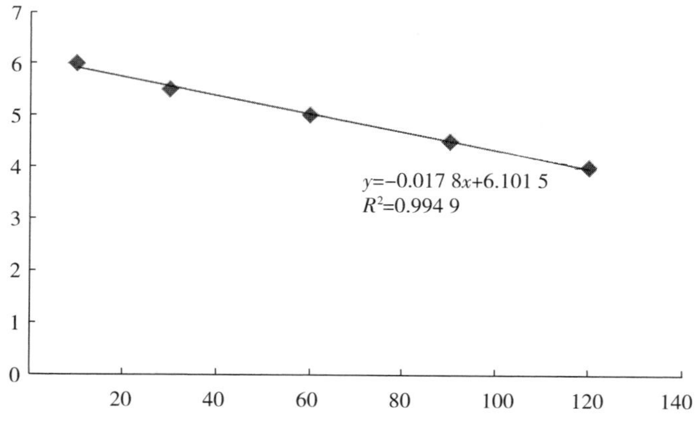

图 6－7　玉米有效磷含量与最佳施磷量曲线

玉米有效磷含量与最佳施磷量函数关系式：

$$y=-0.017\,8x+6.101\,5$$

（二）大豆土壤有效磷含量与最佳施磷量

大豆土壤有效磷含量与最佳施磷量关系见图 6－8。

大豆有效磷含量与最佳施磷量函数关系式：

$$y=-0.021\,1x+5.406\,1$$

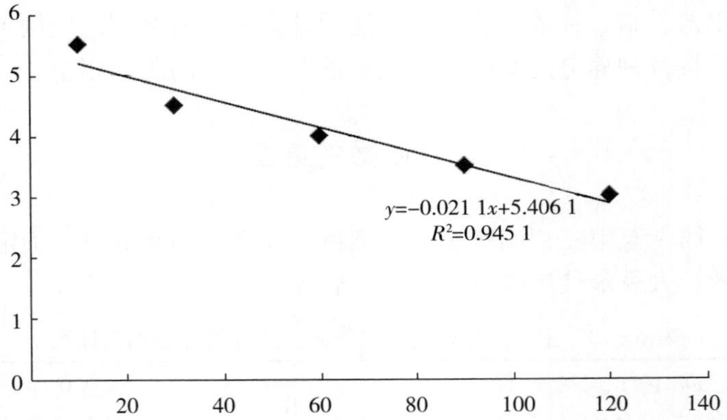

图 6-8　大豆有效磷含量与最佳施磷量曲线

三、各养分之间的比例确定

通过调查总结该地区多年内不同土壤、不同作物田间实验，结论为：玉米氮肥基肥和追肥的比例为 4∶6，玉米施肥比例为 N∶P_2O_5∶K_2O=1.5∶1∶1，大豆施肥比例为 N∶P_2O_5∶K_2O=1∶1.5∶1.6。推荐肥料：氮肥为尿素，N 含量 46%；磷肥为磷酸二铵，P_2O_5含量为 46%、N 含量为 16%；钾肥为氯化钾，K 含量为 60%。

例如，北安乡放牛村农户郑续财家地块采集的土样，土壤养分检测值碱解氮为 200.4 毫克/千克、有效磷为 87.9 毫克/千克、速效钾 210.41 毫克/千克。通过玉米、大豆有效磷含量与最佳施磷量函数关系式和养分比例计算，种植玉米施肥建议为基肥尿素 37.5 千克/公顷，磷酸二铵 148.5 千克/公顷，氯化钾 114 千克/公顷；追肥尿素 133.5 千克/公顷。种植大豆施肥建议为基肥磷酸二铵 115.5 千克/公顷，氯化钾 94.5 千克/公顷。

第四节　施肥推荐的查询和批量输出

针对县域耕地资源管理信息系统的硬件、软件和功能限制，首先需要增加密码，其次软件的运用需要一定的计算机应用基础，最后软件功能无法批量输出施肥建议卡。同时为解决采集地块农户施肥推荐的查询和输出，用常用的办公软件 Excel，制作了施肥推荐的查询和输出的宏，可以实现数据的存储、查询和批量输出等功能。

一、单元施肥推荐

利用县域耕地资源管理信息系统将管理单元和指导单元施肥推荐数据以 Excel 表格形式导出，编制宏和公式，并将施肥推荐换算成牡丹江市当地农户常用化肥类型，最后可通过每个单元内部标识码进行指定的查询和输出。

二、农户施肥推荐

针对采集土壤样品的地块，将田间调查数据、实验室化验数据以及施肥推荐数据等进行录入，建立以乡（镇）为单位的数据库，以 Excel 表格形式保存，编制宏和公式，并将施肥推荐换算成牡丹江市当地农户常用化肥类型，最后可通过每个土壤样品统一编码，进行指定的查询和输出。这样一来，给出的施肥建议，可以在任意一台装有 office 办公软件的电脑进行查询和批量输出（图 6－9）。

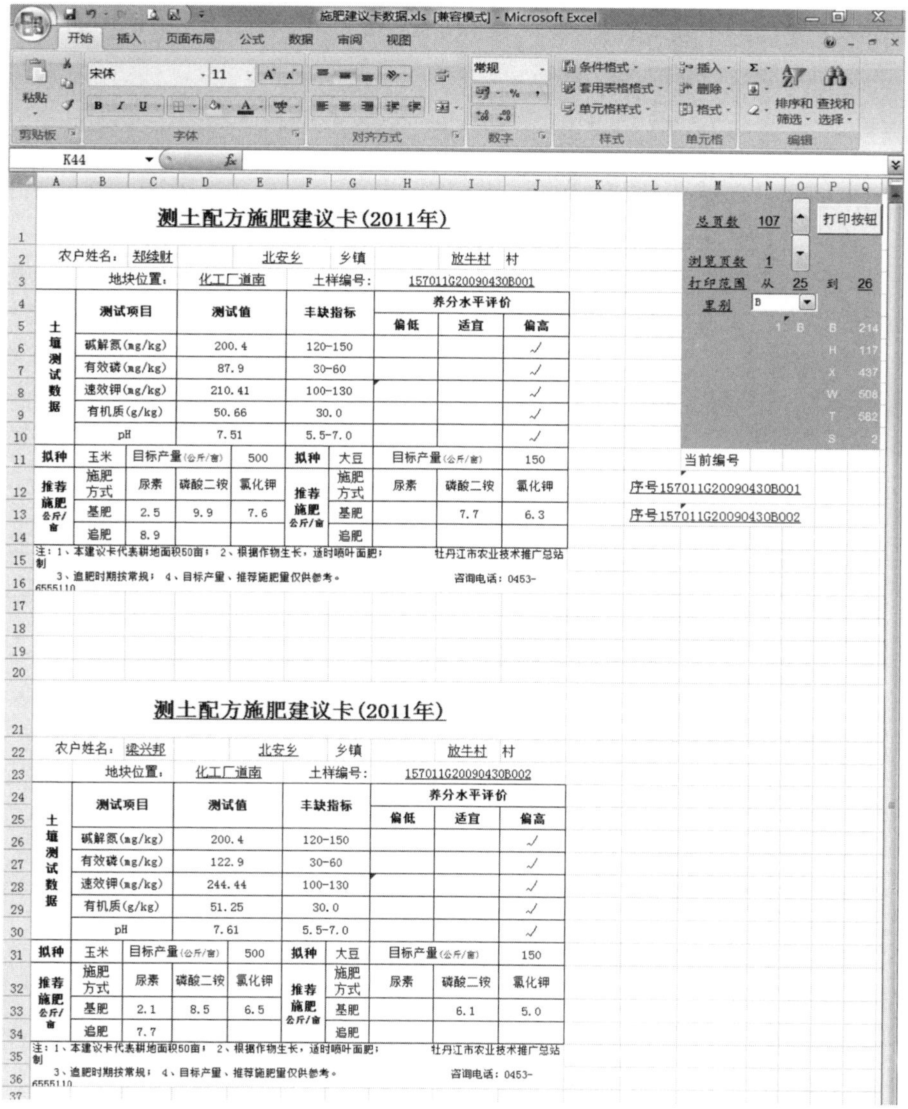

图 6－9　施肥推荐的查询和输出

第七章 耕地土壤存在的主要问题及改良利用

在本次耕地地力调查的过程中，对牡丹江市区农业生产中存在的几个主要问题，进行了专题调查，现将调查结果整理论述（本章节面积等数据为牡丹江原区划数据，不包括新合并的海南乡、磨刀石镇和五林镇）。

第一节 水土流失及其防治

由于地形地貌，气象和水文等各种因素的影响，水土流失普遍存在，尤其是中远郊山地丘陵区更为突出，是土壤资源存在的主要问题之一。

牡丹江市区水土流失面积 30 816 公顷，占全区土壤总面积的 23.3%。按流失的严重程度可分为极轻度、轻度、中度和重度 4 级。根据观测结果的分析和计算，5°以下坡耕地年流失表土 1～2 毫米；5°～10°以上坡耕地年流失表土 4～6 毫米；10°以上坡耕地年流失表土 10 毫米，全区平均年流失表土 2.9 毫米。侵蚀模数达 3 292 吨/平方千米。同时，全区有大小侵蚀沟 749 条，合计面积为 511 公顷，占水土流失面积的 1.7%，沟壑密度达 17 千米/平方千米。水土流失现状详见表 7-1。

表 7-1 水土流失程度及面积统计

程度	面积				沟蚀		风蚀面积（公顷）
	坡度（°）	面积（公顷）	厚度（毫米）	侵蚀量（吨/公顷）	侵蚀沟条数（条）	占地面积（公顷）	
合计		30 306	2.9	906 670	749	511	171
极轻	<3	9 094	1	90 941			
轻	3～5	11 423	1～2	171 357			142
中	5～10	6 690	4～6	334 497			28
重	>10	3 099	>10	309 875			

一、水土流失的危害

水土流失不仅使土壤资源遭受侵蚀，而且从发展趋势看，也是实现农业现代化的潜在性危害。现就当前已表现出的危害整理概述如下：

（一）冲走表土，肥力减退

水土流失造成土壤跑水、跑土、跑肥，进而导致土壤肥力严重减退。

跑水不仅是造成土壤干旱的一个重要原因，而且土壤缺水，使养分转化受阻，严重影响土壤养分的供应和作物吸收，限制了土壤肥力的充分发挥。

另外，水土流失冲走了肥沃的黑土，使黑土层变薄，甚至沙石裸露不能耕种。根据记载，年流失表土 2.9 毫米，表土容重 1.1 克/立方厘米计算，全年流失表土达 983 537 吨。再按本次调查分析化验的土壤有机质和全量养分平均含量计算，这些土壤中含有机质 36 095吨，全氮 2 045 吨，全磷 680 吨，全钾 22 916 吨。若按速效养分平均含量计算，全区流失碱解氮 197 吨，有效磷 54 吨，速效钾 122 吨。

（二）沟壑增多，吞食耕田

近些年来，由于森林和草原植被的破坏，使局部土壤遭受沟蚀比较严重，沟壑密度和侵蚀的农田面积逐年增加。如北安乡八达村 25 年的时间里，侵蚀沟由 10 条增至 69 条，增加 6.9 倍，而且沟壑宽由原来的几米增至 30 多米，最宽达 100 米，沟长由几十米增至几百米以上，共吞蚀农田 100 公顷。

又如桦林镇一次（半小时）降水 50 毫米，洪水下泄将 0.5 公顷农田的表土冲走 10 厘米，同时使下游 3.3 公顷农田表面淤沙 15 厘米，两块农田全部弃耕。

另外，由于沟壑密度增大和面积的增加，使地块由大变小，垄由长变短，土层由厚变薄，土色由黑变黄，土壤养分贮量减少；土壤物理性状变坏，黏重、冷浆、板结、贫瘠等性状越来越重，土壤肥力发生明显衰退，所以说，水土流失是土壤肥力减退的外界因素。

（三）毁坏幼苗、减产减收

据调查，每年都有因水土流失而毁坏幼苗或减产的地块。上游水土流失，下游冲毁工程，埋没庄稼，上冲下淤是经常发生的。如沿江乡放牛沟村一场暴风雨，降水量 40 毫米，降水强度 0.6 毫米/分钟，将 127 公顷农田垄沟全部淤平，使 30%～40%秋白菜和大萝卜苗被埋没或冲走，使 30%左右的茄子、青椒、柿子、豆角架等被埋没或冲倒，各种蔬菜共减产 150 万千克，损失严重。

（四）旱涝灾害日趋严重

因水土流失冲走了表土，使土壤的物理性质恶化，养分含量和肥力降低，保蓄水能力也降低，使旱涝灾害日趋严重。

近些年，小型河流的流量趋于减少，洪水流量趋于增多。据测定，东村河历年平均流量（在入江口）为 1.37 立方米/秒，位于上游的东胜村 1956 年前种植水稻 165 公顷，水量尚有余；但因水土流失，1981 年入江口流量降至 0.7～0.8 立方米/秒，水田面积减少 30%，水量反而不足。又如北安河年平均流量是 0.47 立方米/秒，20 年前河宽 4 米左右，现增加到 30 多米，年流入市区的沙石量达 1 万立方米，严重影响到城市建设、工农业生产和居民生活。

二、水土流失的原因

水土流失是在水力的作用下，土壤及其母质的运动过程。因此影响水土流失的因素是多种多样的，但概括起来不外乎自然因素和人为因素两个方面。自然因素是水土流失发生与发展的客观条件，但是否发生水土流失还取决于人为因素。人为因素是水土流失的主导因素。只有掌握水土流失产生的原因及其发生规律，才能因地制宜采取有效措施进行防治。

（一）自然因素

影响水土流失的自然因素主要是气候、地形、土壤和植被等条件。

1. 气候 气候在不同程度上影响着水土流失的发生及发展。该区主要是降水和风对土壤发生直接侵蚀作用，如暴风骤雨是造成严重水土流失的直接动力。

从气候特点看，一方面是区内降水量充足，而且年际间降水量变化大，年内分配不均，多集中在7～8月，约占全年降水量的45%（表7-2）。另一方面是区内冬季积雪较多，冻土层深达2米以下。

表7-2 降水年内分配统计

月份（月）	4～5	6	7	8	9	10	11～翌年3
降水（%）	13.5	14.7	20.5	24.5	13	6.2	7.6

在春季因底土冻结而表层融水不易下渗，便形成强大的地表径流顺坡而下，强烈地冲刷着土壤，构成牡丹江市内水土流失发生与发展的原因之一。另外，春季干旱多风是裸露的表层土壤遭受风蚀的重要因子。区内最大风速达21米/秒，可持续14天，最多次数每年可达10次。

2. 地形 地形是影响水土流失的重要因素。牡丹江市区地处张广才岭与老爷岭半山地丘陵区，山区多V形沟谷，坡陡坡长，有利于水土流失。区内坡度1.5°以上坡耕地面积21 211公顷，占总耕地面积的70.1%，其中5°以上坡耕地占46.2%，10°以上坡耕地占14.6%。根据调查，3°～5°坡地流失较重，5°～7°以上坡地流失严重。从理论上讲，坡度增加4倍则径流速度增加2倍；径流每增大1倍，流失的土壤增多32倍。从多年观测结果看，在6°坡耕地上年平均流失表土层厚度为：顺垄0.1～2.5毫米，横垄0.05～1毫米；流失量为：顺垄10.05～24立方米/公顷，横垄5.1～10.05立方米/公顷。

表7-3 坡耕地面积统计

总耕地面积（公顷）	坡耕地面积（公顷）	占耕地面积（%）	其中不同坡度（面积/占面积，公顷/%）					
			1.5～3	3～5	5～7	7～10	10～15	>15
30 238	21 211	70.1	6 537/30.8	4 886/23	3 451/16.3	3 238/15.3	1 710/8.1	1 388/6.5

在同样坡度条件下，坡越长径流的重力加速度越大，对土壤的冲刷越强，土壤的流失量就越大。据调查，3°以上坡地坡长400米，每年流失土壤18.75立方米/公顷；坡长600米，每年流失土壤25.5立方米/公顷。牡丹江市除山地之外，大部分为丘陵漫岗，坡长在100～300米，最长达1 000米，流失强度是较大的。

从坡形看，区内多为直线坡，受冲刷力大，特别是坡下部由于集中径流多，流速大，故受冲刷力强。

3. 土壤 土壤是水土流失的对象。但其本身特性，尤其是透水性、抗蚀性等是水土流失发生与发展的主要因素。因此，土壤因素是水土流失的内因。

牡丹江市区暗棕壤和白浆土面积大，占总耕地面积的77.3%。从暗棕壤来看，虽然含沙量较高，透水性较好，但其黑土层薄，心土层含沙多、黏粒少、抗蚀性不强，而且处于山地，坡度大，易产生地表径流，当降水强度稍大时即可产生径流，造成水土流失。白浆土黏粒含量较高，但透水性差，白浆层的透水率一般为0.22～0.34毫米/分钟，淀积层以下几乎不透水，而且处于丘陵漫岗，坡度较大，坡较长，易产生地表径流。因此，加速了白浆土水土流失，使黑白浆土变成灰白浆土和白白浆土，严重者变成蒜瓣土。

4. 植被　植被是最重要的生态环境因素，也是环境的调节者。土壤植被覆盖率越大，其地被（枯枝落叶层）厚度也越大，调节率越大。特别是森林植被调节能力最强，它的吸水、保水性能最大，大大减少地表径流，减轻水土流失程度。所以绿色水库的涵养水分、调节水分能力是巨大的，其作用是工程水库所不可比的。相反，由于无计划的开荒，特别是“文化大革命”期间，乱砍滥伐，毁林开荒，破坏了大面积森林资源，破坏了生态平衡，使地表径流大增，水土流失严重。据调查，近郊森林覆盖率为3.5％，中郊为6.3％。森林植被的破坏，失去涵养水分的功能，是该区水土流失的主要原因。

（二）人为因素

生态平衡是自然界一切生物的物质循环和能量转化的基本条件，也是生物生存的最根本的基础。在自然条件下土壤表面生长着繁茂的植被，地表径流和水土流失是很轻微的。但人类生产活动打破了自然界各因素之间的相对平衡，尤其是破坏地面植被，滥用土壤资源。这样就大大加剧了水土流失的发生和发展。

从1903年牡丹江市建市以来，随着人口的增加、市区扩大和农业的发展，荒源和林地不断开垦，使完好的自然植被变得支离破碎，特别是东北沦陷时期，对森林进行掠夺式采伐，是牡丹江市森林植被由好变坏的主要因素，也是大面积土壤遭受水土流失的开端。在“文化大革命”期间，乱砍盗伐和毁林开荒，使全市水土流失更加严重，10年来，全区水土流失面积约增加1.3万公顷，平均每年增加0.13万公顷。

随着城市建设用地的增加，迫使中远郊坡耕地面积不断扩大，因而使水土流失加重，导致土壤肥力减退。由于肥沃平坦的老菜田被征用，扩大了坡耕地面积，其土壤质量大大下降，导致蔬菜单产降低，影响蔬菜供应和城市人民生活。

另外，牡丹江市区中远郊肥源较少，长期以来，农业生产只靠自然肥力。用地不养地，使土壤有机质含量逐年下降，结构变差，因而其持水性和蓄水量越来越低，地表径流越来越大，水土流失也越来越严重。

总之，乱砍盗伐，毁林开垦，“上游开荒、下游遭殃”，滥用土壤资源，肆意占用沃土，破坏自然植被，使土壤失去水源涵养能力，再加上用地不养地，是牡丹江市水土流失的主要因素。

三、水土流失防治回顾

多年来，牡丹江市防治水土流失做了大量的工作，总结如下：

1958年秋，市组织水土流失严重的社队，在坡度15°以上的坡耕地，横山改垄，挖截水沟；在坡耕地的上、中、下部位修地头埂、地中埂、地边埂，层层截流，分散水势，保持水土。

1963年8月，牡丹江市水土保持工作委员会成立。当年9月，牡丹江市委、市政府召开水土保持工作会议，号召全市人民开展以修梯田为中心的农田基本建设运动。会后，动员机关、部队、学校和农民群众3万多人，在1 333公顷的坡耕地上大搞梯田建设。同年冬，市组织17名技术人员对八达河流域进行水土保持调查和规划。1964年秋，动员城市职工2万余人在八达沟和麻花沟修梯田66.7公顷。随后，连续数年，采取在山坡上挖鱼鳞坑，在侵蚀沟中修谷坊、垒石坝，在地头、地边、梯田埂上种紫穗槐、胡枝子、草苜蓿等方法，防治水土流失。到1966年，牡丹江市区水土治理面积1万公顷，修水平梯田213公顷，坡式梯田500公顷，营造水土保持林2 200公顷。

“文化大革命”期间，水土保持工作不能正常进行，毁林开荒、陡坡地开荒以及拆毁梯田等现象时有发生，十年共毁林1.26万公顷，陡坡地开荒100公顷，拆毁梯田350公顷，开山采石占地16.7公顷，共破坏土地面积1.3万公顷。

1973年9月，市水土保持办公室恢复后，牡丹江市区开展“农业学大寨”运动，大搞梯田建设。1976年，首次利用筑埂犁和分土器等机械在铁岭镇青梅大队修水平梯田80公顷，人工修坡式梯田100公顷。1979年，各社队以民兵为骨干，成立农田基本建设专业队，以保水、改土为中心，进行山、水、林、田、路综合治理。1982年转入山区小流域综合治理，先后承包治理的有东村的狼洞沟，桦林的南沟，温春的万家沟，兴隆的小东沟。以生物措施治理为主，以工程措施为辅。到1985年，牡丹江市区水土流失治理面积10 640公顷，挖截水沟14.5万米，治理侵蚀沟183条，修塘坝4座，筑谷坊2 659座。

四、水土流失防治措施

自1964年以来，牡丹江市水土流失的严重性及危害程度引起了全区人民的重视，认真贯彻执行以防为主，防治并举，农业措施、生物措施及工程措施相结合的综合治理方针，积极开展水土保持工作。

农业生产的发展应建立在自然资源再生产和更新的基础上，对水土流失要采取农业、生物、工程等措施在内的综合治理措施。

（一）改良土壤及调整垄向

改良土壤和调整垄向是防治水土流失的一项有效的农业生产措施。

增肥改土和深松，不仅能提高土壤有机质含量而且改善其物理性质，增加蓄水量。例如改善土壤结构，加强通透性，提高吸水、保水能力，增加抗蚀性等。从而减少地表径流，减轻水土流失。

据牡丹江市多年来的观察记载，横垄比顺垄平均每年耕层土壤流失厚度减少0.05～1.5毫米，流失量减少5.1～15立方米/公顷，是一项防治水土流失的有效措施，应积极推广，将坡耕地的顺山垄改成横山垄。

（二）种草植树

种草植树，是改善生态环境、防治水土流失的生物措施。植被的吸水量为树木吸水量的2.2～3.6倍，灌木林在发生径流前吸水量为7～126毫米，各种树木林冠截留降水量8.2%～23%。因此，在森林覆盖下很少形成地表径流，水土流失轻微。据牡丹江市实验表明，在8°坡耕地上设林带（间距50米，带宽10米，主要种植紫穗槐、苕条等灌木），当降水40毫米时，可减少地表径流56%。在自然条件下，草原土壤表面生长着大量草甸植被，形成草根层，它具有疏松、体轻、富有弹性等特点，其吸水、保水性及透水性相当强，田间持水量100%～200%。可见，植被吸水量大，能减少地表径流，减轻水土流失。因此，为了改善生态环境，防治水土流失，应积极搞好种草植树。坡度大（15°以上）的坡耕地要退耕还林，坡度较小的可种植果树、苗木等，在平地搞好防护林。此外，有计划地种草植树还有利于发展畜牧业。

（三）工程措施

防治水土流失，除用农业和生物措施外，还要辅以工程措施，特别是水土流失严重的陡坡、沟口等地，应采取修筑梯田，挖截流沟，修蓄水池等工程措施。据对青梅村33公顷梯田的观测记载，梯田土壤的理化性状比坡耕地土壤有所改善。从表7-4可知，梯田土壤的理化性质得到了改善，特别是通透性有所提高，养分含量有所增加，基本上控制了水土流失的发生与发展。

表7-4　梯田和坡耕地理化性状比较

处理	容重（克/立方厘米）	总孔隙度（%）	<1毫米颗粒	<0.001毫米颗粒	最大持水量（%）	透水速度（厘米/秒）	蒸发速度［毫米/（平方厘米·时）］	含水量（%）	有机质（克/千克）	全氮（克/千克）	速效磷（毫克/千克）	单产（千克/公顷）
梯田	1.15	56.8	3.68	1.4	35.4	1.37	0.35	18.54	3.64	0.06	25	1 995
坡耕地	1.17	56.6	2.05	1.63	34.7	1.26	0.38	15.5	2.48	0.04	24	1 845

工程措施虽然成本高，但见效快、效益高、寿命长，并且有一劳永逸的性质。工程措施要因地制宜，保证质量，要与其他措施紧密结合起来，才能发挥出省工增效，事半功倍的最好效果。

总之，在防治水土流失上，要采取农业、生物、工程措施，因地制宜进行综合治理。例如，丘陵漫岗区，在搞好封山育林的基础上，有计划地进行更新造林；耕地应采用农业措施和工程措施相结合的综合措施；河谷平原区，以建防护林为主，积极推广生态农业，努力建立“土壤水库”；山区以林为主，坡度15°以上坡耕地要还林，加强森林植被的水源涵养作用。

第二节　土壤污染及其防治

随着现代化工农业生产的快速发展，牡丹江市区人口急剧增加，人们的生产活动所处的自然环境受到较为严重的污染，作为废弃物处理场所的土壤是污染的重点。

土壤污染是指土壤里进入某些有害物质，如果这些物质的数量不仅超过了土壤自然本底的含量，而且也超过了土壤自净能力的限度，有害物质就会在土壤里累积，使土壤的理化性质发生不良的变化，以致影响农作物的生长发育，降低产量，并使有害物质在作物体内残留累积，这种土壤就叫做污染了的土壤。据统计，全区遭受各种类型污染的土壤面积为5 565公顷，占全区土壤总面积的4.2%，其中耕地面积1 070公顷。由于土壤污染，土壤本身理化性质受到影响，肥力降低，使粮菜的产量和质量也大大降低。同时，人们的身体健康受到威胁。因此，土壤污染是牡丹江市土壤存在的另一个极为突出的问题。

一、土壤污染的途径

有害物质进入土壤途径很多，在牡丹江市主要有四个途径。

（一）废水型土壤污染

废水是有害物质进入土壤的重要途径之一。由于市区工矿企业较多，居民集中，故每天有大量的工业废水和人民生活废水污染着周围的良田。如市内的肉联厂、造纸厂、树脂厂、农药厂、丝绸厂、北方工具厂、纺织厂和桦材橡胶厂等，每年排出废水共30万吨以上，每天各厂排出的废水流成河。呈棕褐色的废水流入牡丹江，污染了两侧的良田及牡丹江水。

居民生活废水也不断的侵害肥沃土壤，如温春水泥厂家属区废水排入温春的良田，冬季在约3.3公顷土壤上积水结冰达0.5米，不仅贻误农时，影响春季生产，而且污染土壤，使土壤过湿，导致水、气、热失调，肥力降低。

（二）大气型土壤污染

除废水造成土壤污染外，废气也是区内有害物质进入土壤的重要途径。由于市区工矿企业排放废气以及汽车尾气所造成的光化学烟雾等，不仅严重污染了大气，而且这些分散在空气里的有害物质和煤烟粉尘常受重力或雨水淋洗作用而降落地面，引起土壤污染。这种污染在厂矿周围较重，远离厂矿较轻；污染物主要是金属飘尘颗粒以及其中的重金属元素。例如温春水泥厂每天排放的废气（含水泥粉尘70吨）直接污染温春约200公顷良田。据群众反映，该厂以北附近的土壤每年可降落约1厘米的煤烟及水泥粉尘。这种煤烟及水泥粉尘不仅落到作物叶片上影响光合作用，落到花朵柱头上影响受粉，以致降低结实率，造成当年大量减产，更重要的是粉尘中含钙8%～31%，以氧化钙、碳酸钙、硅酸钙和氢氧化钙为主，会增大土壤pH，使土壤碱性加强。据本次土壤普查测定，该土壤pH为8.4，比没有污染的同类土壤pH提高1.8，即由微酸性变成碱性。

另外，市区汽车逐年增多，尾气排出总量大为提高。据介绍，汽车尾气中含有重金属铅，会使公路两侧30米以内的土壤含铅量增加，导致土壤污染。

（三）废渣型土壤污染

牡丹江市内有工业废渣、矿业废渣和城市生活废物等，一般都含有大量有害物质。如医院，肉联厂等废渣中一般含有各种细菌和病原体，经风吹或水冲进入土壤。来自工厂的工业废渣常含有各种有毒的化学物质。例如，化肥厂、农药厂和炼油厂的废渣中常含有硝酸盐和亚硝酸盐以及含有酚、苯、氰等有毒物。颜料、电镀、纺织印染厂及矿业废渣中含有各种重金属毒物。另外居民生活中的垃圾也在不同程度上污染着土壤。

（四）化肥、农药对土壤的污染

连年大量施用化肥，特别是在有机质含量低的土壤中施用大量化肥会造成土壤板结，导致土壤理化性质恶化，这是土壤污染的一种形式。有些化肥成分复杂，特别是含有重金属的化肥，如果连年施用会使重金属在土壤中积累，毒害土壤。另外，有些氮素化肥，特别是硝态氮肥，在土壤中与金属反应易形成硝酸盐或亚硝酸盐，也能引起土壤污染。

有些农药具有残留作用，容易在土壤中累积，特别是一些重金属农药，施入土壤后，造成土壤中重金属累积量增加，达到一定程度，便造成土壤污染。

综上所述，土壤污染的途径日趋扩大，而且在一定程度上已造成土壤严重污染。

二、土壤污染的现状

牡丹江市区土壤污染是比较严重的，而且日趋严重。

（一）污染面积日趋扩大

由于牡丹江市区工矿企业的迅速发展，工厂增加和扩建，以及人口剧增，使区内土壤污染面积日益扩大。据统计，中华人民共和国成立初期基本没有土壤污染，而后随着厂矿的建立、工业“三废”日益增多，开始了局部土壤污染，多年来土壤污染面积由几十公顷增至5 565公顷，约扩大 800 倍。

（二）污染范围由市区向远郊蔓延

土壤污染开始于市区中心的厂矿附近，而后随着工业的发展，其污染范围扩展至近郊，现在已发展到远郊，甚至距市中心几十里的山沟，由于厂矿的扩建，已出现土壤污染现象。

总之，当前牡丹江市区内土壤污染是以市区为最重，近郊次之，远郊为轻，体现了土壤污染与工业发展密切相关。

（三）污染程度严重

由于污染源不同，其各地污染物质和污染程度有所差异。例如汞污染以南江村最重，已超出土壤中自然含汞量标准的 6 倍，温春“入水”以北土壤含汞量最低，但根据记载，已经达到使水稻糙米中汞累积量超出卫生食品标准。

土壤中含砷大于 8 毫克/千克会抑制水稻生长，可见污染的土壤就含砷量看，均达抑制水稻生长的程度。

三、土壤污染的防治

为了保护好土壤环境，必须认真贯彻以防为主，防治并举的方针，对污染源和污染区进行联合治理

（一）污染源的治理

近些年来，由于环境的污染及其危害，已引起了各级党政机关及有关部门领导的重视，对工业“三废”开展了大量的综合利用研究，并进行了积极的治理，取得了一定的成果。有的工厂对废水经过净化处理后再排出，免除环境和土壤遭受污染。

另外，制订了各种污染物所含有害物质的最大允许值或限量标准值，严格控制了有害物质进入农业环境，这是防治环境和土壤污染的良好开端。但是现在看来，由于各项条例及标准还不完善，贯彻执行措施尚不得力，治理污染源的工作仍旧需要放在首位，并不断加强，防止和杜绝新型污染的发生和发展。

（二）治理污染区

重金属在土壤存在的形态及作物吸收难易，与土壤酸碱性有关，大多数金属在碱性条件下转变为不易溶解的物质固定下来，降低作物吸收率。因此，对已污染的土壤，特别是对汞、镉、铜、锌等重金属污染的土壤，可采取调节土壤酸碱性的办法降低作物吸收量。例如向污染土壤中施用石灰及磷酸钙，一方面使土壤碱性增大，另一方面增加了土壤中的钙，均能使上述金属固定，不利作物吸收。但是石灰施用量要经过测定，不能任意乱施，以免引起新型污染。对于砷污染的土壤可有计划地施入一定量的有机肥料和含铁物质等，可吸附和固定砷，使其活性降低，减少对作物的危害。

另外，应合理施用农药及化肥，以防新型土壤污染。当前生产中，各种作物都有病虫害，特别是蔬菜，复种指数高，病虫害发生的次数较多，危害较重。若大量使用各种药剂，往往防治了病虫危害，也易引起土壤污染。因为目前常用的农药中含有有机磷、有机氯、砷、铅、汞等高效高毒高残留的物质，易发生土壤污染。因此，生产中推广应用生物防治，是农业生产中防止污染的良好措施。

随着农业生产的发展，施用化肥数量日趋增加，个别地方有盲目施用化肥的现象，不仅浪费了化肥，增加了农产品成本，而且易使土壤中的有害物质积累，引起土壤污染。所以，因土因作物科学施肥也是防止土壤污染的基本措施之一。

第三节　白浆土的改良

白浆土是牡丹江市区主要低产土壤之一。由于白浆土质地较黏，通透性差，土性冷浆、板结，水、气、热不协调，小苗发锈不爱长，产量低，特别对春、夏菜的生产影响更大。因此，改良白浆土，对提高产量、增加收益、加快农业现代化建设，具有现实意义和战略意义。

一、掺沙与盖沙

实践证明，对白浆土掺沙，不仅能疏松土壤，而且能改良土壤黏结性，增加通透性，提高土壤肥力，增加产量。掺沙量应依土壤质地而定，以将土壤质地调节至泥（物理黏粒）沙（物理沙粒）比在3∶7或4∶6为好。有条件的地方可掺炉灰，因炉灰中含有少量的磷、钾，其增产效果明显。掺沙或掺炉灰最好混施有机肥，因为肥、沙（灰）既能改善黏性，又能提高土壤速效养分含量，增产效果显著。

盖沙可提高地温，促进养分转化。据牡丹江市实验结果表明，盖沙后地表增温0.7～1℃，土深5厘米处增温0.59℃，使玉米早出苗2～5天，提早成熟5～7天，增产6.2%～8.1%。由于地温提高，促进土壤微生物的活性，加快了土壤养分的转化，增加速效养分含量，其中碱解氮增加26.3%，有效磷增加4%～24%。

掺沙或盖沙改土其增产效果明显，但由于运输量大，沙源不足，大面积掺沙和盖沙有一定困难，因此，各地应因地制宜，有计划的集中力量逐块地进行改良。

二、施用草炭

草炭具有疏松、体轻、有弹性、通透性强、养分含量高的特点，是改良土壤的好原料。牡丹江市区草炭资源较为丰富，总蕴藏量 4 183 051 立方米，便于开发利用的有 811 281 立方米。据化验分析，牡丹江市草炭含有机质 23%～72%，全氮 0.8%～2.8%，全磷 0.1%～0.7%，全钾 0.5%～2.1%，高于其他土粪。腐熟好的草炭含有机质 54%，全氮 1.67%，碱解氮 1 045 毫克/千克，有效磷 683 毫克/千克，速效钾 447 毫克/千克，比一般土壤高数倍。据实验结果，施草炭 7.5 万～30 万千克/公顷，土壤有机质、全氮、全磷含量比对照区分别提高 3.5%～6.6%、0.137%～0.251%、0.05%～0.079%，土壤容重降低 0.13～0.27 克/立方厘米，总孔隙度增加 4.2%～8.8%，当年增产玉米 6.6%～21%，大豆 23%～34.8%。生产经验证明，利用草炭高温造肥，公顷施 6 万千克，比单施过磷酸钙 300 千克，硫铵 225 千克，分别增产小麦 495 千克和 465 千克，增产率为 16.8%和 15.3%。

草炭改土有较高的后效。其后效作用以谷子增产最明显，可高达 32%；其次是玉米，可增产 17%～30%；大豆可增产 12%～18%。

利用草炭改土，应腐熟后施用，一般采用过圈和高温造肥方法腐熟，腐熟好的草炭与化肥混合制成氮、磷、钾混合颗粒肥，效果更好。

三、增肥改土

白浆土质地黏、肥力差，施用有机肥不仅可以增加土壤养分，提高地力，而且能改善理化性质，提高土壤肥力，增加产量。据调查，施 60 立方米/公顷的圈粪可增产玉米 20.6%，草炭增产玉米 8.3%。又据实践经验，近几年在白浆土上施优质有机肥 11.25 万千克/公顷，秋白菜产量高达 135 万千克/公顷，比邻村不施肥地块增产 20%～40%，比全区平均增产 100%。温春镇新立村施有机肥 90 立方米/公顷，秋白菜单产由 7.5 万千克增至 9 万千克，增产 20%。

实践证明，增施有机肥是改良白浆土，提高产量行之有效的措施。施用有机肥应结合翻耙施入耕层为好。除增施有机肥料外，增施磷肥，对改良白浆土，提高作物产量效果显著，据各村实验证明，土壤有效磷＜30 毫克/千克时，施用磷肥效果显著。＞30 毫克/千克时效果不显著。据铁岭镇青梅村实验，施 300 千克/公顷过磷酸钙比没施肥增产玉米 690 千克/公顷；增产率为 41%。

过磷酸钙一般用量 150～225 千克/公顷，以深施或制成颗粒肥施用为好。

四、深松深施肥

实践证明，深松深施肥，可打破白浆层，提高土壤通透性和蓄水能力，从而提高抗旱、抗涝能力，有利于养分的积累，提高土壤肥力。垄沟深松及平翻深松有明显的增产效果，一般增产 6.4%～17.5%。据实验结果，对白浆土深松施草炭（施草炭 15 万千克/公顷）其白浆层容重为 1.18 克/立方厘米，比对照降低 0.295 克/立方厘米，总孔隙度 55.0%，比对照增加 9.9%，透水速度 9 毫升/分，增加 4.4 毫升/分；田间持水量为 29.4%，比对照提高 11%；有效磷含量为 19.91 毫克/千克，此对照提高 11.12 毫克/千克。温春镇新立村对 167 公顷大豆和谷子，进行了垄沟深松，结合深施颗粒肥 7 500 千克/公顷，增产 10%～15%。

五、种植绿肥

种植绿肥作物是改良白浆土的重要途径。种植绿肥作物并翻压做肥料，可大量增加土壤有机质和氮、磷、钾与多种元素，改良土壤理化性质，有明显的增产效果，其后效长达 3 年。并且种植绿肥可减少积肥、造肥、保肥、运肥等许多程序和成本，是省工增效的有效措施。如麦茬复种油菜，按每公顷产鲜草 7 500～15 000 千克计算，翻压后相当于施硝酸铵 96～192 千克/公顷，过磷酸钙 63～126 千克/公顷。第一年可增产小麦 15%，第二年增产大豆 17%。温春镇烧锅村实验证明，头年种植草木栖翻压绿肥，第二年增产谷子 15%。今后种植绿肥作物，既要讲求增产效益，又要讲求经济效益。要与牧业生产相结合，通过喂养牲畜，搞“过腹施肥”，既增加肉、毛、皮收入，又能肥田，对撂荒地或瘠薄地应退耕还牧，种植绿肥牧草，改良土壤，提高产量，发展牧业生产。

六、改变利用方式

对旱田来说，白浆土属低产土壤，若改变其利用方式，将旱地白浆土改为水田，可大大提高土壤中磷的有效性，起到增产作用。

根据实验结果，在不同利用方式下，土壤水的条件对白浆土有效磷含量的影响很大，即土壤含水量与有效磷含量成正相关，r 值为 0.89。在淹水条件下，土壤有效磷含量成倍增加，分别比田间持水量时提高 1.6 倍，比抑制植物生长含水量时提高 2 倍，比风干状态时提高 2.9 倍。而且，土壤有效磷含量随淹水时间的延长有明显增加。如淹水 90 天，土壤有效磷含量为 99.4 毫克/千克，比淹水 60 天和 30 天分别增加 24.5 毫克/千克和 36.5 毫克/千克，比灌水前的 22.4 毫克/千克增加 3.4 倍。然而，撤水后土壤有效磷含量又由 99.4 毫克/千克，降至 35.1 毫克/千克，相对减少 64.6%。这是因为白浆土种水稻后，由于土壤淹水，氧化—还原电位降低，亚铁含量增加，pH 提高，促使土壤磷酸铁、磷酸铝水解而释放可溶性磷。

据报道，在旱地白浆土施磷肥增产效果显著，而种水稻的白浆土则氮肥增产效果显著，这充分反映白浆土种水稻能提高土壤磷素的有效性，在少施或不施磷肥，每公顷只施尿素 150～225 千克的情况下，获得水稻 6 000～6 375 千克/公顷的产量是完全可能的。

综上所述，旱地白浆土改种水稻，能变低产因素为高产因素，变低产为高产，一举多得，并且由于白浆土的心土层质地黏重，具有托肥作用，对水稻生长发育十分有利。因此，白浆土种水稻是合理利用改良白浆土的增产措施，在水源充足，条件允许的情况下，应大力提倡和推广白浆土种水稻。

附　　录

附录 1　大豆适宜性评价专题报告

大豆是牡丹江市区的主栽作物，面积常年达 18 827 公顷左右。大豆富含蛋白质、脂肪，营养丰富，利于人体的吸收，是我国四大油料作物之一。大豆对土壤适应能力较强，几乎所有的土壤均可以生长。从土质来看，沙质土、壤土、轻碱土都可以种植大豆。对土壤的酸碱度适应范围（pH 为 6～7.5），以排水良好、富含有机质、土层深厚、保水性强的土壤为最适宜。大豆在田间生长条件下，每生产 100 千克籽粒，需吸收氮素（N）7.2 千克；五氧化二磷（P_2O_5）1.2～1.5 千克；氧化钾（K_2O）2.5 千克。比生产等量的小麦、玉米需肥都多。大豆虽然可以固定空气中的游离氮素，但仅能供给大豆生育所需氮素的 1/2～2/3，其余还要从土壤中吸收，因此对氮肥的需求最高。大豆需水较多，每形成 1 千克物质，需耗水 600～1 000 克，比高粱、玉米还要多。大豆对水分的要求在不同生育期是不同的。种子萌发时要求土壤有较多的水分，以满足种子吸水膨胀萌芽之需。大豆是喜温作物，在温暖的环境条件下生长良好。发芽最低温度在 6～8℃，以 10～12℃发芽正常；生育期间以 15～25℃最适宜；大豆进入花芽分化以后温度低于 15℃发育受阻，影响受精结实；后期温度降低到 10～12℃时灌浆受影响。整个生育期要求 1 700～2 600℃的活动积温。大豆是牡丹江市区农业生产的主导产业，但是近几年来，部分地区盲目扩大大豆种植面积，产量低，效益极差。因此，本次耕地地力评价，评价出适宜种植大豆的区域，对更好地发展牡丹江市大豆生产、提供技术指导具有重要意义。

一、评价指标和评分标准

牡丹江市区大豆适宜性评价确定以立地条件、剖面形态特征、土壤养分 3 方面为评价准则，其中有地貌类型、地形部位、坡度、pH、有机质、质地、障碍层类型、有效磷、速效钾、有效锌 10 个评价指标（附表 1－1）。

各指标用 1～9 定为 9 个等级打分标准，1 表示同等重要，3 表示稍微重要，5 表示明显重要，7 表示强烈重要，9 极端重要。2、4、6、8 处于中间值。重不重要按上述轻重倒数相反。

二、各评价指标隶属函数的建立

（一）立地条件准则层

1. 地貌类型　概念型，见附表 1－2。

附表 1-1　牡丹江市区大豆适宜性评价指标

评价准则	评价指标	释　义	数　据					
			类型	量纲	长度	小数位	极小值	极大值
立地条件	地貌类型	地貌常以成因—形态的差异，划分成若干不同的类型，同一类型具有相同或相似的特征	文本	—	18	—	—	—
	地形部位	地块在地貌形态中所处的位置	文本	—	50	—	—	—
	坡度	山坡的倾斜角度，通常用坡面与水平面所成的两面角来表示	数值	度	4	1	0	90
剖面形态特征	pH	反映土壤酸碱度，代表土壤溶液中氢离子活度的负对数	数值	无	4	1	1.0	14.0
	有机质	土壤中除碳酸盐以外的所有含碳化合物的总含量	数值	克/千克	5	1	0	500
	质地	土壤中各种粒径土粒的组合比例关系称为机械组成，根据机械组成的近似性，划分为若干类别，称之为质地类别	文本	—	6	—	—	—
	障碍层类型	构成植物生长障碍的土层类型	文本	—	10	—	—	—
土壤养分	有效磷	耕层土壤中能供作物吸收的磷元素的含量。以每千克干土中所含磷的毫克数表示	数值	毫克/千克	5	1	0	999.9
	速效钾	土壤中容易为作物吸收利用的钾素含量。包括土壤溶液中的以及吸附在土壤胶体上的代换性钾离子。以每千克干土中所含钾的毫克数表示	数值	毫克/千克	3	0	0	900
	有效锌	耕层土壤中能供作物吸收的锌含量。以每千克干土中所锌的毫克数表示	数值	毫克/千克	5	2	0	99.99

附表 1-2　地貌类型隶属度专家评估

序号	地貌类型	隶属度赋值
1	河谷平原	1.0
2	丘陵	0.8
3	山地	0.6

2. 地形部位　概念型，见附表 1-3。

附表 1-3　地形部位隶属度专家评估

序号	地形部位	隶属度赋值
1	沟谷低洼地	0.30
2	沟谷平地	0.90
3	沟谷洼地	0.40
4	河谷低洼地	0.45

（续）

序号	地形部位	隶属度赋值
5	河谷平地	1.00
6	漫岗低平地、低阶地	0.85
7	漫岗平地	0.90
8	平岗台地	0.80
9	丘陵平岗	0.85
10	山地、丘陵	0.75
11	山地、丘陵上部	0.70
12	山地低洼地	0.40
13	山地低洼地、河谷低洼地	0.40
14	山地低洼地、江河两岸平地	0.50
15	山地顶部	0.60
16	山地裙部、平岗及河谷平地	0.95
17	山地中下坡	0.70
18	山间低洼地和江河两岸低平地	0.50

3. 坡度　概念型，见附表 1 - 4。

附表 1 - 4　坡度隶属度专家评估

序号	坡向（°）	隶属度赋值
1	0	1.00
2	3	0.95
3	5	0.85
4	8	0.70
5	15	0.50
6	25	0.20

（二）剖面形态特征准则层

1. pH　峰型，pH 隶属度专家评估见附表 1 - 5。

附表 1 - 5　pH 隶属度专家评估

pH	4.5	5	5.5	6	6.5	7	7.5	8	8.5
隶属度赋值	0.62	0.75	0.86	0.95	1.00	0.95	0.87	0.74	0.52

pH 隶属函数：pH 隶属函数拟合曲线见附图 1 - 1。

$$Y=1/\left[1+0.170\,868\times(X-6.443\,896)^2\right]\quad U_{t1}=4,\ U_{t2}=9$$

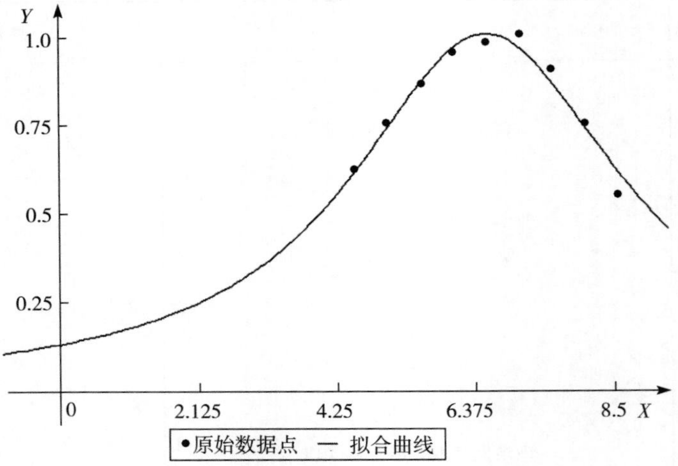

附图 1-1　pH 隶属函数拟合曲线

2. 有机质　戒上型，有机质隶属度专家评估见附表 1-6。

附表 1-6　有机质隶属度专家评估

有机质（克/千克）	10	20	30	40	50	60
隶属度赋值	0.52	0.67	0.78	0.88	0.95	1.00

有机质隶属函数：有机质隶属函数拟合曲线见附图 1-2。

$$Y=1/\left[1+0.000\,336\times(X-59.936\,651)^2\right]\quad U_{t1}=1$$

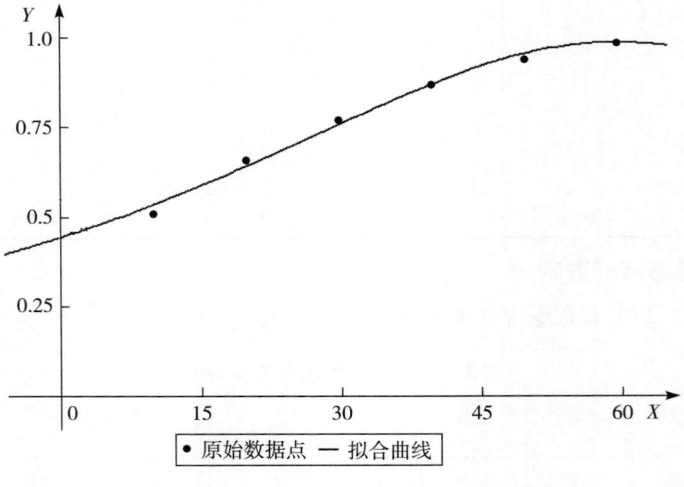

附图 1-2　有机质隶属函数拟合曲线

3. 质地　概念型，质地隶属度专家评估见附表 1-7。

附表 1-7　质地隶属度专家评估

序号	质地	隶属度赋值
1	轻壤土	0.7
2	轻黏土	0.8
3	沙壤土	0.5
4	中壤土	0.9
5	重壤土	1.0
6	重黏土	0.2

4. 障碍层类型　概念型，障碍层类型隶属度专家评估见附表 1-8。

附表 1-8　障碍层类型隶属度专家评估

序号	地貌类型	隶属度赋值
1	白浆层	0.85
2	潜育层	0.65
3	沙砾层	0.40
4	黏盘层	1.00

（三）土壤养分准则层

1. 有效磷　戒上型，有效磷隶属度专家评估见附表 1-9。

附表 1-9　有效磷隶属度专家评估

有效磷（毫克/千克）	1	5	10	20	40	60
隶属度赋值	0.30	0.40	0.55	0.70	0.98	1.00

有效磷隶属函数：有效磷隶属函数拟合曲线见附图 1-3。

$$Y=1/\left[1+0.000\,632\times(X-49.977\,367)^2\right]\quad U_{t1}=1$$

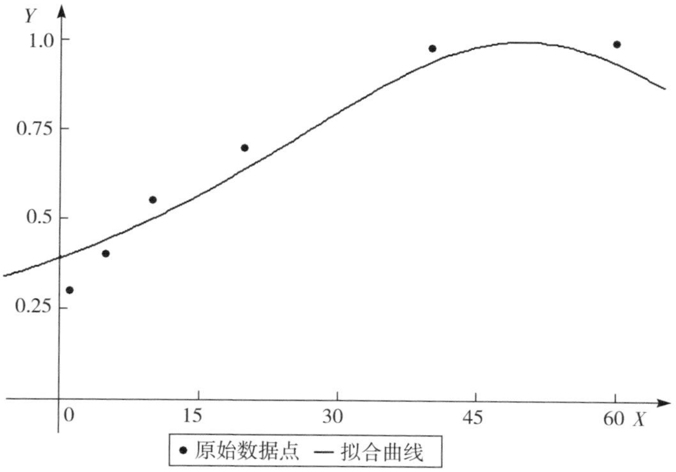

附图 1-3　有效磷隶属函数拟合曲线

2. 速效钾 戒上型，速效钾隶属度专家评估见附表 1-10。

附表 1-10 速效钾隶属度专家评估

速效钾（毫克/千克）	30	50	100	150	200	250	300
隶属度赋值	0.4	0.5	0.62	0.76	0.88	0.97	1

速效钾隶属函数：速效钾隶属函数拟合曲线见附图 1-4。

$$Y=1/\left[1+0.000\,025\times(X-259.480\,103)^2\right] \quad U_{t1}=10$$

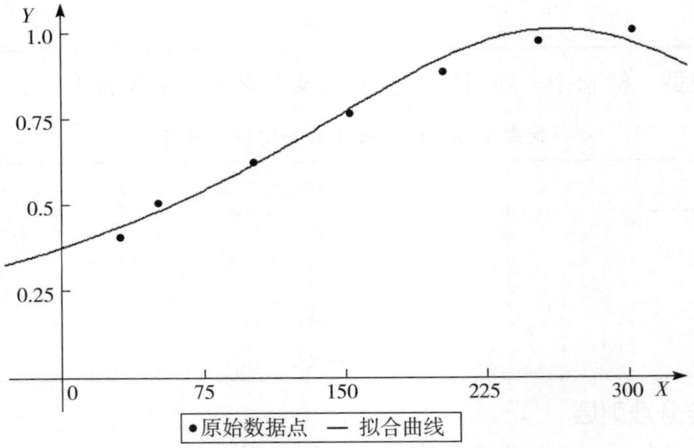

附图 1-4 速效钾隶属函数拟合曲线

3. 有效锌 戒上型，有效锌隶属度专家评估见附表 1-11。

附表 1-11 有效锌隶属度专家评估

有效锌（毫克/千克）	0.5	1	1.5	2	2.5
隶属度赋值	0.6	0.77	0.87	0.95	1

有效锌隶属函数：有效锌隶属函数拟合曲线见附图 1-5。

$$Y=1/\left[1+0.158\,809\times(X-2.470\,638)^2\right] \quad U_{t1}=0.2$$

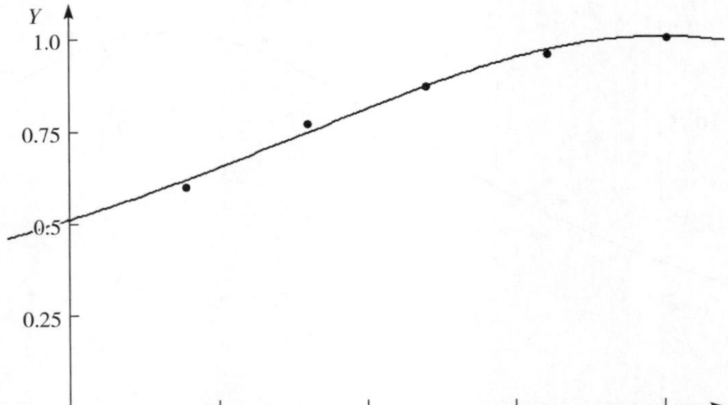

附图 1-5 有效锌隶属函数拟合曲线

三、大豆适宜性评价层次分析模型编辑

（一）大豆适宜性评价层判断矩阵

大豆适宜性评价层判断矩阵见附图 1 - 6。

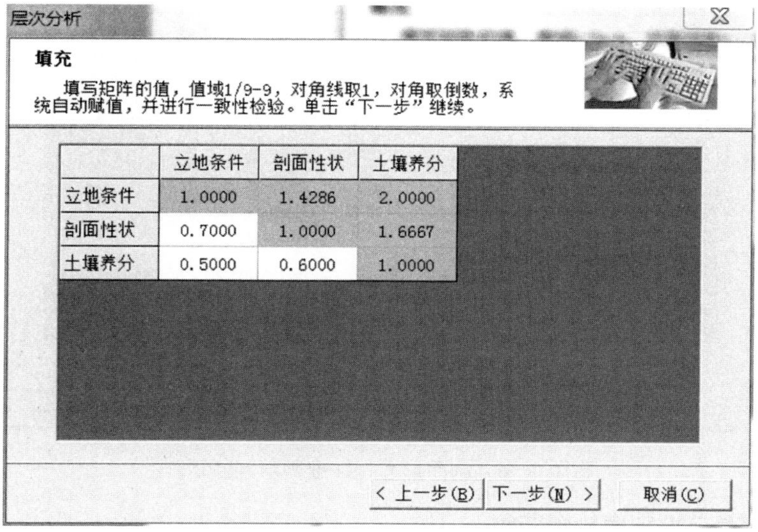

	立地条件	剖面性状	土壤养分
立地条件	1.0000	1.4286	2.0000
剖面性状	0.7000	1.0000	1.6667
土壤养分	0.5000	0.6000	1.0000

附图 1 - 6　大豆适宜性评价层判断矩阵

（二）立地条件准则层判断矩阵

大豆立地条件准则层判断矩阵见附图 1 - 7。

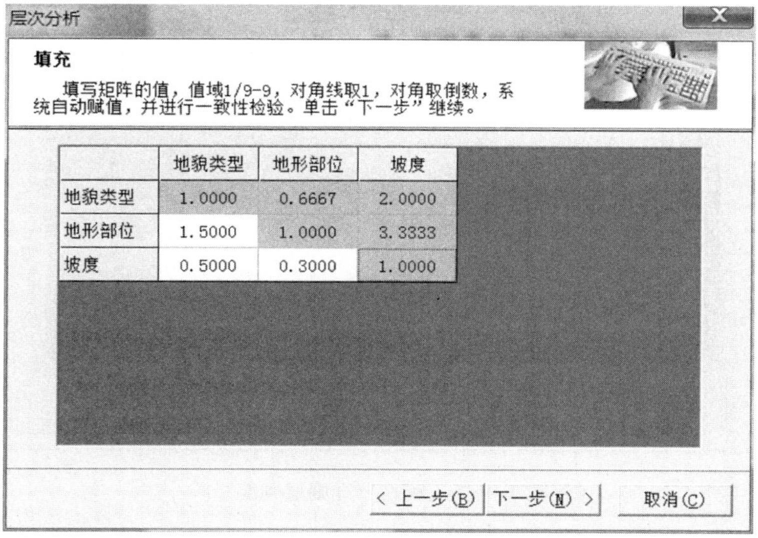

	地貌类型	地形部位	坡度
地貌类型	1.0000	0.6667	2.0000
地形部位	1.5000	1.0000	3.3333
坡度	0.5000	0.3000	1.0000

附图 1 - 7　立地条件准则层判断矩阵

（三）剖面形态特征准则层判断矩阵

大豆适宜性评价剖面形态特征准则层判断矩阵见附图 1-8。

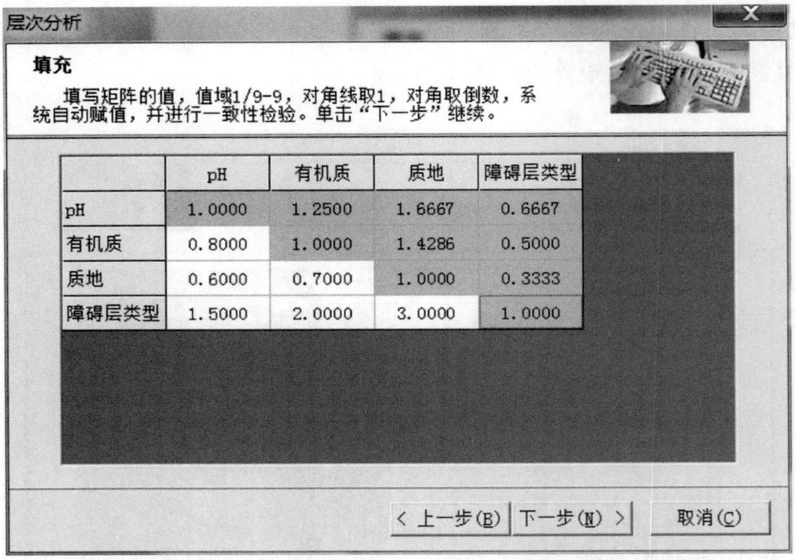

	pH	有机质	质地	障碍层类型
pH	1.0000	1.2500	1.6667	0.6667
有机质	0.8000	1.0000	1.4286	0.5000
质地	0.6000	0.7000	1.0000	0.3333
障碍层类型	1.5000	2.0000	3.0000	1.0000

附图 1-8　剖面形态特征准则层判断矩阵

（四）土壤养分准则层判断矩阵

大豆适宜性评价土壤养分准则层判断矩阵见附图 1-9。

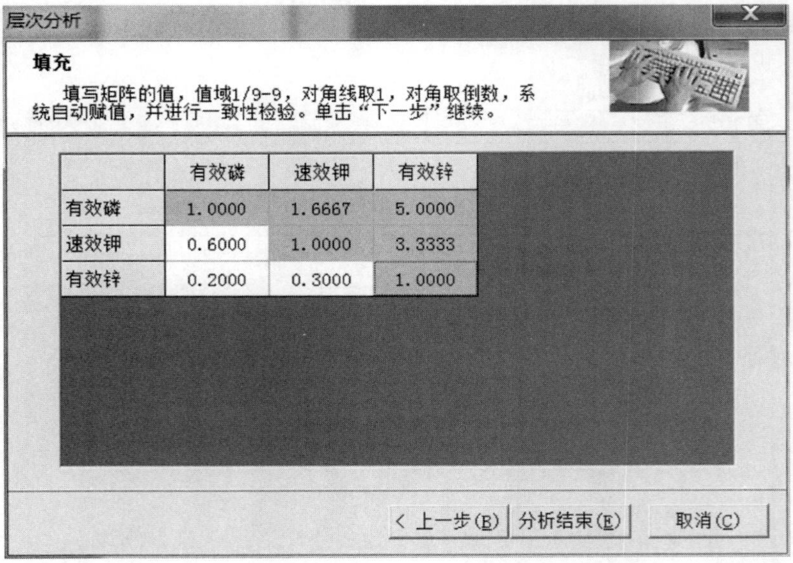

	有效磷	速效钾	有效锌
有效磷	1.0000	1.6667	5.0000
速效钾	0.6000	1.0000	3.3333
有效锌	0.2000	0.3000	1.0000

附图 1-9　土壤养分准则层判断矩阵

（五）层次分析报告

大豆适宜性评价层次分析报告见附图 1－10，层次分析结果见附表 1－12。

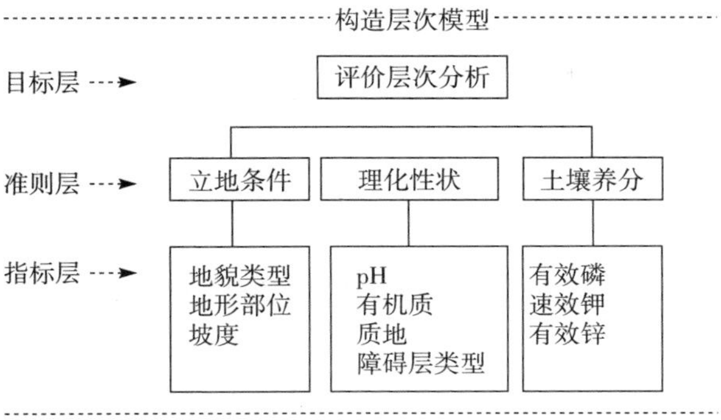

附图 1－10　构造层次模型

附表 1－12　层次分析结果

层次 A	层次 C			组合权重 $\sum C_iA_i$
	立地条件	理化性状	土壤养分	
	0.451 6	0.335 2	0.213 2	
地貌类型	0.329 4			0.148 7
地形部位	0.511 6			0.231 0
坡度	0.159 0			0.071 8
pH		0.252 6		0.084 7
有机质		0.202 1		0.067 7
质地		0.142 4		0.047 7
障碍层类型		0.402 9		0.135 0
有效磷			0.551 0	0.117 5
速效钾			0.342 5	0.073 0
有效锌			0.106 5	0.022 7

四、适宜性评价等级划分

（一）适宜性评价

大豆适宜性评价见附图 1－11。

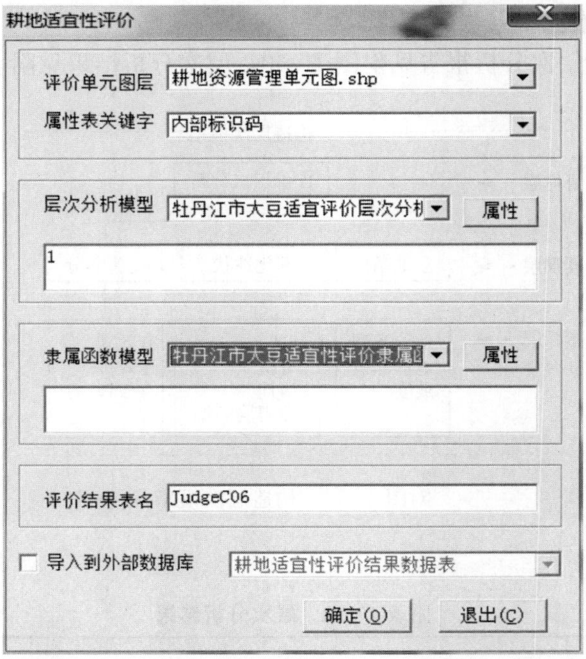

附图 1－11　大豆适宜性评价

(二) 适宜性等级划分

大豆适宜性等级划分见附图 1－12。

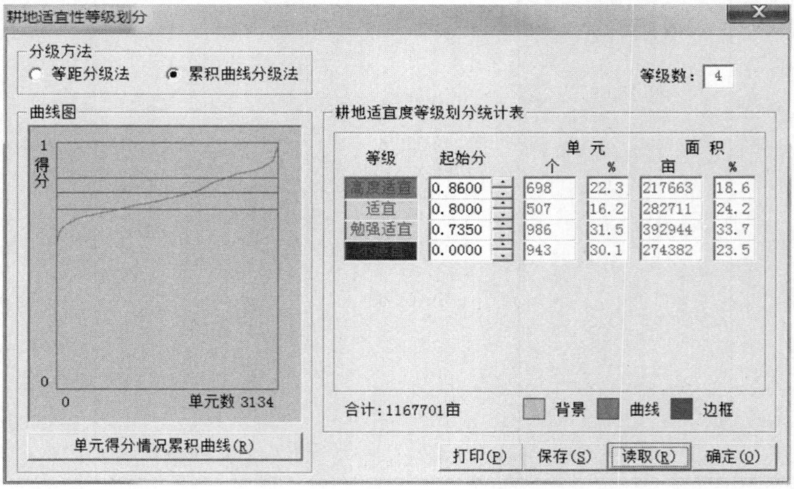

附图 1－12　大豆适宜性等级划分

五、牡丹江市区大豆适宜性评价

本次大豆适宜性评价将牡丹江市区耕地划分为 4 个等级：高度适宜、适宜、勉强适宜、不适宜。高度适宜耕地面积 9 244.6 公顷，占全市总耕地面积的 18.84%；适宜耕地面积 11 925.8 公顷，占全市总耕地面积的 24.31%；勉强适宜耕地面积 16 205.2 公顷，占全市总耕地面积的 33.03%；不适宜耕地面积 11 684.1 公顷，占全市总耕地面积的 23.82%（附表 1－13）。

附表 1－13　大豆适宜度等级划分统计

适宜度分级	管理单元数（个）	所占比例（%）	面积（公顷）	所占比例（%）	地力综合指数分级（IFI）
高度适宜	698	22.27	9 244.6	18.84	>0.860 0
适宜	507	16.18	11 925.8	24.31	0.800 0～0.860 0
勉强适宜	986	31.46	16 205.2	33.03	0.735 0～0.800 0
不适宜	943	30.09	11 684.1	23.82	<0.735 0
合计	3 134	100	49 059.7	100	—

从耕地的大豆不同适宜度等级的分布特征来看，适宜度等级的高低与地形部位、土壤类型及土壤质地密切相关。种植大豆高度适宜和适宜的地块主要分布在温春、海南、兴隆和五林 4 个乡（镇），勉强适宜和不适宜的地块主要集在磨刀石镇和五林镇部分区域（附表 1－14）。从土类上看，以白浆土、草甸土、新积土和少部分暗棕壤的耕地种植大豆适宜度较高，而沼泽土、泥炭土和大部分暗棕壤的耕地种植大豆适宜度不高（附表 1－15）。

附表 1－14　各乡（镇）适宜度面积统计

乡（镇）	高度适宜（公顷）	占本级面积（%）	适宜（公顷）	占本级面积（%）	勉强适宜（公顷）	占本级面积（%）	不适宜（公顷）	占本级面积（%）
磨刀石镇	396.9	4.29	1 124.5	9.43	2 519.3	15.55	5 030.5	43.04
北安乡	440.1	4.76	356.0	2.99	588.8	3.64	672.5	5.76
五林镇	2 166.9	23.44	4 025.0	33.75	5 614.3	34.64	1 782.0	15.25
海南乡	1 849.7	20.01	479.5	4.02	1 212.4	7.48	498.5	4.27
温春镇	1 274.7	13.79	3 004.1	25.19	2 228.7	13.75	687.7	5.89
铁岭镇	1 107.4	11.98	883.6	7.41	1 571.6	9.70	1 791.0	15.33
兴隆镇	1 582.1	17.11	1 315.9	11.03	1 362.6	8.41	1 020.7	8.74
桦林镇	426.9	4.62	737.2	6.18	1 107.6	6.83	201.2	1.72
合计	9 244.7	100	11 925.8	100	16 205.3	100	11 684.1	100

附表 1－15　各土类适宜度面积统计

土类	高度适宜（公顷）	占本级面积（%）	适宜（公顷）	占本级面积（%）	勉强适宜（公顷）	占本级面积（%）	不适宜（公顷）	占本级面积（%）
暗棕壤	740.7	8.02	3 277.8	27.48	14 064.9	86.79	9 551.2	81.74
白浆土	2 723.6	29.46	6 878.4	57.68	699.3	4.32	0	0
草甸土	2 395.6	25.91	1 341.6	11.25	269.2	1.66	496.5	4.25

（续）

土类	高度适宜（公顷）	占本级面积（%）	适宜（公顷）	占本级面积（%）	勉强适宜（公顷）	占本级面积（%）	不适宜（公顷）	占本级面积（%）
沼泽土	0	0	0	0	489.4	3.02	1 328.0	11.37
泥炭土	0	0	37.7	0.32	137.2	0.85	149.5	1.28
新积土	831.5	8.99	96.4	0.81	0	0	0	0
水稻土	2 553.2	27.62	293.9	2.46	545.3	3.36	158.9	1.36
合计	9 244.6	100	11 925.8	100	16 205.3	100	11 684.1	100

（一）高度适宜

牡丹江市区高度适宜种植大豆耕地面积 9 244.6 公顷，占全市耕地总面积的 18.84%，管理单元数为 698 个，占总数的 22.27%。主要分布在五林镇、海南乡、兴隆镇、铁岭镇、温春镇，这 5 个乡（镇）的面积占到该适宜度面积的 86.33%（附图 1-13）。该适宜度耕地土类以白浆土和草甸土为主，其他土类面积很小，沼泽土、泥炭土的耕地在该适宜度中没有出现。

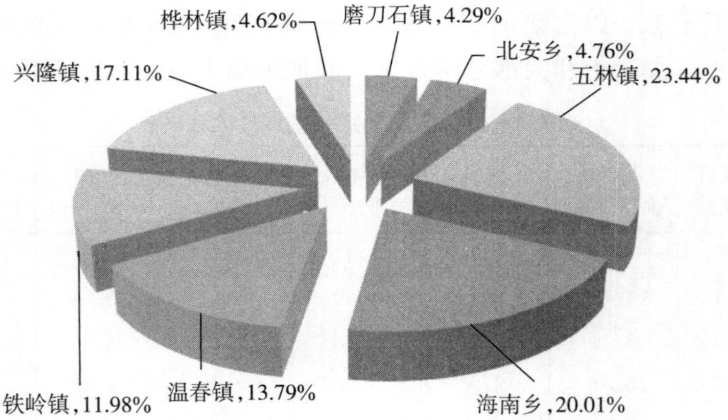

附图 1-13　各乡（镇）高度适宜种植大豆耕地面积

大豆高度适宜耕地所处地形相对平缓，侵蚀和障碍因素很小。耕层各项养分含量高。土壤结构较好，质地适宜，一般为重壤土。容重适中，土壤 pH 在 6.2 左右。养分含量丰富，有机质平均 36.3 毫克/千克，有效锌平均 2.81 毫克/千克，有效磷平均 63.7 毫克/千克，速效钾平均 145 毫克/千克（附表 1-16）。保水保肥性能较好，有一定的排涝能力。这些地块适于种植大豆，产量水平高。

附表 1-16　各适宜度的养分情况统计

养分	项目	高度适宜	适宜	勉强适宜	不适宜	合计
pH	最大值	8.2	8.2	8.3	8.3	8.3
	最小值	4.6	4.8	4.6	4.6	4.6

（续）

养分	项目	高度适宜	适宜	勉强适宜	不适宜	合计
有机质（克/千克）	平均值	36.3	35.2	38.3	36.1	36.7
	最大值	166	166	122	142.8	166
	最小值	12.5	12.5	12.5	12.5	12.5
有效磷（毫克/千克）	平均值	63.7	51.0	59.0	45.2	54.6
	最大值	195.9	165.5	196.2	194.6	196.2
	最小值	19.5	10.7	0.3	0.3	0.3
速效钾（毫克/千克）	平均值	145	124	125	107	124
	最大值	599	408	414	338	599
	最小值	47	41	33	33	33
有效锌（毫克/千克）	平均值	2.81	2.46	2.48	2.21	2.47
	最大值	16.08	10.98	13.82	13.34	16.08
	最小值	0.43	0.41	0.3	0.5	0.3
碱解氮（毫克/千克）	平均值	202.61	195.42	201.33	201.39	200.68
	最大值	494.4	494.4	494.4	494.4	494.4
	最小值	51.21	51.21	68.97	74.34	51.21

（二）适宜

牡丹江市区适宜种植大豆耕地面积 11 925.8 公顷，占全市耕地总面积 24.31%，管理单元数为 507 个，占总数的 16.18%。主要分布在五林镇、温春镇、兴隆镇等，面积最大为五林镇，占该适宜度耕地面积的 33.75%；其次是温春镇，占该适宜度耕地面积的 25.19%（附图 1－14）。土壤类型以白浆土、暗棕壤和草甸土为主，这 3 个土类的耕地面积占该适宜度耕地面积的 96.41%，其他土类几乎没有。

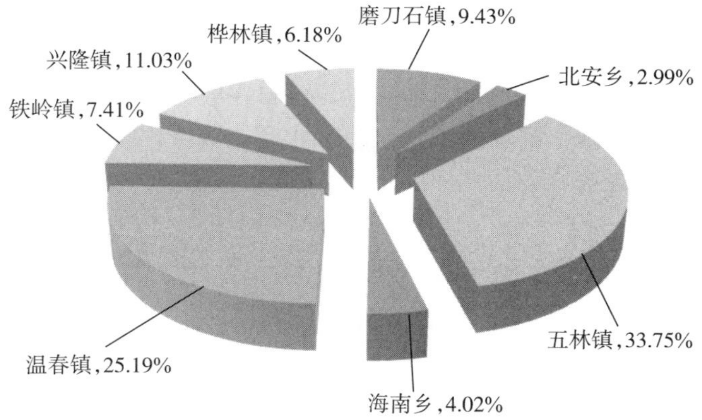

附图 1－14　各乡（镇）适宜种植大豆耕地面积

适宜种植大豆的地块所处地形平缓，侵蚀和障碍因素小。各项养分含量较高。质地适宜，一般为中壤土、轻黏土。容重适中，土壤大都呈中性至微酸性，pH 为 6.1 左右。养分含量较丰富，有机质含量平均为 35.2 克/千克，碱解氮平均为 195.42 毫克/千克，有效磷平均 51.0 毫克/千克，速效钾平均 124 毫克/千克，有效锌平均 2.46 毫克/千克，保肥性能好。该级地适于种植大豆，产量水平较高。

（三）勉强适宜

牡丹江市区勉强适宜种植大豆的耕地面积 16 205.2 公顷，占全市耕地总面积的 33.03%，管理单元数为 986 个，占总数的 31.46%。主要分布在五林、磨刀石、温春等乡（镇）（附图 1-15）。土壤类型以暗棕壤为主，该土类在本适宜度耕地面积为 14 064.9 公顷，占种植大豆勉强适宜耕地面积的 86.79%。

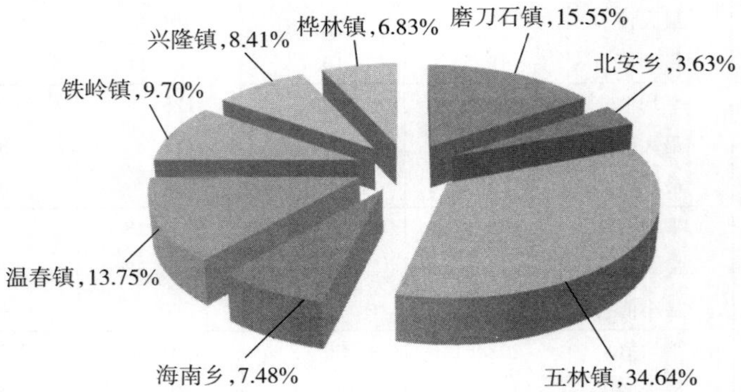

附图 1-15　各乡（镇）勉强适宜种植大豆耕地面积

从统计数据来看，种植大豆勉强适宜地块的各项养分含量与种植大豆适宜地块相差并不大，甚至有的养分略高于适宜地块。土壤微酸性，pH 为 6.0 左右。有机质含量平均为 38.3 克/千克，碱解氮平均为 201.33 毫克/千克，有效磷平均 59.0 毫克/千克，速效钾平均 125 毫克/千克，有效锌平均 2.48 毫克/千克。但是由于这些地块质地较差，一般为轻黏土或中黏土，所处地形坡度大或低洼，侵蚀和障碍因素大。保水保肥性较差。因此，这些地块勉强适于种植大豆，产量水平较低。

（四）不适宜

牡丹江市区不适宜种植大豆的耕地面积 11 684.1 公顷，占全市耕地总面积 23.82%，管理单元数为 943 个，占总数的 30.09%。主要分布在磨刀石镇、五林镇和铁岭镇（附图 1-16）。土壤类型以暗棕壤、沼泽土、泥炭土和水稻土为主。

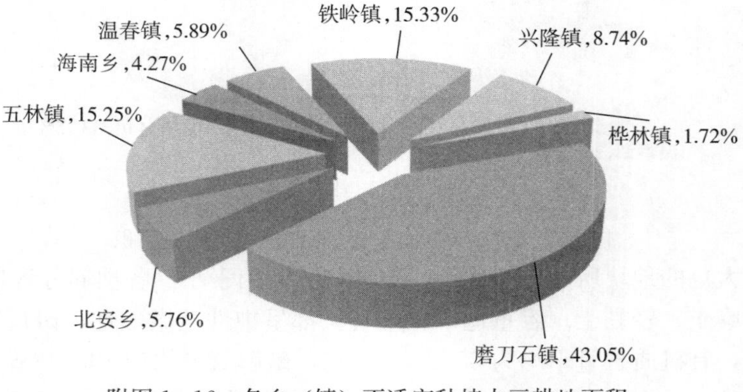

附图 1-16　各乡（镇）不适宜种植大豆耕地面积

不适宜种植大豆的地块所处地形坡度极大或低洼地区，侵蚀和障碍因素大。各项养分含量低。土壤多呈微酸性，pH为5.9左右。养分含量较低，有机质含量平均为36.1克/千克，碱解氮平均为201.39毫克/千克，有效磷平均45.2毫克/千克，速效钾平均107毫克/千克，有效锌平均2.21毫克/千克。这些地块不适于种植大豆，产量水平低。

附录 2　耕地地力评价与种植业布局报告

一、概　　况

牡丹江市区地处黑龙江省东南部的张广才岭和老爷岭之间，属牡丹江流域中游地区，地理位置在北纬 44°20′～44°58′，东经 129°19′～130°04′。东与穆棱接壤，南与宁安为临，西靠海林，北与林口为界。境内四周环山，中部低平，构成盆地形状，地势由东南和西北向中部倾斜。素有八山半水一分半田之称。市区地理位置较优越，是滨绥、牡佳、牡图三条铁路的交通要塞。公路交通四通八达，有“东北之窗”之名。

行政区划设 8 个乡（镇），114 个村，16 个国有农、林、牧、副、渔场，此外，还有一个占地 8 789 公顷的军马场。农村人口 167 373 人，农业劳力 102 077 人，每个劳动力负担耕地 0.76 公顷。

（一）气候条件

牡丹江市区属温和半湿润地区，为中纬度寒温带大陆性季风气候。其特点为春季短暂，回暖快，风大干旱；夏季温热，多雨而集中；秋季短，降温快，霜冻、寒潮来得早；冬季漫长寒冷。

由于牡丹江市区属中低山丘陵漫岗地带，地势复杂，山区局部小气候比较明显。全市热量、水分、日照等气候条件，能够满足一年一熟农作物生长需要。牡丹江、乌斯浑河下游河谷平原地区，热量较高，雨量较多，无霜期长，最适宜农作物生长。

1. 气温和地温　温度是影响土壤和母质的化学、物理和生物风化过程强度的重要因素。1991—2010 年气象资料统计分析，牡丹江市区年平均气温为 5.0℃，2007 年和 2008 年平均气温最高，为 6.1℃，2000 年平均气温最低，为 4.2℃。全年植物生长季节是 5～9 月，一年中最热月份为 7 月，最冷月份是 1 月。

牡丹江市区年平均≥10℃活动积温 2 854.1℃。活动积温变幅较大，最高年份 3 224.3℃（1998 年），最低年份 2 346.9℃（1992 年）。从积温总量来看基本上满足了一季粮食作物和经济作物生长和成熟的要求，并为提高蔬菜生产复种指数创造了有利的气候条件。从积温看，生产潜力是很大的。由于牡丹江市区位于黑龙江省东南部，处于张广才岭和老爷岭之间。受地形的影响，等积温线走向与纬度线相交，而与地形等高线基本一致。同时受地理位置及大气环流等因素影响，积温随高度增加而递减，高度每增加 100 米，积温减少近 200℃，因此山区昼夜温差比较显著。

春季日平均气温稳定通过 0.0℃时（4 月 2 日左右），土壤开始稳定解冻。稳定通过 10.0℃的日期为 5 月 6 日至 9 月 27 日，此时期为各种作物生长的良好季节。全区气温年际变化较大，为了防止低温冷害，抗灾夺丰收，在大田作物生产上还存在着常年促早熟的问题，在蔬菜生产上大力发展保护地栽培。

该区太阳年辐射总量为 120 千卡/平方厘米。5～9 月的辐射量为 68 千卡/平方厘米。

日照时数长，1991—2010 年，统计年平均日照为 2 295.1 小时，最小日照为 2 125.8 小时（1991 年），最大日照为 2 570.6 小时（2001 年）。作物生长季节每日实照 8～10 小时，夏至前后可达 13～14 小时。日照时数一年内变化较明显，春季最长，夏季次之，秋季低于夏季，冬季最短。

全区长日照、强辐射，是非常优越的气候资源，甚至比云贵高原、长江流域还要优越，充分利用这种优越的气候资源来发展农林牧副渔的大农业生产，其潜力是很大的。

无霜期平均在 141 天，最长 168 天，最短 120 天，初霜平均日期 9 月 22 日，远郊山区稍早。初霜期的早晚年际间差异很大，因此，有的年份常因早霜的危害而减产。

牡丹江市区地面年平均温度为 4.9℃，最高 26.3℃（7 月）；最低－18.9℃（1 月），一年中的温差 45.1℃。地面极端最高温度 68.5℃，最低－44.7℃。全年土壤冻结期在 140 天左右，冻土深度可达 1.7～2.0 米，一般年份 10 月下旬至 11 月上旬开始结冻；翌年 4 月 2 日左右土壤开始稳定解冻，4 月 19 日左右，土壤已经解冻 30 厘米。

2. 降水和蒸发　牡丹江市区历年平均降水量为 549.9 毫米，最大可达 665.3 毫米（1993 年），最小为 397.7 毫米（1999 年）。降水量并不多，但由于生长季短，温度较低，蒸发及蒸腾消耗的水分较少，所以相对来说降水又较充足。由于受季风气候影响，四季降水量明显不同。全区具有季风气候的特点是降水在作物生长的旺季，并且雨热同季，这为农业生产提供了重要前提。

冬季降水量只占全年的 13%，而 87%的降水集中在作物生长季。其中 7～8 月是降水峰值，可达 110～117 毫米。但是集中降水也会带来自然灾害，即暴雨，使土壤水分饱和并产生地表径流，导致水土流失和洪涝灾害。

据多年统计，牡丹江市区平均年蒸发量为 1 262.3 毫米，1 月和 12 月仅在 13～15 毫米，为最少。5 月最多，平均达到 234.4 毫米。从气候区划来看，全区可分三个区：沿江河谷温和半湿润区，生长季干燥指数为 $0.8\leqslant k\leqslant 1.0$，丘陵漫岗冷凉半湿润区，生长季节干燥指数为 $0.86\leqslant k\leqslant 0.94$，山间高寒湿润区，生长季节干燥指数 $k<0.86$。

一年中随着季节的变化，干湿交替变化也比较明显。5 月以前处于干期，5～8 月为湿期，9～10 月为干期。由于春季降水少而蒸发量大，易发生春旱。秋季降水量较多，而蒸发量较少，往往导致秋涝。

由于年际间的降水和蒸发变化幅度大，同季间的降水和蒸发不平均，这在牡丹江市区土壤形成过程中，淋溶淀积的作用是很明显的。在白浆土剖面中，白浆层的粉沙质地，淀积层核状结构，淀积胶膜都很明显，还有少量铁锰结核逐渐过渡到下层，反映了白浆土成土过程的典型性状。

3. 风　市区处于西风带，受西南气流影响很大，历年来西南风频率 32%，居首位。在一年当中春季多偏南风，夏季多南风，秋季多偏西风，冬季多西北风。

据 20 年的统计数据显示，全区平均风速 2.1 米/秒，最大风速 21 米/秒，3～5 月出现大风次数最多，年平均 28 天，最多达 54 天，最少 7 天。由于春季风大，在干旱年份使旱象加重，牡丹江两岸河淤土和一些山谷风口易受风蚀。

4. 日照　牡丹江市区年均太阳辐射总量为 120 千卡/平方厘米，5～9 月的辐射量最多，为 68 千卡/平方厘米。全年以 5 月日照时数最多，3 月次之。夏季虽昼长夜短，日照时数多，但时逢雨季，多阴霾天气，其日照率为最少。作物生长季（5～9 月）日照时数1 147.4小时。

（二）水文情况

牡丹江市区境内地表水极为丰富，有大小河流 52 条，均属牡丹江水系。牡丹江流经全区长度 62 千米，比降 1/3 600，年平均流量 158 立方米/秒。枯水期一般发生在 5 月，最小流量 16 立方米/秒（1972 年），丰水期一般发生在 8 月，最大流量 6 230 立方米/秒（1960 年），含沙量 1.94 千克/立方米，上游侵蚀模数 20.9 吨/平方千米。区内牡丹江所属一级支流有海浪河、敖东西沟、东河川、兴隆河、东村河、放牛沟、北安河、爱河、筛子沟、亮子河、三岔河 11 条，其中海浪河、亮子河为外来河。二级支流有铁岭南沟、苇子沟、南城子沟、半拉窝沟、长沟、碱场沟 7 条。各条河流特征见附表 2-1。河流比降在 1/55～1/150，平时水量很小，汛期较大。全区年降水 7.32 亿立方米，年平均径流 170～220 毫米，径流量 51.3 亿立方米。

附表 2-1 牡丹江城区各河流特征

干流	一级支流	二级支流	河长（千米）	高差（米）	控制点	流域面积（平方千米）	径流深（毫米）	平均流量（立方米/秒）
牡丹江			62		铁岭桥	277.5	180	158
	北安河		18	220	入江口	81	190	0.47
	共荣河		5	70	入江口	23	190	0.14
	东和川		20	200	入江口	113.8	180	0.65
	兴隆河		11	79	入江口	47	190	0.28
	东村河		34	730	入江口	255	170	1.37
	放牛沟		11	170	入江口	180	190	0.11
	爱河				入江口	47.3	180	0.6
		斗沟子	24	599	四道	82	170	0.44
	筛子沟		18	370	入江口	80	170	0.43
	亮子河				入江口	14		
		南城子河	9	220	南城子	25.2	170	0.14
	三岔河		20	330	市区界	141.8	220	170
		半拉窝	9	300	市区界	41.3	220	属三岔河
	海浪河		4		入江口	4.3	220	44
		长沟	5	140	市区界	13	220	属海浪河
		碱场河	10	175	市区界	48	220	属海浪河

地下水资源也很丰富，在地质构造运动应力场作用下，经向和纬向构造体系都有发育，形成东北向，海林至四道岭子等断裂带，给地下水提供了较好的埋藏条件。但因岩性组成复杂，在市区地下水类型有 3 种。第一种类型是松散岩、沙砾岩类孔隙水。主要分布在牡丹江河漫滩和一级、二级阶地，含水层厚度 4～6 米，埋深 2～6 米，局部大于 10 米。季节性变化明显，变幅 1.5 米左右。单井涌水量 100～1 000 吨/日。pH 为 6.5～7.5，水质类型为重碳酸钙和重碳酸钠型水。第二种类型是碎屑岩类裂隙、孔隙承压水。分第三纪

向斜盆地和白垩纪山前盆地碎屑岩类裂隙、孔隙承压水两种。前一种主要分布在牡丹江与海浪河相交处，黄花黏土矿，跃进、大团、东河、南城子以北等地。含水层厚度 20～30 米，富水性较差，单井涌水量 100～500 吨/日。后一种主要分布在牡丹江平原的湖泊沉积部位和白垩纪岩层，为多层含水，累积厚度 20～40 米。单井涌水量 300～1 000 吨/日。两种水质类型均为重碳酸钙镁型水，pH 为 6.5～7.8。

牡丹江市区地表与地下水资源总量为 52.6 亿立方米。其中山区为 1.3 亿立方米，占总量的 2.5%；丘陵区 1.49 亿立方米，占总量的 3%；平原 49.81 亿立方米，占总量的 94.5%。水资源多集中在平原区，资源丰富，并且都是矿化度低、污染轻的淡水，水质较好，对发展工农业生产，满足人民生活需要，提供了充足的水资源条件。

（三）地貌

牡丹江市区地貌类型复杂，自然植物种类繁多。不同的植被，由于有机质合成与分解特点不同，在一定程度上影响成土过程，并可直接影响到土壤水、热及其养分的再分配，以及各种物质转化和转移。一般来说，地势越高，水分越少，温度越低，养分含量越少。因此，土壤的分布与地形地貌类型有明显的规律性。根据地形地貌形态特征、成因、物质组成及人为生产活动影响，全市可分为四种地形地貌区：低山丘陵暗棕壤区、山前漫岗白浆土区、河谷平地河淤土区、山间沟谷低洼地。

二、种植业布局的必要性

种植业的结构和布局是农业生产发展中的一个问题，也是种植业制度中的重要内容。做好种植业结构调整和布局，将充分发挥各种作物的生产潜力，使农业生产平衡较快发展。种植业结构调整和布局中要正确处理好粮食作物与经济作物、饲料作物的比例关系，全面考虑全局优势和局部优势，综合分析自然优势与经济优势的关系，本着有利于农、林、牧、副、渔、工、贸各产业和各层次间合理协调发展，有利于保护农业环境，使经济效益、社会效益、生态效益有机统一，力求最佳的综合效益。因此大力进行农业种植业结构布局调整，是粮食生产适应市场和人民生活的需求，是作物生产优质、高效、健康的必由之路，是增加农民收入，加快牡丹江市区农村经济发展的重要举措。

三、现有种植业布局及问题

（一）种植业结构与布局现状及评价

2010 年，牡丹江市区农作物总播种面积为 58 647 公顷，粮豆薯总播种面积 49 270 公顷，占总播种面积的 84.01%。其中，大豆播种面积 21 214 公顷，占总播种面积 36.17%；玉米播种面积 22 707 公顷，占总播种面积 38.72%；水稻播种面积 4 522 公顷，占总播种面积 7.71%；薯类播种面积 230 公顷，占总播种面积 0.39%；蔬菜瓜果播种面积 5 535 公顷，占总播种面积的 9.44%；油料作物播种面积 1 271 公顷，占总播种面积的 2.17%；烟叶播种面积 1 183 公顷，占总播种面积的 2.02%；其他农作物播种面积 1 086 公顷，占总播种面积的 1.85%，种植业结构仍以粮豆作物为主。产值结构也以粮豆作物比重最大（附表 2-2）。

附表 2-2 2010 年农作物播种面积和产量

农作物种类	面积（公顷）	占总面积（%）	产量（千克/公顷）	总产（吨）
农作物总播种面积	58 647	100.00		
粮食作物	48 673	84.01	5 225	256 008
其中：水稻	4 522	7.71	6 971	31 525
玉米	22 707	38.72	7 641	173 514
大豆	21 214	36.17	2 354	49 930
薯类	230	0.39	4 517	1 039
饲料作物	44	0.08		
油料	1 271	2.17	1 482	1 883
甜菜	169	0.29	39 698	6 709
烟叶	1 183	2.02	2 920	3 454
药材	89	0.15		
蔬菜、瓜果类	5 535	9.44	38 661	213 986
其他农作物	1 086	1.85		

多年来，粮食内部结构演变的总趋势是，随着耕地面积的不断增加和机械化程度的不断提高，种植业结构由玉、豆、麦为主向以豆、玉、稻为主的格局转变，但受经济作物产量及价格的影响，经济作物面积在不断加大。

（二）几种主要作物布局及评价和分区

农业生产是以各种作物为劳动对象，并通过它们的生长、发育过程将资源中的能量和物质转化、贮存，积累成人们的生活资料和原料的生产部门，是人类赖以生存的最基本的生产过程，作物生产是农业生产的基本环节。各种作物在一定区域内，形成了与之相适应的特点，而影响作物生长发育的主要因素各有不同。以下以作物布局和种植制度的演变过程为基础，阐明主要作物生产与生态分区。

1. 大豆 大豆历年是牡丹江市区的主栽作物，也是一个优势很大的作物，种植面积始终占粮豆总播种面积的40%左右（附表 2-3）。

附表 2-3 大豆分布现状

区 号	乡（镇）	面积（公顷）	占全市该作物（%）	总产量（吨）
高度集中产区	五林镇	6 326.5	33.6	14 301.1
	磨刀石镇	3 833.1	20.4	8 653.2
	铁岭镇	2 413.7	12.8	5 448.9
	兴隆镇	1 912.2	10.1	4 316.8
集中产区	温春镇	1 418.9	7.5	3 208.5
	桦林镇	1 247.5	6.6	2791.9
	海南乡	869.7	4.6	1 969.9
分散产区	北安乡	779.0	4.1	1 729.4
	新兴办	26.7	0.14	59.3

大豆有喜湿润气候的特点，牡丹江市区6～9月降水平均为300～500毫米，基本上可满足大豆生育需要，大豆还有营养生长与生殖生长并进的生物特性，受冷害减产轻于玉米水稻。因其品种类型丰富，有着广泛的适应性，对土壤要求不严格，在白浆土及草甸土上均可栽培。大豆是肥茬作物，对下茬作物极为有利，在轮作中占有重要地位。种大豆消耗地力少，只有玉米的1/3，由于根瘤菌的固氮作物，可以提高地力，并且经济效益高，省工，机械化程度较高。

2. 玉米　玉米也是牡丹江市区主栽作物，到2010年占粮食作物播种面积的37.9%，仅次于大豆播种面积（附表2-4）。

附表2-4　玉米分布现状

区　号	乡（镇）	面积（公顷）	占市区该作物（%）	总产量（吨）
高度集中产区	五林镇	5 903.7	31.8	44 277.5
	磨刀石镇	3 135.8	16.9	23 518.5
	温春镇	2 745.2	14.8	20 726.3
	兴隆镇	2 044.1	11.0	15 432.9
集中产区	海南乡	2 003.7	10.7	15 127.9
	铁岭镇	1 962.8	10.5	14 720.0
分散产区	桦林镇	1 285.8	6.9	9 579.1
	北安乡	672	3.6	5 006.4

牡丹江市区玉米栽培分为3个区。

（1）南部、西南部沿江河平原适宜区：土壤主要为冲积土和草甸土。

（2）东部、东北部丘陵漫岗次适宜区：主要为暗棕壤、白浆土。

（3）西北部低山丘陵区玉米不适宜区：主要为白浆土和沼泽土。

（三）现有种植业布局存在的问题

1. 粮豆经济作物比例失衡　受粮食市场价格的影响，牡丹江市区种植比例失调，大豆和玉米播种面积过大，水稻和经济作物面积较小。

2. 土壤耕作环境差　实行家庭联产承包30年以来，农民种地使用的都是小型机械，往往整地时达不到耕翻的标准，在耕层下形成坚硬的犁底层，使耕层环境内的水、肥、气、热条件发生了变化，不利于作物生长。

四、地力情况调查结果及分析

牡丹江市区总面积（包括市属农、林场）为210 682公顷，其中耕地面积49 059.8公顷，主要是旱田、灌溉水田、菜地、苗圃等。

这次耕地地力评价将全市8个乡（镇）耕地划分为5个等级：一级地5 432.1公顷，占耕地总面积的11.1%；二级地12 913.7公顷，占26.3%；三级地15 026.3公顷，占耕地总面积的30.6%；四级地10 004.2公顷，占20.4%；五级地5 683.5公顷，占

11.6%。一级、二级地属高产田土壤，面积共 18 345.8 公顷，占 37.4%；三级为中产田土壤，面积为 15 026.3 公顷，占耕地总面积的 30.6%；四级、五级为低产田土壤，面积 15 687.7 公顷，占耕地总面积的 32.0%。

（一）一级地

牡丹江市区一级耕地面积为 5 432.1 公顷，占耕地总面积的 11.1%。主要分布五林、铁岭、兴隆和温春 4 个乡（镇），分别占一级耕地面积的 24.4%、18.3%、18.2%和 16.4%。分布面积最大的是五林镇 1 327.2 公顷，占五林镇耕地总面积的 9.8%；磨刀石镇是分布面积最小而且占本乡（镇）耕地面积比例也是最小的，面积为 54.5 公顷，占磨刀石镇耕地面积的 0.6%；一级地占本乡（镇）耕地面积比例最大的是兴隆镇，面积为 998.5 公顷，占该乡（镇）耕地总面积的 18.7%。土壤类型分布面积最大的是水稻土，为 1 644.9 公顷，占水稻土耕地面积的 46.3%；占本土类耕地面积比例最大的是新积土，为 790.9 公顷，占新积土耕地面积的 85.2%；土壤类型中沼泽土和泥炭土没有一级耕地面积分布，见附图 2-1。

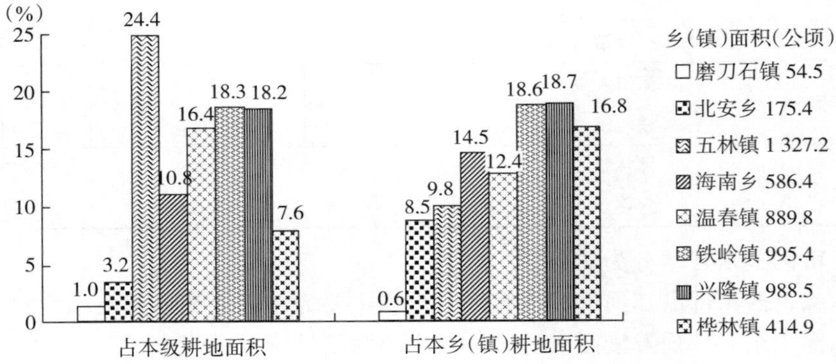

附图 2-1 各乡（镇）一级地分布情况

（二）二级地

牡丹江市区二级耕地面积 12 913.7 公顷，占全市耕地总面积的 26.3%。主要分布在五林、温春、兴隆和海南 4 个乡（镇），共计占二级耕地面积的 79.9%。分布面积最大的是五林镇 4 331.1 公顷，占五林镇耕地总面积的 31.9%；分布面积最小的是北安乡 427.7 公顷，占北安乡耕地总面积的 20.8%；二级地占本乡（镇）耕地面积比例最大的海南乡面积为 1 806.3 公顷，占海南乡耕地总面积的 44.7%；面积比例最小的是磨刀石镇面积为 515.6 公顷，占该镇耕地总面积的 5.7%。各土壤类型中二级地分布面积最大的是白浆土，占本土类耕地面积比例也是最大的，面积为 7 298.2 公顷，占白浆土耕地面积的 70.8%；最小的是泥炭土面积为 31.7 公顷，占泥炭土耕地面积的 9.8%；占本土类耕地面积比例最小的是新积土面积 55.3 公顷，约占新积土耕地总面积的 6.0%。见附图 2-2。

（三）三级地

牡丹江市区三级耕地面积 15 026.3 公顷，占全市耕地总面积的 30.6%。主要分布在五林镇、温春镇和磨刀石镇，分别占三级耕地面积的 34.9%、17.8%、13.0%，分布面积和占本乡（镇）耕地面积比例最大的是五林镇，面积为 5 251.6 公顷，占五林镇耕地总

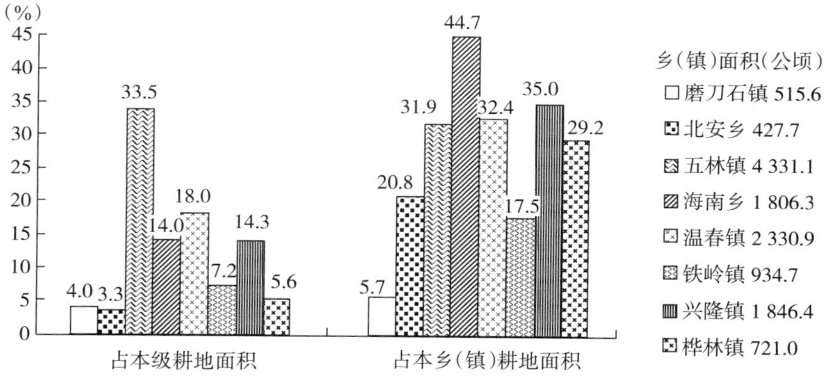

附图 2－2　各乡（镇）二级地分布情况

面积的 38.6%；分布面积最小的是北安乡 503.6 公顷，占该乡耕地总面积的 24.5%；占本乡（镇）耕地面积比例最小的是磨刀石镇面积为 1 949.7 公顷，占该镇耕地总面积的 21.5%。各土壤类型中三级地分布面积最大的是暗棕壤 11 046.7 公顷，占该土类耕地面积的 40.0%；最小的是泥炭土面积为 21.2 公顷，占泥炭土耕地面积的 6.5%；占本土类耕地面积比例最大的沼泽土面积为 867.3 公顷，占该土类耕地面积的 47.7%。见附图2－3。

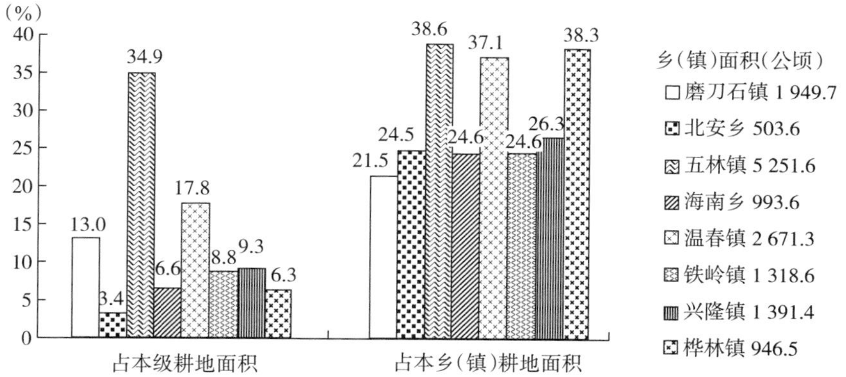

附图 2－3　各乡（镇）三级地分布情况

（四）四级地

牡丹江市区四级耕地面积 10 004.2 公顷，占全市耕地总面积的 20.4%。主要分布在磨刀石镇、五林镇、铁岭镇和温春镇，共计点四级耕地面积的 80.9%。分布面积最大的是磨刀石镇面积为 3 619.3 公顷，占该镇耕地总面积的 39.9%，是各乡（镇）中占本乡（镇）耕地面积比例最大的；面积最小的桦林镇面积为 355.7 公顷，占该镇耕地总面积的 14.4%；海南乡在四级地比重最小的，面积为 366.1 公顷，占海南乡耕地总面积的 9.1%。土壤类型分布面积最大的是暗棕壤 8 705.2 公顷，占暗棕壤耕地总面积的 31.5%；占本土类耕地面积最大的泥炭土面积为 196.8 公顷，占该土类耕地面积的 60.6%；新积土在四级耕地里没有分布。见附图 2－4。

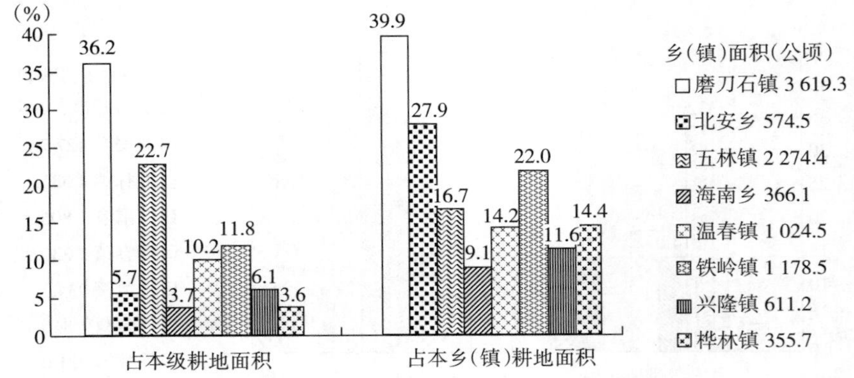

附图 2-4　各乡（镇）四级地分布情况

（五）五级地

牡丹江市区五级耕地面积 5 683.5 公顷，占耕地总面积的 11.6%。主要分布在磨刀石镇和铁岭镇，分别占五级耕地面积的 51.6% 和 16.3%。分布面积最大的磨刀石镇是 2 932.1公顷，占该耕地总面积的 32.3%；面积最小的桦林镇只有 34.9 公顷，占五级耕地面积只有 0.6%，占该镇耕地总面积的 1.4%。土壤类型分布面积最大的是暗棕壤 5 332.0 公顷，占暗棕壤耕地总面积的 19.3%；白浆土和新积土在五级耕地中没有分布。各乡（镇）五级耕地分布情况见附图 2-5。

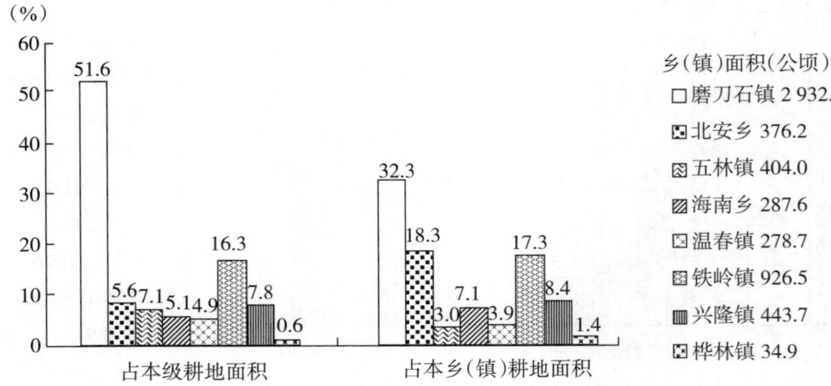

附图 2-5　各乡（镇）五级地分布情况

耕地土壤地力等级统计见附表 2-5，各乡（镇）耕地地力等级统计见附表 2-6。

附表 2-5　耕地土壤地力等级统计

土　种	面积（公顷）	一级地		二级地		三级地		四级地		五级地	
		面积（公顷）	占总面积（%）	面积（公顷）	占总面积（%）	面积（公顷）	占总面积（%）	面积（公顷）	占总面积（%）	面积（公顷）	占总面积（%）
合计	49 059.8	5 432.1	11.1	12 913.7	26.3	15 026.3	30.6	10 004.2	20.4	5 683.5	11.6
一、暗棕壤	27 634.6	269.6	1.0	2 281.1	8.3	11 046.7	40.0	8 705.2	31.5	5 332.0	19.3
麻沙质暗棕壤	291.7	0	0	0	0	210.5	72.2	57.9	19.8	23.3	8.0

（续）

土　　种	面积（公顷）	一级地		二级地		三级地		四级地		五级地	
		面积（公顷）	占总面积（%）	面积（公顷）	占总面积（%）	面积（公顷）	占总面积（%）	面积（公顷）	占总面积（%）	面积（公顷）	占总面积（%）
砾沙质暗棕壤	11 656.9	0	0	0	0	2 751.8	23.6	4 497.3	38.6	4 407.8	37.8
沙砾质暗棕壤	10 257.7	0	0	0	0	6 142.6	59.9	3 375.5	32.9	739.7	7.2
泥质暗棕壤	53.9	0	0	41.6	77.2	12.3	22.8	0	0	0	0
沙砾质白浆化暗棕壤	3 586.2	0	0	1 671.2	46.6	1 664.6	46.4	249.4	7.0	1.0	0
砾沙质草甸暗棕壤	353.9	0	0	4.8	1.3	232.1	65.6	117.0	33.1	0	0
黄土质草甸暗棕壤	1 231.8	269.6	21.9	563.5	45.7	32.8	2.7	366.0	29.7	0	0
亚暗矿质潜育暗棕壤	202.4	0	0	0	0	0	0	42.3	20.9	160.2	79.1
二、白浆土	10 301.2	1 276.8	12.4	7 298.2	70.8	1 424.5	13.8	301.7	2.9	0	0
厚层黄土质白浆土	1 067.8	2.3	0.2	920.2	86.2	34.5	3.2	110.9	10.4	0	0
中层黄土质白浆土	2 788.3	605.3	21.7	1 494.8	53.6	534.5	19.2	153.8	5.5	0	0
薄层黄土质白浆土	1 752.0	73.8	4.2	1 663.3	94.9	14.9	0.9	0	0	0	0
厚层黄土质暗白浆土	347.5	232.4	66.9	91.2	26.3	23.9	6.9	0	0	0	0
中层黄土质暗白浆土	4 345.7	363.2	8.4	3 128.8	72.0	816.7	18.8	37.1	0.9	0	0
三、草甸土	4 502.9	1 449.8	32.2	1 511.8	33.6	1 209.9	26.9	260.3	5.8	71.3	1.6
厚层砾底草甸土	1 153.8	54.6	4.7	339.2	29.4	688.4	59.7	71.6	6.2	0	0
中层砾底草甸土	206.2	7.3	3.6	76.6	37.1	122.3	59.3	0	0	0	0
薄层砾底草甸土	121.7	0	0	120.9	99.4	0.8	0.6	0	0	0	0
厚层黏壤质草甸土	302.4	220.7	73.0	81.8	27.0	0	0	0	0	0	0
中层黏壤质草甸土	1 481.9	828.5	55.9	626.0	42.2	13.0	0.9	14.4	1.0	0	0
薄层黏壤质草甸土	709.9	338.7	47.7	267.3	37.6	104.0	14.6	0	0	0	0
中层沙砾底潜育草甸土	49.8	0	0	0	0	47.5	95.3	0.4	0.8	1.9	3.8
薄层沙砾底潜育草甸土	102.0	0	0	0	0	99.0	97.1	3.0	2.9	0	0
厚层黏壤质潜育草甸土	225.3	0	0	0	0	32.3	14.3	126.5	56.1	66.5	29.5
中层黏壤质潜育草甸土	72.5	0	0	0	0	49.4	68.2	23.1	31.8	0	0
薄层黏壤质潜育草甸土	77.4	0	0	0	0	53.2	68.7	21.3	27.5	2.9	3.8
四、沼泽土	1 817.5	0	0	301.0	16.6	867.3	47.7	453.0	24.9	196.2	10.8
浅埋藏型沼泽土	223.5	0	0	0	0	94.5	42.3	115.0	51.4	14.0	6.3
中层泥炭沼泽土	992.9	0	0	0	0	496.1	50.0	314.6	31.7	182.2	18.3
薄层泥炭腐殖质沼泽土	115.2	0	0	0	0	103.4	89.8	11.7	10.2	0	0
薄层沙底草甸沼泽土	486.0	0	0	301.0	61.9	173.3	35.7	11.7	2.4	0	0
五、泥炭土	324.4	0	0	31.7	9.8	21.2	6.5	196.8	60.6	74.8	23.0
中层芦苇薹草低位泥炭土	37.7	0	0	31.7	84.0	6.0	16.0	0	0	0	0
薄层芦苇薹草低位泥炭土	286.7	0	0	0	0	15.2	5.3	196.8	68.6	74.8	26.1

（续）

土　种	面积（公顷）	一级地		二级地		三级地		四级地		五级地	
		面积（公顷）	占总面积（%）	面积（公顷）	占总面积（%）	面积（公顷）	占总面积（%）	面积（公顷）	占总面积（%）	面积（公顷）	占总面积（%）
六、新积土	928.0	790.9	85.2	55.3	6.0	81.7	8.8	0	0	0	0
薄层砾质冲积土	16.8	0	0	16.8	100.0	0	0	0	0	0	0
薄层沙质冲积土	100.8	0	0	21.1	21.0	79.6	79.0	0	0	0	0
中层状冲积土	810.4	790.9	97.6	17.4	2.1	2.1	0.3	0	0	0	0
七、水稻土	3 551.3	1 644.9	46.3	1 434.8	40.4	375.0	10.6	87.3	2.5	9.4	0.3
白浆土型淹育水稻土	424.4	417.7	98.4	6.7	1.6	0	0	0	0	0	0
薄层草甸土型淹育水稻土	46.5	0	0	0	0	44.4	95.5	0	0	2.1	4.5
中层草甸土型淹育水稻土	1 853.8	989.4	53.4	803.0	43.3	61.3	3.3	0	0	0	0
厚层草甸土型淹育水稻土	629.7	0	0	286.4	45.5	248.8	39.5	87.3	13.9	7.3	1.2
厚层暗棕壤型淹育水稻土	186.6	21.9	11.7	144.3	77.3	20.5	11.0	0	0	0	0
中层冲积土型淹育水稻土	342.3	169.5	49.5	172.7	50.5	0	0	0	0	0	0
厚层沼泽土型潜育水稻土	68.0	46.4	68.1	21.7	31.9	0	0	0	0	0	0
薄层泥炭土型潜育水稻土	0	0	0	0	0	0	0	0	0	0	0

附表 2-6　各乡（镇）耕地地力等级统计

乡（镇）	面积（公顷）	一级地		二级地		三级地		四级地		五级地	
		面积（公顷）	占总面积（%）	面积（公顷）	占总面积（%）	面积（公顷）	占总面积（%）	面积（公顷）	占总面积（%）	面积（公顷）	占总面积（%）
磨刀石镇	9 071.2	54.5	0.6	515.6	5.7	1 949.7	21.5	3 619.3	39.9	2 932.1	32.3
北安乡	2 057.4	175.4	8.5	427.7	20.8	503.6	24.5	574.5	27.9	376.2	18.3
五林镇	13 588.2	1 327.2	9.8	4 331.1	31.9	5 251.6	38.6	2 274.4	16.7	404.0	3.0
海南乡	4 040.0	586.4	14.5	1 806.3	44.7	993.6	24.6	366.1	9.1	287.6	7.1
温春镇	7 195.2	889.8	12.4	2 330.9	32.4	2 671.3	37.1	1 024.5	14.2	278.7	3.9
铁岭镇	5 353.6	995.4	18.6	934.7	17.5	1 318.6	24.6	1 178.5	22.0	926.5	17.3
兴隆镇	5 281.2	988.5	18.7	1 846.4	35.0	1 391.4	26.3	611.2	11.6	443.7	8.4
桦林镇	2 472.9	414.9	16.8	721.0	29.2	946.5	38.3	355.7	14.4	34.9	1.4
合计	49 059.8	5 432.1	11.1	12 913.7	26.3	15 026.3	30.6	10 004.2	20.4	5 683.5	11.6

五、作物适宜性评价结果

（一）大豆

本次大豆适宜性评价将我市耕地划分为 4 个等级：高度适宜、适宜、勉强适宜、不适宜。高度适宜耕地面积 9 244.6 公顷，占全市耕地总面积的 18.84%；适宜耕地面积

11 925.8公顷，占全市耕地总面积 24.31%；勉强适宜耕地面积 16 205.2 公顷，占全市耕地总面积的 33.03%；不适宜耕地面积 11 684.1 公顷，占全市耕地总面积 23.82%。

从耕地的大豆不同适宜度等级的分布特征来看，适宜度等级的高低与地形部位、土壤类型及土壤质地密切相关。种植大豆高度适宜和适宜的地块主要分布在温春、海南、兴隆和五林 4 个乡（镇），勉强适宜和不适宜的地块主要集在磨刀石镇和五林镇部分区域。从土类上看，以白浆土、草甸土、新积土和少部分暗棕壤的耕地种植大豆的适宜度较高，而沼泽土和泥炭土和大部分暗棕壤的耕地种植大豆的适宜度不高。

1. 高度适宜　牡丹江市区高度适宜种植大豆耕地面积 9 244.6 公顷，占全市耕地总面积的 18.84%，管理单元数为 698 个，占总数的 22.27%。主要分布在五林镇、海南乡、兴隆镇、铁岭镇、温春镇等，这 5 个乡（镇）的面积占到该适宜度面积的 86.33%（附图 2-6）。该适宜度耕地里土类以白浆土和草甸土为主，其他土类面积很小，沼泽土、泥炭土的耕地在该适宜度中没有出现。

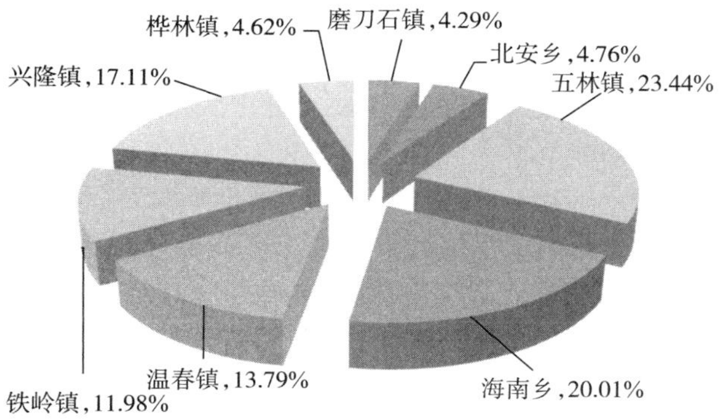

附图 2-6　各乡（镇）高度适宜种植大豆耕地面积

大豆高度适宜耕地所处地形相对平缓，侵蚀和障碍因素很小。耕层各项养分含量高。土壤结构较好，质地适宜，一般为重壤土。容重适中，土壤 pH 在 6.2 左右。养分含量丰富，有机质平均 36.3 克/千克，有效锌平均 2.81 毫克/千克，有效磷平均 63.7 毫克/千克，速效钾平均 145 毫克/千克。保水保肥性能较好，有一定的排涝能力。这些地块适于种植大豆，产量水平高。见附表 2-7～ 附表 2-9，各适宜度的养分情况见附表 2-10。

附表 2-7　大豆适宜度等级划分统计

适宜度分级	管理单元数（个）	所占比例（%）	面积（公顷）	所占比例	地力综合指数分级（IFI）
高度适宜	698	22.27	9 244.6	18.84	>0.860 0
适宜	507	16.18	11 925.8	24.31	0.800 0～0.860 0
勉强适宜	986	31.46	16 205.2	33.03	0.735 0～0.800 0
不适宜	943	30.09	11 684.1	23.82	<0.735 0
合计	3 134	100	49 059.8	100	

附表 2-8　各乡（镇）适宜度面积统计

乡（镇）	高度适宜（公顷）	占本级面积（%）	适宜（公顷）	占本级面积（%）	勉强适宜（公顷）	占本级面积（%）	不适宜（公顷）	占本级面积（%）
磨刀石镇	396.9	4.29	1 124.5	9.43	2 519.3	15.55	5 030.5	43.05
北安乡	440.1	4.76	356.0	2.99	588.8	3.63	672.5	5.76
五林镇	2 166.9	23.44	4 025.0	33.75	5 614.3	34.64	1 782.0	15.25
海南乡	1 849.7	20.01	479.5	4.02	1 212.4	7.48	498.5	4.27
温春镇	1 274.7	13.79	3 004.1	25.19	2 228.7	13.75	687.7	5.89
铁岭镇	1 107.4	11.98	883.6	7.41	1 571.6	9.70	1 791.0	15.33
兴隆镇	1 582.1	17.11	1 315.9	11.03	1 362.6	8.41	1 020.7	8.74
桦林镇	426.9	4.62	737.2	6.18	1 107.6	6.83	201.2	1.72
合计	9 244.6	100	11 925.8	100	16 205.2	100	11 684.1	100

附表 2-9　各土类适宜度面积统计

乡（镇）	高度适宜（公顷）	占本级面积（%）	适宜（公顷）	占本级面积（%）	勉强适宜（公顷）	占本级面积（%）	不适宜（公顷）	占本级面积（%）
暗棕壤	740.7	8.01	3 277.8	27.48	14 064.9	86.79	9 551.2	81.74
白浆土	2 723.6	29.46	6 878.4	57.68	699.3	4.32	0	0
草甸土	2 395.6	25.91	1 341.6	11.25	269.2	1.66	496.5	4.25
沼泽土	0	0	0	0	489.4	3.02	1 328.0	11.37
泥炭土	0	0	37.7	0.32	137.2	0.85	149.5	1.28
新积土	831.5	8.99	96.4	0.81	0	0	0	0
水稻土	2 553.2	27.62	293.9	2.46	545.3	3.36	158.9	1.36
合计	9 244.6	100	11 925.8	100	16 205.2	100	11 684.1	100

附表 2-10　各适宜度养分情况统计

养分	项目	高度适宜	适宜	勉强适宜	不适宜	合计
pH	最大值	8.2	8.2	8.3	8.3	8.3
	最小值	4.6	4.8	4.6	4.6	4.6
有机质（克/千克）	平均值	36.3	35.2	38.3	36.1	36.7
	最大值	166	166	122	142.8	166
	最小值	12.5	12.5	12.5	12.5	12.5
有效磷（毫克/千克）	平均值	63.7	51.0	59.0	45.2	54.6
	最大值	195.9	165.5	196.2	194.6	196.2
	最小值	19.5	10.7	0.3	0.3	0.3
速效钾（毫克/千克）	平均值	145	124	125	107	124
	最大值	599	408	414	338	599
	最小值	47	41	33	33	33

（续）

养分	项目	高度适宜	适宜	勉强适宜	不适宜	合计
有效锌（毫克/千克）	平均值	2.81	2.46	2.48	2.21	2.47
	最大值	16.08	10.98	13.82	13.34	16.08
	最小值	0.43	0.41	0.3	0.5	0.3
碱解氮（毫克/千克）	平均值	202.61	195.42	201.33	201.39	200.68
	最大值	494.4	494.4	494.4	494.4	494.4
	最小值	51.21	51.21	68.97	74.34	51.21

2. 适宜　全市适宜种植大豆耕地面积 11 925.8 公顷，占全市耕地总面积 24.31%，管理单元数为 507 个，占总数的 16.18%。主要分布在五林镇、温春镇、兴隆镇等，面积最大为五林镇，占该适宜度耕地面积的 33.75%，其他依次是温春镇，占该适宜度耕地面积的 22.19%（附图 2-7）。土壤类型以白浆土、暗棕壤和草甸土为主，这在 3 个土类的耕地面积点，占该适宜度耕地面积的 96.41%，其他土类几乎没有。

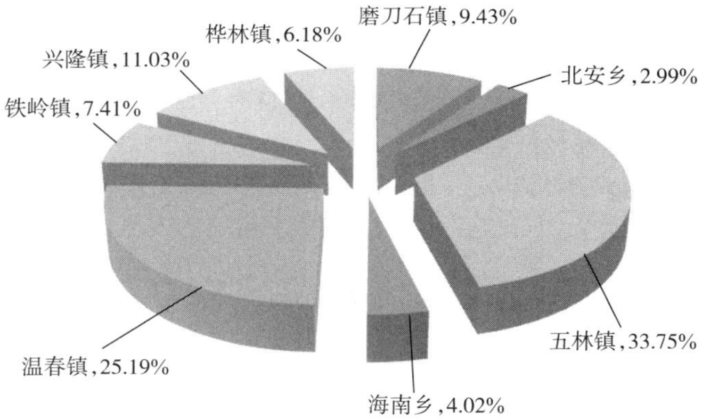

附图 2-7　各乡（镇）适宜种植大豆耕地面积

适宜种植大豆的地块所处地形平缓，侵蚀和障碍因素小。各项养分含量较高。质地适宜，一般为中壤土、轻黏土。容重适中，土壤大都呈中性至微酸性，pH 为 6.1。养分含量较丰富，有机质含量平均为 35.2 毫克/千克，碱解氮平均为 195.42 毫克/千克，有效磷平均 51.0 毫克/千克，速效钾平均 124 毫克/千克，有效锌平均 2.46 毫克/千克，保肥性能好。该级地适于种植大豆，产量水平较高。

3. 勉强适宜　牡丹江市勉强适宜种植大豆的耕地面积 16 205.2 公顷，占全市耕地总面积的 33.03%，管理单元数为 986 个，占总数的 31.46%。主要分布在五林、磨刀石、温春等乡（镇）（附图 2-8）。土壤类型以暗棕壤为主，该土类适宜度耕地面积为 14 064.9 公顷，占种植大豆勉强适宜耕地面积 86.79%。

从统计数据来看，种植大豆勉强适宜地块的各项养分含量与种植大豆适宜地块相差并不大，甚至有的养分略高于适宜地块。土壤微酸性，pH 为 6.0。有机质含量平均为 38.3 毫克/千克，碱解氮平均为 201.33 毫克/千克，有效磷平均 59.0 毫克/千克，速效钾平均

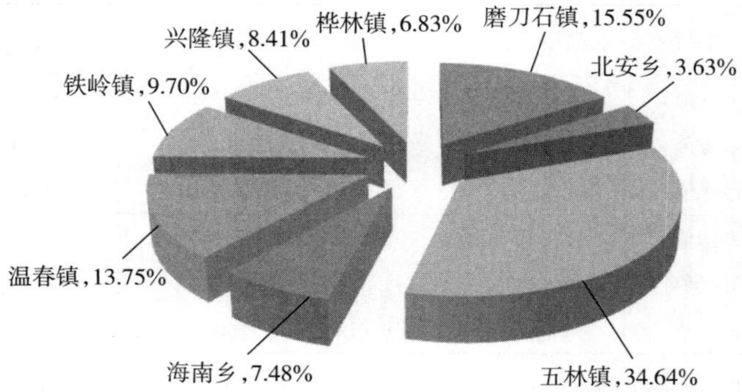

附图 2-8　各乡（镇）勉强适宜种植大豆耕地面积

125 毫克/千克，有效锌平均 2.48 毫克/千克。但是由于这些地块质地较差，一般为轻黏土或中黏土，所处地形坡度大或低洼，侵蚀和障碍因素大。保水保肥性较差。因此，这些地块勉强适于种植大豆，产量水平较低。

4. 不适宜　牡丹江市不适宜种植大豆的耕地面积 11 684.1 公顷，占全市耕地总面积 23.82%，管理单元数为 943 个，占总数的 30.09%。主要分布在磨刀石镇、五林镇和桦林镇（附图 2-9）。土壤类型以暗棕壤、沼泽土、泥炭土和水稻土为主。

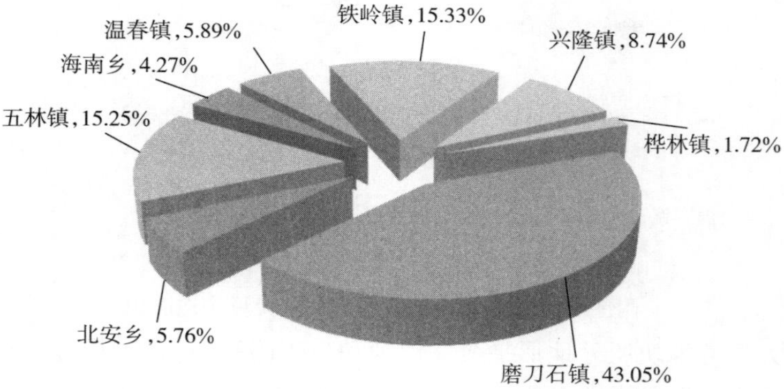

附图 2-9　各乡（镇）不适宜种植大豆耕地面积

不适宜种植大豆的地块所处地形坡度极大或低洼地区，侵蚀和障碍因素大。各项养分含量低。土壤大都微酸性，pH 为 5.9。养分含量较低，有机质含量平均为 36.1 毫克/千克，碱解氮平均为 200.68 毫克/千克，有效磷平均 45.2 毫克/千克，速效钾平均 107 毫克/千克，有效锌平均 2.21 毫克/千克。这些地块不适于种植大豆，产量水平低。

（二）玉米

根据本次耕地地力调查结果及作物适宜性评价，玉米适宜性评价将全市耕地划分为四个等级：高度适宜耕地 8 983.3 公顷，占全市耕地总面积的 18.31%；适宜耕地 14 930.9 公顷，占全市耕地总面积 30.43%；勉强适宜耕地 16 318.2 公顷，占全市耕地总面积的 33.26%；不适宜耕地 8 827.4 公顷，占全市耕地总面积 17.99%（附表 2-11）。

附表 2-11　玉米各适宜度管理单元和面积统计

适宜度分级	管理单元数（个）	面积（公顷）	所占比例（%）
高度适宜	633	8 983.3	18.31
适宜	756	14 930.9	30.43
勉强适宜	1 050	16 318.2	33.26
不适宜	695	8 827.4	17.99
合计	3 134	49 059.8	100.00

1. 高度适宜　牡丹江市玉米高度适宜耕地 8 983.3 公顷，占全市耕地总面积的 18.31%。行政区域包括五林镇、温春镇、铁岭镇、兴隆镇等乡（镇）（附表 2-12）。该地区土壤类型以白浆土、草甸土、新积土、暗棕壤为主（附表 2-13）。

附表 2-12　玉米适宜度乡镇面积统计

单位：公顷

乡（镇）	高度适宜	适宜	勉强适宜	不适宜	合　计
磨刀石镇	203.5	1 646.9	3 214.2	4 006.7	9 071.3
北安乡	391.0	456.9	927.4	282.1	2 057.4
五林镇	3 054.3	4 254.3	5 276.6	1 003.0	13 588.2
海南乡	810.9	1 758.1	1 003.0	468.1	4 040.1
温春镇	1 001.7	2 945.9	2 321.9	925.6	7 195.1
铁岭镇	1 288.3	1 260.2	1 547.3	1 257.9	5 353.7
兴隆镇	1 567.1	1 777.8	1 183.4	752.9	5 281.2
桦林镇	666.6	830.7	844.4	131.2	2 472.9
合计	8 983.4	14 930.8	16 318.2	8 827.5	49 059.8

附表 2-13　玉米适宜性土类面积分布统计

单位：公顷

土　类	高度适宜	适宜	勉强适宜	不适宜	合　计
暗棕壤	319.8	6 210.7	13 762.4	7 341.7	27 634.6
白浆土	3 638.1	5 566.0	1 097.1	0	10 301.2
草甸土	1 663.6	2 086.2	371.8	381.3	4 502.9
沼泽土	0	302.8	778.5	736.2	1 817.4
泥炭土	0	37.7	15.2	271.5	324.4
新积土	845.3	82.6	0	0	928.0
合计	8 983.3	14 930.9	16 318.2	8 827.4	49 059.8

2. 适宜　牡丹江市玉米适宜耕地 14 930.9 公顷，占全市耕地总面积 30.43%。主要分布在五林镇、温春镇、兴隆镇、海南等乡（镇）。土壤类型以暗棕壤、白浆土、草甸土

为主。

3. 勉强适宜 牡丹江市玉米勉强适宜耕地 16 318.2 公顷，占全市耕地总面积的 33.26%。主要分布在五林镇、磨刀石镇、温春镇、铁岭镇、兴隆镇等乡（镇）。土壤类型以暗棕壤、白浆土为主。

4. 不适宜 牡丹江市玉米不适宜耕地 8 827.4 公顷，占全市耕地总面积 17.99%。主要分布在磨刀石镇、五林镇、铁岭镇、温春镇、兴隆镇等乡（镇）。土壤类型以暗棕壤、沼泽土、草甸土、泥炭土为主。

六、调整种植业结构，合理布局

（一）调整种植业结构的方向

种植业结构调整要面向国内外市场需求，发挥区域比较优势，依靠科技进步和技术创新，全方位调整区域布局、作物结构和品种结构；全面提高商品化、专业化、集约化、产业化水平；实现总量平衡，农民增收和可持续发展的目标。种植业结构、布局和发展方向，要遵循“绝不放松粮食生产，积极发展多种经营”的方针，本着“因地制宜、发挥优势，扬长避短、趋利避害”的原则，面向市场、社会需要，处理好粮食作物、经济作物和饲料作物之间的关系，处理好发挥本地优势和适应国家建设需要的关系，处理好种植业与林、牧、渔、工等其他各业之间的关系，处理好生产与生态的关系。

1. 保护和提高粮食生产能力，确保粮食安全 推进产业化经营，促进农村经营机制转变。大力发展畜牧业，建设畜牧业“半壁江山”。

在保证粮豆产量不断增长的同时，积极增加经济作物和饲料作物面积，合理安排粮豆作物、经济作物和饲料作物内部比例，要使经、饲作物的产品数量和质量与轻工业发展相适应，与畜牧业的发展相适应，从而使种植业、畜牧业与轻工业之间相互促进，形成综合发展的动态平衡。

2. 坚持合理轮作，用地与养地相结合 促进农田生态由恶性循环向良性循环转化。一方面，坚持合理轮作，实行合理轮作在农业生产上的意义重大，首先，轮作是经济有效地持续增产的手段。只要把作物合理的轮换种植就可获得一定的经济效益；其次，轮作能使用地与养地相结合，轮作的养地作用是化肥所不具备的；最后，轮作可以把作物从时间上隔开，起到隔离防病的作用，经济有效。所以种植业结构，必须考虑轮作问题。另一方面，在轮作中要安排一定的养地作物，如豆科绿肥、饲草等，同时有利于与畜牧业有机结合。

（二）种植业结构调整意见

总的方针是保证粮豆产量稳定增长，扩大饲用玉米生产，增加保护地栽培面积，调整粮豆内部比例，搞好合理布局，主攻单产，不断改善品质。

1. 适当压缩粮豆薯种植比例，增加经济作物比重 开拓饲料生产，把粮、经二元结构调整为粮、经、饲、蔬结构。在今后一段时期，根据粮食市场的需求，粮豆薯播种面积保证 75%、经济作物和蔬菜 15%，逐年扩大对俄出口菜种植面积，饲料和绿肥要逐年扩大，比例增加到 10%。优化品种结构、优化产业结构、优化区域布局。积极开发绿色有机农产品，使农产品提高质量、创名牌，加快农产品的市场流通，使农产品生产布局合理化，经济效益最大化。

2. 保护和提高粮食生产能力　确保粮食安全，逐步调整粮豆内部结构。

（1）大豆：根据此次大豆适宜性评价结果，占牡丹江市区23.82%耕地不适宜种大豆，面积比较大，主要分布在磨刀石镇、五林镇和桦林镇。土壤类型以暗棕壤、沼泽土、泥炭土和水稻土为主。勉强适宜种植大豆的耕地面积16 205.2公顷，占全市耕地总面积的33.03%，主要分布在五林、磨刀石、温春等乡（镇）。土壤类型以暗棕壤为主，该土类勉强适宜度耕地面积为14 064.9公顷，占种植大豆勉强适宜耕地面积的86.79%。勉强适宜和不适宜区域主要是坡度大，活动积温低等条件所决定；全市只有43.15%的土地为适宜和高度适宜种大豆，主要分布在温春、海南、兴隆和五林4个乡（镇），勉强适宜和不适宜的地块主要集中在磨刀石镇和五林镇部分区域。从土类上看，以白浆土、草甸土、新积土和少部分暗棕壤的耕地种植大豆的适宜度较高，而沼泽土和泥炭土和大部分暗棕壤的耕地种植大豆的适宜度不高。

因此，调整大豆种植区时，在适宜及高度适宜区应加大种植大豆比例，在勉强适宜区根据当地条件及时调整种植结构，增加粮食作物及经济作物比重，在不适宜区尽量安排其他作物种植，或退耕还林还草。

（2）玉米：根据此次玉米适宜性评价结果，不适宜占全市耕地总面积17.99%。主要分布在磨刀石镇、五林镇、铁岭镇、温春镇、兴隆镇等乡（镇）。土壤类型以暗棕壤、沼泽土、草甸土、泥炭土为主。勉强适宜的占33.26%，主要分布在五林镇、磨刀石镇、温春镇、铁岭镇、兴隆镇等乡（镇）。土壤类型以暗棕壤、白浆土为主。这些区虽然土壤理化性状较好，但由于地处第四、五积温带的山区半山区，积温及坡度对玉米生长影响较大，因此在此区种植作物应选择适应性广的作物如大豆、薯类、药材等作物进行种植；适宜区和高度适宜区占总耕地的48.74%，主要分布在五林镇、温春镇、兴隆镇、海南等乡（镇）。这一区域是牡丹江市区耕地地力等级评价中的中高产地区，应加大玉米的种植面积。

（3）饲料及绿肥：根据耕地地力评价结果，在牡丹江市区的中低产区应减少粮豆的播种面积，扩大薯类及饲料作物和绿肥的播种面积，在有些地方应退耕还林及还草。

七、种植业分区

（一）南、西南部平原玉、豆、稻、经作区

此地区是耕地地力评价一、二、三级地集中区，也是牡丹江市区中高产田区，在这个区域同时也是大豆、玉米、水稻适宜及高度适宜区，立地条件、土壤属性等条件良好，是全市主要粮食主产区。在旱作时充分考虑轮作制度，本着用养相结合的原则，采用玉米-玉米-大豆轮作方式，玉豆比例为1∶1。

（二）东部丘陵漫岗玉、豆、稻、杂作区

此地区是耕地地力评价二、三、四级地集中区，也是牡丹江市区中产田区，在这个区域同时也是大豆、玉米适宜及勉强适宜区，立地条件、土壤属性等条件较好，是全市次级

粮食产区。在旱作时同样充分考虑轮作制度，本着用养相结合的原则，采用玉米-玉米-大豆、玉米-大豆-杂粮轮作方式，玉豆比例为1∶1。

（三）东北部低山丘陵豆、薯、药区

此地区是耕地地力评价的四、五级地集中区，也是牡丹江市区低产田区，在这个区域同时也是大豆、玉米勉强适宜及不适宜区，是全市低产区。在旱作时充分考虑轮作制度，本着用养相结合的原则，采用玉米-玉米-大豆轮作方式，玉豆比例为1.5∶1。特别是在五级地及作物不适宜区，就缩小种植面积及比例，适当的选择薯类、经济作物、药材及肥料作物，在适当地区（如坡度大于10°时）应退耕还林还草。

根据牡丹江市区农业生产现状，特别是全市种植业结构现状，结合此次调查对耕地地力养分、地力等级和作物适应性的调查结果进行分析，以及结合牡丹江市的自然、气候条件、水文、土壤条件等因素，制订不同生产区域、不同土壤类型、不同气候条件等各种技术措施，发挥区域优势，得出适合牡丹江市作物生长的合理种植业结构布局，合理的种植结构将推进全市农业生产快速发展，对增加牡丹江市粮食总产量，加快全市经济建设具有非常重要的意义。

附录3　耕地地力评价与平衡施肥专题报告

一、概　　况

唐代，牡丹江境内已有人开荒种地，生产粮食。1858年以后，清政府逐步实行“移民实边”政策，清光绪年间设立“招垦局”，放荒垦地，粮食生产随之发展。民国年间，从辽宁、山东、吉林、河北及朝鲜等地来乜河和爱河种地的移民日渐增多，朝鲜族农民定居后，开发水田，种植水稻。

东北沦陷时期，日本侵略者掠夺境内农业资源，将大片荒原和肥沃良田强占为“军事用地”。1934年实行归屯并村，造成大片土地荒芜、废弃，大批农民流离失所，不得不出卖劳力，维持生计。到中华人民共和国成立前夕，牡丹江市区仅有耕地1万多公顷，其中粮食种植面积占90%。

中华人民共和国成立后，人民政府鼓励农民开发土地，发展粮食生产。到1949年末，共有耕地12 857公顷，其中水田622公顷，旱地12 235公顷。农作物播种面积12 800公顷，其中粮豆播种面积11 926公顷，占总耕地面积的92.8%，总产15 355吨。1956年实现农业合作化后，由于城市人口不断增长，用菜量增加，蔬菜种植面积比重逐步扩大。当年粮豆作物播种面积为19 852公顷，占总耕地面积的84.9%，总产达22 655吨，1958年粮豆面积下降到14 970公顷，占总耕地面积的65.8%，总产24 510吨。1959—1961年连续3年自然灾害，粮豆大幅度减产。年平均播种面积10 886公顷，年平均总产12 192吨，比1958年下降50.3%。导致口粮、饲料严重不足，除国家补助一部分外，广大农民以“低标准、瓜菜代”渡过暂时困难。1965年，经过国民经济调整，粮豆生产趋于好转，播种面积为14 256公顷，占总播种面积的73%，总产22 095吨。

“文化大革命”期间，粮豆播种面积年平均15 205公顷，年平均总产27 868吨。

1978年，进一步扩大蔬菜种植面积，粮豆播种面积减少到11 036公顷，占总播种面积的54.6%。菜农口粮由国家供应或补贴。1983年，随着农村经济体制改革的深入，改计划种植为在保证完成粮食订购任务的前提下，农民可自行安排生产，从实际出发，安排作物种植比例。实行家庭联产承包责任制后，由自给半自给经济向商品经济转变，由原来的耕作粗放转向精耕细作，粮食单产稳步上升。1985年，粮豆播种面积为13 107公顷，占总播种面积的65.5%，粮豆总产达31 620吨。产量2 415千克/公顷，比1978年提高8.7%。

牡丹江市区常用耕地总面积为61 863公顷，基本农田中旱田面积57 341公顷，占92.7%；水田面积4 522公顷，占7.3%。在国家政策的支持下，粮豆生产发展迅速，产量大幅度提高。其中化肥施用量的逐年增加是促使粮食增产的重要因素之一。1953年，施肥面积4 600公顷，占耕地总面积的40%，其中施用化肥硫铵30吨，过磷酸钙3吨。到1970年，大田每年每公顷可施农家肥22.5立方米，菜田45立方米左右，化肥每年施用量为 3 000～15 000 吨，主要用于种肥和追肥。1985 年全市化肥施用量为 2 752.7 吨，粮食总产为 31 620 吨；2010 年化肥施用量增加到 22 167 吨，粮食总产更达到了 25.7 万吨。这 23 年间，化肥年用量增加了 13 907 吨，粮食总产增加了 225 793 吨，可以说化肥的使用已经成为促进粮食增产不可取代的一项重要措施（附表 3-1）。

附表 3-1　化肥施用与粮食产量对照

单位：吨

年份	化肥施用量	粮食作物产量
1953 年	1 000	26 945.4
1965 年	1 576	22 095
1985 年	2 752.7	31 620
2010 年	22 167	257 413

（一）开展专题调查的背景

牡丹江市垦殖已有 100 多年的历史，肥料应用是在中华人民共和国成立后才开始，从肥料应用和发展历史来看，大致可分为 4 个阶段。

1. 中华人民共和国成立初期　农业生产由农民自行安排，自由种植，土质肥沃，主要靠自然肥力发展农业生产，均不施肥。多年耕种后，地力减弱，施少量农家肥即能保持农作物连续增产。牡丹江市区化肥施用历史较短。1958 年以前为化肥施用实验阶段。1962 年推广施用氮肥，1965 年以后大面积施用氮肥。同时氮磷肥配合施用，粮食产量大幅度增加。

2. 进入 20 世纪 70 年代　化肥供应数量不断增加，在施肥方法上，以农家肥为主，农家肥和化肥相结合，底肥和种肥相结合，改浅施为深施。由于肥源不足，满足不了需要，采用草炭、细炉灰、人畜粪尿等拌和晒干制成细肥的方法，扩大肥源。到了 20 世纪 70 年代末，化学肥料“三料、磷酸二铵、尿素和复合肥”开始大量应用到耕地中，以氮肥为主，氮磷肥混施，有机肥和化肥混施，提高了化肥利用率，增产效果显著，粮食产量不断增长。

3. 中共十一届三中全会后　通过农村经济体制改革，逐步实行家庭联产承包责任制，作物种植基本做到从实际出发，在保证完成粮食征购任务和城市蔬菜供应的前提下，农民可自行安排生产，逐步向商品经济转变。农民有了土地的自主经营权，随着化肥在粮食生产作用的显著提高，农民对化肥形成了强烈的需求。20 世纪 80 年代以来，牡丹江市区农业用肥发生了变化，从粪肥当家到有机肥与无机肥相结合，呈现出多元化的发展势头。使用化肥的品种和数量逐年增加，1985 年化肥用量增到 2 752.7 吨，平均每公顷用肥达到 210 千克，施用有机肥的面积和数量逐渐减少。

4. 20 世纪 90 年代至今　随着农业部配方施肥技术的深化和推广，针对当地农业生产实际进行了施肥技术的重大改革，开始对全市耕地土壤化验分析，根据土壤测试结果，结合“3414”等田间肥效研究实验，形成相应配方，指导农民科学施用肥料，实现了氮、磷、钾和微量元素的配合使用。

（二）开展专题调查的必要性

耕地是作物生长的基础，了解耕地土壤的地力状况和供肥能力是实施平衡施肥最重要的技术环节，因此开展耕地地力评价，查清耕地的各种营养元素状况，对提高科学施肥技术水平，提高化肥利用率，改善作物品质，防止环境污染，维持农业可持续发展等都有着重要的意义。

1. 开展耕地地力调查，提高平衡施肥技术水平是稳定粮食生产和保证粮食安全的需要　保证和提高粮食产量是人类生存的基本需要。粮食安全不仅关系到经济发展和社会稳定，更含有深远的政治意义。近几年来，我国一直把粮食安全作为各项工作的重中之重，随着经济和社会的不断发展，耕地逐渐减少和人口不断增加的矛盾将更加突出，21 世纪人类将面临粮食等农产品不足的巨大压力，牡丹江市必须充分发挥科技优势，保证粮食的持续稳产和高产。平衡施肥技术是节本增效、增加粮食产量的一项重要技术，随着作物品种的更新、布局的变化，土壤的基础肥力也发生了变化，在原有基础上建立起来的平衡施肥技术体系已不能适应新形势下粮食生产的需要，必须结合本次耕地地力调查和评价结果对平衡施肥技术进行重新研究，制订适合本地生产实际的平衡施肥技术措施。

2. 开展耕地地力调查，提高平衡施肥技术水平是增加农民收入的需要　在现有条件下，自然生产力低下，农民不得不靠投入大量化肥来维持粮食的高产，目前化肥投入占整个生产投入的 50%以上，但化肥效益却逐年下降。只有对牡丹江市的耕地地力进行认真的调查与评价，运用更合理的平衡施肥技术，发挥增产潜力，提高化肥利用率，达到增产增收的目的。

3. 开展耕地地力调查，提高平衡施肥技术水平是发展绿色农业的需要　随着中国加入 WTO 和牡丹江市打造“绿色食品之都”对农产品提出了更高的要求，农产品流通不畅就是由于质量低、成本高造成的，农业生产必须从单纯地追求高产、高效向绿色（无公害）农产品方向发展，这对施肥技术提出了更高、更严的要求，这些问题的解决都必须要求了解和掌握耕地土壤肥力状况、掌握绿色（无公害）农产品对肥料施用的质化和量化的要求，所以，必须进行平衡施肥的专题研究。

二、调查方法和内容

（一）布点与土样采集

依据《耕地地力调查与质量评价技术规程》，利用牡丹江市归并土种后的土壤图、基本农田保护图和土地利用现状图叠加产生的图斑作为耕地地力调查的调查单元。此次参与评价的牡丹江市 8 乡（镇）基本农田面积 49 059.8 公顷，按照 65～100 公顷一个采样点的原则，样点布设覆盖了全市所有的村（屯）与土壤类型。土样采集是在春播前进行的。在选定的地块上进行采样，大田采样深度为 0～40 厘米，每块地平均选取 15 个点，用四分法留取土样 1 千克做化验分析，并用 GPS 定位仪进行定位，共采集土壤样品 674 个。

（二）调查内容

布点完成后，按照农业部测土配方施肥技术规范中的《测土配方施肥采样地块基本情况调查表》《农户施肥情况调查表》内容，对取样农户农业生产基本情况进行了详细调查。

三、专题调查的结果与分析

（一）耕地肥力状况调查结果与分析

本次耕地地力调查与质量评价工作，共对674个土样的有机质、全氮、全磷、全钾、碱解氮、有效磷、速效钾、有效锌、pH进行了分析，统计结果见附表3-2。

附表3-2 牡丹江市区耕地养分含量统计值

养分	有机质（克/千克）	碱解氮（毫克/千克）	有效磷（毫克/千克）	速效钾（毫克/千克）	pH	全氮（克/千克）
平均值	36.7	200.7	54.6	123.7	—	2.08
最大值	166.0	494.4	196.2	599	8.3	8.08
最小值	12.5	51.2	0.3	33	4.6	0.58
养分	全磷（克/千克）	全钾（克/千克）	有效锌（毫克/千克）	有效铜（毫克/千克）	有效铁（毫克/千克）	有效锰（毫克/千克）
平均值	0.691 8	23.3	2.47	1.99	88.25	66.01
最大值	2.541 0	41.5	16.08	10.83	291.30	170.20
最小值	0.157 0	7.8	0.30	0.20	9.80	6.20

与第二次土壤普查时相比较，只有碱解氮有所增加，其余各项均为下降趋势。碱解氮增加的主要原因是土壤释放过多、施氮量过多所致。耕地养分变化情况见附图3-1、附表3-3。

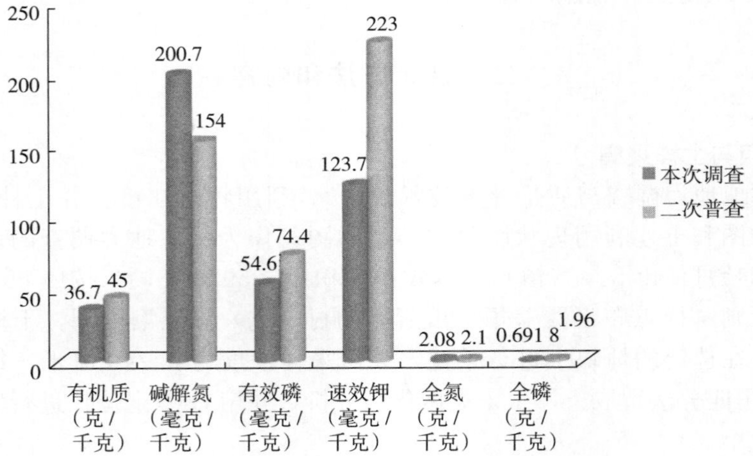

附图3-1 耕地养分变化对比

附表 3-3 牡丹江市区耕地养分平均值对照

项 目	有机质（克/千克）	碱解氮（毫克/千克）	有效磷（毫克/千克）	速效钾（毫克/千克）	全氮（克/千克）	全磷（克/千克）
本次调查	36.7	200.7	54.6	123.7	2.08	0.691 8
二次普查	45.0	154.0	74.4	223.0	2.10	1.960

1. 土壤有机质 耕地土壤有机质平均含量 36.7 克/千克，变幅在 12.5～166.0 克/千克；第二次土壤普查时为 45.0 克/千克，有机质平均下降 8.3 克/千克，下降比例 18.4%。

2. 碱解氮 耕地土壤碱解氮平均含量 200.7 毫克/千克，变幅在 51.2～494.4 毫克/千克；第二次土壤普查时为 154.0 毫克/千克，碱解氮平均上升 46.7 毫克/千克，上升比例 30.3%。主要原因是土壤释放过多、施氮量过多所致。

3. 有效磷 耕地土壤有效磷平均含量 54.6 毫克/千克，变幅在 0.3～196.2 毫克/千克；第二次土壤普查时为 74.4 毫克/千克，有效磷平均下降 19.8 毫克/千克，下降比例 26.6%。

4. 速效钾 耕地土壤速效钾平均含量 123.7 毫克/千克，变幅在 33～599.0 毫克/千克；第二次土壤普查时为 223.0 毫克/千克，速效钾平均下降 99.3 毫克/千克，下降比例 44.5%。

5. 土壤全氮 耕地土壤全氮平均含量 2.08 克/千克，变幅在 0.58～8.08 克/千克；第二次土壤普查时为 2.10 克/千克，全氮平均上升 0.02 克/千克，上升比例 0.9%。

6. 土壤全磷 耕地土壤全磷平均含量 0.692 克/千克，变幅在 0.157～2.541 克/千克；第二次土壤普查时为 1.960 克/千克，全磷平均下降 1.268 克/千克，下降比例 64.7%。

（二）市区施肥情况调查结果与分析

以下为本次调查农户肥料施用情况，共计调查 674 户农民（附表 3-4）。

附表 3-4 牡丹江市各类作物施肥情况统计

单位：千克/公顷

施肥量	N	P_2O_5	K_2O	$N:P_2O_5:K_2O$
大豆	45.9	63.6	24.3	1∶1.38∶0.53
玉米	88.9	50.2	28.4	1∶0.56∶0.32
水稻	86.7	27.4	33.2	1∶0.32∶0.38

在调查的 674 户农户中，只有 86 户施用有机肥，占总调查户数的 12.7%，农肥施用比例低、施用量少，主要是禽畜圈粪和土杂肥等，处于较低水平。牡丹江市 2009 年每公顷耕地平均施用化肥 289.8 千克，氮、磷、钾肥的施用比例 1∶0.59∶0.35，与科学施肥比例相比还有一定的差距，钾肥用量差距较大。从肥料品种看，牡丹江市的化肥品种已由过去的单质尿素、磷酸二铵、钾肥向高浓度复合化、长效化复合（混）肥方向发展，复合肥比例已上升到 41.2%左右。

四、耕地土壤养分与肥料施用存在的问题

1. 耕地土壤养分失衡 这次调查表明，与第二次全国土壤普查相比，牡丹江市耕地土壤中养分普遍下降，土壤有机质下降18.4%，有效磷下降26.6%，土壤速效钾下降44.5%。但碱解氮上升30.3%。

耕地土壤有机质、有效磷不断下降的原因是开垦的年限比较长，近些年有机肥施用的数量过少，而耕地单一施用化肥的面积越来越大，土壤板结、通透性能差，致使耕地土壤越来越硬；农机田间作业质量下降，耕层越来越浅。致使土壤失去了保肥保水的性能。

土壤速效钾含量下降的原因是以前只注重氮磷肥的投入，忽视钾肥的投入，钾素成为目前作物产量的主要限制因子。

2. 重化肥轻农肥的倾向严重 有机肥投入少、质量差。目前，农业生产中普遍存在着重化肥轻农肥的现象，过去传统的积肥方法已不复存在。由于农村农业机械化的普及提高，有机肥源相对集中在少量养殖户家中，这势必造成农肥施用的不均衡和施用总量的不足。在农肥的积造上，由于没有专门的场地，农肥积造过程基本上是露天存放，风吹雨淋造成养分的流失，使有效养分降低，影响有机肥的施用效果。

3. 化肥的使用比例不合理 部分农民不按照作物的需肥规律和土壤的供肥性能科学合理施肥，大部分盲目施肥，造成施肥量偏高或不足，影响产量的发挥。有些农民为了省工省时，没有从耕地土壤的实际情况出发，采取一次性施肥不追肥，这样对保水保肥条件不好的瘠薄性地块，容易造成养分流失和脱肥现象，限制作物产量。

五、平衡施肥规划和对策

（一）平衡施肥规划

依据《耕地地力调查与质量评价规程》，牡丹江市区基本农田分为5个等级（附表3-5、附表3-6）。

附表3-5　各利用类型基本农田统计

地力分级	地力综合指数分级（IFI）	耕地面积（公顷）	占基本农田面积（%）	产量（千克/公顷）
一级	＞0.898	5 432.1	11.1	＞8 000
二级	0.843～0.898	12 913.7	26.3	7 500～8 000
三级	0.777 3～0.843	15 026.3	30.6	6 000～7 500
四级	0.717～0.777 3	10 004.2	20.4	5 500～6 000
五级	0～0.717	5 683.5	11.6	＜5 500

根据各类土壤评等定级标准，把牡丹江市区各类土壤划分为3个耕地类型。

（1）高肥力土壤：包括一级地和二级地。
（2）中肥力土壤：包括三级地。
（3）低肥力土壤：包括四级地和五级地。
根据三个耕地土壤类型制订牡丹江市区平衡施肥总体规划。

附表 3-6　牡丹江市区各乡（镇）地力等级面积统计

单位：公顷

乡（镇）	一级	二级	三级	四级	五级
磨刀石	54.5	515.6	1 949.7	3 619.3	2 932.1
北安乡	175.4	427.7	503.6	574.5	376.2
五林镇	1 327.2	4 331.1	5 251.6	2 274.4	404
海南乡	586.4	1 806.3	993.6	366.1	287.6
温春镇	889.8	2 330.9	2 671.3	1 024.5	278.7
铁岭镇	995.4	934.7	1 318.6	1 178.5	926.5
兴隆镇	988.5	1 846.4	1 391.4	611.2	443.7
桦林镇	414.9	721	946.5	355.7	34.9
合计	5 432.1	12 913.7	15 026.3	10 004.2	5 683.5

1. 玉米平衡施肥技术　根据牡丹江市区耕地地力等级和玉米种植方式、产量水平及有机肥使用情况，确定牡丹江市区玉米平衡施肥技术指导意见（附表 3-7、附表 3-8）。

附表 3-7　南部、西南部河谷平原区玉米施肥模式

单位：千克/公顷

地力等级		目标产量	有机肥	N	P_2O_5	K_2O	N、P、K 比例
高肥力区	一级 二级	11 300	22 500	86.3	32.5	25.2	1∶0.38∶0.29
中肥力区	三级	8 600	22 500	105.6	51.6	38.5	1∶0.49∶0.36
低肥力区	四级 五级	6 500	22 500	124.7	70.6	53.4	1∶0.57∶0.43

附表 3-8　东部、东北部漫岗区玉米施肥模式

单位：千克/公顷

地力等级		目标产量	有机肥	N	P_2O_5	K_2O	N、P、K 比例
高肥力区	一级 二级	10 500	22 500	84.3	32.5	26	1∶0.39∶0.31
中肥力区	三级	7 500	22 500	102.5	50.5	38.3	1∶0.49∶0.37
低肥力区	四级 五级	6 000	22 500	124.5	72.5	45.6	1∶0.58∶0.37

在肥料施用上，提倡底肥和追肥相结合。全部氮肥的1/3做底肥，2/3做追肥。全部磷肥做底肥。全部做底肥随氮肥和磷肥深层施入。

2. 水稻平衡施肥技术 根据牡丹江市区水稻地力分级结果以及作物生育特性和需肥规律，提出水稻施肥技术模式（附表3-9）。

附表3-9 水稻施肥技术模式

单位：千克/公顷

地力等级		目标产量	有机肥	N	P_2O_5	K_2O	N、P、K比例
高肥力区	一级 二级	11 500	15 000	90.5	38.5	45.8	1∶0.43∶0.51
中肥力区	三级	8 250	18 000	113.5	48.5	58.3	1∶0.43∶0.51
低肥力区	四级 五级	6 500	22 500	131.4	59.8	66.5	1∶0.45∶0.51

根据水稻氮素的两个高峰期（分蘖期和幼穗分化期），采用前重、中轻、后补的施肥原则。前期40%的氮肥做底肥，分蘖肥占30%，粒肥占30%。磷肥做底肥一次施入。钾肥底肥和拔节肥各占50%。除氮、磷、钾肥外，水稻对硫、硅等中微量元素需要量也较大，因此要适当施用含硫和含硅等肥料，每公顷施用量15千克左右。

3. 大豆平衡施肥技术 根据牡丹江市区耕地地力等级和大豆种植方式、产量水平及有机肥使用情况，确定牡丹江市区大豆平衡施肥技术指导意见（附表3-10、附表3-11）。

附表3-10 南部、西南部河谷平原区大豆施肥模式

单位：千克/公顷

地力等级		目标产量	有机肥	N	P_2O_5	K_2O	N、P、K比例
高肥力区	一级 二级	9 000	22 500	34.8	59.3	28.8	1∶1.70∶0.83
中肥力区	三级	6 750	22 500	40.5	63.8	35.9	1∶1.58∶0.88
低肥力区	四级 五级	5 250	22 500	46.5	70.5	45.8	1∶1.52∶0.98

附表3-11 东部、东北部漫岗区大豆施肥模式

单位：千克/公顷

地力等级		目标产量	有机肥	N	P_2O_5	K_2O	N、P、K比例
高肥力区	一级 二级	7 500	22 500	32.6	58.6	26.6	1∶1.80∶0.82
中肥力区	三级	5 250	22 500	37.8	61.9	35.8	1∶1.64∶0.95
低肥力区	四级 五级	4 000	22 500	45.5	68.8	43.9	1∶1.51∶0.97

在肥料施用上将全部的氮磷钾肥做底肥，并在生育期间喷施2次叶面肥。

（二）平衡施肥对策

通过开展耕地地力调查与评价以及施肥情况调查和平衡施肥技术，总结出牡丹江市区总体施肥概况为：总量偏高，比例失调，方法不合理。具体表现在氮肥普遍偏高，钾和微量元素肥料相对不足。根据牡丹江市区农业生产情况，科学合理施肥的总的原则是：减氮、稳磷、增钾和补微。围绕种植业生产制订出平衡施肥的相应对策和措施。

1. 增施优质有机肥料，保持和提高土壤肥力　积极引导农民转变观念，从农业生产的长远利益和大局出发，加大有机肥积造数量，提高有机肥质量，扩大有机肥施用面积，制订出“沃土工程”的近期目标。一是在根茬还田的基础上，逐步实现高根茬还田，增加土壤有机质含量。二是大力发展畜牧业，通过“过腹还田”，补充、增加堆肥、沤肥数量，提高肥料质量。三是大力推广畜禽养殖场，将粪肥工厂化处理，发展有机复合肥生产，实现有机肥的产业化、商品化。四是针对不同类型土壤制订出不同的技术措施，并对这些土壤进行跟踪化验，建立技术档案，设置耕地地力监测点，监测观察结果。

2. 加大平衡施肥的配套服务　推广平衡施肥技术，关键在于技术和物资的配套服务，解决有方无肥、有肥不专的问题，因此要把平衡施肥技术落到实处，必需实行“测、配、产、供、施”一条龙服务。通过配肥站的建立，生产出各施肥区域所需的专用型肥料，农民依据配肥站贮存的技术档案购买到自己所需的配方肥，确保技术实施到位。

3. 制订和实施耕地保养的长效机制　尽快制订出适合当地农业生产实际，能有效保护耕地资源，提高耕地质量的地方性政策法规，建立科学耕地养护机制，使耕地利用向良性方向发展。

附录4 牡丹江市区耕地地力评价工作报告

牡丹江市位于黑龙江省东南部，牡丹江穿城而过，牡丹江是满语“牡丹乌拉”的译音，意为“弯曲的江”。牡丹江市区位于北纬44°20′～44°58′、东经129°19′～130°04′，是黑龙江省重要的综合性工业城市、对俄经贸城市和旅游城市，也是黑龙江省东南部的经济、文化、交通中心。

牡丹江市区地形以山地和丘陵为主，呈中山、低山、丘陵、河谷盆地4种形态，东部为长白山系的老爷岭和张广才岭；中部为牡丹江河谷盆地，山势连绵起伏，河流纵横，俗称“九分山水一分田”。牡丹江市区属中温带大陆性季风气候，四季分明，气候宜人，素有“塞北江南”和“鱼米之乡”之称。

牡丹江市区设东安区、西安区、爱民区、阳明区4个城区，包括铁岭、兴隆、温春、桦林、北安、五林、海南、磨刀石8个乡（镇），其中五林、海南、磨刀石3个乡（镇）是2010年行政区划调整到牡丹江市区内的，共114个行政村。

2009—2011年，两年多的时间里，对4个城区的8个乡（镇）耕地面积为49 059.8公顷的耕地开展详细的地力评价工作，补充1984年第二次土壤普查以来的空缺，分析统计各项数据，形成此报告，为全市近年来的农业持续增产、农民持续增收，提供基本数据和科学依据。

一、耕地地力评价的目的与意义

耕地地力评价是将测土配方施肥调查与分析数据，通过县域耕地资源信息管理系统，建立耕地隶属函数模型和层次分析模型，进行综合地力评价。开展耕地地力评价是测土配方施肥补贴项目的一项重要内容，是摸清县域耕地资源状况，提高农业综合生产能力的基础性工作。对促进牡丹江市农业的可持续发展具有重大意义。

（一）配方施肥数据库的平台

测土配方施肥是科学合理施肥的农业生产技术，通过耕地地力调查评价工作，可以将测土配方施肥数据化、平面化，提高施肥效益，实现肥料资源优化配置的基础性工作成效。不论是面对千家万户，还是面对规模化的生产模式，现在的技术推广服务模式从范围和效果上都难以适应。必须利用现代技术，采用多种形式为农业生产者提供方便、有效的咨询和指导服务。以县域耕地资源信息管理系统为基础，可以全面、有效地利用第二次土壤普查、肥料田间实验和测土配方施肥项目的大量数据，建立测土配方施肥指导信息系统，从而做到科学合理的施肥推荐，提供因土、因作物、因品种的合理施肥建议，通过网络等方式为农业生产者提供及时有效的技术服务。因此，开展耕地地力评价是测土配方施肥不可或缺的环节。

（二）土壤普查的持续和延伸

1984年第二次土壤普查对耕地情况进行了系统的调查和分析，但过去的近30年时间，耕地质量发生了很大变化，尤其牡丹江市区的现实情况，各方面数据没有跟上区划的变更，对现在农业生产决策造成了一定的影响。通过耕地地力评价这项工作，充分发掘、整理和完善第二次土壤普查资料，结合这次测土配方施肥项目所获得的大量养分监测数据和肥料实验数据，建立县域的耕地资源信息管理系统，可以有效地掌握耕地质量状态，逐步建立和完善耕地质量的动态监测与预警体系，系统摸索不同耕地类型土壤肥力演变与科学施肥规律，为加强耕地质量建设提供依据。

（三）耕地保养与管理的基础

耕地地力评价结果，可以很清楚地揭示不同等级耕地中存在的主导障碍因素及其对粮食生产的影响程度。因此，也可以说是一个决策服务系统。通过对耕地质量状态的全面把握，就能够根据改良的难易程度和规模，做出先易后难的正确决策。同时，也能根据主导障碍因素，提出更有针对性的改良措施，使决策更具科学性。

耕地质量建设对保证粮食安全具有十分重要的意义。没有高质量的耕地，就不可能全面提高粮食单产。耕地数量下降和粮食需求总量增长，决定了必须提高单产。从长远看，随着工业化、城镇化进程的加快，耕地减少的趋势仍难以扭转。受人口增长、养殖业发展和工业需求拉动，粮食消费快速增长，近10年我国粮食需求总量一直呈刚性增长，尤其是工业用粮增长较快，并且对粮食的质量提出新的更高要求。

随着测土配方施肥项目的常规化，不断获得新的养分状况数据，不断更新耕地资源信息管理系统，使管理者能及时掌握耕地质量状态。因此，耕地地力评价是加强耕地质量建设必不可少的基础工作。

二、工作组织

为了加强耕地地力评价的组织管理工作，牡丹江市成立了由主管农业副市长担任组长，市农业委员会（以下简称“农委”）、市财政局领导担任副组长的耕地地力评价工作领导小组。领导小组下设办公室、技术专家组、信息宣传组和检查验收组，承担日常事务性工作。将耕地地力评价工作纳入政府工作日程，实行目标管理，财政主管部门负责资金运行的监管工作，农业行政部门负责项目实施的组织管理工作。

牡丹江市农业技术推广总站负责对城区耕地地力评价工作的组织实施、技术指导和监督管理，包括项目论证、化验测试、田间实验、配方施肥质量监督；组织宣传培训；项目区施肥效益和土壤肥力动态监测；耕地地力评价工作实际效果评价等工作。

牡丹江市农业技术推广总站土壤肥料科，具体负责化验室建设、采集土样、测试化验、建田间档案、填写配方施肥卡、技术培训等内容；项目乡（镇）人民政府负责落实项目面积、肥料数量和质量监督；项目区各村民委员会或农民专业合作经济组织负责签订供销合同和发放施肥建议卡等。

三、主要工作成果

通过耕地地力调查与评价工作，得到了牡丹江市区相关农业生产大量的、内容丰富的测试数据、调查资料和数字化图件，通过各类报告和相关的软件工作系统，形成了对农业生产发展有积极意义的工作成果。

1. 对新区划的数据进行完善 2010年，牡丹江市区的行政区划发生改变，导致1984年第二次土壤普查的数据在现有区划情况下逐渐不完整，此次耕地地力评价工作，将现有区划的数据进行了整合和完善，形成了当前区划条件下完整的数据和资料。

2. 建立耕地资源管理数据库 通过此次耕地地力评价调查与评价工作，建立了包括耕地资源的立地条件、剖面形态特征、土壤养分等数据库，有了这些数据就可以观察和记录牡丹江市耕地资源的变化情况，对今后的耕地保养与管理提供数据支撑。

3. 文字报告 《牡丹江市区耕地地力评价工作报告》《牡丹江市区耕地地力评价技术报告》《牡丹江市区耕地地力评价专题报告》。

4. 数字化成果图 包括牡丹江市区行政区划图，牡丹江市区土壤图，牡丹江市区土地利用现状图，牡丹江市区采样点位置图，牡丹江市区耕地地力评价等级图。

5. 土壤养分等级划分 牡丹江市区耕地土壤有机质分级图，牡丹江市区耕地土壤全氮分级图，牡丹江市区耕地土壤全磷分级图，牡丹江市区耕地土壤全钾分级图，牡丹江市区耕地土壤碱解氮分级图，牡丹江市区耕地土壤有效磷分级图，牡丹江市区耕地土壤速效钾分级图，牡丹江市区耕地土壤有效铜分级图，牡丹江市区耕地土壤有效铁分级图，牡丹江市区耕地土壤有效锰分级图，牡丹江市区耕地土壤有效锌分级图。

6. 作物适宜性划分 牡丹江市区大豆适宜性评价图，牡丹江市区玉米适宜性评价图。

7. 施肥推荐数据 管理单元施肥推荐，指导单元施肥推荐，农户地块施肥推荐。

四、主要做法与经验

1. 主要做法 耕地地力评价是一项系统工程，落实面广、工作环节多，每个环节都很重要，每个环节都不能有丝毫纰漏，否则就会影响数据的真实性，进而影响评价结果的准确性和科学性，甚至影响农户施肥量以及作物的产量。为此，在项目实施过程中严格按照技术规范要求，扎实稳步地推进项目每个环节。

（1）采样精确、调查全面：牡丹江为山区，地形地貌比较复杂，以村为单位按村界东南西北4个方位定点，按照平均每个点代表65～100公顷的要求，依据各村耕地面积确定布点数量，在村界区划范围内均匀分布。以这个原则为控制基数，在布点过程中，充分考虑了各土壤类型所占耕地总面积的比例、耕地类型等。然后将《行政区划图》和《土壤图》叠加，将叠加后的图像作为一个图层添加到谷歌地球里，再用谷歌地球精确确定调查点位。在土壤类型和耕地利用类型相同的不同区域内，保证点位均匀分布。为了使土样采集工作具有代表性、针对性，牡丹江市农业技术推广总站技术人员全部参与到这项工作中，分成若干个小组进行土样采集，对每个土样所需的资料进行全面细致的调查，并记录下来。

（2）化验分析、重复检测：样品的化验分析工作是测土配方施肥的关键环节，化验数据的准确与否，直接影响配方的科学性。为了每个土样的化验分析数值更加客观与准确，牡丹江土肥化验室所化验的674个耕地地力评价采样点的土样，全部进行重复化验，重复率达百分之百，对每个达到误差范围内的化验指标测试值取平均值，对没有达到误差允许的样品进行重新测定化验。

（3）明确分工、科学试验：按照测土配方施肥技术规范的要求开展田间试验工作，选择地块平坦，整体肥力均匀，具有代表性的地块，设立了“3414”田间试验和肥效校正实验共32个点次，为确保实验的科学性、准确性、代表性，整个试验过程的小区划分、肥料施用、田间管理、数据调查、室内考种、产量测算都是由站长统筹协调，科长带队组织，技术人员亲自操作完成，最终获得了精准的实验数据，为肥料配方设计和指导施肥提供依据，达到实验的预期效果。

2. 主要经验

（1）分步骤开展工作：

开展试点：五林镇是近年刚合并到牡丹江市区，原属林口县管辖，林口县已经完成了五林镇的布点工作，但没有采集土样，因此将五林镇的耕地地力调查工作交接下来，并作为试点进行实验总结，到2010年年底，采集土样192个，整理田间调查资料。

全面调查：北安、温春、桦林、兴隆、铁岭5个乡（镇）是牡丹江市区原区划内的乡（镇），将这些乡（镇）统一部署、统一进度，全面开展耕地地力调查工作。2011年春季，共采集土样334个。

收尾补缺：海南乡和磨刀石镇也是新合并到牡丹江市区区划内的乡（镇），原分别是海林市和穆棱市的辖区，这2个乡（镇）耕地地力开展了大量的调查工作，通过协商，将土壤样品以及数据等资料交接过来。到9月30日，完成148个土样和相关数据的移交，并进行了整理、分析、归类存放等工作。

（2）资源共享，整体推进：2005—2009年，牡丹江市6个县（市）先后分成5个批次开展耕地地力评价工作，为了全面推进此工作，建立了资源共享机制，共享经验、技术和成果。尤其是在调查工作期间，牡丹江市的行政区划发生了变更，海林市的海南乡、林口县五林镇和穆棱市的磨刀石镇划分到牡丹江市区，给项目的实施造成了不便，但通过资源的共享，不但省时省力，而且加快了项目的推进，将劳动成果最大化。并且计划在2012年，进行全市范围的耕地地力评价，形成牡丹江市耕地地力评价数据，为农业生产者提供及时有效的技术服务。

五、资金使用情况

耕地地力调查与评价工作是测土配方施肥的重要组成部分，严格按照《测土配方施肥试点补贴资金管理暂行办法》要求，设立了专账，确保了项目资金专款专用。资金的具体使用情况见附表4-1。

附表4-1　耕地地力评价资金使用情况表

年份	使用资金（万元）	用途
2009年	6.0	购买仪器设备 培训、学习
2010年	10.5	野外调查 化验分析 图件矢量化 工作空间的制作

（续）

年份	使用资金（万元）	用途
2011年	5.5	野外调查 化验分析 培训、学习 报告编写
合计	22.0	

六、存在的突出问题与建议

1. 经费不足 本次耕地地力调查与评价是一项技术新、数据多、工作量大的工作，而在时间上仓促和急迫等原因，田间实验数据积累尚不完整，仍需大量实验示范工作调查和验证数据，因此在经费显现出短缺和不足。

2. 区划变更 由于牡丹江市区行政区划的改变，新区划的数据尚在统计与整理当中。此次耕地地力评价工作，对现区划的数据进行了整合，但数据和资料的完整和统一性，还需进行核实和改进。

3. 信息使用 在县域耕地资源管理信息系统使用上，由于区域差异等原因，尤其是施肥推荐上表现出无法与牡丹江市实际情况相结合，如：肥料的运筹方案中无法使用当地常规使用的肥料，给工作中的施肥推荐造成了不便。希望软件可以进一步升级，适应当地的农业生产情况。

综上所述，此次耕地地力调查和评价工作，做出了一定的成绩，但由于人员的技术水平和时间有限，经费不足，有很多数据的调查分析工作不够全面。希望在今后的工作中，进一步做好此项工作，为牡丹江市农业生产做出应有贡献。

七、大事记

1. 2009年4月23日 在牡丹江市农业技术推广总站六楼会议室，召开测土配方施肥工作动员大会，参加人员有牡丹江市农业技术工作人员，以及各乡（镇）推广站长，会上潘长胜站长做了重要讲话和2009年测土配方施肥工作布置，并聘请了具有多年测土配方施肥工作经验的海林市农业技术推广中心土肥站站长辛东海讲解测土配方施肥工作技术要点。

2. 2009年4月29日 全站放弃“五一”节假日，开展测土配方施肥项目第一次土样采集工作，历时10天，共采集土样1 100个，牡丹江市区是黑龙江省2009年测土配方施肥项目县（市）中唯一一家完成了当年春季采样任务的项目县。

3. 2009年5月12日 在北安乡、兴隆镇、温春镇、铁岭镇、桦林镇五个乡（镇），每个乡（镇）布置田间肥效验证实验2个点次，共完成10个点次。

4. 2009年5月14～17日 潘长胜、金龙石、马旦林到七台河市参加2009年黑龙江省测土配方施肥工作会议。

5. 2009年7月8日　牡丹江市土肥化验室进行了整修，更换了实验室操作台，订制了样品柜和药品柜，铺设了排烟道，粉刷了墙面，并重新安排了实验室的格局，历时25天。

6. 2009年10月29日　开展测土配方施肥项目第二次土样采集工作，历时9天，共采集土样850个。

7. 2009年11月18～24日　马旦林、王燕到双城参加黑龙江省土壤肥料化验员培训班。

8. 2010年4月12～14日　潘长胜、金龙石、马旦林到哈尔滨参加全省测土配方施肥工作会议。

9. 2010年5月15日　在北安、兴隆、温春、铁岭、桦林五个乡（镇），每个乡（镇）布置田间肥效验证实验2个点次，共完成10个点次。

10. 2010年7月21日　潘长胜、金龙石、王燕到海林市参加黑龙江省耕地地力评价培训班。

11. 2010年9月9日　由黑龙江省土壤肥料管理站统一采购的化验室仪器设备陆续发送到牡丹江。

12. 2010年9月23日　潘长胜、金龙石、马旦林到林口接收五林镇的耕地地力评价部分数据。

13. 2010年10月14日　以五林镇为试点，开展牡丹江市区耕地地力评价土样采集工作，历时6天，共采集192个土样。

14. 2010年10月29日　到土地局、水务局、档案馆、民政局、统计局、气象局等部门，收集所需图件、数据等资料。

15. 2010年11月9日　开始粉碎已采集的土壤和植株样品。

16. 2010年12月29日　普析通用仪器公司的工作人员来牡丹江市安装调试原子吸收和分光光度计，4名化验人员参加仪器使用的培训。

17. 2011年2月22日　开展第一次土壤化验工作，历时35天，共化验土壤样品1 800个。

18. 2011年3月29日　金龙石、马旦林到哈尔滨参加全省耕地地力评价工作会议，并提交所需图件。

19. 2011年4月18日　开展2011年春季土样采集，共采集耕地地力评价土样334个，测土配方施肥土样480个。

20. 2011年5月17日　在北安乡、兴隆镇、温春镇、铁岭镇、桦林镇五个乡（镇），每个乡（镇）布置田间肥效验证实验1个点次，共完成5个点次。

21. 2011年6月14～17日　金龙石、马旦林到扬州参加县域耕地资源管理信息系统应用技术培训班。

22. 2011年6月28日　开展耕地地力评价土壤样品的化验，历时45天，共526个样品。

23. 2011年7月11日　宋耀远、王燕到成都参加植株样品化验技术培训班。

24. 2011年8月30日　到黑龙江极象动漫影视技术有限公司核对行政区划图和土壤

类型图等图件。

25. 2011 年 9 月 13 日 接收海南乡和磨刀石镇耕地地力评价土样及相关数据，共 148 个。

26. 2011 年 9 月 19 日 测土配方施肥项目检查组到牡丹江检查。

27. 2011 年 10 月 12 日 到黑龙江极象动漫影视技术有限公司制作工作空间。

28. 2011 年 12 月 2 日 到哈尔滨参加耕地地力评价报告培训班及完善工作空间。

29. 2011 年 12 月 30 日 完成耕地地力评价工作报告、技术报告、专题报告。

附录5　牡丹江市区各村土壤养分统计

附表5-1　牡丹江市区各村土壤养分统计（pH、有机质、有效磷和速效钾）

乡（镇）	村名称	样本数（个）	pH		有机质（克/千克）			有效磷（毫克/千克）			速效钾（毫克/千克）		
			最小值	最大值	平均值	最小值	最大值	平均值	最小值	最大值	平均值	最小值	最大值
北安乡	八达村	36	4.8	7.9	48.9	22.0	82.6	66.2	24.6	196.2	114	45	286
	放牛村	48	5.3	7.1	31.4	12.5	40.2	53.8	13.3	100.6	110	57	187
	三道关村	70	5.1	7	60.9	48.4	82.2	71.0	30.0	128.3	126	95	201
	丰收村	13	5	5.5	60.9	40.2	97.4	55.9	36.2	62.6	87	59	105
	江西村	14	5.6	8.3	33.1	31.9	43.1	36.2	33.9	58.1	165	91	177
	大砬子村	31	4.9	6.1	56.5	42.4	68.8	34.3	14.5	55.7	101	95	122
	前进村	12	4.8	7.9	54.1	22.0	77.6	69.8	24.9	102.3	105	45	142
	银龙村	10	5.1	6.2	30.4	27.1	39.5	148.9	52.0	193.1	316	112	414
	北安村	11	5	6.4	37.5	29.8	51.5	49.2	16.4	61.8	93	51	116
	新荣村	5	4.9	5	35.0	34.0	36.1	51.5	43.8	59.1	101	89	112
海南乡	石头沟村	35	6.4	6.5	17.5	13.4	21.6	108.0	45.0	181.3	148	65	229
	北拉古村	30	6.1	6.6	17.9	13.4	20.7	102.8	42.4	171.2	145	77	208
	河夹村	30	6	6.6	18.6	15.4	25.0	46.3	22.0	159.8	87	33	199
	山河村	30	5.9	6.6	19.3	12.5	24.6	49.9	26.7	87.6	112	54	132
	拉南村	22	6	6.8	28.0	21.3	59.1	79.3	43.2	132.6	165	134	188
	红旗村	25	6.3	6.6	25.9	17.3	32.2	87.3	44.9	175.8	154	132	170
	南拉古村	51	5.9	6.6	22.8	16.3	36.4	61.8	38.2	107.2	142	92	185
	中兴村	23	6.5	6.5	23.3	14.6	26.8	43.9	17.0	86.1	128	81	171
	沙虎村	26	6.4	6.6	24.7	17.1	32.2	29.5	17.2	62.9	84	43	200
	红星村	30	5.9	6.6	20.5	16.3	28.0	43.7	10.9	55.4	120	58	143
	河南村	16	5.9	6.6	20.2	16.3	36.9	48.4	16.3	56.7	118	69	134
桦林镇	临江村	32	4.9	6.3	56.2	28.6	88.2	69.5	38.6	116.5	100	66	139
	桦林村	35	5.2	7.5	34.9	24.8	51.9	55.8	25.5	114.9	113	64	279
	工农村	24	5.1	6.9	39.9	33.4	46.9	62.2	37.3	91.6	106	88	130
	安民村	32	5.5	6.8	43.9	26.3	71.6	75.7	28.8	145.1	158	93	258
	互利村	33	5.2	7.5	39.8	26.6	88.2	69.4	22.4	114.9	134	72	279
	南城子村	30	5.5	6.7	33.4	22.3	52.9	71.9	26.2	195.9	183	84	599
磨刀石镇	前进村	68	4.7	6.5	37.7	14.0	41.0	43.2	0.3	194.6	105	47	224
	富强村	23	6.3	6.6	44.0	40.0	55.9	43.5	30.8	85.5	149	93	328
	转心湖村	19	5.7	6	31.9	29.3	32.6	24.0	12.2	33.7	116	82	147
	红林村	20	4.6	5.5	20.4	14.0	25.8	28.3	25.4	33.9	81	67	99

（续）

乡（镇）	村名称	样本数（个）	pH		有机质（克/千克）			有效磷（毫克/千克）			速效钾（毫克/千克）		
			最小值	最大值	平均值	最小值	最大值	平均值	最小值	最大值	平均值	最小值	最大值
磨刀石镇	山底村	72	4.6	6.6	28.4	14.0	41.0	38.8	9.5	79.1	109	65	178
	代马沟村	35	5.9	6.5	40.0	32.0	41.0	58.9	27.0	103.7	134	72	192
	清平村	65	5.1	6.6	39.8	19.0	46.0	30.0	0.3	104.3	98	61	230
	六里地村	8	6.2	6.6	38.6	36.5	42.0	21.6	11.4	38.7	108	100	120
	金星村	101	4.7	6.6	35.7	14.0	50.9	26.1	0.3	79.1	89	47	279
	远景村	27	5.9	6.5	39.6	37.0	43.5	26.6	9.8	111.3	105	73	250
	大甸子村	10	6	6.6	39.0	33.4	41.0	53.0	31.8	120.4	163	130	180
	苇子沟村	30	5.6	6.6	38.4	33.0	44.3	78.8	10.3	154.6	122	80	212
	红星村	22	6.3	6.6	43.3	37.0	50.9	35.5	11.0	70.6	163	79	279
	团山子村	4	5.9	6.6	37.0	32.0	42.0	115.6	30.4	194.6	114	106	119
铁岭镇	四道村	33	5.4	7.8	43.6	14.4	63.7	47.1	24.8	125.7	112	73	201
	福民村	21	5.9	6.7	45.5	33.0	50.2	62.4	23.1	109.3	158	52	306
	福长村	56	5.4	7.8	45.2	14.4	63.0	51.5	8.0	125.7	142	52	328
	青梅村	63	5.3	6.2	36.9	28.9	51.5	72.4	41.6	134.0	97	60	148
	一村村	26	5.8	6.7	34.9	20.2	57.4	59.8	41.3	96.8	123	61	408
	南岔村	29	5.2	6.3	42.5	28.9	56.1	77.6	26.5	134.0	85	34	126
	北岔村	34	5.4	7.5	54.9	29.6	122.0	91.3	27.2	134.0	102	56	147
	二村村	55	5.2	6.3	39.0	25.1	57.4	54.5	19.6	119.7	100	73	125
	东新村	20	4.9	6.5	36.6	24.8	58.6	80.4	46.2	176.3	102	47	143
	苇子沟村	24	5.5	6.1	44.1	41.5	46.2	67.8	51.2	84.3	93	77	137
	三村村	45	4.9	6.6	40.3	25.1	58.6	82.1	20.7	160.1	96	47	143
温春镇	新立村	25	6.1	8.2	32.3	24.0	42.1	36.4	19.2	112.7	177	133	230
	东和村	30	6.2	6.8	29.7	23.9	38.7	54.5	28.6	117.1	164	100	310
	温春村	26	5.9	8.3	33.9	23.3	41.6	52.2	8.7	108.0	213	107	371
	楼房村	20	5.5	6.8	29.9	19.9	45.4	42.5	20.4	62.9	117	78	200
	小莫村	32	6.2	7.3	39.3	24.4	59.1	39.7	23.6	76.9	124	81	188
	共荣村	62	5.4	7.6	43.9	24.6	54.3	60.8	37.4	101.0	171	150	240
	敖东村	10	6.5	8.1	32.8	22.2	48.8	41.3	11.3	66.7	175	150	220
	黑山村	12	7.1	8.3	35.3	28.9	52.5	24.9	19.9	36.5	172	148	213
	烧锅村	9	6.4	7.2	31.9	28.6	34.7	28.7	17.8	62.2	172	105	210
	大莫村	14	7.3	8.2	26.7	22.5	29.1	24.3	16.3	34.1	131	89	173
	海浪村	4	6.7	7.4	30.3	28.4	31.9	86.9	41.8	113.8	225	154	270
	卡路村	3	7.6	7.7	33.8	32.1	35.6	119.9	99.9	141.4	129	112	148

（续）

乡（镇）	村名称	样本数（个）	pH		有机质（克/千克）			有效磷（毫克/千克）			速效钾（毫克/千克）		
			最小值	最大值	平均值	最小值	最大值	平均值	最小值	最大值	平均值	最小值	最大值
五林镇	青北村	27	5.6	6.1	27.9	22.7	34.0	61.1	43.3	70.8	129	80	170
	杏树村	56	4.6	6.3	37.3	14.0	73.6	42.2	19.1	61.9	114	65	170
	四岗村	17	5.3	6.3	31.0	24.9	52.7	42.7	27.1	58.6	101	73	131
	西桥村	38	5.3	6.3	31.3	18.2	56.4	47.9	23.9	82.1	108	59	173
	北甸村	22	5.2	6.3	33.3	25.4	45.8	43.9	12.5	92.5	105	42	170
	庆丰村	1	5.7	5.7	29.2	29.2	29.2	27.9	27.9	27.9	82	82	82
	青西村	104	5.1	7	26.6	21.6	42.9	57.6	21.4	123.2	121	57	164
	金场村	26	4.8	6.7	84.5	25.0	166.0	57.2	31.6	96.6	109	61	265
	大兴村	35	4.6	6.1	33.6	22.0	48.0	53.4	29.9	119.6	107	82	245
	洪林村	14	4.8	5.6	53.0	26.5	166.0	56.1	31.6	89.8	99	61	130
	马桥村	103	5.3	6.5	48.1	24.7	73.5	50.0	19.7	85.5	122	78	186
	长兴村	39	4.7	7.2	30.5	21.7	41.5	52.3	33.0	87.4	108	77	174
	板院村	36	5.2	5.8	32.0	24.0	41.6	49.2	26.8	71.3	101	56	166
	马西村	47	5.1	5.6	34.2	15.8	40.3	54.9	28.4	64.7	158	83	234
	马北村	7	5.5	6	45.9	33.3	54.9	65.7	21.7	86.2	110	76	141
	孔街村	16	5	5.5	38.0	25.4	61.0	59.2	36.3	119.6	115	61	245
	姚亮村	16	5.2	5.8	32.2	23.6	36.0	50.3	31.3	80.4	80	60	117
	陈堡村	23	5.4	6.1	52.2	24.2	78.3	53.5	9.7	66.9	99	70	129
	五河村	122	4.6	7.2	29.8	22.1	52.0	47.7	29.9	75.0	102	62	154
	长沟村	25	5.7	7.7	47.8	37.5	59.4	114.5	91.6	140.3	253	160	360
	五星村	16	5.2	5.9	35.1	25.4	41.5	84.1	51.9	124.6	98	62	143
	五岗村	20	5.2	5.9	38.5	27.4	81.6	94.0	43.6	124.6	125	67	157
	北兴村	12	5.6	6.5	38.4	31.8	50.6	61.7	19.7	122.4	137	109	188
	西沟村	14	5.5	5.8	30.3	23.4	37.9	53.4	26.6	77.0	114	76	136
兴隆镇	跃进村	24	5.6	6.8	27.3	18.9	43.3	59.7	24.4	163.7	169	95	239
	桥头村	36	5.7	6.8	28.4	20.9	48.6	38.0	13.0	126.0	127	56	197
	西村村	34	5.1	6.4	32.8	18.9	54.0	40.7	22.6	84.3	92	41	205
	兴隆村	9	5.7	6.5	32.1	28.6	43.3	65.2	27.9	163.7	174	134	239
	东村村	53	4.9	6.5	46.8	20.6	87.5	35.3	13.8	94.6	106	74	151
	迎门山村	13	4.9	5.7	36.6	22.1	44.6	27.6	11.6	62.2	99	46	150
	大团村	20	5.8	7.5	33.4	22.9	42.5	77.6	41.3	153.1	214	160	282
	胜利村	22	5.3	7.5	31.3	18.9	42.2	63.9	17.0	125.1	203	124	282
	小团村	23	5.3	7.2	28.1	18.9	42.6	56.2	17.0	194.0	188	89	556
	河西村	16	5.4	6.4	34.9	27.6	43.3	69.1	22.2	163.7	134	75	239

（续）

乡（镇）	村名称	样本数（个）	pH		有机质（克/千克）			有效磷（毫克/千克）			速效钾（毫克/千克）		
			最小值	最大值	平均值	最小值	最大值	平均值	最小值	最大值	平均值	最小值	最大值
兴隆镇	岭东村	19	5.2	6.4	28.1	18.0	51.4	37.8	22.0	71.0	86	36	107
	东胜村	51	5.1	7	43.7	12.5	87.5	36.5	21.1	84.3	97	41	162
	江南村	37	5.6	7.9	32.8	20.0	54.2	40.4	20.9	78.9	155	112	238
	大湾村	15	5.9	6.7	34.6	28.8	37.9	65.7	43.0	96.8	187	116	408
	下乜河村	7	5.9	7.1	34.3	28.4	40.7	45.5	23.1	124.0	158	109	179
	中乜河村	6	6	6.2	28.5	27.7	29.2	35.6	22.8	62.5	165	158	178
	乜河村	2	6.2	6.3	28.8	28.6	28.9	66.4	62.5	70.3	164	161	166

附表 5-2　牡丹江市区各村土壤养分统计（有效锌、全氮、全磷和有效铜）

乡（镇）	村名称	样本数（个）	有效锌（毫克/千克）			全氮（克/千克）			全磷（克/千克）			有效铜（毫克/千克）		
			平均值	最小值	最大值	平均值	最小值	最大值	平均值	最小值	最大值	平均值	最小值	最大值
北安乡	八达村	36	4.72	1.27	13.82	2.09	0.58	3.74	1.160	0.666	2.541	2.48	1.21	5.52
	放牛村	48	2.32	1.05	4.10	1.72	1.51	1.98	0.608	0.187	0.943	1.74	1.27	2.41
	三道关村	70	5.49	1.55	13.34	2.95	2.47	4.07	0.799	0.666	1.378	2.35	1.04	8.69
	丰收村	13	2.70	1.32	3.13	2.58	1.49	4.19	0.978	0.666	1.313	1.53	1.10	1.75
	江西村	14	1.96	1.53	2.08	1.40	1.35	1.81	0.770	0.666	0.848	1.44	1.42	1.69
	大砬子村	31	3.44	2.42	3.62	2.69	1.89	3.21	0.816	0.666	0.992	2.43	1.92	2.66
	前进村	12	6.15	1.27	10.87	2.07	0.58	3.15	1.527	0.666	2.541	2.61	1.21	3.42
	银龙村	10	5.00	3.23	5.82	1.82	1.76	1.85	0.893	0.666	1.234	1.47	1.33	1.80
	北安村	11	2.34	1.75	3.01	1.46	1.11	1.72	0.728	0.666	0.894	1.29	0.83	1.86
	新荣村	5	3.63	3.07	4.19	1.69	1.67	1.71	0.666	0.666	0.666	1.35	1.26	1.43
海南乡	石头沟村	35	2.68	1.50	3.69	2.08	1.76	2.50	0.312	0.174	0.666	2.03	1.90	2.39
	北拉古村	30	2.92	1.12	3.69	1.83	1.47	2.50	0.314	0.164	0.666	1.87	1.27	2.59
	河夹村	30	1.80	0.63	3.51	1.51	1.37	1.90	0.346	0.157	0.666	2.48	1.80	2.72
	山河村	30	1.79	0.68	3.47	1.72	1.38	2.11	0.293	0.164	0.675	2.38	1.27	2.92
	拉南村	22	2.25	1.46	4.04	2.01	1.81	2.46	0.308	0.193	1.296	2.12	1.81	2.53
	红旗村	25	2.07	1.01	4.04	1.82	1.49	2.36	0.260	0.238	0.388	3.01	2.25	3.50
	南拉古村	51	1.25	0.62	2.14	1.65	1.27	2.02	0.280	0.178	0.666	2.34	1.21	3.06
	中兴村	23	1.00	0.46	2.15	1.55	1.32	1.72	0.235	0.206	0.263	2.75	2.38	3.43
	沙虎村	26	1.21	0.41	5.23	1.59	1.43	1.84	0.192	0.171	0.224	2.50	1.81	3.16
	红星村	30	0.83	0.63	1.80	1.44	1.36	1.77	0.202	0.175	0.251	2.83	2.55	3.38
	河南村	16	0.94	0.65	1.54	1.48	1.35	1.63	0.251	0.163	0.666	2.61	2.41	2.97

（续）

乡（镇）	村名称	样本数（个）	有效锌（毫克/千克）			全氮（克/千克）			全磷（克/千克）			有效铜（毫克/千克）		
			平均值	最小值	最大值	平均值	最小值	最大值	平均值	最小值	最大值	平均值	最小值	最大值
桦林镇	临江村	32	6.10	2.07	10.98	2.23	1.57	2.84	0.900	0.666	1.038	1.39	0.70	1.69
	桦林村	35	2.83	1.34	8.60	1.91	1.57	2.62	0.719	0.537	1.011	1.48	0.68	3.88
	工农村	24	4.10	1.88	8.84	1.81	1.63	2.08	0.823	0.618	1.190	1.50	0.55	2.61
	安民村	32	3.76	1.40	10.45	1.94	1.49	2.46	0.787	0.602	1.407	2.14	0.63	4.41
	互利村	33	4.26	1.52	10.98	2.09	1.34	2.99	0.876	0.466	1.038	1.75	0.94	3.88
	南城子村	30	3.91	1.26	16.08	1.76	1.32	2.97	0.801	0.515	1.793	2.65	1.04	10.83
磨刀石镇	前进村	68	1.50	0.69	2.98	2.82	1.80	3.30	0.705	0.576	1.139	2.18	0.41	4.13
	富强村	23	4.33	2.06	10.57	2.82	2.75	2.93	0.888	0.666	1.267	4.11	2.18	9.89
	转心湖村	19	1.97	1.16	2.72	2.58	2.50	2.80	0.465	0.395	0.666	1.49	0.77	2.13
	红林村	20	2.77	2.60	3.02	2.29	2.20	2.39	0.578	0.333	0.666	1.52	1.45	1.59
	山底村	72	3.09	0.71	4.16	2.45	2.17	3.30	0.666	0.333	0.891	1.65	0.41	2.20
	代马沟村	35	1.45	0.78	3.02	3.01	2.30	3.30	0.651	0.576	0.845	1.50	0.96	2.52
	清平村	65	1.56	0.30	4.91	3.00	1.80	3.34	0.599	0.395	0.924	1.93	0.41	3.95
	六里地村	8	1.98	0.77	2.70	3.03	2.80	3.40	0.699	0.666	0.753	1.77	1.57	2.09
	金星村	101	1.55	0.64	7.74	2.98	2.30	3.31	0.626	0.395	1.139	1.86	0.41	6.73
	远景村	27	1.12	0.44	2.55	2.73	1.94	3.30	0.526	0.477	0.741	2.69	1.13	3.70
	大甸子村	10	1.92	1.33	2.29	2.98	2.46	3.30	0.508	0.438	0.549	1.03	0.41	2.65
	苇子沟村	30	1.78	0.30	2.97	2.41	1.80	3.30	0.626	0.333	0.924	2.42	0.41	3.39
	红星村	22	3.40	0.48	7.74	2.70	1.98	3.31	0.619	0.508	0.666	4.04	0.87	6.73
	团山子村	4	1.67	0.90	2.00	2.80	2.60	3.40	0.699	0.559	0.753	2.79	0.77	4.13
铁岭镇	四道村	33	3.29	1.15	5.63	2.88	0.88	4.10	0.891	0.458	1.835	3.08	0.73	4.63
	福民村	21	3.91	1.21	8.20	2.27	1.55	2.59	0.791	0.570	1.273	2.38	0.82	5.93
	福长村	56	3.55	1.19	10.57	2.52	0.88	4.10	0.841	0.458	1.267	3.09	0.73	9.89
	青梅村	63	3.93	2.44	7.56	1.93	1.38	2.42	0.805	0.620	1.043	2.06	0.95	4.45
	一村村	26	3.01	1.75	4.59	1.66	1.33	2.06	0.754	0.603	0.971	1.70	0.98	2.81
	南岔村	29	3.53	1.91	6.92	2.22	1.44	3.48	0.860	0.636	1.792	2.36	1.23	4.38
	北岔村	34	4.02	1.46	6.92	2.87	1.55	5.14	0.917	0.666	1.973	2.61	1.49	4.38
	二村村	55	2.78	1.63	4.48	1.86	1.09	2.71	0.776	0.588	0.955	1.61	0.98	2.81
	东新村	20	3.35	1.77	7.78	1.86	1.36	2.83	0.912	0.538	1.835	1.78	0.52	3.58
	苇子沟村	24	2.11	1.27	2.48	2.63	1.99	3.73	0.825	0.666	0.937	2.18	2.07	2.42
	三村村	45	3.41	1.78	7.78	2.07	1.43	2.83	1.024	0.542	1.835	1.84	0.52	3.24
温春镇	新立村	25	1.83	0.95	2.78	1.50	1.28	1.78	0.635	0.449	1.024	1.79	1.34	2.36
	东和村	30	1.99	1.56	2.95	1.68	1.36	1.96	0.690	0.496	0.943	1.96	1.21	2.24
	温春村	26	4.16	1.62	11.97	1.55	1.39	1.82	0.683	0.405	0.996	2.35	1.01	4.39

（续）

乡（镇）	村名称	样本数（个）	有效锌（毫克/千克）			全氮（克/千克）			全磷（克/千克）			有效铜（毫克/千克）		
			平均值	最小值	最大值	平均值	最小值	最大值	平均值	最小值	最大值	平均值	最小值	最大值
温春镇	楼房村	20	1.59	1.35	2.13	1.61	1.21	2.12	0.574	0.379	0.781	1.56	0.73	2.15
	小莫村	32	2.09	1.10	2.92	1.83	0.74	2.60	0.720	0.463	1.296	1.47	0.98	1.98
	共荣村	62	2.91	1.83	3.25	2.14	1.22	2.30	0.702	0.211	0.820	1.45	0.70	2.42
	敖东村	10	2.23	1.60	3.00	1.73	1.19	2.24	0.720	0.613	1.296	1.37	1.09	1.81
	黑山村	12	2.27	1.75	2.77	1.69	1.37	2.34	0.713	0.492	1.296	1.41	1.03	1.74
	烧锅村	9	2.35	1.16	3.42	1.64	1.40	1.87	0.794	0.639	0.967	1.91	1.48	2.24
	大莫村	14	1.61	1.30	1.80	1.35	1.19	1.47	0.552	0.449	0.666	1.37	1.22	1.74
	海浪村	4	3.66	2.16	4.55	1.55	1.42	1.66	0.666	0.666	0.666	1.89	1.68	2.13
	卡路村	3	4.50	3.63	5.44	1.64	1.55	1.73	1.050	0.902	1.346	1.38	1.16	1.58
五林镇	青北村	27	2.10	1.78	2.35	1.45	0.75	2.09	0.774	0.645	0.862	1.50	1.31	1.70
	杏树村	56	1.75	1.23	2.77	2.18	1.79	3.66	0.603	0.333	0.776	1.12	0.84	1.61
	四岗村	17	1.70	1.26	2.39	1.63	1.43	2.18	0.648	0.467	0.837	1.67	0.37	2.24
	西桥村	38	2.25	1.16	3.52	1.81	1.44	2.65	0.702	0.455	1.145	1.77	0.68	3.23
	北甸村	22	2.30	1.38	3.56	1.65	1.46	1.97	0.701	0.455	0.882	1.72	0.66	2.37
	庆丰村	1	1.62	1.62	1.62	1.76	1.76	1.76	0.701	0.701	0.701	0.82	0.82	0.82
	青西村	104	2.03	0.62	4.19	1.71	1.33	2.47	0.666	0.467	0.983	1.96	0.64	3.37
	金场村	26	1.36	0.43	4.03	4.22	1.41	8.08	1.127	0.501	1.853	0.91	0.20	2.31
	大兴村	35	1.74	0.91	5.91	1.74	1.30	2.60	0.662	0.494	0.990	1.55	0.71	2.36
	洪林村	14	1.27	0.43	1.86	2.68	1.31	8.08	0.818	0.423	1.853	1.38	0.20	1.92
	马桥村	103	1.73	0.70	4.41	2.47	1.36	3.64	0.739	0.536	1.049	1.28	0.61	2.19
	长兴村	39	1.58	0.80	3.45	1.65	1.25	2.24	0.630	0.516	0.886	2.28	1.03	3.43
	板院村	36	1.86	1.23	3.32	1.62	1.35	2.13	1.003	0.576	1.822	1.30	0.39	2.13
	马西村	47	1.79	0.93	1.91	1.62	1.10	1.85	0.837	0.563	0.983	2.00	0.73	2.19
	马北村	7	2.17	1.47	2.62	2.20	1.70	2.54	0.782	0.541	0.990	1.79	1.60	1.91
	孔街村	16	2.21	0.91	5.91	1.92	1.46	2.60	0.658	0.494	1.007	1.75	0.87	2.50
	姚亮村	16	1.78	1.41	2.69	1.70	1.50	2.23	0.602	0.395	0.811	1.37	1.12	1.75
	陈堡村	23	2.28	1.15	3.14	2.55	0.85	4.09	0.993	0.361	1.529	1.18	0.33	1.67
	五河村	122	1.37	0.98	2.33	1.64	1.27	2.53	0.595	0.495	0.886	2.14	0.71	3.43
	长沟村	25	3.24	2.74	3.79	2.40	1.97	2.88	0.943	0.666	1.286	1.22	0.96	1.44
	五星村	16	2.42	1.40	4.30	2.00	1.41	2.34	0.700	0.543	0.983	1.64	0.61	2.62
	五岗村	20	3.01	1.62	5.68	2.27	1.53	4.12	0.949	0.635	1.276	2.17	0.83	2.62
	北兴村	12	2.82	1.34	4.56	1.88	1.67	2.12	0.935	0.710	1.346	2.34	1.42	3.00
	西沟村	14	1.90	1.09	2.45	1.65	1.38	1.88	0.861	0.575	1.420	1.79	1.13	2.13

（续）

乡（镇）	村名称	样本数（个）	有效锌（毫克/千克）			全氮（克/千克）			全磷（克/千克）			有效铜（毫克/千克）		
			平均值	最小值	最大值	平均值	最小值	最大值	平均值	最小值	最大值	平均值	最小值	最大值
兴隆镇	跃进村	24	2.27	0.77	7.99	1.41	1.18	1.76	0.637	0.395	1.005	1.86	0.41	4.36
	桥头村	36	1.61	0.83	6.00	1.43	1.05	2.04	0.564	0.361	0.832	1.84	0.48	3.58
	西村村	34	1.94	0.76	2.59	1.79	1.18	2.48	0.652	0.395	0.865	2.02	0.41	3.19
	兴隆村	9	3.41	1.91	7.99	1.52	1.31	1.64	0.700	0.631	0.860	2.72	2.18	4.36
	东村村	53	1.81	0.78	3.66	2.06	1.28	3.01	0.753	0.542	1.139	2.08	1.11	3.27
	迎门山村	13	1.49	1.01	1.73	1.98	1.41	2.24	0.681	0.596	0.753	1.77	0.77	2.13
	大团村	20	3.14	1.33	9.00	1.55	1.20	2.18	0.736	0.395	1.242	2.49	1.07	5.09
	胜利村	22	3.24	0.70	9.00	1.64	1.18	2.18	0.696	0.395	1.005	2.44	0.41	5.09
	小团村	23	1.63	0.70	3.95	1.44	1.18	1.93	0.755	0.395	1.823	2.04	0.41	3.62
	河西村	16	3.47	1.60	7.99	1.64	1.31	2.15	0.702	0.537	0.865	2.63	1.03	4.36
	岭东村	19	1.16	0.66	1.49	1.31	0.92	2.05	0.506	0.270	0.666	0.93	0.42	1.96
	东胜村	51	1.75	0.66	2.59	1.97	1.00	3.12	0.736	0.341	1.139	2.27	0.41	4.13
	江南村	37	2.10	1.26	3.90	1.59	0.98	1.96	0.632	0.256	1.371	2.23	1.22	3.90
	大湾村	15	3.09	1.93	4.59	1.74	1.48	1.89	0.630	0.376	0.666	2.29	1.61	2.40
	下乜河村	7	3.48	1.38	8.64	1.78	1.56	2.04	0.730	0.336	1.371	2.51	1.65	3.55
	中乜河村	6	1.80	1.57	2.11	1.53	1.50	1.55	0.667	0.631	0.703	2.35	2.26	2.50
	乜河村	2	1.95	1.87	2.03	1.52	1.51	1.52	0.649	0.631	0.666	2.34	2.34	2.34

附表 5-3　牡丹江市区各村土壤养分统计（有效铁、全钾、碱解氮和有效锰）

乡（镇）	村名称	样本数（个）	有效铁（毫克/千克）			全钾（克/千克）			碱解氮（克/千克）			有效锰（毫克/千克）		
			平均值	最小值	最大值	平均值	最小值	最大值	平均值	最小值	最大值	平均值	最小值	最大值
北安乡	八达村	36	107.9	42.4	237.6	24.1	19.1	26.6	240.78	140.42	424.98	59.8	14.5	92.2
	放牛村	48	58.8	27.4	102.1	22.5	10.4	26.0	188.62	119.36	256.60	68.0	18.0	129.7
	三道关村	70	107.6	69.8	172.3	28.7	24.3	32.9	224.68	193.82	315.94	53.7	24.8	112.9
	丰收村	13	138.9	80.6	270.4	22.6	17.0	24.6	244.95	176.35	425.80	88.8	31.7	107.2
	江西村	14	27.9	16.2	93.3	25.2	24.1	25.8	151.98	120.60	193.82	23.1	15.3	69.6
	大砬子村	31	158.0	107.0	189.0	24.2	22.8	25.5	245.70	193.82	360.55	78.7	58.3	93.1
	前进村	12	88.6	42.4	213.7	22.8	19.9	24.5	266.48	148.27	382.02	42.0	14.5	83.3
	银龙村	10	49.4	32.3	85.6	28.0	24.5	29.4	197.24	193.82	202.37	71.1	60.6	101.6
	北安村	11	84.6	77.6	100.2	24.4	22.4	26.0	271.95	193.82	480.29	90.9	48.0	111.2
	新荣村	5	74.6	71.9	77.3	25.6	25.3	25.9	193.82	193.82	193.82	103.5	97.8	109.1
海南乡	石头沟村	35	34.5	31.5	37.5	18.8	17.6	19.1	237.50	193.82	254.90	23.1	22.3	23.7
	北拉古村	30	35.0	29.6	48.7	18.8	17.3	19.9	230.86	193.82	244.10	22.9	22.3	23.1
	河夹村	30	43.0	30.6	48.1	17.6	16.6	18.8	222.74	193.82	250.30	17.7	8.8	23.1
	山河村	30	44.5	27.5	48.7	18.2	17.3	20.7	228.33	166.16	256.60	22.1	19.6	23.0
	拉南村	22	37.8	30.6	80.8	16.8	15.6	21.2	232.58	193.82	329.57	24.1	21.9	39.7
	红旗村	25	39.5	31.4	47.3	16.0	15.0	17.3	240.53	231.76	245.50	23.1	22.1	27.0
	南拉古村	51	42.1	30.6	48.9	17.5	15.7	28.6	226.24	120.80	251.73	23.4	19.6	44.3

（续）

乡（镇）	村名称	样本数（个）	有效铁（毫克/千克）			全钾（克/千克）			碱解氮（克/千克）			有效锰（毫克/千克）		
			平均值	最小值	最大值	平均值	最小值	最大值	平均值	最小值	最大值	平均值	最小值	最大值
海南乡	中兴村	23	45.5	39.1	48.8	17.0	15.9	17.7	234.15	215.31	247.60	22.7	22.2	23.2
	沙虎村	26	42.9	31.9	47.8	16.3	7.8	17.6	215.35	204.55	232.85	21.1	13.0	22.3
	红星村	30	47.8	44.0	48.6	17.0	16.0	17.8	229.23	219.37	242.70	20.5	17.6	22.4
	河南村	16	45.7	38.5	48.6	17.1	16.3	17.8	231.73	193.82	242.65	20.6	19.6	23.0
桦林镇	临江村	32	100.1	68.1	148.1	23.6	18.4	34.5	200.22	108.62	268.86	69.1	48.1	135.9
	桦林村	35	86.1	40.8	129.6	22.9	19.8	28.4	173.03	110.89	233.76	97.4	31.0	154.9
	工农村	24	85.2	51.9	227.1	22.2	20.6	27.0	151.49	110.89	231.28	74.1	30.6	127.9
	安民村	32	96.0	51.6	142.0	19.7	16.0	24.0	204.65	151.16	374.07	64.5	40.9	98.8
	互利村	33	96.0	40.8	148.1	21.7	18.4	25.1	190.41	140.83	268.86	73.5	31.0	149.9
	南城子村	30	102.6	57.5	235.5	19.5	15.1	23.9	208.59	111.92	479.08	64.1	24.8	91.1
磨刀石镇	前进村	68	63.9	10.3	146.0	28.3	21.2	38.2	241.64	158.70	459.90	71.4	35.9	170.2
	富强村	23	60.1	56.7	81.7	21.2	19.5	26.8	247.48	193.82	266.54	77.1	33.1	91.8
	转心湖村	19	47.7	43.4	52.9	37.1	33.4	41.5	210.96	193.10	231.10	66.8	46.4	84.2
	红林村	20	27.6	12.0	40.4	27.0	24.9	30.2	192.27	186.86	193.82	64.5	45.2	96.7
	山底村	72	58.4	12.0	79.8	26.6	24.0	32.9	189.88	160.20	233.20	91.0	42.6	157.9
	代马沟村	35	99.6	37.0	168.4	26.8	17.1	38.2	257.88	181.70	344.90	106.3	53.9	142.4
	清平村	65	70.8	21.6	217.8	25.8	19.6	31.1	219.64	167.50	257.20	68.1	25.9	170.2
	六里地村	8	78.8	43.2	100.2	26.3	22.7	28.4	164.19	114.80	193.82	98.3	71.6	114.3
	金星村	101	64.0	10.3	146.0	25.8	20.7	29.9	221.15	158.70	273.40	64.7	35.9	170.2
	远景村	27	49.9	23.6	133.7	24.3	20.7	29.8	183.06	119.40	227.97	66.8	47.0	83.8
	大甸子村	10	46.7	22.7	138.0	30.1	27.9	31.1	191.56	167.50	209.20	56.0	49.5	58.9
	苇子沟村	30	92.8	21.6	183.1	26.9	25.0	31.1	181.10	161.70	209.20	68.4	39.5	110.5
	红星村	22	39.7	24.0	77.3	27.1	23.4	29.5	203.27	185.75	257.00	54.9	41.7	72.3
	团山子村	4	38.8	17.9	46.5	23.4	20.7	26.1	408.30	334.50	459.90	67.4	48.4	123.7
铁岭镇	四道村	33	131.0	45.1	257.0	20.5	16.3	34.3	204.02	51.21	255.23	51.6	36.6	86.6
	福民村	21	70.7	46.0	100.7	24.0	18.3	29.1	191.99	152.81	238.71	54.0	44.1	66.7
	福长村	56	100.9	24.6	256.3	23.4	16.3	38.0	202.08	92.72	299.01	55.7	23.0	110.5
	青梅村	63	85.9	58.2	121.0	25.0	20.4	30.4	165.24	108.62	234.17	71.8	39.0	139.3
	一村村	26	63.5	33.3	97.6	24.9	17.5	30.6	176.78	94.16	247.59	42.2	24.7	71.9
	南岔村	29	93.3	56.4	142.1	19.7	15.4	23.4	194.19	150.33	299.43	68.7	26.9	95.5
	北岔村	34	113.9	76.1	217.8	20.9	18.0	23.7	229.69	154.88	422.91	66.9	23.0	104.3
	二村村	55	85.3	51.0	146.9	24.5	17.5	30.3	167.64	88.38	196.18	60.4	12.9	113.5
	东新村	20	80.0	51.1	123.0	26.7	20.6	32.1	165.48	51.21	249.45	66.8	32.3	126.9
	苇子沟村	24	106.2	71.1	125.6	23.3	22.0	25.6	188.60	152.12	199.75	62.1	45.7	83.0
	三村村	45	85.7	42.3	181.7	26.4	18.7	32.1	172.66	51.21	249.45	81.6	26.2	126.9

（续）

乡（镇）	村名称	样本数（个）	有效铁（毫克/千克）			全钾（克/千克）			碱解氮（克/千克）			有效锰（毫克/千克）		
			平均值	最小值	最大值	平均值	最小值	最大值	平均值	最小值	最大值	平均值	最小值	最大值
温春镇	新立村	25	34.5	14.0	60.3	22.6	17.5	25.0	147.91	103.66	193.82	30.3	12.2	67.5
	东和村	30	70.2	43.0	86.1	19.5	16.1	24.4	160.39	113.10	215.79	54.3	36.7	64.6
	温春村	26	64.0	9.8	249.9	26.3	22.4	29.9	154.10	97.88	201.96	31.4	8.3	79.7
	楼房村	20	59.0	37.5	79.6	23.6	19.0	27.6	155.88	83.22	212.28	60.8	30.4	79.1
	小莫村	32	51.2	22.4	80.8	25.7	21.2	31.5	184.19	120.80	329.57	38.4	26.2	60.9
	共荣村	62	89.4	30.4	126.0	21.0	16.4	27.5	224.93	118.53	246.49	42.0	18.3	55.3
	敖东村	10	39.9	13.7	64.7	23.2	20.2	28.1	204.22	108.62	329.57	21.4	8.1	33.3
	黑山村	12	25.5	12.3	63.8	23.6	17.5	27.2	169.74	120.18	329.57	18.7	12.3	32.6
	烧锅村	9	56.4	31.1	80.6	25.7	23.7	28.3	161.97	149.35	174.29	48.2	27.9	82.1
	大莫村	14	16.6	13.1	24.7	25.9	17.5	27.8	134.21	103.66	193.82	11.4	6.2	26.8
	海浪村	4	41.6	31.1	50.4	25.5	24.4	27.2	193.82	193.82	193.82	33.6	24.0	43.7
	卡路村	3	34.4	23.8	44.2	28.4	28.3	28.6	147.72	119.36	161.90	13.5	13.5	13.6
五林镇	青北村	27	124.1	91.9	134.3	21.8	20.9	25.6	211.91	178.11	220.89	83.5	80.0	86.8
	杏树村	56	89.7	12.0	150.4	22.0	19.3	36.9	194.42	161.59	212.10	77.8	45.2	88.4
	四岗村	17	92.9	68.1	146.4	23.2	21.2	24.6	175.22	137.45	226.60	97.7	68.3	125.3
	西桥村	38	104.1	72.0	208.4	22.3	17.5	25.0	184.76	151.57	321.31	97.8	58.2	128.1
	北甸村	22	105.7	51.4	176.3	22.9	19.9	25.1	169.15	111.05	232.93	86.3	65.7	99.2
	庆丰村	1	74.2	74.2	74.2	22.0	22.0	22.0	189.77	189.77	189.77	100.7	100.7	100.7
	青西村	104	97.5	39.8	205.0	22.9	19.2	27.8	188.21	101.19	262.87	112.5	69.7	154.6
	金场村	26	161.6	48.7	291.3	20.4	14.6	31.8	290.53	135.05	494.40	63.8	12.5	119.8
	大兴村	35	103.9	39.8	186.0	22.7	18.3	27.0	177.45	119.15	277.95	91.5	43.6	117.8
	洪林村	14	123.3	60.3	291.3	22.8	14.6	27.7	226.80	143.37	494.40	84.4	12.5	112.4
	马桥村	103	119.2	62.0	167.4	19.5	11.9	31.2	226.05	146.86	365.51	73.0	55.7	98.2
	长兴村	39	144.4	69.0	209.6	22.5	20.9	26.1	196.51	119.15	279.81	92.4	56.5	134.4
	板院村	36	105.7	36.7	179.0	22.2	19.8	26.4	154.41	68.97	261.84	91.7	76.0	126.1
	马西村	47	170.9	57.7	193.2	22.7	20.8	23.9	241.19	130.92	279.81	65.9	51.7	145.6
	马北村	7	132.3	80.7	165.4	21.6	20.9	23.0	219.37	162.93	277.95	80.5	71.3	89.1
	孔街村	16	110.6	75.8	167.9	25.3	22.0	27.0	198.21	150.54	265.15	107.5	82.8	124.1
	姚亮村	16	87.7	77.7	93.9	25.1	11.5	27.4	169.01	149.71	193.82	92.5	64.3	108.6
	陈堡村	23	117.1	36.9	183.8	20.5	18.6	23.2	264.48	114.81	442.74	65.9	18.0	88.0
	五河村	122	142.2	39.8	209.6	22.7	19.2	26.1	181.88	115.02	279.81	72.2	43.6	133.6
	长沟村	25	69.3	52.6	84.6	22.4	21.5	23.2	204.60	193.82	213.93	65.0	38.2	88.2
	五星村	16	99.6	46.6	118.4	22.2	20.3	24.5	193.61	114.99	262.87	109.3	76.4	124.5
	五岗村	20	102.0	67.0	170.3	21.8	19.6	24.5	249.40	150.75	349.28	93.1	48.2	135.3
	北兴村	12	133.6	104.1	173.4	20.5	16.9	22.9	209.42	157.77	269.07	78.8	49.8	100.9
	西沟村	14	108.2	57.3	179.0	21.0	17.7	22.7	158.69	113.16	193.82	85.1	66.5	104.1

（续）

乡（镇）	村名称	样本数（个）	有效铁（毫克/千克）			全钾（克/千克）			碱解氮（克/千克）			有效锰（毫克/千克）		
			平均值	最小值	最大值	平均值	最小值	最大值	平均值	最小值	最大值	平均值	最小值	最大值
兴隆镇	跃进村	24	65.1	36.8	104.2	27.4	20.0	38.2	147.35	89.21	193.82	63.2	42.1	83.5
	桥头村	36	75.0	37.2	183.3	27.9	22.5	35.6	157.45	74.34	238.30	69.6	52.2	109.7
	西村村	34	142.8	37.1	251.8	26.7	22.3	38.2	158.58	78.47	195.14	78.2	41.6	139.5
	兴隆村	9	71.0	52.6	90.7	22.9	20.9	28.5	167.23	113.58	179.52	72.3	65.7	83.5
	东村村	53	141.9	51.0	251.8	24.0	17.1	30.3	218.19	164.37	335.77	61.6	30.1	77.9
	迎门山村	13	107.9	70.3	128.0	23.5	20.7	31.1	188.64	78.47	212.83	67.5	57.7	102.6
	大团村	20	56.9	28.1	80.8	25.7	19.8	36.6	166.63	89.21	211.87	56.6	30.8	76.8
	胜利村	22	52.5	28.1	138.3	24.4	19.8	38.2	153.74	89.21	199.07	52.6	30.8	81.3
	小团村	23	65.9	37.1	97.6	25.2	20.3	38.2	152.31	89.21	216.82	64.2	37.1	99.3
	河西村	16	113.8	67.0	251.8	26.4	22.6	30.4	170.46	90.86	228.18	75.0	59.3	83.5
	岭东村	19	63.8	26.6	141.4	33.3	24.9	41.5	137.87	74.34	193.82	70.2	46.9	147.6
	东胜村	51	148.0	41.3	269.4	25.1	17.1	35.4	213.26	94.16	335.77	78.3	46.7	147.6
	江南村	37	78.9	40.3	142.3	25.1	20.8	31.3	171.58	81.77	238.30	89.0	23.0	163.3
	大湾村	15	93.4	33.3	118.1	25.1	22.9	29.3	187.57	92.25	247.59	71.3	65.1	80.8
	下乜河村	7	85.9	39.0	144.2	23.2	20.6	27.8	165.98	81.77	198.24	84.7	40.9	132.3
	中乜河村	6	71.7	62.3	82.3	21.3	20.7	22.3	168.02	146.20	193.82	73.5	67.0	84.0
	乜河村	2	62.5	61.0	64.0	20.6	20.6	20.6	186.67	179.52	193.82	67.6	66.3	68.9

图书在版编目（CIP）数据

黑龙江省牡丹江市区耕地地力评价/金龙石等主编
.—北京：中国农业出版社，2018.5
ISBN 978-7-109-23669-1

Ⅰ.①黑… Ⅱ.①金… Ⅲ.①耕作土壤—土壤肥力—土壤调查—牡丹江市②耕作土壤—土壤评价—牡丹江市
Ⅳ.①S159.235.3②S158

中国版本图书馆 CIP 数据核字（2017）第 307882 号

中国农业出版社出版
（北京市朝阳区麦子店街 18 号楼）
（邮政编码 100125）
责任编辑 杨桂华 廖 宁

中国农业出版社印刷厂印刷 新华书店北京发行所发行
2018 年 5 月第 1 版 2018 年 5 月北京第 1 次印刷

开本：787mm×1092mm 1/16 印张：19 插页：8
字数：480 千字
定价：108.00 元

牡丹江市区行政区划图

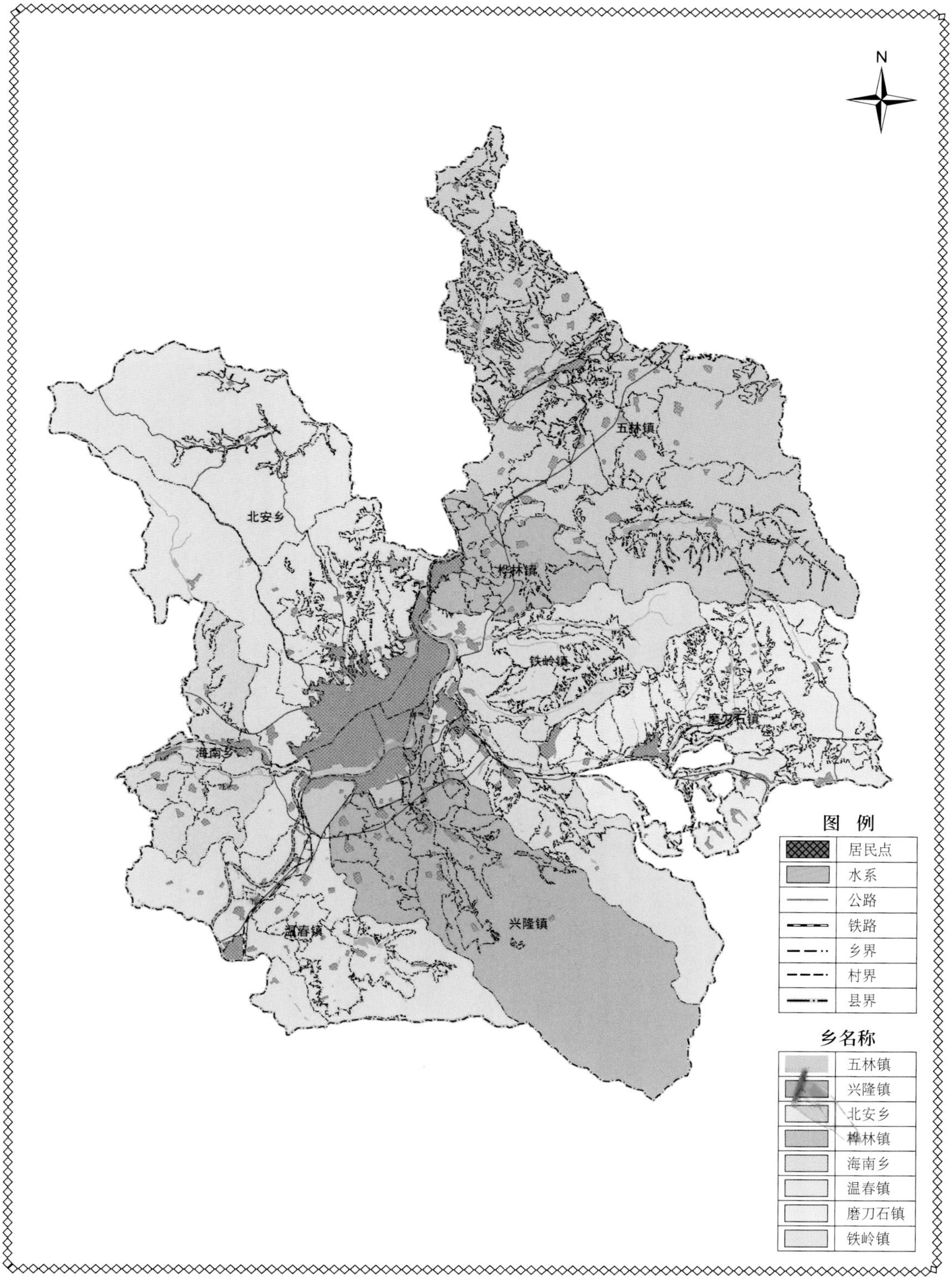

本图采用北京 1954 坐标系　　比例尺　1 ： 500 000　　哈尔滨万图信息技术开发有限公司

牡丹江市区土地利用现状图

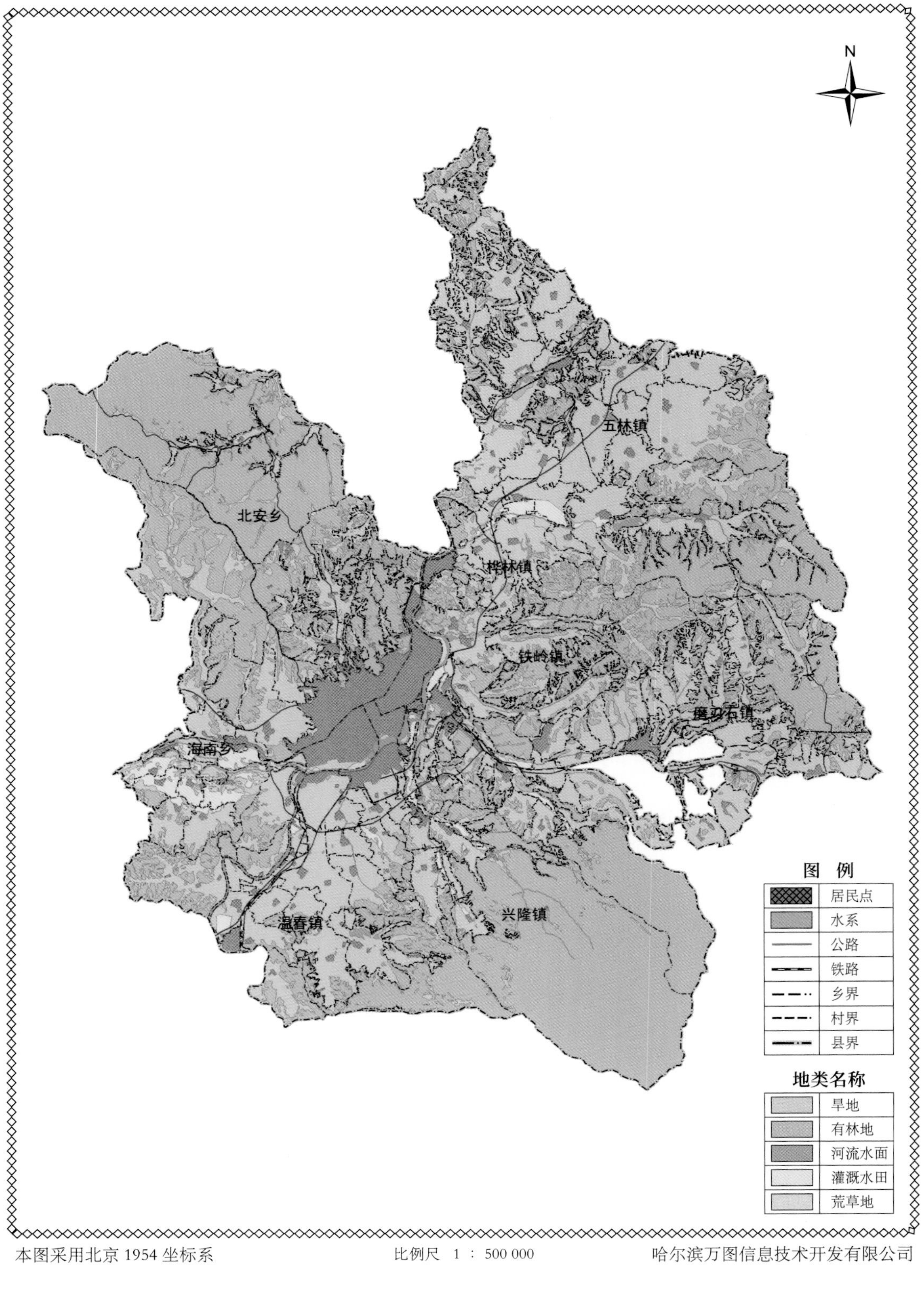

本图采用北京 1954 坐标系　　比例尺 1 : 500 000　　哈尔滨万图信息技术开发有限公司

牡丹江市区土壤图

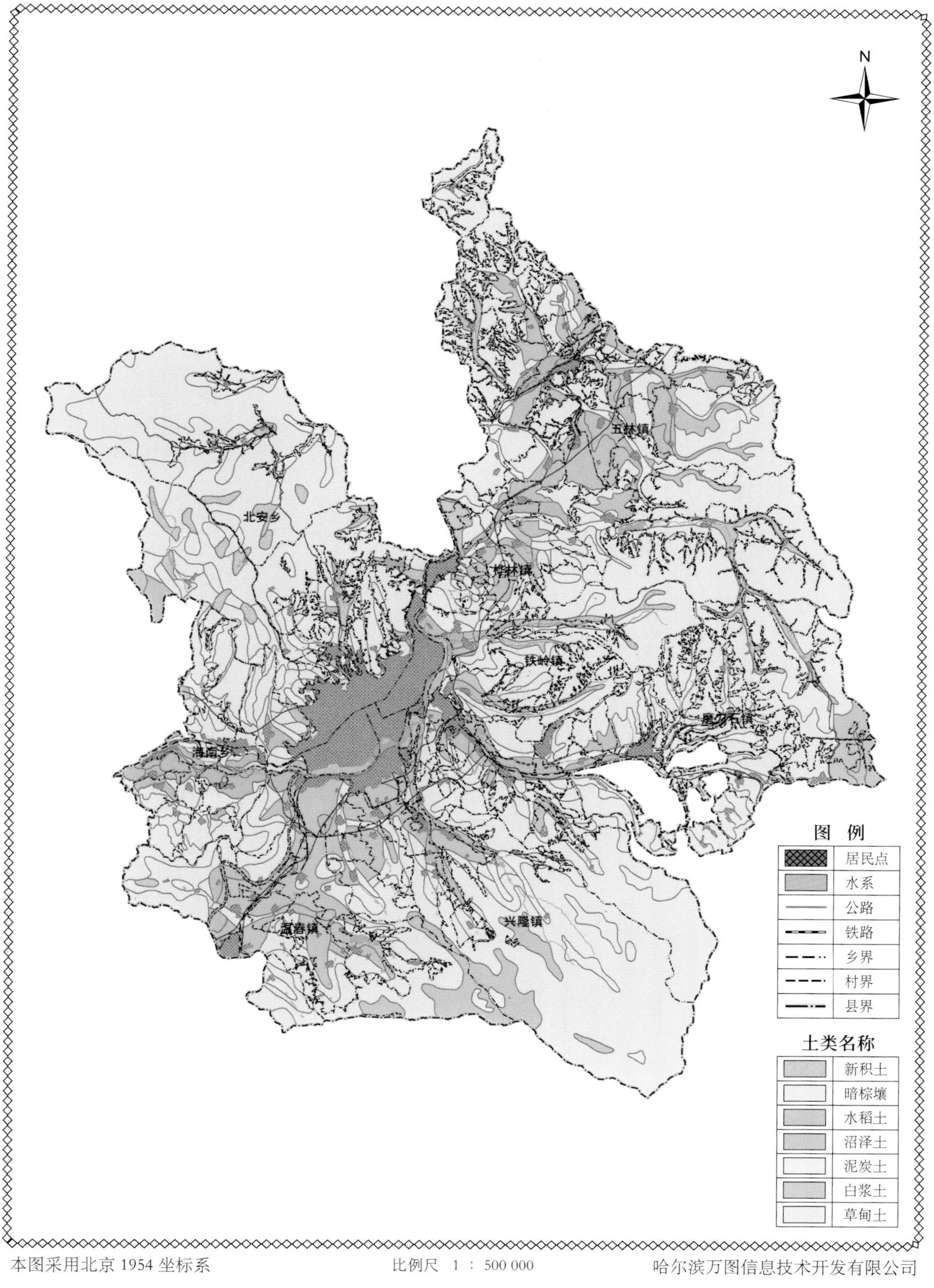

本图采用北京 1954 坐标系 比例尺 1 ： 500 000 哈尔滨万图信息技术开发有限公司

牡丹江市区耕地地力调查点分布图

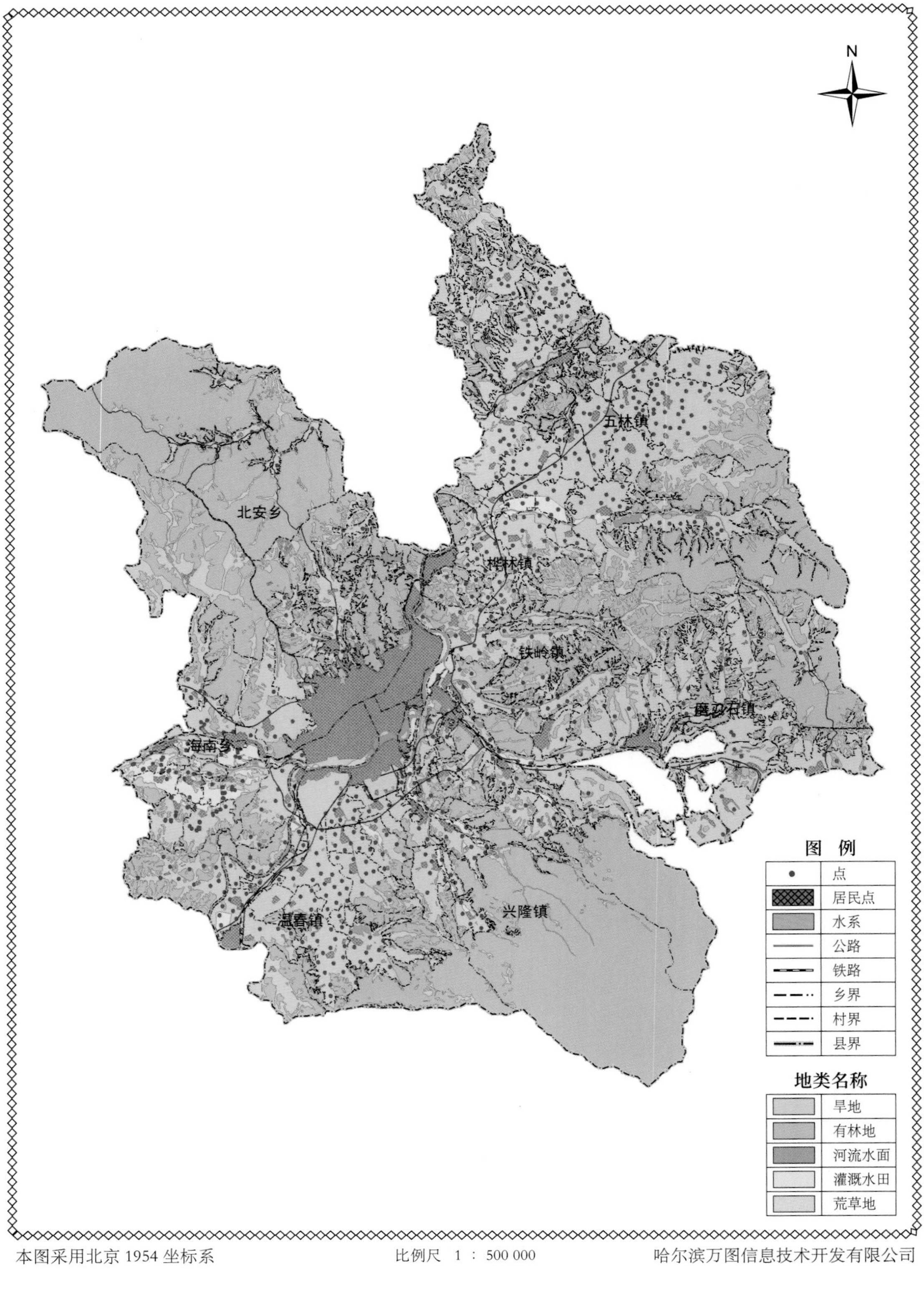

本图采用北京 1954 坐标系　　比例尺 1 : 500 000　　哈尔滨万图信息技术开发有限公司

牡丹江市区耕地地力等级图

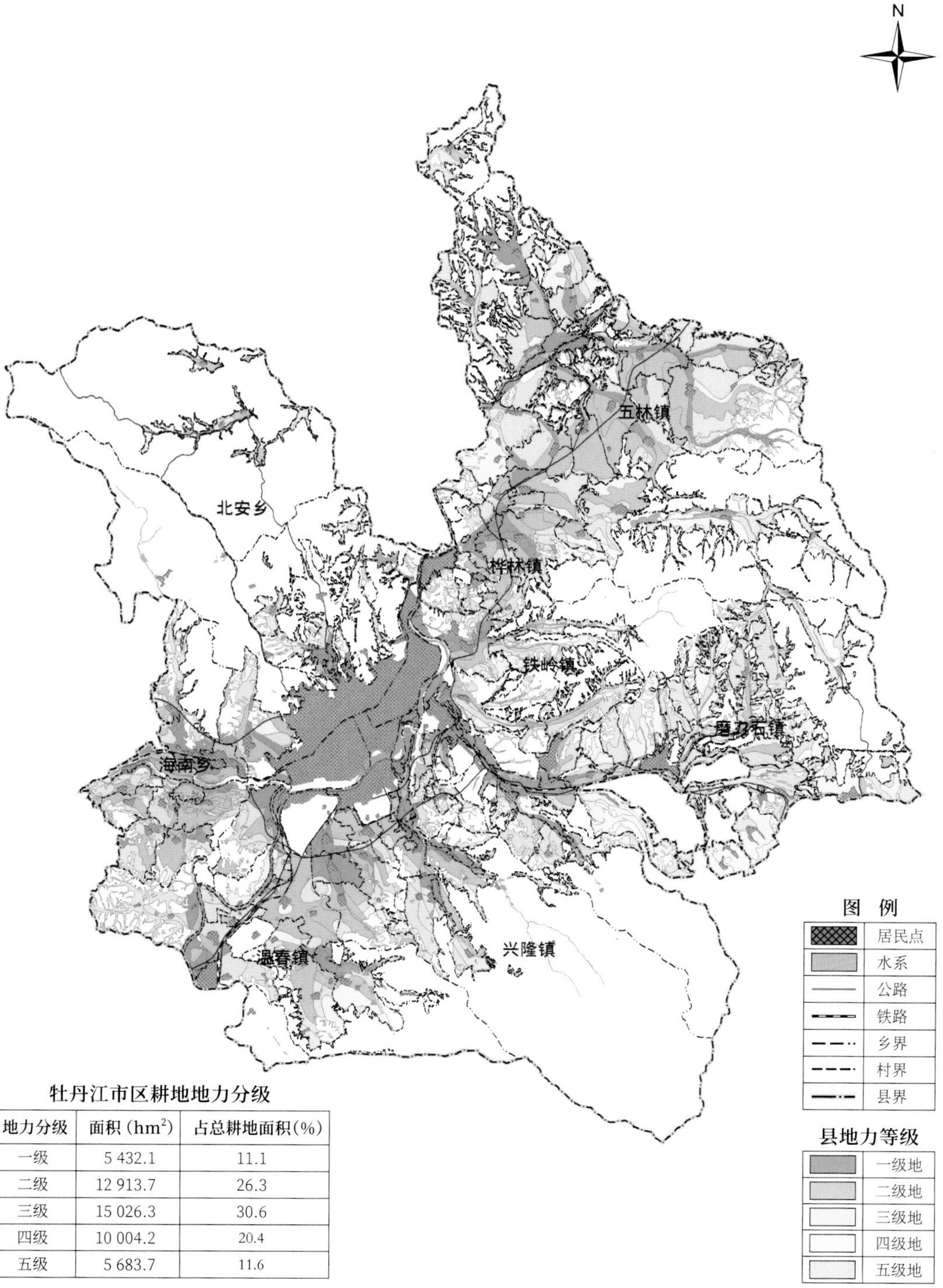

牡丹江市区耕地地力分级

地力分级	面积（hm²）	占总耕地面积（%）
一级	5 432.1	11.1
二级	12 913.7	26.3
三级	15 026.3	30.6
四级	10 004.2	20.4
五级	5 683.7	11.6

本图采用北京 1954 坐标系　　比例尺　1 ： 500 000　　哈尔滨万图信息技术开发有限公司

牡丹江市区耕地土壤有机质分级图

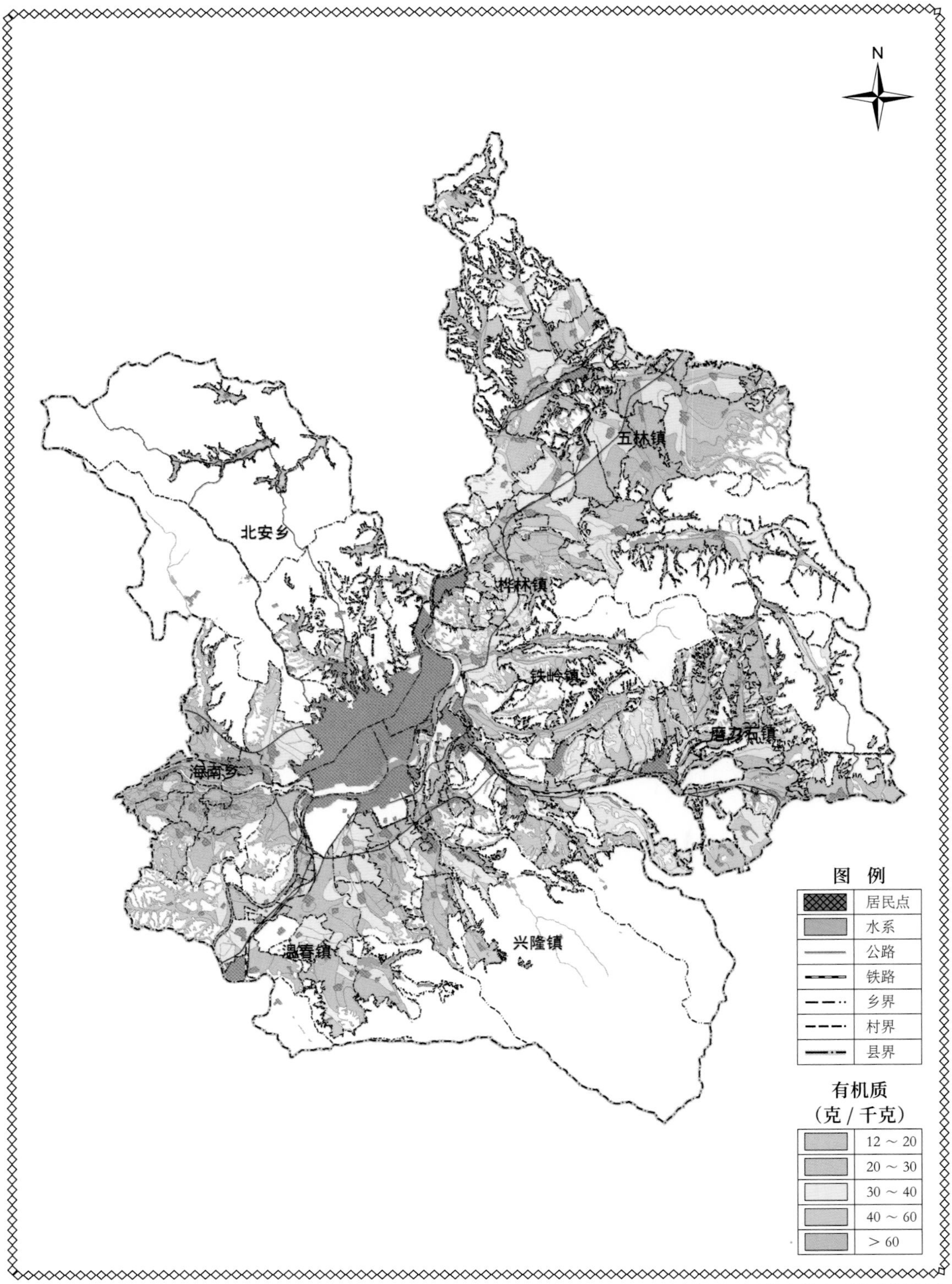

本图采用北京 1954 坐标系　　比例尺　1 ：500 000　　哈尔滨万图信息技术开发有限公司

牡丹江市区耕地土壤碱解氮分级图

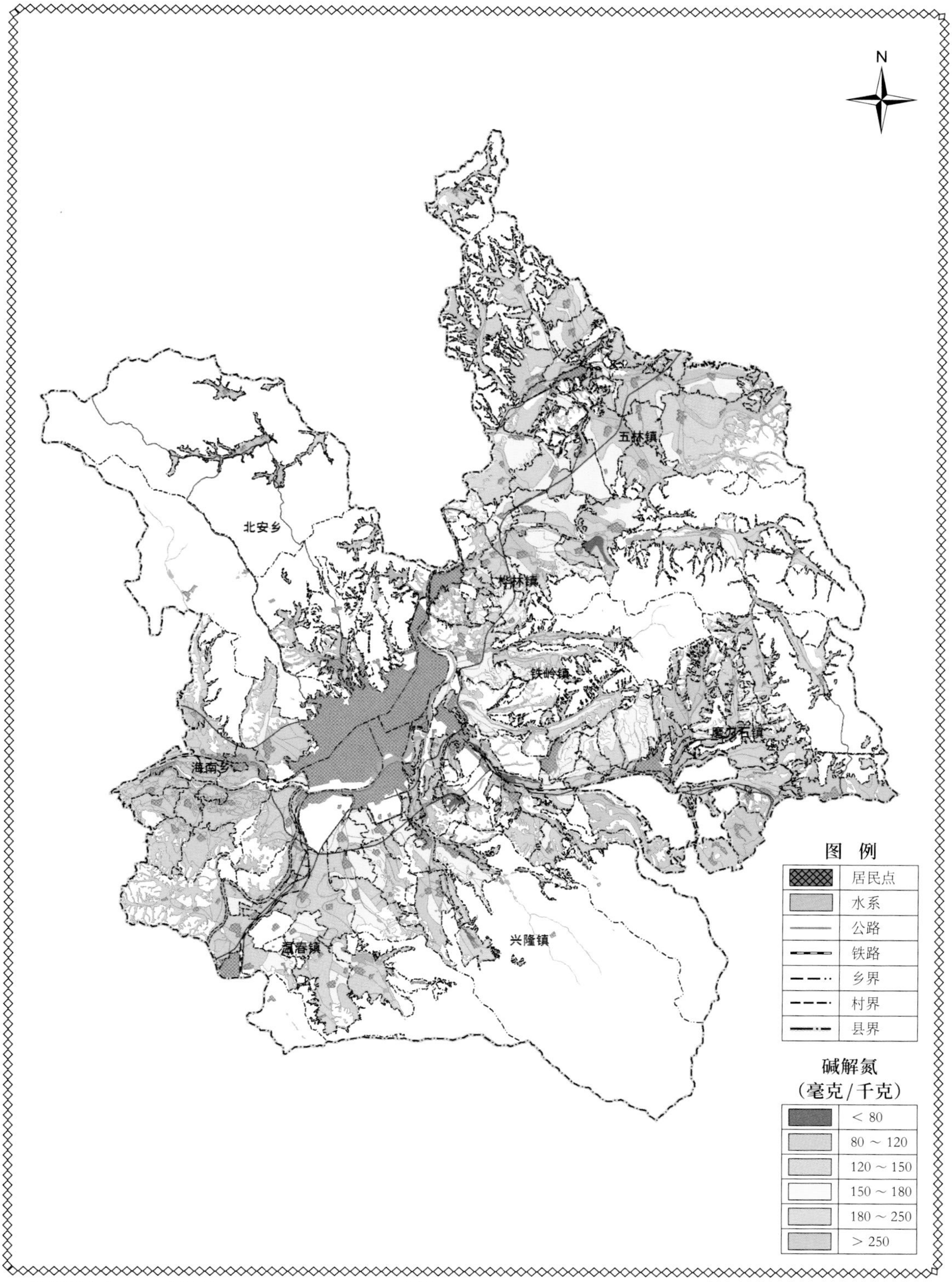

本图采用北京 1954 坐标系　　比例尺　1 ∶ 500 000　　哈尔滨万图信息技术开发有限公司

牡丹江市区耕地土壤有效磷分级图

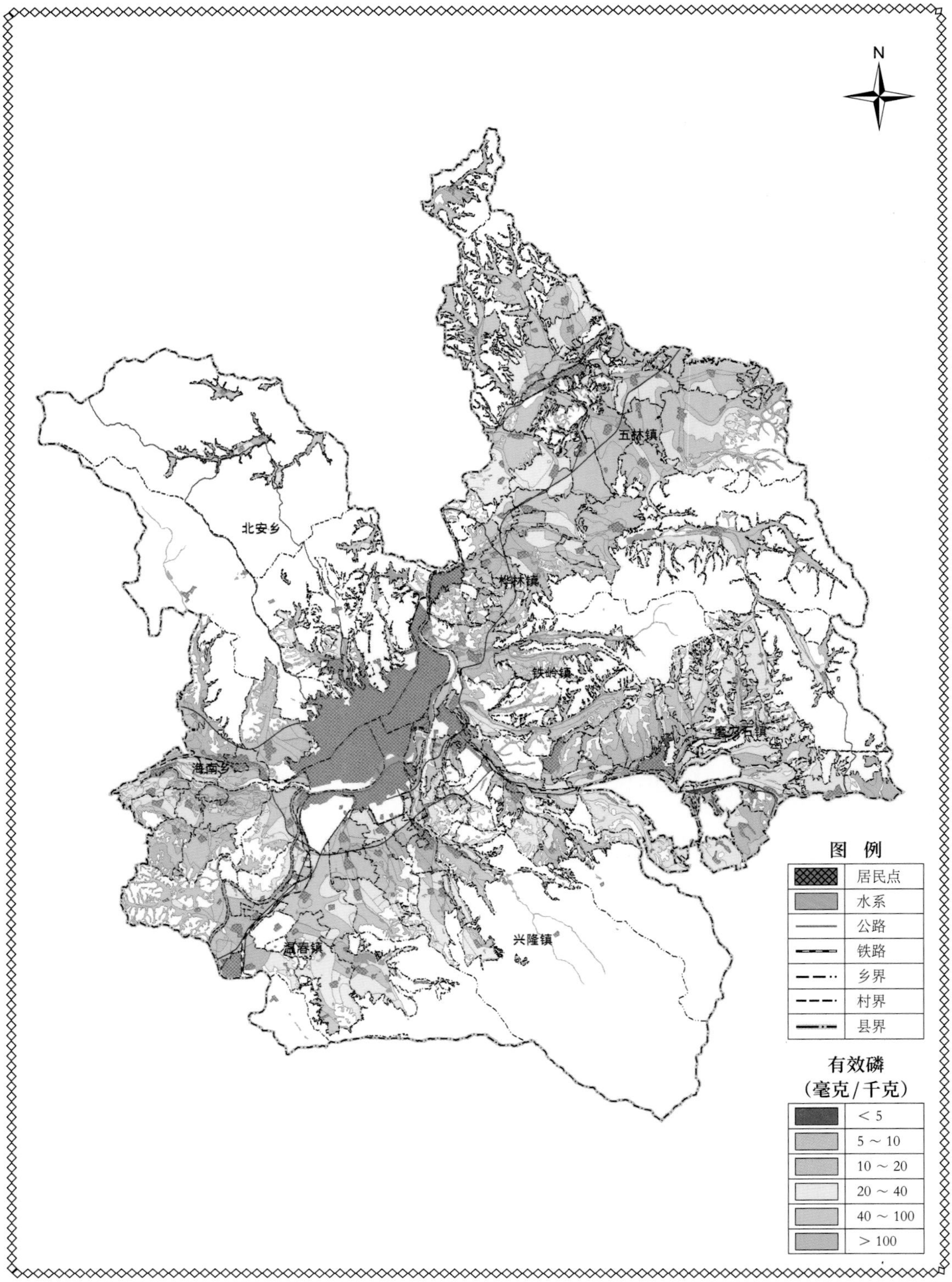

本图采用北京 1954 坐标系　　比例尺 1 : 500 000　　哈尔滨万图信息技术开发有限公司

牡丹江市区耕地土壤有效锰分级图

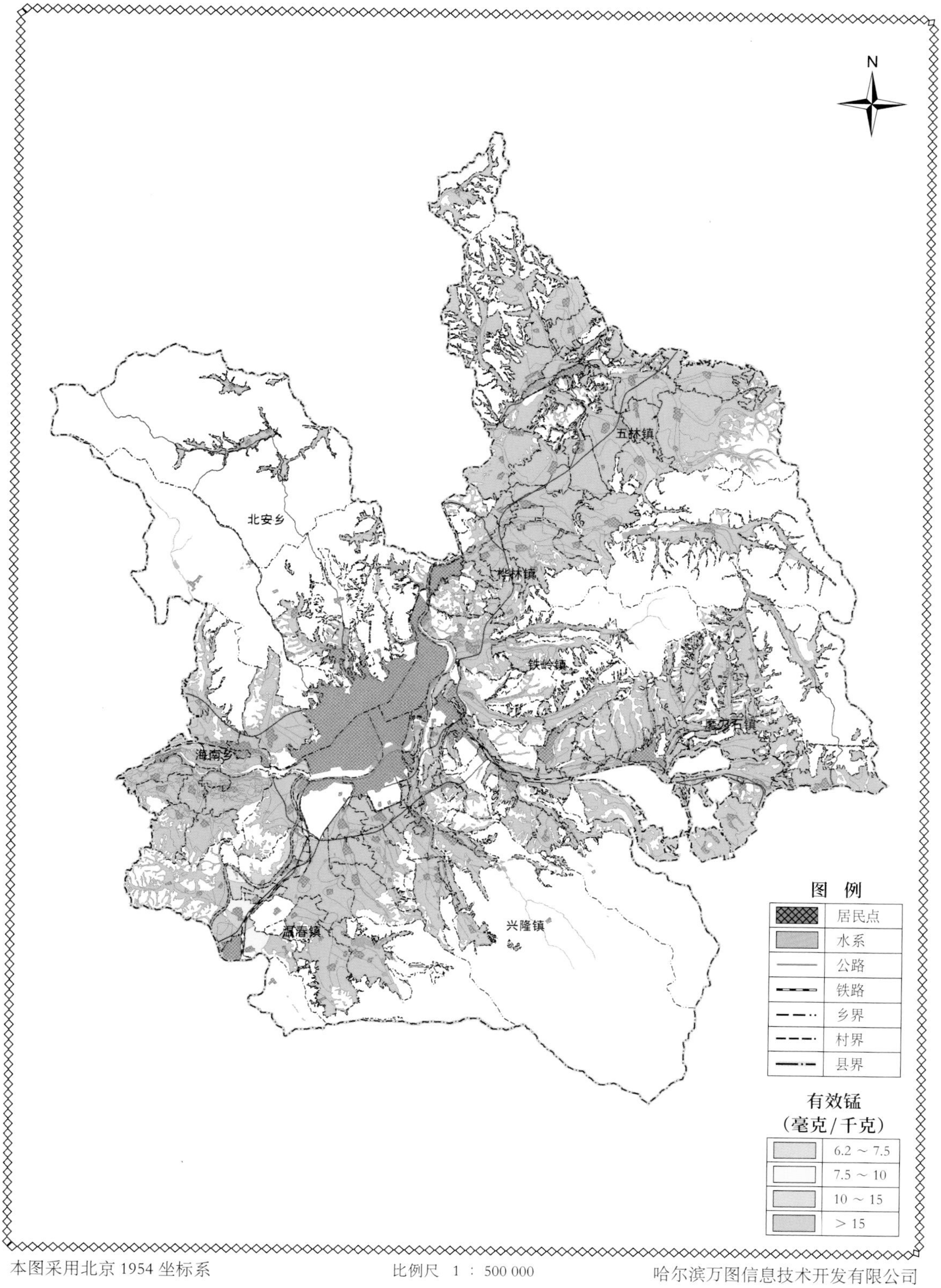

本图采用北京 1954 坐标系　　比例尺　1 ： 500 000　　哈尔滨万图信息技术开发有限公司

牡丹江市区耕地土壤有效铁分级图

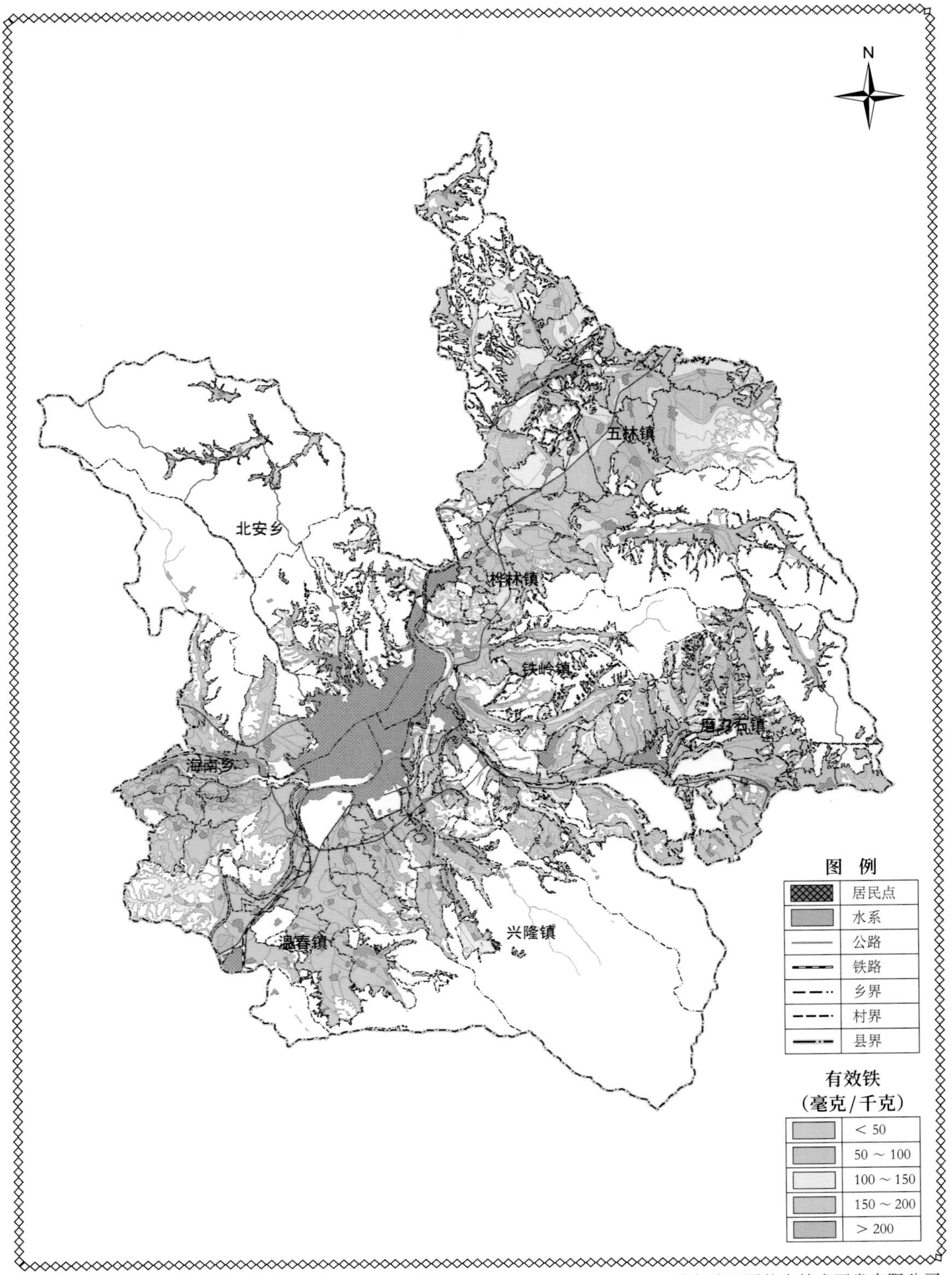

本图采用北京1954坐标系　　比例尺 1 ∶ 500 000　　哈尔滨万图信息技术开发有限公司

牡丹江市区耕地土壤速效钾分级图

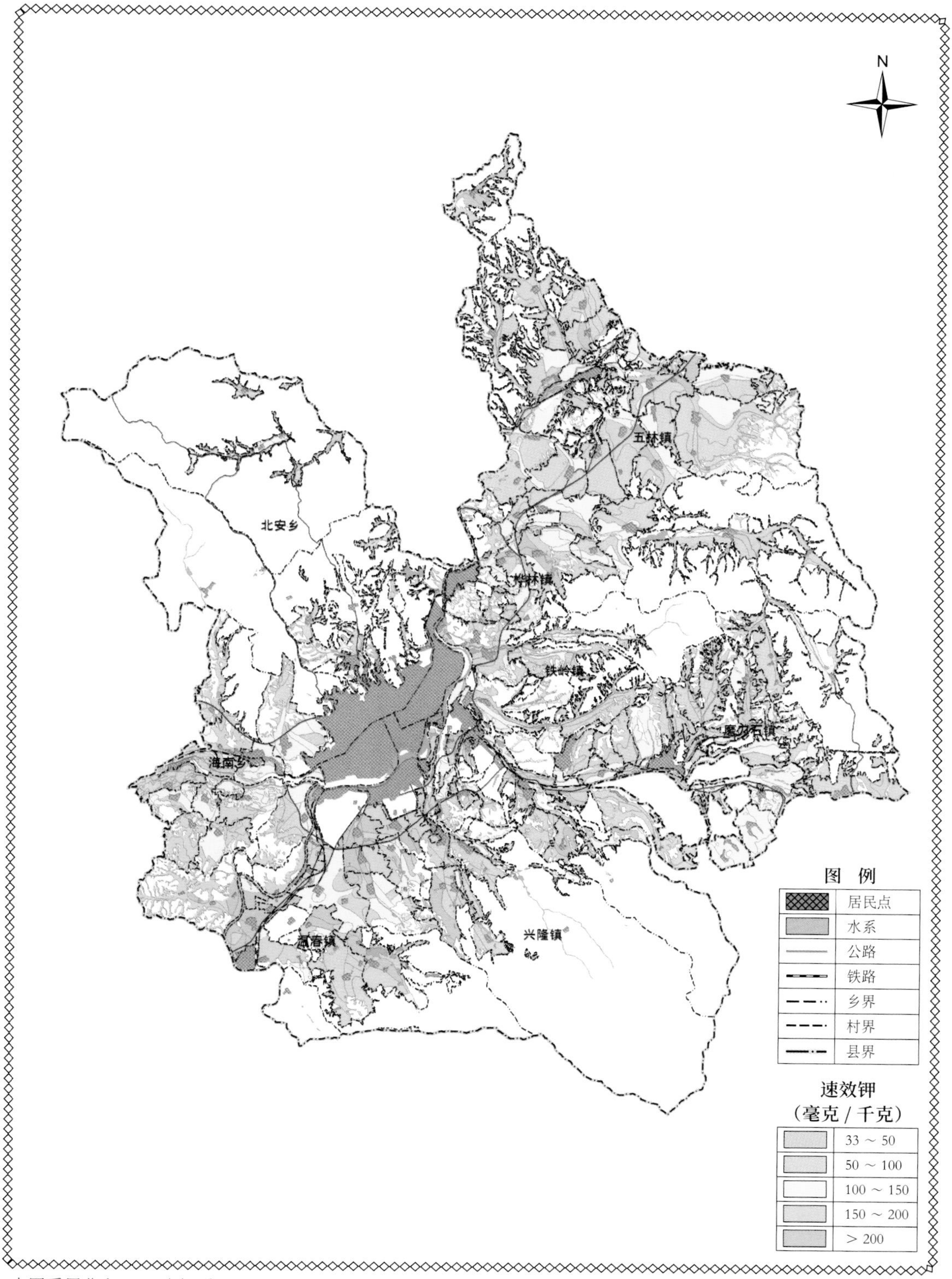

本图采用北京 1954 坐标系　　比例尺　1 ： 500 000　　哈尔滨万图信息技术开发有限公司

牡丹江市区耕地土壤有效铜分级图

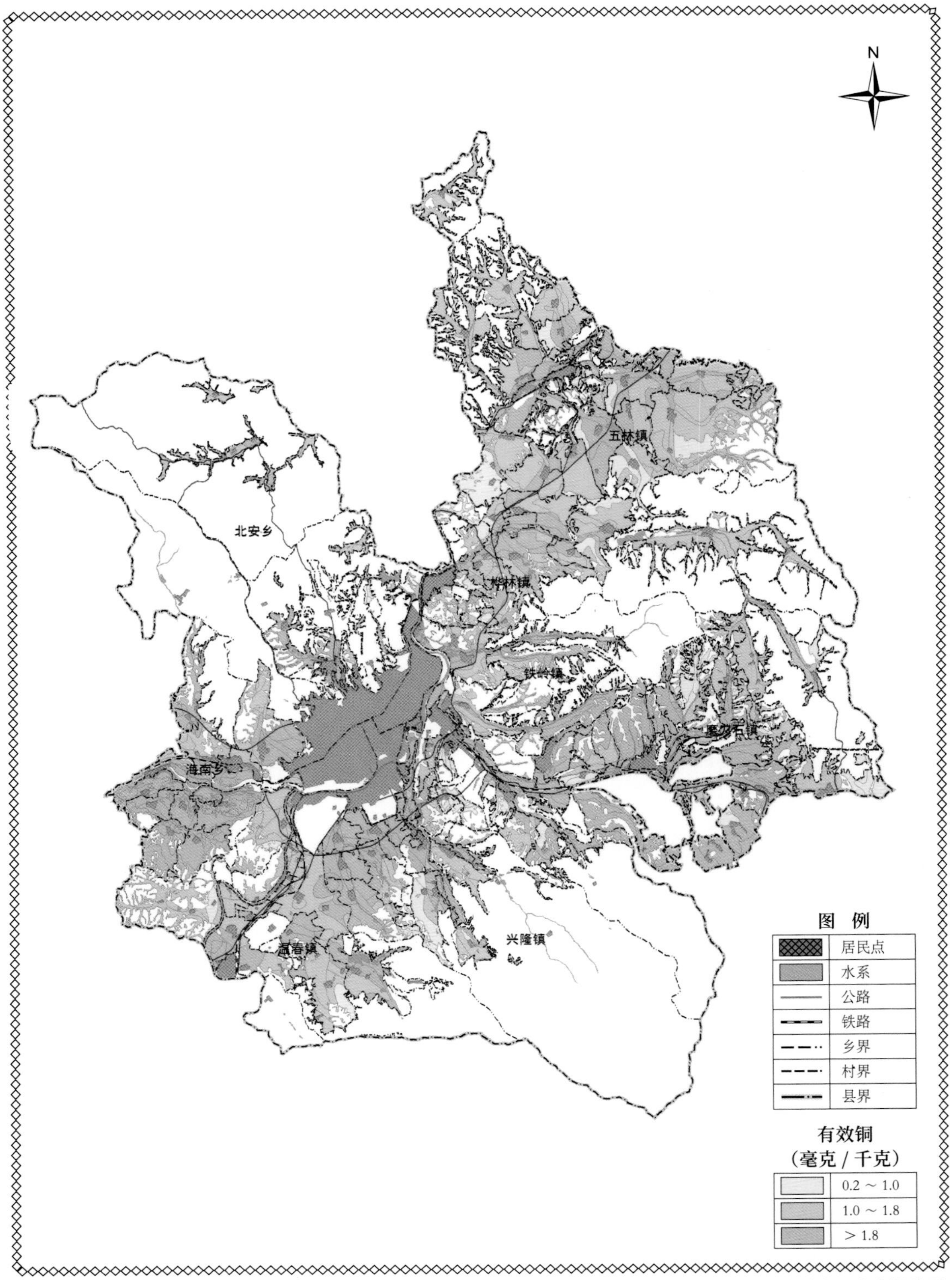

本图采用北京 1954 坐标系　　比例尺 1 ： 500 000　　哈尔滨万图信息技术开发有限公司

牡丹江市区耕地土壤有效锌分级图

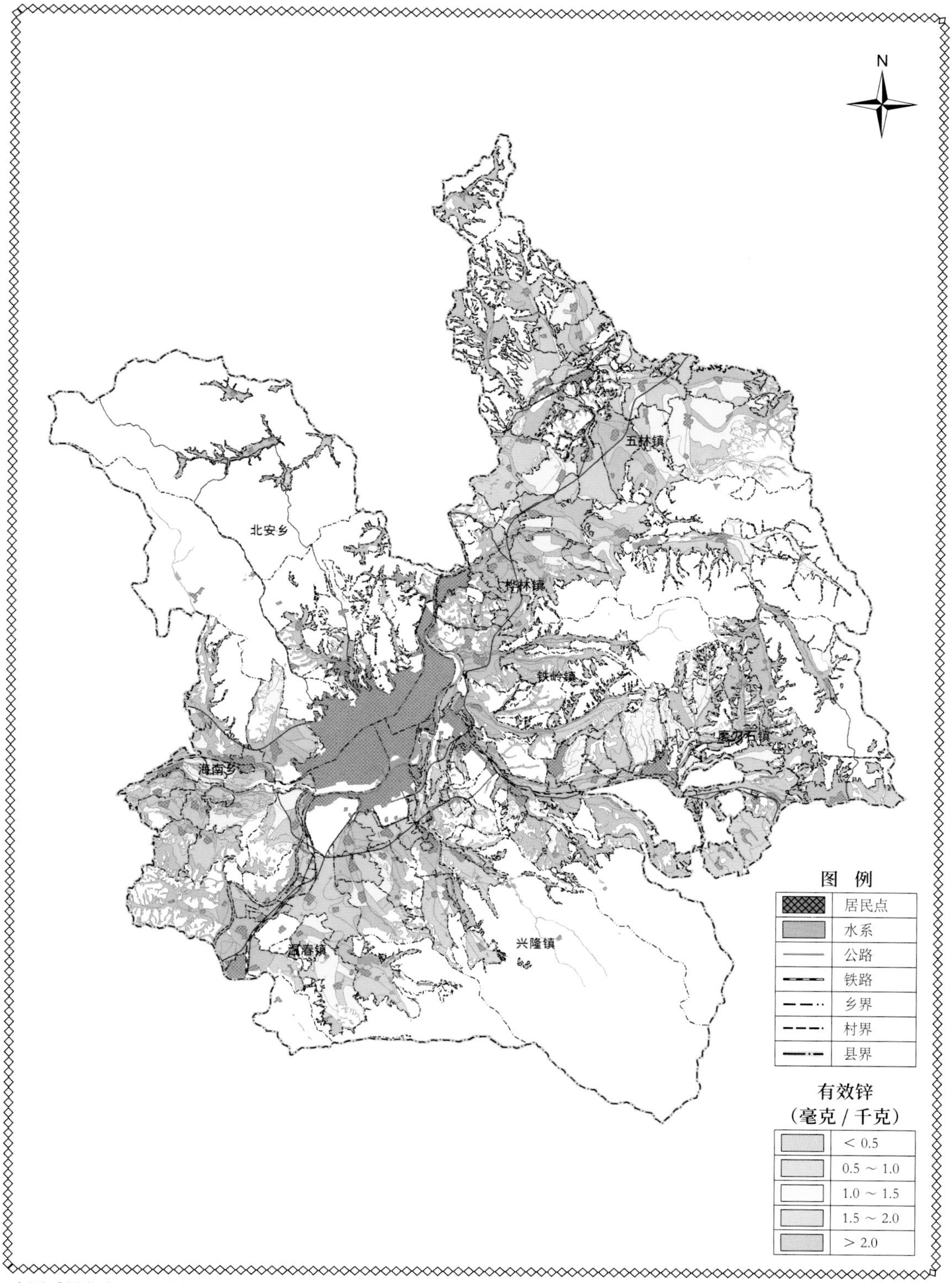

本图采用北京 1954 坐标系　　比例尺　1 ： 500 000　　哈尔滨万图信息技术开发有限公司

牡丹江市区耕地土壤全氮分级图

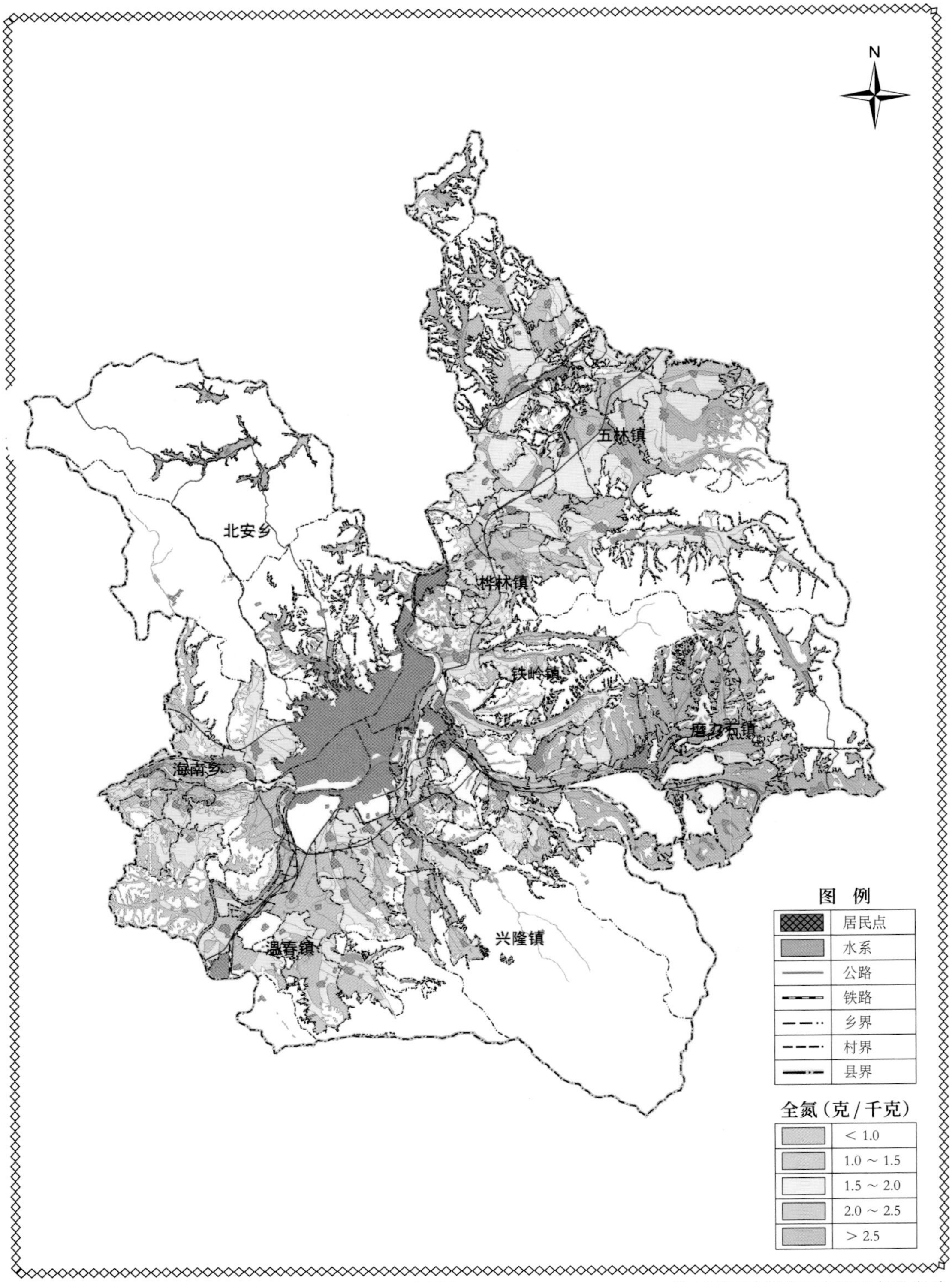

本图采用北京1954坐标系　　比例尺　1 ： 500 000　　哈尔滨万图信息技术开发有限公司

牡丹江市区玉米适宜性评价图

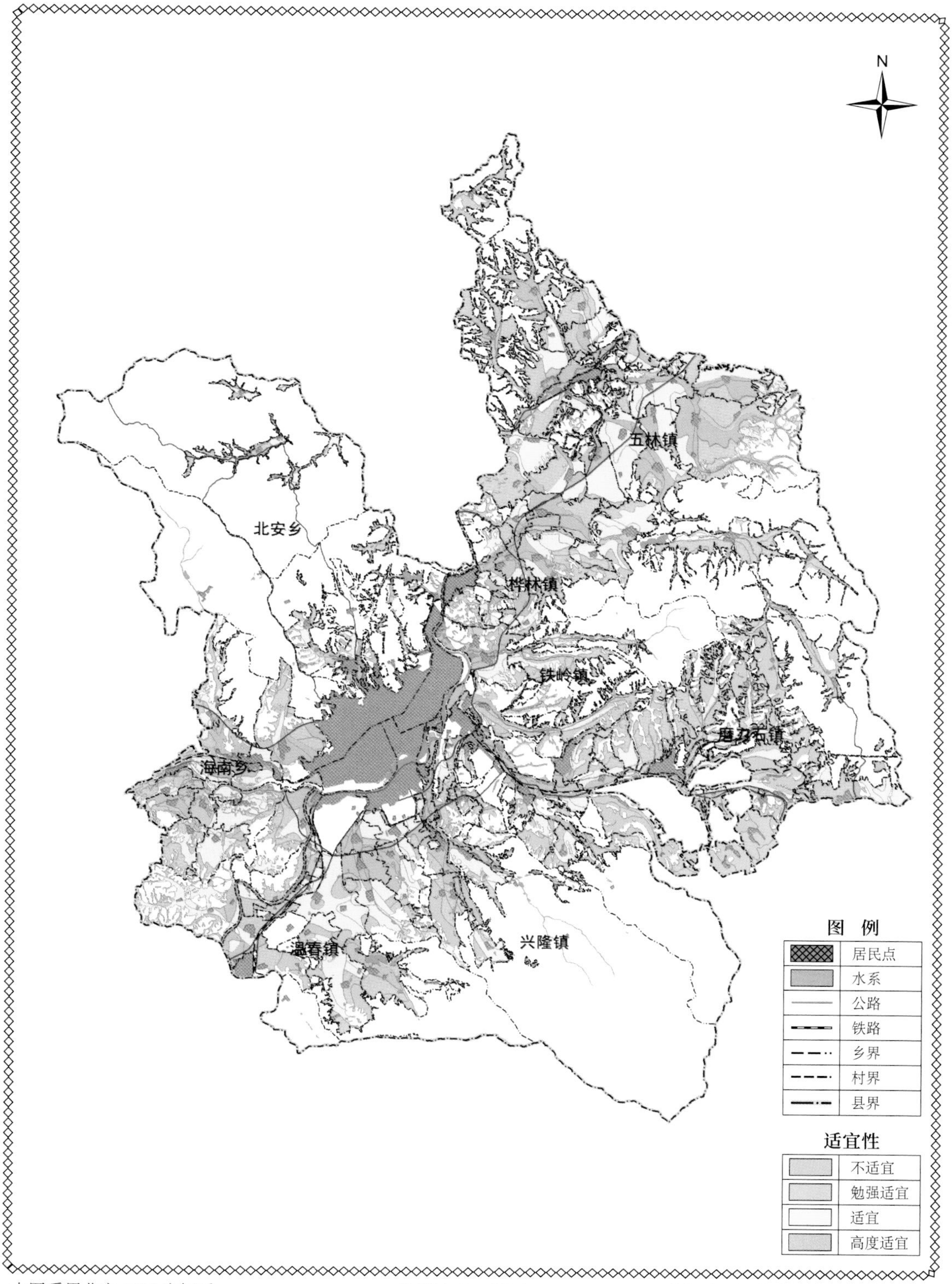

本图采用北京 1954 坐标系　　比例尺　1 ∶ 500 000　　哈尔滨万图信息技术开发有限公司

牡丹江市区大豆适宜性评价图

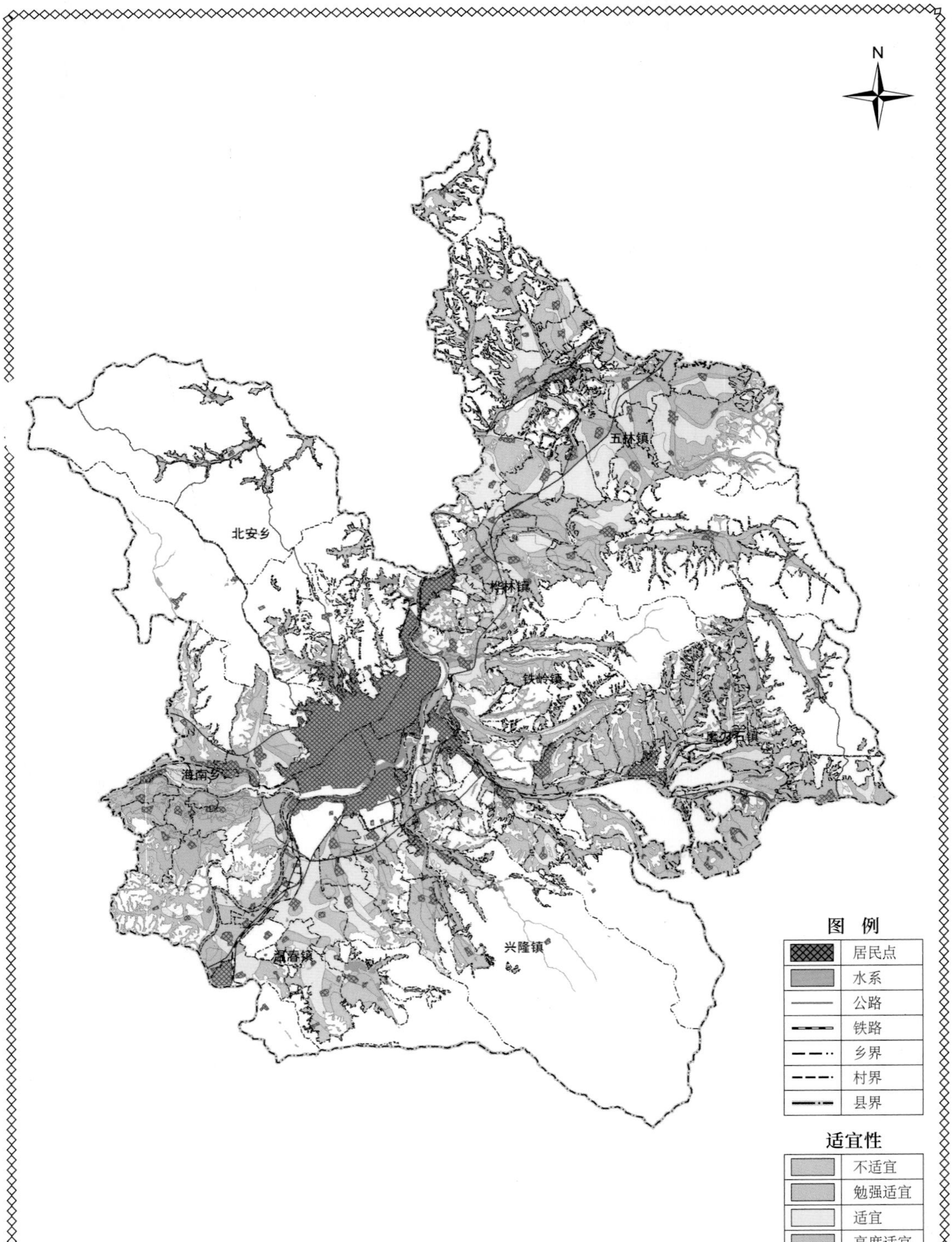

本图采用北京 1954 坐标系　　比例尺　1 ： 500 000　　哈尔滨万图信息技术开发有限公司